PythonとKerasによる
ディープラーニング

François Chollet [著]　株式会社クイープ [訳]

巣籠悠輔 [監訳]

Deep Learning with Python

Original English language edition published by Manning Publications,

Copyright © 2017 by Manning Publications, Co.

Japanese-language edition copyright © 2018 by Mynavi Publishing Corporation.

All rights reserved.

Japanese translation rights arranged with Waterside Productions, Inc. through Japan UNI Agency, Inc., Tokyo

---

●原著サポート、ソースコードのダウンロード

公式サイト（英語）　https://www.manning.com/books/deep-learning-with-python

GitHub リポジトリ　https://github.com/fchollet/deep-learning-with-python-notebooks

※ サイトの運営・管理はすべて原著出版社と著者が行っています。

●本書の正誤に関するサポート情報を以下のサイトで提供していきます。

https://book.mynavi.jp/supportsite/detail/9784839964269.html

・本書は 2018 年 4 月段階での情報に基づいて執筆されています。

・本書に登場する製品やソフトウェア、サービスのバージョン、画面、機能、URL、製品のスペックなどの情報は、すべてその原稿執筆時点でのものです。執筆以降に変更されている可能性がありますので、ご了承ください。

・本書に記載された内容は、情報の提供のみを目的としております。したがって、本書を用いての運用はすべてお客様自身の責任と判断において行ってください。

・本書の制作にあたっては正確な記述につとめましたが、著者や出版社のいずれも、本書の内容に関してなんらかの保証をするものではなく、内容に関するいかなる運用結果についてもいっさいの責任を負いません。あらかじめご了承ください。

・本書に記載されている会社名・製品名等は、一般に各社の登録商標または商標です。本文中では ©、®、™ 等の表示は省略しています。

まえがき

　本書を手にしているからには、このところ、人工知能（AI）の分野でディープラーニングが驚くべき進歩を遂げていることにおそらく気づいているはずです。まるで使いものにならなかった画像認識や音声認識が、たった5年の間に、超人的な能力を持つまでになっています。

　この急展開の影響は、ほぼすべての産業におよんでいます。しかし、ディープラーニングテクノロジーによって解決できるすべての問題にディープラーニングが導入されるようになるのは、ディープラーニングが大勢の人々によって利用されるようになった場合です。つまり、この分野の研究者や学生だけでなく、できるだけ多くの人々にディープラーニングを利用してもらう必要があります。ディープラーニングのポテンシャルを最大限に引き出すには、ディープラーニングの思い切った「大衆化」が必要です。

　2015年3月にKerasディープラーニングフレームワークの最初のバージョンをリリースしたとき、AIの大衆化の現状は筆者が思い描いていたものとは違っていました。数年間にわたって機械学習の研究を行ってきた筆者は、自分の実験に役立てるためにKerasを構築しました。しかし、2015年から2016年にかけて何万人もの人々がディープラーニングの分野に参入しました。そして、そのうち大勢の人々が、使い始めるのが最も簡単だからという理由でKerasを選択したのです（それは今でも同じです）。そうした人々がKerasを思いもよらない強力な方法で利用するのを見て、筆者はAIの利用可能性と大衆化に深く思いを寄せるようになりました。こうしたテクノロジーは広まれば広まるほど有益で価値の高いものになっていきます。利用可能性はすぐにKerasの開発において明確な目標となりました。そしてほんの数年間で、Kerasの開発者コミュニティはすばらしい成果を上げています。何万人もの人々がディープラーニングを利用できるようになり、最近まで存在することすら知られていなかった重要な問題にディープラーニングが適用されるようになっています。

　あなたが手にしている本は、できるだけ多くの人々にディープラーニングを利用してもらうためのもう1つのステップです。かねてよりKerasに必要だったのは、ディープラーニングの基礎、Kerasの使用パターン、ディープラーニングのベストプラクティスの3つを同時にカバーする補習コースでした。本書では、そうしたコースを提供できるように全力を尽くしました。本書を執筆するにあたって焦点となったのは、ディープラーニングのもとになっている概念と、それらの実装を、できるだけ理解しやすく説明することでした。だからといって、何かをやさしい言葉で書き直す必要はありませんでした —— 筆者はディープラーニングに難しい概念はまったくないと確信しています。本書があなたにとって価値のある一冊であることと、知的なアプリケーションの構築を開始できるようになり、あなたにとって重要な問題を解決できるようになることを願っています。

謝辞

　本書の執筆を可能にしてくれた Keras コミュニティに感謝したいと思います。Keras は数百人ものオープンソースコントリビュータと 20 万人以上のユーザーを持つまでに成長しています。今日の Keras があるのは、あなたの貢献とフィードバックのおかげです。

　Keras プロジェクトをバックアップしてくれた Google にも感謝しています。TensorFlow の上位 API として Keras が採用されたときは夢のようでした。Keras と TensorFlow のスムーズな統合は、Keras のユーザーにとっても TensorFlow のユーザーにとっても大きなメリットがあります。それにより、ディープラーニングをほとんどの人が利用できるようになります。

　本書を実現してくれた Manning のスタッフに感謝したいと思います。発行人である Marjan Bace、そして Christina Taylor、Janet Vail、Tiffany Taylor、Katie Tennant、Dottie Marsico をはじめ、舞台裏で活躍してくれた編集 / 制作チームのスタッフ全員に感謝します。

　Aleksandar Dragosavljevic 率いるテクニカルピアレビュー担当者 —— Diego Acuña Rozas、Geoff Barto、David Blumenthal-Barby、Abel Brown、Clark Dorman、Clark Gaylord、Thomas Heiman、Wilson Mar、Sumit Pal、Vladimir Pasman、Gustavo Patino、Peter Rabinovitch、Alvin Raj、Claudio Rodriguez、Srdjan Santic、Richard Tobias、Martin Verzilli、William E. Wheeler、Daniel Williams、そしてフォーラムコントリビュータの方々にはとても感謝しています。彼らは技術的な誤りや用語の間違い、スペルミスを見つけてくれただけでなく、本書のトピックまで提案してくれました。レビュープロセスを通過するたびに、そしてフォーラムのトピックを通じてフィードバックが反映されるたびに、本書の原稿は整えられ、さまになっていきました。

　技術面では、本書のテクニカルエディターを務めてくれた Jerry Gaines に特に感謝しています。Alex Ott と Richard Tobias は本書のテクニカルプルーフリーダーを務めてくれました。彼らは私にはもったいないほどすばらしいテクニカルエディターです。

　最後に、Keras の開発と本書の執筆を通じて惜しみなく協力してくれた妻の Maria に感謝したいと思います。

監訳者より

　はじめて Keras と出会ったときの衝撃を今でも忘れません。私がディープラーニングの実装をはじめたのは 2012 年でした。当時のライブラリと言えば Theano くらいで、それでも自動微分に非常に助けられていた記憶があります。NVIDIA 社もまだまだ有名ではありませんでした。そこからものの数年のうちに、ものすごい勢いでディープラーニングのコミュニティは活発化し、様々な情報が発信されるようになりました。

　一方で、まだまだディープラーニングが活用されるべき産業分野はたくさんありますし、更なる発展のためには筆者の言うとおり、"ディープラーニングの大衆化"が重要でしょう。筆者が作り出した Keras は、その大衆化に多大なる貢献をもたらすものだと考えています。Keras での実装は、とにかく迷うことがなく、非常に直観的に実装することができます。Keras を使うことで、実験と検証を早いサイクルで回すことができる ── これが、一番大事なことだと考えています。

　そして、本書はそのために必要なことが、とにかく分かりやすくまとまっています。ディープラーニングについて多く学んできた私にとっても、多くの理解と気付きを与えてくれました。ディープラーニングをこれからはじめたいという方はもちろん、初級者は中級者に、中級者は上級者になるための足がかりとして、本書は多大なる貢献をしてくれるはずです。

巣籠悠輔

本書について

　本書は、ディープラーニングを一から学習したいと考えている、あるいはディープラーニングの知識を広げたいと考えている人のために書かれています。機械学習を実務にしているエンジニア、ソフトウェア開発者、あるいは大学の学生であっても、本書のページに価値を見出すでしょう。

　本書の内容は、ディープラーニングを実践的な見地から探求するものとなっています。数学的な表記を避け、代わりにコードを使って定量的な概念を説明することで、機械学習とディープラーニングの基本的な考えについて実践的な知識を養っていきます。

　本書では、30 あまりのサンプルコードを使用します。これらのサンプルコードには、詳細なコメントや実践的なアドバイスに加えて、ディープラーニングを使って具体的な問題を解決するにあたって知っておく必要があるすべてのことに関する簡単な説明が含まれています。

　これらのサンプルコードは、Python ベースのディープラーニングフレームである Keras に基づいており、バックエンドエンジンとして TensorFlow を使用しています。Keras は、最もよく知られていて最も急成長しているディープラーニングフレームワークであり、ディープラーニングへの取り組みを開始するのに最適なツールとして広く推奨されています。

　本書を最後まで読めば、ディープラーニングとは何か、ディープラーニングを適用できるのはどのような状況か、そしてディープラーニングの制限は何かについてしっかり理解できるはずです。また、機械学習の問題に取り組み、解決するための標準的なワークフローと、よくぶつかる問題に対処する方法についての知識も得られるでしょう。コンピュータビジョンから自然言語処理、画像分類、時系列予測、感情分析、画像 / テキスト生成に至るまで、現実の幅広い問題に Keras を使用できるようになります。

本書の対象読者

　本書は、Python プログラミングの経験を持ち、機械学習やディープラーニングを始めたいと考えている人を対象に書かれています。しかし、本書は次のような読者にとっても価値があります。

- 機械学習に詳しいデータサイエンティストである場合は、機械学習において最も急速に成長し、最も重要な分野となりつつあるディープラーニングの実践的な入門書になります。
- Keras フレームワークを使ってみたいと考えているディープラーニングの専門家である場合は、Keras の最高の短期集中コースとして活用できます。

- ディープラーニングを専攻している大学院生の場合は、実践的な補習として使用できます。ディープニューラルネットワークの振る舞いについて直観を養い、主なベストプラクティスに精通するのに役立ちます。

また、技術的なことに詳しいものの普段コードを書かない人にとっても、ディープラーニングの基本的な概念と高度な概念への入門書として役立つでしょう。

Keras を使用するには、Python をそれなりに使いこなせる必要があります。また、NumPy ライブラリの知識があると助けになりますが、どうしても必要というわけではありません。機械学習やディープラーニングの経験は必要ありません。本書では、必要な基礎をすべて一から取り上げています。また、高度な数学の知識も必要ありません。高校で習う程度の数学の知識があれば、本書を読むのに十分です。

ロードマップ

本書は 2 つのパートで構成されています。機械学習の経験がない場合は、Part 1 を読んでから Part 2 に進むことを強くお勧めします。最初は単純な例で始まりますが、ページを進むにつれて、最先端の手法に徐々に近づいていきます。

Part 1 では、ディープラーニングを大まかに紹介します。機械学習とニューラルネットワークを囲む状況といくつかの定義を示し、機械学習とニューラルネットワークへの取り組みを開始するために必要な概念をすべて説明します。

- 第 1 章では、人工知能 (AI)、機械学習、ディープラーニングの基本的なコンテキストと予備知識を提供します。
- 第 2 章では、ディープラーニングに取り組むために必要な基本概念として、テンソル、テンソル演算、勾配降下法、バックプロパゲーション（誤差逆伝播法）を紹介します。この章では、実際に動くニューラルネットワークの最初の例も紹介します。
- 第 3 章には、ニューラルネットワークへの取り組みを開始するために必要なものがすべて含まれています。本書で使用するディープラーニングフレームワークである Keras の紹介、コンピュータをセットアップするための手引き、そして詳細な説明が含まれた 3 つの基本的なサンプルコードが含まれています。本章を読み終える頃には、分類タスクと回帰タスクを処理する単純なニューラルネットワークを訓練できるようになります。また、それらを訓練するときに内部で何が起きているのかをしっかり理解できます。
- 第 4 章では、機械学習の一般的なワークフローを調べます。また、よくある落とし穴とそれらの解決法についても説明します。

Part 2 では、ディープラーニングの実践的な応用例としてコンピュータビジョンと自然言語処理を詳しく見ていきます。Part 2 のサンプルの多くは、ディープラーニングを実務で使用するときに遭遇する問題を解決するためのテンプレートとして利用できます。

- 第5章では、画像分類に焦点を合わせた上で、コンピュータビジョンの実践的な例を幅広く取り上げます。
- 第6章では、テキストや時系列といったシーケンスデータを処理するための手法を実際に試してみます。
- 第7章では、最先端のディープラーニングモデルを構築するための高度な手法を紹介します。
- 第8章では、ジェネレーティブモデルを紹介します。ジェネレーティブモデルは画像やテキストを作成する能力を持つディープラーニングモデルであり、驚くほど芸術的な結果をもたらすことがあります。
- 第9章では、本書で学んだことを総括し、ディープラーニングの限界を見定め、その未来を予測します。

ソフトウェアとハードウェアの要件

本書のコードはすべて、Keras ディープラーニングフレーム[1] を使用しています。Keras はオープンソースであり、無償でダウンロードできます。Keras を使用するには、Unix マシンが必要です。Windows マシンを使用することも可能ですが、お勧めしません。Unix マシンをセットアップする手順は、付録 A で完全に説明されています。

また、TITAN X といった NVIDIA の最近の GPU がマシンに搭載されていることが推奨されます。どうしても必要というわけではありませんが、サンプルコードを何倍も高速に実行できるようになります。ディープラーニングワークステーションのセットアップの詳細については、3.3 節を参照してください。

最近の NVIDIA GPU が搭載されたローカルコンピュータがない場合は、代わりにクラウド環境を利用するとよいでしょう。具体的には、Google Cloud のインスタンス（NVIDIA Tesla K80 を搭載した n1-standard-8 インスタンスなど）や、AWS（Amazon Web Services）の GPU インスタンス（p2.xlarge インスタンスなど）が利用できます。付録 B では、AWS のインスタンスで Jupyter Notebook を実行し、ブラウザから操作するための詳しい手順を説明しています。

ソースコード

本書のサンプルコードはすべて本書の Web サイトと GitHub から Jupyter Notebook としてダウンロードできます。

```
https://www.manning.com/books/deep-learning-with-python
https://github.com/fchollet/deep-learning-with-python-notebooks
```

---

[1]　https://keras.io

カバーについて

　本書『Python と Keras によるディープラーニング』のカバーイラストには、「1568 年のペルシャ人女性の服装」という題がついています。このイラストは、1757 年から 1772 年にかけてロンドンで出版されたトーマス・ジェフリーズ著、『A Collection of the Dresses of Different Nations, Ancient and Modern』（全 4 巻）に挿絵として含まれていたものです。同書の扉には、「手彩色の銅版画であり、絵柄にはアラビアゴムを使用」とあります。

　トーマス・ジェフリーズ（1719-1771）は「ジョージ 3 世の地理学者」と呼ばれた人物であり、当時を代表する地図製作者として活躍した地図考証家です。ジェフリーズは政府やその他の公的機関の依頼を受けて地図の製作と印刷を行っており、特に北アメリカの地図や地図帳を幅広く製作しました。ジェフリーズの地図製作者としての活動は、彼が調査して地図にした土地の民族衣装への興味をかき立てました。同書には、そうした民族衣装が鮮やかに描かれています。遠く離れた土地へのあこがれや旅行の楽しみは、18 世紀の終わりの比較的新しい現象でした。同書のようなコレクションは人気を博し、人々を現実の、あるいは想像上の異国の民のもとへいざないました。

　同書の多彩な挿絵は、今から 200 年前の個性や独自性に溢れた世界各地の様子を生き生きと描き出しています。今では人々の服装はがらりと変わってしまい、当時はあれほど豊かだった地域や国ごとの多様性はすっかり影を潜めて、どの大陸の住民でも見分けがつかないほどです。楽観的な見方をすれば、私たちはより個性的な生活を送ることを選んだのでしょう。つまり、文化や見た目の多様性と引き換えに、より興味深く変化に富んだ知的で技術的な生活を手に入れたのです。

　それと同じく、あるコンピュータ書籍と別のコンピュータ書籍の違いを見分けるのは難しいことです。Manning では、コンピュータビジネス書籍がもたらす創造力と自発力への敬意を込め、ジェフリーズの挿絵によって鮮やかによみがえる、多様性に富んだ 2 世紀前の地域の暮らしぶりを表紙にあしらっています。

目次

まえがき……iii
謝辞……iv
監訳者より……v
本書について……vi
カバーについて……ix

Part 1　ディープラーニングの基礎……1

1　ディープラーニングとは何か……3

1.1　AI、機械学習、ディープラーニング……4

AI……4　■　機械学習……5　■　データから表現を学習する……6
ディープラーニングの「ディープ」とは……8
ディープラーニングの仕組み……10　■　ディープラーニングの実績……12
一時的なブームに惑わされない……12　■　AI の可能性……13

1.2　ディープラーニングの前史：機械学習……14

確率モデリング……15　■　初期のニューラルネットワーク……15
カーネル法……16
決定木、ランダムフォレスト、勾配ブースティングマシン……17
ニューラルネットワークの再起……18　■　ディープラーニングの違いは何か……19
現代の機械学習の情勢……20

1.3　なぜディープラーニングなのか、なぜ今なのか……20

ハードウェア……21　■　データ……22
アルゴリズム……22　■　新しい投資の波……23
ディープラーニングの大衆化……24　■　これは続くのか？……24

2　予習：ニューラルネットワークの数学的要素……27

2.1　初めてのニューラルネットワーク……28

2.2　ニューラルネットワークでのデータ表現……32

スカラー：0 次元テンソル……32　■　ベクトル：1 次元テンソル……32
行列：2 次元テンソル……33　■　3 次元テンソルとより高次元のテンソル……33
テンソルの重要な属性……33　■　NumPy でのテンソルの操作……35
データバッチ……36　■　データテンソルの現実的な例……36
ベクトルデータ……37　■　時系列データとシーケンスデータ……37
画像データ……38　■　動画データ……38

2.3　ニューラルネットワークの歯車：テンソル演算……39

要素ごとの演算……40　■　ブロードキャスト……40
テンソルの内積……42　■　テンソルの変形……44

テンソル演算の幾何学的解釈……45 ■ ディープラーニングの幾何学的解釈……46

2.4 ニューラルネットワークのエンジン：勾配ベースの最適化……47

導関数……48 ■ テンソル演算の導関数：勾配……49

確率的勾配降下法……50

導関数の連鎖：バックプロパゲーションアルゴリズム……53

2.5 最初の例を振り返る……54

3 入門：ニューラルネットワーク……57

3.1 ニューラルネットワークの構造……58

層：ディープラーニングの構成要素……59

モデル：複数の層からなるネットワーク……60

損失関数とオプティマイザ：学習プロセスを設定するための鍵……60

3.2 Keras の紹介……61

Keras、TensorFlow、Theano、CNTK……62

速習：Keras を使った開発……63

3.3 ディープラーニングマシンのセットアップ……65

ディープラーニングを試してみたい場合は Jupyter Notebook を使用する……65

Keras の実行：2 つのオプション……66

ディープラーニングをクラウドで実行する場合の長所と短所……66

ディープラーニングに最適な GPU は何か……67

3.4 二値分類の例：映画レビューの分類……67

IMDb データセット……67 ■ データの準備……69

ニューラルネットワークの構築……70 ■ アプローチの検証……74

学習済みのネットワークを使って新しいデータで予測値を生成する……77

その他の実習……77 ■ まとめ……78

3.5 多クラス分類の例：ニュース配信の分類……78

Reuters データセット……78 ■ データの準備……80

ニューラルネットワークの構築……81 ■ アプローチの検証……82

新しいデータで予測値を生成する……84

ラベルと損失値を処理する別の方法……85

十分な大きさの中間層を持つことの重要性……85

その他の実習……86 ■ まとめ……86

3.6 回帰の例：住宅価格の予測……86

Boston Housing データセット……87 ■ データの準備……88

ニューラルネットワークの構築……88

k 分割交差検証によるアプローチの検証……89 ■ まとめ……94

4 機械学習の基礎……95

4.1 機械学習の 4 つの手法……96

教師あり学習……96 ■ 教師なし学習……96

自己学習……97 ■ 強化学習……97

4.2 機械学習モデルの評価……99

訓練データセット、検証データセット、テストデータセット……99
注意すべき点……102

4.3 データ前処理、特徴エンジニアリング、表現学習……103
ニューラルネットワークでのデータ前処理……103
特徴エンジニアリング……105

4.4 過学習と学習不足……106
ネットワークのサイズを削減する……107 ■ 重みを正則化する……111
ドロップアウトを追加する……112

4.5 機械学習の一般的なワークフロー……115
問題を定義し、データセットを作成する……115
成功の指標を選択する……116 ■ 評価プロトコルを決定する……116
データを準備する……117 ■ ベースラインを超える性能のモデルを開発する……117
スケールアップ：過学習するモデルの開発……119
モデルの正則化とハイパーパラメータのチューニング……119

Part 2　ディープラーニングの実践……121

5 コンピュータビジョンのためのディープラーニング……123

5.1 畳み込みニューラルネットワークの紹介……124
畳み込み演算……127 ■ 最大値プーリング演算……132

5.2 小さなデータセットでCNNを一から訓練する……134
小さなデータセットとディープラーニング……135
データのダウンロード……135 ■ ネットワークの構築……138
データの前処理……140 ■ データ拡張……144

5.3 学習済みのCNNを使用する……149
特徴抽出……149 ■ ファインチューニング……159 ■ まとめ……166

5.4 CNNが学習した内容を可視化する……166
中間層の出力を可視化する……167 ■ CNNのフィルタを可視化する……175
クラスの活性化をヒートマップとして可視化する……182

6 テキストとシーケンスのためのディープラーニング……187

6.1 テキストデータの操作……188
単語と文字のone-hotエンコーディング……190 ■ 単語埋め込み……192
テキストのトークン化から単語埋め込みまで……198 ■ まとめ……205

6.2 リカレントニューラルネットワークを理解する……205
Kerasでのリカレント層……208 ■ LSTM層とGRU層……212
KerasでのLSTMの具体的な例……215 ■ まとめ……216

6.3 リカレントニューラルネットワークの高度な使い方……217
気温予測問題……217 ■ データの準備……220
機械学習とは別の、常識的なベースライン……223
機械学習の基本的なアプローチ……224 ■ 最初のリカレントベースライン……226
リカレントドロップアウトを使って過学習を抑制する……227

リカレント層のスタッキング……229
双方向のリカレントニューラルネットワーク……230
さらに先へ進むために……234 ■ まとめ……235

6.4 畳み込みニューラルネットワークでのシーケンス処理……236
シーケンスデータでの 1 次元 CNN……236
シーケンスデータの 1 次元プーリング……237 ■ 1 次元 CNN の実装……237
CNN と RNN を組み合わせて長いシーケンスを処理する……239
まとめ……243

7 高度なディープラーニングのベストプラクティス……245

7.1 Sequential モデルを超えて：Keras Functional API……246
速習：Keras Functional API……249 ■ 多入力モデル……250
多出力モデル……253 ■ 層の有向非巡回グラフ……255
層の重みの共有……259 ■ 層としてのモデル……260
まとめ……261

7.2 Keras のコールバックと TensorBoard を使ったディープラーニングモデルの調査と監視……262
訓練中にコールバックを使ってモデルを制御する……262
TensorBoard：TensorFlow の可視化フレームワーク……265 ■ まとめ……273

7.3 モデルを最大限に活用するために……273
高度なアーキテクチャパターン……273 ■ ハイパーパラメータの最適化……277
モデルのアンサンブル……279 ■ まとめ……281

8 ジェネレーティブディープラーニング……283

8.1 LSTM によるテキスト生成……285
ジェネレーティブリカレントネットワークの略史……285
シーケンスデータを生成する方法……286
サンプリング戦略の重要性……287
LSTM による文字レベルのテキスト生成……289 ■ まとめ……294

8.2 DeepDream……295
DeepDream を Keras で実装する……296 ■ まとめ……302

8.3 ニューラルネットワークによるスタイル変換……303
コンテンツの損失関数……304 ■ スタイルの損失関数……304
Keras でのニューラルスタイル変換……305 ■ まとめ……312

8.4 変分オートエンコーダによる画像の生成……312
画像の潜在空間からのサンプリング……312
画像編集の概念ベクトル……313 ■ 変分オートエンコーダ……314
まとめ……321

8.5 速習：敵対的生成ネットワーク……321
敵対的生成ネットワークの実装の概要……323 ■ あの手この手……324
生成者ネットワーク……325 ■ 判別者ネットワーク……326
敵対者ネットワーク……327 ■ DCGAN の訓練方法……327 ■ まとめ……330

9 本書のまとめ……331

9.1 主な概念の復習……332
AI へのさまざまなアプローチ……332
ディープラーニングが機械学習の分野において特別である理由とは……332
ディープラーニングについてどう考えるべきか……333
主なイネーブリングテクノロジー……334 ■ 一般的な機械学習ワークフロー……335
主なネットワークアーキテクチャ……336 ■ さらなる可能性……340

9.2 ディープラーニングの限界……342
機械学習モデルの擬人化のリスク……343
局所的な一般化と極端な一般化……345 ■ まとめ……346

9.3 ディープラーニングの未来……347
プログラムとしてのモデル……347
バックプロパゲーションと微分可能な層を超えて……349
自動機械学習……350
絶え間ない学習とモジュール型のサブルーチンの再利用……351
長期的な見通し……352

9.4 目まぐるしく変化する分野に後れずについていくには……353
Kaggle を使って現実的な問題に取り組む……353
arXiv で最新動向に関する論文を読む……354 ■ Keras エコシステムの探索……355

9.5 最後に……355

A Keras とその依存ファイルを Ubuntu にインストールする……357

A.1 Python の科学ライブラリをインストールする……358
A.2 GPU のサポートをセットアップする……359
A.3 Theano をインストールする（オプション）……361
A.4 Keras をインストールする……361

B AWS の GPU インスタンスで Jupyter Notebook を実行する……363

B.1 Jupyter Notebook を AWS で実行する理由……363
B.2 Jupyter Notebook を AWS で実行しない理由……364
B.3 AWS GPU インスタンスのセットアップ……364
Jupyter Notebook を構成する……367
B.4 Keras をインストールする……368
B.5 ローカルポートフォワーディングを設定する……369
B.6 ローカルブラウザから Jupyter Notebook を使用する……369

索引……371
著者紹介……377

Part 1

ディープラーニングの基礎

本書の第 1 章〜第 4 章では、ディープラーニングとは何か、ディープラーニングで何が達成できるのか、どのような仕組みになっているのかを理解するための基礎固めをします。また、ディープラーニングを使ってデータ問題を解決するための標準的なワークフローも紹介します。まだディープラーニングにそれほど詳しくない場合は、まず Part 1 をしっかり読んでください。それから実際の応用を取り上げる Part 2 に進んでください。

第 1 章　ディープラーニングとは何か　　3

第 2 章　予習：ニューラルネットワークの数学的要素　　27

第 3 章　入門：ニューラルネットワーク　　57

第 4 章　機械学習の基礎　　95

ディープラーニングとは何か

本章で取り上げる内容

- 基本的な概念の大まかな定義
- 機械学習の開発に関するタイムライン
- ディープラーニングの普及と今後の可能性を左右する主な要因

　　この数年間、メディアは人工知能 (AI) の話題でもちきりでした。機械学習、ディープラーニング (深層学習)、AI に関する記事は数えきれないほどであり、それらの多くは技術系の出版物ですらありません。知的なチャットボット、自動運転車、バーチャルアシスタントという未来はすぐそこまで来ています —— 未来は不気味な光に照らされていることもあれば、まるでユートピアのように描かれることもあります。そこでは、人間の仕事は皆無に等しく、ほとんどの経済活動はロボットや AI エージェントによって営まれます。これから機械学習の実務に携わる、あるいは現在携わっている人にとって重要となるのは、雑音の中から信号を聞き分け、派手なプレスリリースの中から世界を変えるような開発を見分けられるかどうかです。これには私たちの未来がかかっています。そして、それはあなたが積極的な役割を果たす未来です。本書を読んだ後、あなたは AI エージェントの開発者の 1 人になるでしょう。そこで質問です。ディープラーニングはこれまでに何を達成してきたでしょうか。それはどのような意味を持つのでしょうか。そこからどこへ向かっているのでしょうか。メディアの言うことを信じてもよいのでしょうか。

本章では、AI、機械学習、ディープラーニングを取り巻く基本的な状況を明らかにします。

1.1 AI、機械学習、ディープラーニング

まず、「AI」と言うときに何の話をしているのかを明確に定義しておく必要があります。AI、機械学習、ディープラーニングとは何でしょうか（図1-1）。それらはどのような関係にあるのでしょうか。

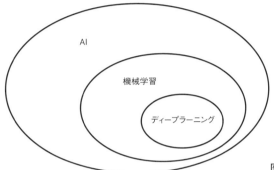

図1-1：AI、機械学習、ディープラーニング

1.1.1 AI

人工知能（AI）が誕生したのは1950年代のことです。当時、コンピュータサイエンスという新しい分野の草創に携わっていたひと握りの先駆者たちは、次のような疑問を抱くようになりました —— コンピュータに「思考」させることは可能なのでしょうか。その答えは未だに出ていません。この分野の定義を簡単にまとめるとすれば、「本来ならば人が行う知的な作業を自動化する取り組み」といったところでしょう。その意味では、AIは機械学習とディープラーニングを含んでいる総合的な分野ですが、さらに「学習」とは無関係な多くのアプローチも含んでいます。たとえば初期のチェスプログラムは、プログラマによってハードコーディングされたルールを組み込んでいるだけで、機械学習と呼べるものではありませんでした。かなり長い間、多くの専門家は、「人間に匹敵するレベルのAIを実現するには、知識を操作するのに十分な大量のルールを明示的に定義して、プログラマが手作業で組み込む必要があるだろう」と考えていました。このアプローチは **Symbolic AI** と呼ばれ、1950年代から1980年代の後半にかけてAIの支配的パラダイムとなっていました。Symbolic AIが全盛期を迎えたのは、**エキスパートシステム**（expert systems）ブームが到来した1980年代でした。

チェスの試合のように、明確に定義された論理的な問題を解くのには、Symbolic AIは確かに適していました。しかし、画像分類、音声認識、言語の翻訳のように、より複雑でファジーな問題を解くための明示的なルールを突き止めるのはとうてい無理な話でした。Symbolic AIに代わる新しいアプローチとして登場したのが、**機械学習**（machine learning）でした。

1.1.2 機械学習

　話の舞台はビクトリア朝時代のイギリスにさかのぼります。エイダ・ラブレス伯爵夫人はチャールズ・バベッジの友人であり、協力者でした。チャールズ・バベッジは、最初の汎用計算機として知られる**解析機関**（Analytical Engine）の発明者でした。解析機関は1830年代から1840年代にかけて設計され、時代をかなり先取りした先見の明はあったものの、汎用計算機として位置付けられていたわけではありませんでした。というのも、当時はまだ「汎用計算機」という概念は存在していなかったからです。解析機関は、数学解析分野の特定の計算を自動化するために機械的演算を使用する手段にすぎませんでした。解析機関と名付けられたのは、そのためです。1843年、エイダはこの発明について次のように述べています。「解析機関は、決して何かを作り出すような気取ったものではありません。実行させるにはどのように命令すればよいかがわかっているものであれば、何でも実行できます......解析機関の領分は、私たちがすでに理解しているものを利用できるようにするための手助けをすることにあります」。

　エイダのこの発言は、後にAIの先駆者であるアラン・チューリングの1950年の歴史的な論文『Computing Machinery and Intelligence』(計算する機械と知性)[1]において、「ラブレス伯爵夫人の反論」として引用されています。この論文では、**チューリングテスト**（Turing test）と、AIの原形となる主な概念が提唱されました。チューリングはエイダの発言を引用する一方、汎用計算機が学習能力と創造力を持ち得るかどうかについて考察し、それは可能であるという結論に至っています。

　機械学習は、次の疑問に端を発しています。それは、「実行させるにはどのように命令すればよいかがわかっているもの」という枠を超えて、「特定のタスクの実行方法をコンピュータが独自に学習することは可能か」という疑問です。コンピュータは人を驚かす存在になり得るでしょうか。プログラマがデータ処理のルールを手作業で組み立てるのではなく、コンピュータがデータを調べてそうしたルールを自動的に学習することは可能なのでしょうか。

　この疑問は、新しいプログラミングパラダイムの扉を開くものです。従来のプログラミング（Symbolic AIのパラダイム）では、ルール（プログラム）と、それらのルールに従って処理されるデータを人が入力すると、答えが出力されます（図1-2）。機械学習では、データと、そのデータから期待される答えを人が入力すると、ルールが出力されます。そして、これらのルールを新しいデータに適用すると、新しい答えを生成することができます。

図1-2：新しいプログラミングパラダイム ─ 機械学習

　機械学習システムは、明示的にプログラムされるのではなく、**訓練**（train）されます。タスクに関連するサンプルを大量に与えると、機械学習システムはそれらのサンプルから統計的な構造を抽出します。そして最終的には、そのタスクを自動化するための

---

[1]　A. M. Turing, "Computing Machinery and Intelligence," Mind 59, no. 236 (1950): 433-460.

ルールの生成が可能になります。たとえば、休暇中に撮った写真をタグ付けするタスクを自動化したいとしましょう。この場合、あらかじめタグ付けされた写真のサンプルを機械学習システムに大量に与えると、機械学習システムが特定の写真を特定のタグに関連付ける統計的なルールを学習することになります。

　機械学習が盛んになったのは、1990年代に入ってからです。しかし、ハードウェアの高速化やデータセットの巨大化という時代の趨勢にも助けられ、最もよく知られていて、最も成功したAIの一分野になるのに時間はかかりませんでした。機械学習は数理統計学と深く結び付いていますが、重要な違いがいくつかあります。統計学とは異なり、機械学習は大規模で複雑なデータセットを扱う傾向にあります。たとえば、それぞれ数万ピクセルで構成された数百万個の画像からなるデータセットが使用されます。ベイズ解析といった従来の統計解析では、そうしたことは不可能です。結果として、機械学習（特にディープラーニング）では、数学的な理論は影を潜め（潜めすぎかもしれません）、エンジニアリングが重視されます。機械学習は、アイデアが（理論的にではなく）実験的に証明される実践的な分野なのです。

1.1.3　データから表現を学習する

　ディープラーニング（deep learning）を定義し、機械学習の他のアプローチとの違いを理解するには、まず、機械学習のアルゴリズムが「何をするのか」を理解する必要があります。先に述べたように、期待されるもののサンプルを機械学習に与えると、データ処理タスクを実行するためのルールが抽出されます。したがって、機械学習を実行するには、次の3つのものが必要です。

- **入力データ点**
  たとえば音声認識タスクでは、これらのデータ点は人の会話を録音した音声ファイルかもしれません。画像タグ付けタスクでは、これらのデータ点は写真かもしれません。
- **期待される出力の例**
  音声認識タスクでは、音声ファイルから人が起こした原稿になるかもしれません。画像タグ付けタスクでは、期待される出力は "dog" や "cat" といったタグになるかもしれません。
- **アルゴリズムがよい仕事をしたかどうかを評価する方法**
  アルゴリズムの現在の出力と期待される出力との距離を特定する方法が必要です。結果はアルゴリズムの動作方法を調整するためのフィードバックとして使用されます。私たちが「学習」と呼んでいるのは、この調整ステップのことです。

　機械学習のモデルは、入力データを意味のある出力に変換します。これは既知の入力と出力のサンプルから「学習」するプロセスです。したがって、機械学習とディープラーニングでは、「データを意味のある方法で変換すること」が主な課題となります。つまり、機械学習は与えられた入力データから有益な**表現**（representation）を学習します。それらの表現は、期待される出力に近づくためのものです。先へ進む前に、表現とは何かについて考えてみましょう。表現とは、データを表す（エンコードする）ためにデータを別の角度から捉える方法です。たとえば、カラー画像は RGB（Red-Green-

Blue）フォーマットかHSV（Hue-Saturation-Value）フォーマットでエンコードできます。これらは同じデータの2種類の表現です。ある表現では難しいタスクが、別の表現では簡単になることがあります。たとえば、「画像の赤のピクセルをすべて選択する」タスクの場合はRGBフォーマットのほうが簡単であり、「画像の彩度を下げる」タスクの場合はHSVフォーマットのほうが簡単です。機械学習モデルの本質は、入力データに適した表現——分類タスクなど、データを現在のタスクにより適したものにする変換——を見つけ出すことにあります。

具体的な例として、xy座標系のx軸、y軸、それらの座標によって表される点について考えてみましょう（図1-3）。

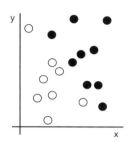

図1-3：サンプルデータ

この図には、白い点と黒い点がいくつかあります。点の (x, y) 座標を取得し、その点が黒または白である可能性を出力するアルゴリズムを開発したいとしましょう。

- 入力は点の座標
- 期待される出力は点の色
- 点が正しく分類される割合など、アルゴリズムの性能を評価する方法

ここで必要となるのは、白い点と黒い点が明確に区別されるようなデータの新しい表現です。さまざまな変換が考えられますが、そのうちの1つは座標の変更です（図1-4）。

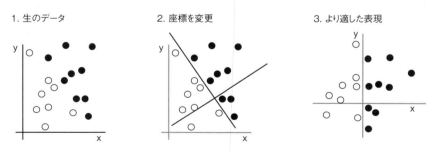

図1-4：座標の変更

この新しい座標系では、点の座標はデータの新しい表現であると言えます。しかも、よい表現です。この表現では、黒と白の分類問題を「黒い点は $x > 0$ の点」、「白い点は

x < 0 の点」という単純なルールで表すことができます。この新しい表現により、この分類問題は基本的に解かれています。

この場合は、座標の変更を手作業で定義しました。そうではなく、さまざまな座標の変更を体系的に調査し、正しく分類された点の割合をフィードバックとして使用していたとしたらどうでしょうか。その場合は、機械学習を行っていることになります。機械学習における「学習」は、よりよい表現を自動的に検索するプロセスを表します。

機械学習のアルゴリズムはどれも、そうした変換を自動的に見つけ出し、データを特定のタスクにとってより有益な表現にすることで構成されます。それらは上記のような座標の変更かもしれませんし、線形射影かもしれませんし、平行移動かもしれません（線形射影では情報が破壊されることがあります）。あるいは、「x > 0 の点をすべて選択する」といった非線形演算かもしれません。機械学習のアルゴリズムは、あらかじめ定義された一連の演算をひととおり検索するだけであり、通常、そうした変換を検索するにあたって創造力を働かせることはありません。このため、あらかじめ定義された演算の集まりは**仮説空間**（hypothesis space）と呼ばれます。

したがって、技術的な定義では、機械学習とは「フィードバックのガイダンスに基づいて、あらかじめ定義された仮説空間内で入力データの有益な表現を検索する」ことです。この単純な概念により、音声認識から自動運転まで、驚くほど広い範囲にわたる知能的なタスクの解決が可能になります。

「学習」が何を意味するのかを理解したところで、「ディープラーニング」では何が違うのかを見ていきましょう。

1.1.4　ディープラーニングの「ディープ」とは

ディープラーニングは、データから表現を学習する新しいスタイルの機械学習です。ディープラーニングでは、連続する**層**（layer）の学習に重点が置かれます。それらの層が深くなるほど、表現の重要性は増していきます。ディープラーニングの「ディープ」は、このアプローチによって何らかの理解が深まることを指しているのではなく、この「連続する表現の層」という概念を指しています。データモデルを構成する層の数は、モデルの**深さ**（depth）と呼ばれます。この分野については、**階層化表現学習**（layered representations learning）や**階層的表現学習**（hierarchical representations learning）と呼ぶほうが適切だったかもしれません。最近のディープラーニングでは、表現の層が数十から数百も重なっていることがよくあります。そして、それらの層はすべて訓練データから自動的に学習されます。一方で、機械学習の他のアプローチでは、学習の対象を 1 つか 2 つの層からなるデータ表現に絞る傾向にあります。このため、そうしたアプローチは**シャローラーニング**（shallow learning）または**表層学習**と呼ばれることがあります。

ディープラーニングでは、こうした階層型の表現を（ほぼ常に）**ニューラルネットワーク**（neural network）と呼ばれるモデルで学習します。ニューラルネットワークはまさに層が積み重なった構造になっています。「ニューラルネットワーク」は神経生物学の用語です。ディープラーニングの中心的な概念の一部は脳に関する知識に基づいて開発されていますが、ディープラーニングのモデルは脳のモデルではありません。現代のディープラーニングモデルで使用されている学習メカニズムのようなものを脳が実装しているという証拠はどこにもありません。大衆向けの科学誌で、ディープラー

ニングは脳と同じような仕組みになっているとか、脳をモデルにしているといった記事を見かけることがありますが、それは正しくありません。この分野になじみがない人にとって、ディープラーニングは神経生物学と何らかの関係があると考えるのは間違いのもとであり、逆効果です。人の心理のように神秘のベールで包み込む必要はないのです。ディープラーニングと生物学との間に関連があることを前提に書かれた文献を読んだことがある場合は、それも忘れてしまってかまいません。本書の定義では、ディープラーニングはデータから表現を学習するための数学的な枠組みです。

ディープラーニングアルゴリズムが学習する表現はどのようなものでしょうか。複数の層からなるネットワーク（図1-5）があるとしましょう。画像の数字を認識するにあたって、画像はどのように変換されるでしょうか。

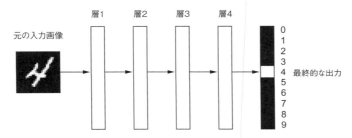

図1-5：数字を分類するためのディープニューラルネットワーク

図1-6に示すように、このネットワークは数字の画像を表現に変換します。それらの表現は、元の画像から徐々に異なるものに変化しながら、最終的な結果に関する情報を少しずつ増やしていきます。ディープニューラルネットワークについては、マルチステージの情報抽出演算として考えることができます。この場合、情報はフィルタを次々に通過することで徐々に「純化」されていき、何らかのタスクにとって有益な情報となります。

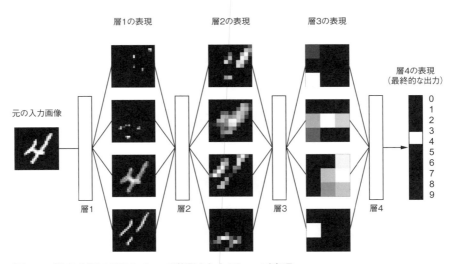

図1-6：数字分類モデルによって学習されたディープ表現

したがって、厳密に言えば、ディープラーニングとは、データの表現を学習するためのマルチステージの手法のことです。発想は単純です。しかし、非常に単純なメカニズムでありながら十分なスケーラビリティを持つため、魔法のように思えることがあります。

1.1.5 ディープラーニングの仕組み

ここまでの説明でわかったように、機械学習とは、画像などの入力からラベル "cat" などの目的値へのマッピングのようなものです。このマッピングは、入力値と目的値のさまざまなサンプルを観測することによって実現されます。また、ディープニューラルネットワークでは、入力値から目的値へのマッピングが単純なデータ変換（層）を深く積み重ねていくことによって実現され、そうしたデータ変換がサンプルから学習されることもわかりました。次は、この学習がどのように行われるのかを具体的に見ていきましょう。

層がその入力データに対して何を行うかに関する指定は、層の**重み**（weight）に格納されます。基本的には、重みは一連の数字で表されます。技術的には、層によって実装される変換はその重みによってパラメータ化されます（図 1-7）。このため、それらの重みは層の**パラメータ**（parameter）とも呼ばれます。この場合の**学習**（learning）は、入力値を関連する目的値に正しくマッピングするための重みの値を、ネットワーク内のすべての層にわたって見つけ出すことを意味します。しかし、ここで問題となるのは、ディープニューラルネットワークに数千万ものパラメータが含まれる可能性があることです。それらのパラメータごとに正しい値を見つけ出すのは気が遠くなる作業に思えます。それだけならまだしも、あるパラメータの値を変更すると、その他すべてのパラメータの振る舞いに影響がおよぶのです。

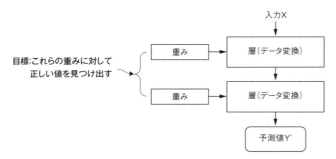

図 1-7：ニューラルネットワークはその重みによってパラメータ化される

何かを制御するには、まず、その何かを観測できなければなりません。ニューラルネットワークの出力を制御するには、その出力が期待されているものからどれくらいかけ離れているかを計測できなければなりません。これを計測するのがネットワークの**損失関数**（loss function）です。損失関数は**目的関数**（objective function）とも呼ばれます。損失関数は、ネットワークの予測値と真の目的値（ネットワークに出力させたい値）から損失率を計算することで、そのサンプルでのネットワークの性能を捕捉します（図 1-8）。

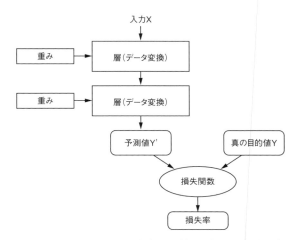

図 1-8：ネットワークの出力の品質を評価する損失関数

　ディープラーニングの基本的な原理は、損失率をフィードバックとして使用することで、重みの値を少しずつ調整していく、というものです。重みの調整は、現在のサンプルにおいて損失率が低くなる方向に向かって行われます（図 1-9）。重みを調整するのは**オプティマイザ**（optimizer）です。オプティマイザは**バックプロパゲーション**（backpropagation）と呼ばれるアルゴリズムを実装します。バックプロパゲーションはディープラーニングの中心的なアルゴリズムであり、**誤差逆伝播法**とも呼ばれます。バックプロパゲーションの仕組みについては、次章で詳しく説明します。

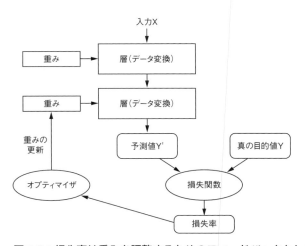

図 1-9：損失率は重みを調整するためのフィードバックとして使用される

　ネットワークの重みは乱数値で初期化されるため、最初は単に一連のランダムな変換を実装することになります。当然ながら、ネットワークの出力は理想的な出力からかけ離れたものとなり、損失率もかなり高くなります。しかし、ネットワークがサンプルを処理するたびに、重みが正しい方向に向かって少しずつ調整され、損失率が低

くなっていきます。これは**訓練ループ**（training loop）です。訓練ループを十分な回数だけ繰り返すと（通常は数千サンプルに対して数十回）、損失関数を最小化する重みの値が生成されます。損失率を最小限に抑え、目的値に限りなく近い出力を生成するネットワークは、訓練された（学習済みの）ネットワークです。この場合も、単純なメカニズムがスケーリングされていく様子は、まるで魔法を見ているかのようです。

1.1.6 ディープラーニングの実績

ディープラーニングは機械学習の古くからある分野の 1 つですが、注目されるようになったのは 2010 年代に入ってからです。それから数年の間に、ディープラーニングはこの分野でまさに革命を起こしており、視覚や聴覚といった知覚問題で目覚ましい成果を上げています。そうした問題で必要となるスキルは、人にとってはあたりまえに思えるものですが、機械にとってはずっと大きな課題となっていました。

具体的な例を挙げると、ディープラーニングは次の分野でブレークスルーを起こしています。どれも機械学習では難しいとされてきた領域です。

- 人に近いレベルの画像分類
- 人に近いレベルの音声認識
- 人に近いレベルの手書き文字認識
- 機械翻訳の改善
- テキスト音声変換の改善
- Google Now や Amazon Alexa といったデジタルアシスタント
- 人に近いレベルの自動運転
- Google、Baidu、Bing が導入しているターゲティング広告の改善
- Web での検索結果の改善
- 自然言語で表された質問への回答
- 超人的な碁の対局

ディープラーニングで何ができるかについては、まだ可能性を模索している段階です。形式推論といった機械認識や自然言語の解釈以外にも、幅広い問題への応用が始まっています。うまくいけば、科学やソフトウェア開発などでディープラーニングがアシスタントとなる時代がやってくるかもしれません。

1.1.7 一時的なブームに惑わされない

ディープラーニングの近年の実績には目覚ましいものがありますが、これから 10 年以内に達成できるだろうとされているものへの期待値はどうしても高くなりがちです。自動運転のように、世界を変えるような技術が実用化まであと一歩のところに来ているのは確かです。しかし、リアルな会話システム、あらゆる言語での人と同じレベルの機械翻訳、人と同じレベルの自然言語の解釈など、その他の実用化にはまだ時間がかかる可能性があります。たとえば、「人と同じレベルの汎用人工知能」の話をしたところで、誰も相手にしてくれないでしょう。短期間に過剰な期待をすると、テクノロジーが期待に応えられなかった場合に、研究投資が底をつき、長期にわたって停滞する危険があります。

実は、これには前例があるのです。それも2回にわたって。AIは過去に、あまりにも楽観的な見通しとそれに続く失望と疑念というサイクルを繰り返し、結果として資金不足に陥っています。最初のサイクルが始まったのは、1960年代のSymbolic AIの時代でした。当時のAIについての予想は現実離れしたものでした。Symbolic AIの先駆者/提唱者として最もよく知られている1人であるマーヴィン・ミンスキーは、1967年に次のように主張していました。「人工知能を作成するという問題は、1つの世代のうちには大方解決されるだろう」。その3年後の1970年には、「3年から8年以内に、ごく一般的な人の汎用知能を持つ機械が誕生するだろう」というより具体的な数字を挙げています。2016年の時点でも、そうした偉業はまだ先のことに思えます（今のところ、どれくらいかかるかを予測する手立てはありません）。ですが、1960年代から1970年代の初めは、複数の専門家がもうすぐそうなるだろうと考えていたのです（そして現在でも多くの人がそう考えています）。その数年後に、そうした現実離れした期待が打ち砕かれ、研究者がこの分野から去り、政府の補助金が打ち切られると、「核の冬」[2] ならぬ最初の **AIの冬**（AI winter）が訪れました。

「AIの冬」は、それが最後ではありませんでした。1980年代に入ると、大企業の間で新しいスタイルのSymbolic AIである**エキスパートシステム**が注目を集めるようになりました。最初のいくつかのサクセスストーリーが投資の呼び水となり、世界中の企業がエキスパートシステムを開発するためにAI部門を立ち上げました。1985年頃には、これらの企業は毎年10億ドル以上をエキスパートシステムに費やしていました。しかし、1990年代の初めに、そうしたシステムは維持費が高く、スケーラビリティに乏しく、応用範囲が限られていることが明らかになると、関心は失われてしまいました。そして、第2の「AIの冬」が訪れました。

現在、私たちは第3のAIブームと失望のサイクルを目の当たりにしています――そして、やはり楽観的な見通しを捨てきれずにいます。短期的な期待値はほどほどにし、この分野の技術的な面に詳しくない人々にディープラーニングで実現できることと実現できないことを明確に理解してもらうのが一番です。

1.1.8　AIの可能性

AIに対する短期的な見通しが非現実的なものであったとしても、その前途は洋々です。医療診断からデジタルアシスタントまで、ディープラーニングが変革をもたらすであろう重要な問題への応用はまだ始まったばかりです。AIの短い歴史において類を見ないレベルの投資にも助けられ、この5年間にAIの研究は驚くべきペースで前進しています。ですが、これまでのところ、この世界を形作っている製品やプロセスへの地歩を築くまでには至っていません。ディープラーニングの研究成果のほとんどはまだ応用されていません。少なくとも、ディープラーニングがあらゆる産業にわたって解決すると目されている幅広い問題に応用される、という状況には至っていません。あなたの係りつけの医師はまだAIを使っていませんし、あなたの会計士もAIを使っていません。おそらく日々の生活にもAIの技術は使われていないでしょう。もちろん、スマートフォンに単純な質問をすれば、それなりの答えが返ってきますし、Amazon.comの製品レコメンデーションはかなり気が利いています。Googleフォトで「誕生日」

---

[2]　当時は冷戦から間もない頃だった。

を検索すれば、先月開いた娘の誕生パーティの写真がすぐに見つかります。どれもそうしたテクノロジーの当初の目的とはまるで違っていますが、そうしたツールはやはり日常生活の小道具にすぎません。私たちが働いたり、考えたり、生活したりする上でAIが重要な存在になるのは、まだこれからです。

　AIはまだ広く導入されるには至っていないため、この段階で、AIが社会に大きな影響を与えるようになるだろうと考えるのは難しいかもしれません。ですが、思い返してみれば、1995年にインターネットの将来の影響を信じろというのは無理な話でした。当時、インターネットがこれほど重要となり、自分たちの生活を変えるようになると考えた人はほとんどいませんでした。現在のディープラーニングとAIにも同じことが言えます。しかし、AIがすぐそこまで来ていることは間違いありません。そう遠くない将来、AIはあなたのアシスタントとなり、友達にさえなるかもしれません。AIはあなたの質問に答え、子供の教育に協力し、あなたの健康状態に目を光らせるようになるでしょう。さらには、日用品を自宅に届け、指定された場所まで車を運転するようになるかもしれません。AIは複雑化する一方の情報化社会へのインターフェイスとなるでしょう。そして、さらに重要なのは、ゲノミクスから数学まで、あらゆる科学分野で科学者による新しい画期的な発見を手助けすることで、人類全体の進歩を後押しするようになることです。

　一方で、いくつかの後退を余儀なくされ、新たな「AIの冬」を迎えることになる可能性もあります。1998年から1999年にかけてインターネットバブルが発生し、2000年代の初めにバブルがはじけて景気後退を余儀なくされたのと同じです。しかし、最終的にはAIの時代になるはずです。現在のインターネットと同様に、私たちの社会や日常生活を構成しているほぼすべてのプロセスにAIが導入されるようになるでしょう。

　一時的なブームに惑わされるのではなく、長期的な見通しを信じてください。AIの導入が進み、（まだ誰も想像すらしていない）その潜在能力が発揮されるようになるには時間がかかるかもしれませんが、私たちの社会はAIによってすばらしい変化を遂げるでしょう。

1.2 ディープラーニングの前史：機械学習

　ディープラーニングは世間の注目を集めるようになり、この業界への投資はAIの歴史において類を見ないレベルに達していますが、だからといって機械学習の最初の成功例であるとは言えません。この業界において現在利用されている機械学習のアルゴリズムのほとんどは、ディープラーニングのアルゴリズムではないと言ってよいでしょう。ディープラーニングは常に正しいツールであるとは限りません。ディープラーニングを適用するにはデータが十分ではないこともありますし、別のアルゴリズムを使用するほうが問題がうまく解決されることもあります。機械学習との最初の出会いはディープラーニングである、という場合は、ディープラーニングの「ハンマー」だけを握りしめていて、機械学習の問題がすべて「釘」に見えている状態かもしれません。この罠に引っかからないようにするには、他のアプローチを理解し、それらを必要に応じて実践するしかありません。

　従来の機械学習のアプローチについて詳しく説明するのはまたの機会にしますが、次項では、それらを簡単に取り上げ、それらが開発された経緯を説明することにしま

す。そうすれば、ディープラーニングを機械学習という広い枠組みの中で捉えることで、ディープラーニングがどのようにして誕生したのか、なぜ重要なのかをうまく理解できるはずです。

1.2.1　確率モデリング

　確率モデリング（probabilistic modeling）とは、データ分析に統計学の原理を応用するものです。確率モデリングは機械学習の原型の1つであり、現在でも広く利用されています。このカテゴリにおいて最もよく知られているアルゴリズムの1つは、**ナイーブベイズアルゴリズム**（Naive Bayes algorithm）です。ナイーブベイズアルゴリズムは**単純ベイズアルゴリズム**とも呼ばれます。

　ナイーブベイズは、入力データの特徴量がすべて独立しているものと仮定した上で、ベイズの定理を適用することに基づく機械学習分類器です。この独立性の仮定が「強く単純化されている」、すなわち「ナイーブ」であることが、名前の由来となっています。この形式のデータ分析はコンピュータが登場するずっと以前から存在しており、最初のコンピュータが実装される（おそらく 1950 年代よりも）前は手作業で行われていました。ベイズの定理が発見され、統計学の基礎が築かれたのは 18 世紀のことです。ナイーブベイズ分類器を使用するにあたって必要なのは、ベイズの定理と統計学の基礎知識だけです。

　ナイーブベイズアルゴリズムに深く関連しているモデルの1つは、**ロジスティック回帰**（logistic regression）です。ロジスティック回帰は、ある意味、現代の機械学習の「Hello World」のようなものです。「ロジスティック回帰」という名前に惑わされないでください。というのも、ロジスティック回帰は回帰アルゴリズムではなく分類アルゴリズムだからです。ナイーブベイズと同様に、ロジスティック回帰はコンピュータが登場するずっと以前から存在していますが、単純で融通が利くことから、現在でも有益なアルゴリズムです。データサイエンティストが分類タスクを体験するためにデータセットで最初に試してみるのはたいていロジスティック回帰です。

1.2.2　初期のニューラルネットワーク

　初期のニューラルネットワークは、ここで取り上げている現代のニューラルネットワークに完全に置き換えられていますが、ディープラーニングがどのようにして誕生したのかを知る上で参考になります。早くも 1950 年代には、ニューラルネットワークの中核的な概念が模型を使って調査されていましたが、そこから最初の一歩を踏み出すまでに数十年の空白がありました。大規模なニューラルネットワークを効率よく訓練する方法は、ずっと不明なままでした。この状況が変化したのは、何人かの研究者によってバックプロパゲーション（誤差逆伝播法）アルゴリズムが再評価され、ニューラルネットワークに応用されるようになった 1980 年代の中頃のことでした。バックプロパゲーションは、勾配降下法を使って一連のパラメトリック演算を訓練するための手法です。これらの概念については、後ほど詳しく説明します。

　ニューラルネットワークがようやく実用化されたのは、1989 年のことです。当時、ベル研究所に在籍していた Yann LeCun が、畳み込みニューラルネットワークとバックプロパゲーションの原型となる概念を組み合わせ、手書きの数字の分類という問題に応用したのです。この **LeNet** と呼ばれるネットワークは、郵便物の郵便番号と住所

の読み取りを自動化するために、1990年代にUSPS（United States Postal Service）によって導入されています。

1.2.3 カーネル法

この最初の成功のおかげで1990年代にニューラルネットワークが研究者の間で一目置かれるようになったのもつかの間、機械学習に対する新しいアプローチが広く知られるようになり、ニューラルネットワークはまたしてもすぐに忘れ去られてしまいました。この**カーネル法**（kernel methods）と呼ばれるアプローチは、**サポートベクトルマシン**（support vector machine、以下SVM）をはじめとする分類アルゴリズムの一種です。現在のSVMは、1990年代の初めにベル研究所のVladimir VapnikとCorinna Cortesによって開発され、1995年に発表されたものです[3]。しかし、1963年には、VapnikとAlexey Chervonenkisによって線形SVMが定式化されています[4]。

SVMの目的は、分類問題を解くことにあります。これは、2つの異なるカテゴリに属している2つのデータ点の集まりがある場合に、それらをうまく分類する**決定境界**（decision boundary）を見つけ出す、という方法で行われます（図1-10）。決定境界については、2つのカテゴリに対応する2つの空間に訓練データを分割する線または平面として考えることができます。新しいデータ点を分類する場合は、それらが決定境界のどちら側にあるかを確認するだけで済みます。

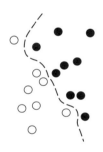

図1-10：決定境界

SVMが決定境界を見つけ出す方法は、次の2つの手順に分かれています。

1. 決定境界を超平面として表現できる新しい高次元表現へデータをマッピング（写像）する。図1-10のようにデータが2次元である場合、超平面は直線となる。
2. 各クラスに最も近いデータ点と超平面との距離を最大化することで、データ点をうまく分類する決定境界（分離超平面）を計算する。この手順は**マージン最大化**（maximizing the margin）と呼ばれる。これにより、訓練データセットに含まれていない新しいサンプルに対して決定境界をうまく汎化できるようになる。

---

[3] Vladimir Vapnik and Corinna Cortes, "Support-Vector Networks," Machine Learning 20, no. 3 (1995): 273-297.
[4] Vladimir Vapnik and Alexey Chervonenkis, "A Note on One Class of Perceptrons," Automation and Remote Control 25 (1964).

データを高次元表現へマッピングすることで分類問題を単純化するという手法は、理論的にはうまくいくように思えますが、実際には計算困難な演算になりがちです。そこで登場するのが、**カーネルトリック**（kernel trick）です。カーネルトリックは、カーネル法の名前の由来でもある重要な概念です。簡単にまとめると、次のようになります。新しい表現空間でよい決定超平面を見つけ出すには、新しい空間内で2つの点の距離を計算すれば十分であり、その空間内で点の座標を明示的に計算する必要はありません。**カーネル関数**（kernel function）を使用すれば、この作業を効率よく行うことができます。カーネル関数は計算容易な演算であり、最初の表現空間の2つの点を目的の表現空間でのそれらの点の距離にマッピングします。これにより、新しい表現を明示的に計算する必要は完全になくなります。一般に、カーネル関数はデータから学習するのではなく、手作業で組み立てられます。SVMの場合、学習するのは分離超平面だけです。

SVMは、開発された当時は、単純な分類問題において圧倒的な性能を誇っていました。また、SVMは詳細な理論に裏付けられた数少ない機械学習法の1つであり、重大な数理解析に適していたことから、よく理解されており、解釈しやすいという特性があります。こうした有益な特性を持つことから、この分野では長期にわたって抜群の人気を誇っていました。

しかし、SVMは大規模なデータセットへのスケーリングが難しく、画像分類などの知覚問題ではあまりよい結果を出せませんでした。SVMはシャローラーニングの手法であるため、SVMを知覚問題に適用するには、まず有益な表現を手動で抽出する必要があります。この作業は**特徴エンジニアリング**（feature engineering）と呼ばれます。特徴エンジニアリングは難しく、脆い作業です。

1.2.4　決定木、ランダムフォレスト、勾配ブースティングマシン

決定木（decision tree）は、入力データ点を分類したり、入力に基づいて出力を予測したりすることが可能な、フローチャートのような構造です（図1-11）。決定木を可視化して解釈するのは簡単です。データから学習する決定木の研究が盛んになったのは2000年代のことであり、2010年にはカーネル法よりも優先されるほどになりました。

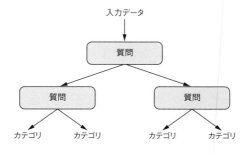

図1-11：決定木が学習するパラメータは「データの係数は3.5よりも大きいか」といったデータに関する質問

とりわけ、**ランダムフォレスト**（Random Forest）アルゴリズムでは、堅牢で実用的な決定木学習が導入されました。ランダムフォレストは、決定木を大量に構築し、それらの出力を組み合わせるアンサンブル学習のアルゴリズムであり、幅広い問題への応用が可能です。シャローラーニングのタスクに関しては、ほぼ2番手のアルゴリズ

ムと言ってもよいくらいです。機械学習コンペの Web サイトとしてよく知られている Kaggle[5] が 2010 年にスタートしたときには、誰もがこぞってランダムフォレストを使用したほどです。ですが 2014 年には、その地位を**勾配ブースティングマシン**（gradient boosting machine、以下 GBM）に奪われてしまいました。GBM は、ランダムフォレストと同様に、弱い予想モデル（通常は決定木）のアンサンブルに基づく機械学習法であり、**勾配ブースティング**を使用します。勾配ブースティングは、前のモデルの弱点に対処する新しいモデルの訓練を繰り返すことで、機械学習モデルを改善する手法です。決定木に勾配ブースティングを適用すると、ほとんどの場合は、ランダムフォレストの性能を確実に上回るだけでなく、同じような特性を持つモデルが得られます。現在、非知覚データを扱うアルゴリズムとしては、「最善」とは言えないまでも、それに近いアルゴリズムの 1 つかもしれません。GBM は、ディープラーニングと並んで、Kaggle のコンペで最もよく使用される手法の 1 つです。

1.2.5　ニューラルネットワークの再起

　2010 年頃は、ニューラルネットワークは科学界から見放されたも同然の状態でしたが、まだニューラルネットワークに取り組んでいた人々 ── トロント大学の Geoffrey Hinton のグループ、モントリオール大学の Yoshua Bengio、ニューヨーク大学の Yann LeCun、そしてスイスの IDSIA ── により、重要なブレークスルーが起きようとしていました。

　2011 年、IDSIA の Dan Ciresan が GPU で訓練したディープニューラルネットワークを使ってアカデミックな画像分類コンペで勝利を収めるようになります ── 現代のディープラーニングが最初の勝利を勝ち取った瞬間でした。しかし、重大な転機が訪れたのは、2012 年、毎年開催されていた大規模な画像認識コンテストである ImageNet に Geoffrey Hinton のグループがエントリーしたときでした。当時、ImageNet は難易度の高いコンテストとしてよく知られていました。このコンテストでは、140 万枚の画像を学習した後、高解像度のカラー画像を 1,000 種類のカテゴリに分類します。2011年、コンピュータビジョンに対する従来のアプローチに基づいて勝ち抜いたモデルのトップ 5 正解率[6] はたった 74.3% でした。それが 2012 年には、Alex Krizhevsky 率いるチームが Geoffrey Hinton のアドバイスを受けて 83.6% のトップ 5 正解率を達成しました。これは大躍進と言えるものでした。それ以来、ImageNet はディープ畳み込みニューラルネットワーク一色となっています。2015 年には、勝者の正解率は 96.4% に達しており、ImageNet での分類タスクは完全に解かれた問題と見なされています。

　2012 年以降、ディープ畳み込みニューラルネットワーク（DCNN）は、コンピュータビジョンのあらゆるタスクにとって中心的なアルゴリズムとなっています。より一般的な見方をすれば、DCNN はすべての知覚問題でうまくいきます。2015 年と 2016年に開催された主なコンピュータビジョンのカンファレンスでは、DCNN とまったく無関係なプレゼンテーションを探すのは不可能に近い状態だったほどです。その一方で、ディープラーニングは自然言語処理といった他の種類の問題にも用途を広げており、さまざまな領域でサポートベクトルマシン（SVM）や決定木に完全に取って代わ

---

[5]　http://kaggle.com
[6]　［訳注］上位 5 つの予測値のいずれかが目的値と同じである回数を、評価したデータ点の数で割ったもの。

っています。たとえば欧州原子核研究機構 (CERN) は、過去数年間にわたって、LHC (Large Hadron Collider) のアトラス検出器によって検出された粒子データの分析に決定木ベースの手法を用いてきました。しかし、大規模なデータセットでの性能の高さや訓練の容易さから、その後は Keras ベースのディープニューラルネットワークに切り替えています。

1.2.6 ディープラーニングの違いは何か

　ディープラーニングの人気にすぐに火がついた主な理由は、さまざまな問題でよりよい性能を実現したことでした。しかし、理由はそれだけではありません。ディープラーニングにより、問題の解決もはるかに容易になっています。というのも、機械学習のワークフローにおいて最も重要なステップとされていた特徴エンジニアリングが完全に自動化されるからです。

　機械学習のこれまでの手法（シャローラーニング）は、入力データを1つか2つの連続する表現空間に変換するだけでした。そして通常は、高次元の非線形射影 (SVM) や決定木といった単純な変換が用いられていました。しかし、複雑な問題に必要となる高度な表現は、概してそうした手法では得られないものです。このため、最初の入力データを変換してそうした手法に適したものにする作業を行わなければならず、そうした表現に適した層を手作業で設計しなければなりませんでした。この作業は**特徴エンジニアリング**（feature engineering）と呼ばれます。これに対し、ディープラーニングでは、この手順が完全に自動化され、すべての特徴量を1回で学習することができます。これにより、機械学習のワークフローは非常に単純なものになります —— 多くの場合は、複雑なマルチステージのパイプラインが1つの単純なエンドツーエンドのディープラーニングモデルに置き換えられます。

　この問題の核心が複数の連続する表現の層にあるなら、シャローラーニングの手法を繰り返し適用すれば、ディープラーニングの効果を再現できるのではないか、と考えているかもしれません。実際には、シャローラーニングを連続的に適用する方法は、すぐに収穫逓減の限界に達してしまいます。というのも、「3層のモデルにおいて最適な最初の表現層は、1層や2層のモデルにおいて最適な最初の表現層ではない」からです。ディープラーニングの斬新さは、モデルにすべての層を順番に学習させるのではなく、**同時**（jointly）に学習できるようにする点にあります。前者はいわゆる**貪欲法**（greedily）です。特徴量の同時学習では、モデルが内部の特徴量の1つを調整するたびに、その特徴量に依存している他のすべての特徴量が（人が介入しなくても）その変更に自動的に適応します。フィードバックの1つ1つが教師となり、モデルの変更の1つ1つが最終的な目標に貢献します。複雑な抽象表現を一連の中間層に分割するという方法で学習できるようになることを考えると、ディープラーニングは貪欲なシャローラーニングのスタックモデルよりもはるかに強力です。この場合、1つ1つの層（空間）は前の層から独立した単純な変換にすぎません。

　ディープラーニングがデータから学習する方法には、次に示す2つの基本的な特性があります。1つは、「層から層への漸進的な学習により、複雑な表現を徐々に作成していくこと」です。もう1つは、「そうした中間の漸進的な表現を同時に学習すること」です。更新の対象となる各層は、その上の層と下の層が要求する両方の表現に従います。これら2つの特性により、ディープラーニングは機械学習のこれまでのアプロー

20 　第 1 章　ディープラーニングとは何か

チよりもはるかに大きな成功を収めています。

1.2.7　現代の機械学習の情勢

　機械学習のアルゴリズムやツールの現状を把握したい場合は、Kaggle[7] の機械学習コンペを調べてみるとよいでしょう。Kaggle では激しい競争が繰り広げられており（コンペによっては、100 万ドルの賞金を懸けて数千のエントリーがあります）、幅広い機械学習問題がカバーされているため、うまくいくものといかないものを実際に評価できます。では、コンペを確実に勝ち抜くのはどのようなアルゴリズムでしょうか。トップクラスの参加者が使用するのはどのようなツールでしょうか。

　2016 年と 2017 年の Kaggle において主役となったのは、勾配ブースティングマシンとディープラーニングの 2 つのアプローチでした。勾配ブースティングは構造化データが利用可能な問題で使用されており、ディープラーニングは画像分類といった知覚問題で使用されています。勾配ブースティングを使用している参加者は必ずと言ってよいほど XGBoost というすばらしいライブラリを使用しています。このライブラリはデータサイエンスにおいて最も人気の高い言語である Python と R をサポートしています。一方で、ディープラーニングを使用している参加者のほとんどは、使いやすさ、柔軟性、Python のサポートを理由に、Keras ライブラリを使用しています。

　現在の応用機械学習で成功を収めるために最も理解しておかなければならない手法は、シャローラーニング問題では勾配ブースティングマシン、知覚問題ではディープラーニングです。技術的には、XGBoost と Keras に精通している必要があることを意味します。これらは現在 Kaggle で最もよく使用されているライブラリです。本書を手にしている読者は、この目標に向かってすでに大きな一歩を踏み出しています。

1.3　なぜディープラーニングなのか、なぜ今なのか

　コンピュータビジョンに対するディープラーニングの 2 つの主な概念である畳み込みニューラルネットワークとバックプロパゲーション（誤差逆伝播法）は、1989 年にはすでによく理解されていました。ディープラーニングにとって根本的なアルゴリズムである長短期記憶（LSTM）は 1997 年に開発されており、それ以来ほとんど変わっていません。では、ディープラーニングが 2012 年まで注目されなかった理由は何でしょうか。この 20 年の間に何が変わったのでしょうか。

　一般に、機械学習の進化は次の 3 つの技術的要素に左右されます。

- ハードウェア
- データセットとベンチマーク
- アルゴリズムの進化

　この分野を主導するのは理論ではなく、実験的調査の結果です。したがって、アルゴリズムの進歩が可能になるのは、新しいアイデア（それか、よくあるのは古いアイデアのスケールアップ）を試してみるのに適したデータとハードウェアが揃ったとき

---

[7]　https://www.kaggle.com/

だけです。機械学習は工学であり、数学や物理学のようにペンと紙があれば大きな進歩が可能になる、というわけにはいきません。

1990年代と2000年代のボトルネックはまさにデータとハードウェアでした。しかし、インターネットが普及し、ゲーム市場のニーズに応えて高性能なグラフィックスチップが開発されたのもまさにその頃でした。

1.3.1 ハードウェア

1990年から2010年の間に、市販のCPUは約5,000倍も高速になりました。このため最近では、小さなディープラーニングモデルならノートPCで実行することが可能です。25年前には考えられなかったことです。

しかし、コンピュータビジョンや音声認識で使用される一般的なディープラーニングモデルでは、ノートPCの何倍もの計算能力が必要となります。2000年代にかけて、NVIDIAやAMDなどの企業は、ますます写実的になっていくビデオゲームのグラフィックスを処理するために、高速な超並列チップ（GPU）の開発に多額の投資を行ってきました。それらはまさに、複雑な3Dシーンを画面上でリアルタイムにレンダリングすることを唯一の目的とした安価なスーパーコンピュータです。この投資が科学コミュニティに恩恵を与えるようになったのは、2007年にNVIDIAがCUDA[8]をリリースしたときでした。CUDAは、NVIDIAのGPU製品のプログラミングインターフェイスです。物理モデリングを皮切りに、高度な並列処理が可能なさまざまなアプリケーションにおいて、大規模なCPUクラスタがいくつかのGPUに置き換えられるようになりました。ディープニューラルネットワークでも、高度な並列処理が可能です。その場合は、ディープニューラルネットワークが主に大量の小さな行列乗算で構成されていることが前提となります。そして2011年頃、一部の研究者がニューラルネットワークのCUDA実装に着手しました。Dan Ciresan[9]とAlex Krizhevsky[10]は最初の研究者の1人でした。

次世代のAIアプリケーションに向けたスーパーコンピューティングを後押ししたのは、ゲーム市場でした。時に、ゲームは大きな出来事の始まりとなります。本書の執筆時点では、NVIDIA TITAN X（2015年の終わりの時点で1,000ドルのゲーム用GPU）の単精度のピーク性能は6.6TFLOPSであり、float32の演算を1秒間に6.6兆回実行できます。最近のノートPCの性能と比較すると、約350倍です。TITAN Xでは、数年前にILSVRCコンペで優勝したようなImageNetモデルの訓練をほんの数日で行うことができます。一方、大企業では、NVIDIA Tesla K80など、ディープラーニングのニーズに合わせて開発されたGPUを数百基も搭載したクラスタでディープラーニングの訓練を行っています。そうしたクラスタの計算性能は、現代のGPUがなければ達成できなかったものです。

---

[8] https://developer.nvidia.com/about-cuda

[9] "Flexible, High Performance Convolutional Neural Networks for Image Classification," Proceedings of the 22nd International Joint Conference on Artificial Intelligence (2011), http://www.ijcai.org/Proceedings/11/Papers/210.pdf

[10] "ImageNet Classification with Deep Convolutional Neural Networks," Advances in Neural Information Processing Systems 25 (2012), http://papers.nips.cc/paper/4824-imagenet-classification-with-deep-convolutional-neural-networks

第1章　ディープラーニングとは何か

　さらに、ディープラーニング業界はGPUにとどまらず、ディープラーニング専用の効率的なチップへの投資を進めています。Google I/O 2016では、Googleによってテンソル処理ユニット（TPU）プロジェクトが発表されています。TPUは、ディープニューラルネットワークを実行するために開発された、まったく新しいチップデザインです。Googleによれば、処理速度は最新鋭のGPUの10倍で、エネルギー効率もはるかに高いとのことです。

1.3.2　データ

　AIは新しい産業革命の到来と称されることがあります。ディープラーニングがこの産業革命の蒸気エンジンであるとすれば、データは石炭です。データはこの知能機械のエネルギー資源であり、データなしには何も始まりません。この20年間にストレージハードウェアが（ムーアの法則に従って）飛躍的に発展したことに加えて、インターネットの台頭によって大変革がもたらされた結果、機械学習用の大規模なデータセットの収集と配布が可能になりました。現在、大企業が扱っている画像、動画、自然言語の大規模なデータセットは、インターネットがなければ収集できなかったものです。たとえば、ユーザーが生成するFlickrの画像タグは、コンピュータビジョン用のデータの宝の山となっています。YouTubeの動画もそうです。そしてWikipediaは、自然言語処理にとって重要なデータセットです。

　ディープラーニングが台頭するきっかけとなったデータセットが1つあるとすれば、それはImageNetデータセットでしょう。このデータセットは、1,000種類の画像カテゴリ（画像ごとに1カテゴリ）でアノテートされた140万枚の画像で構成されています。しかし、ImageNetが特別なのは、そのサイズの大きさだけではなく、ILSVRCというコンペを毎年開催していることにあります[11]。

　Kaggleが2010年から実証しているように、誰でも参加できるコンペは、研究者やエンジニアが限界に挑戦してみようと考えるすばらしい動機になります。標準のベンチマークが設定され、研究者がそれを塗り替えようと競い合ったことが、近年のディープラーニングの台頭に大きく貢献しています。

1.3.3　アルゴリズム

　ボトルネックとなっていたのはハードウェアやデータだけではありません。かなり深いニューラルネットワークの訓練を確実に行う方法も、2000年代の後半まで見つかりませんでした。結果として、ニューラルネットワークはかなり浅いままとなり、表現の層は1つか2つに限られていました。このため、ニューラルネットワークはサポートベクトルマシン（SVM）やランダムフォレストといったより洗練されたシャローラーニング手法に対抗できませんでした。主に問題となったのは、深く積み上げられた層での勾配の伝播でした。ニューラルネットワークの訓練に使用されるフィードバック信号は、層をいくつも通過するうちに弱くなっていくからです。

---

[11] The ImageNet Large Scale Visual Recognition Challenge (ILSVRC), http://www.image-net.org/challenges/LSVRC

1.3　なぜディープラーニングなのか、なぜ今なのか　　23

　この状況が変化したのは、2009 年から 2010 年にかけて、単純ながら重要な改善がアルゴリズムに施されたときでした。次の改善により、勾配をうまく伝播できるようになったのです。

- ニューラルネットワークの**活性化関数**（activation function）の改善
- **重みを初期化する方法**の改善（当初の層ごとの事前訓練はすぐに使用されなくなった）
- RMSProp や Adam（Adaptive moment estimation）といった**最適化手法**の改善

　ディープラーニングが輝きを取り戻したのは、これらの改善によって 10 層以上のモデルの訓練が可能になったときでした。

　最後に、2014 年、2015 年、2016 年には、バッチ正規化、残差接続、dw 畳み込み（depthwise separable convolution）[12] など、勾配の伝播に役立つさらに高度な手法も発見されています。現在では、数千もの層が積み重なったモデルを一から訓練することも可能です。

1.3.4　新しい投資の波

　2012 年から 2013 年にかけて、最初はコンピュータビジョンで、やがてあらゆる知覚問題において最先端のアルゴリズムとなったディープラーニングは、業界のリーダーの目に留まるようになります。そして、AI の歴史上類を見ない産業投資がじわじわと広がっていきました。

　2011 年、ディープラーニングがまさにスポットライトを浴びようとしていた頃、AI へのベンチャーキャピタルの投資総額は 1,900 万ドルに上っていました。これはシャローラーニングアプローチの実用化にほぼ相当する金額でした。2014 年には、AI への投資は 3 億 9,400 万ドルに達しました。この 3 年間に、ディープラーニングのブームに乗ってスタートアップが次々に事業を開始しました。一方、Google、Facebook、Baidu、Microsoft といった大規模なハイテク企業は、ベンチャーキャピタルの投資が霞むほどの金額を内部の研究部門につぎ込んでいました。そのうち具体的な数字がわかっているものはほんのひと握りです。2013 年、Google はディープラーニングのスタートアップだった DeepMind を買収しましたが、買収金額は 5 億ドルと見積もられています。これは AI 企業の買収としては過去最大です。2014 年には、Baidu がディープラーニング研究センターをシリコンバレーに開設し、このプロジェクトに 3 億ドルを投資しています。2016 年には、ディープラーニングハードウェアのスタートアップだった Nervana Systems が Intel に 4 億ドルあまりで買収されています。

---

[12]［訳注］バッチ正規化、残差接続、dw 畳み込みについては、第 7 章を参照。

こうしたハイテク企業の製品戦略の中心となっているのは、機械学習 —— 特にディープラーニングです。2015 年の終わりに、Google の CEO である Sundar Pichai は次のように述べています [13]。「私たちが何を行うにしてもそのやり方を見直すようになるという点で、機械学習は中核的であり、変革的です。検索、広告、YouTube、Play をはじめ、機械学習は当社のすべての製品に慎重に適用されています。そして、これはまだ始まったばかりですが、これらすべての分野に機械学習が（システマティックな方法で）適用されるようになるでしょう」。

この投資の波により、この 5 年間だけで、ディープラーニングに携わる人の数は数百人から数万人に増えており、猛烈なペースで研究が進められています。今のところ、この傾向がすぐに鈍化しそうな兆しはありません。

1.3.5　ディープラーニングの大衆化

こうしたディープラーニングへの新規参入を後押している主な要因の 1 つは、この分野で使用されているツールの「大衆化」にあります。当初、ディープラーニングを実行するには、C++ と CUDA にかなり精通している必要があり、そうした専門知識を持つ人は限られていました。最近では、Python でスクリプトを記述するための基本的な知識があれば、ディープラーニングの高度な調査を行うのには十分です。その立役者となったのは何と言っても Theano とそれに続く TensorFlow の開発でした。これらは Python でのテンソル操作を象徴するフレームワークです。これらのフレームワークは自動微分をサポートしており、新しいモデルの実装が大幅に単純になります。そして、Keras などのユーザーフレンドリなライブラリの登場により、ディープラーニングは LEGO ブロックを組み立てるがごとく簡単になっています。2015 年の初めにリリースされた Keras は、瞬く間に、この分野への転換を図っている多くの新しいスタートアップ、大学院生、研究者にとってなくてはならないディープラーニングソリューションになりました。

1.3.6　これは続くのか？

ディープニューラルネットワークには、何か特別なものがあるのでしょうか。ディープニューラルネットワークが企業の投資を呼び込み、研究者が群がるのに「ふさわしい」アプローチとなっているのはなぜでしょうか。それとも、ディープラーニングは一時的なブームで、そのうち消えるでしょうか。ディープラーニングは 20 年後も使われているでしょうか。

ディープラーニングには、AI 革命と呼ぶにふさわしい特性がいくつかあります。これからはディープラーニングの時代です。今から 20 年後には、ニューラルネットワークは使われていないかもしれませんが、何が使われているにせよ、現代のディープラーニングとその基本概念を直接継承するものになるでしょう。これらの重要な特性は、大きく 3 つのカテゴリに分けることができます。

---

[13] Sundar Pichai, Alphabet earnings call, Oct. 22, 2015.

- **単純さ**
  ディープラーニングは、特徴エンジニアリングの必要性をなくし、複雑で、脆く、技術力に大きく依存するパイプラインを、単純なエンドツーエンドの訓練可能なモデルに置き換えます。一般に、そうしたモデルは5、6種類のテンソル演算だけで構築されます。

- **スケーラビリティ**
  ディープラーニングはGPUやTPUでの並列処理に非常に適しているため、ムーアの法則を最大限に活用できます。さらに、ディープラーニングのモデルは小さなデータバッチを繰り返し学習するという方法で訓練されるため、任意のサイズのデータセットで訓練することが可能です。利用可能な並列計算性能がどれくらいであるかが唯一のボトルネックですが、ムーアの法則のおかげで、そのハードルは急速に下がっています。

- **多様性と再利用可能性**
  これまでの機械学習のアプローチとは異なり、ディープラーニングのモデルでは一からやり直さなくても追加のデータで訓練することが可能です。このため、継続的なオンライン学習が可能です。これは実際の環境で使用する大規模なモデルにとって非常に重要な特性です。さらに、学習済みのディープラーニングモデルは別の目的にも使用できるため、再利用も可能です。たとえば、画像分類のために訓練されたディープラーニングモデルを動画処理パイプラインに組み込むことが可能です。これにより、以前の作業に再投資することで、さらに複雑で高性能なモデルを作成できるようになります。また、ディープラーニングを非常に小さなデータセットに適用することも可能となります。

　ディープラーニングがスポットライトを浴びるようになったのは、この数年間のことです。ディープラーニングで何ができるかはまだ完全に解明されておらず、可能性は未知数です。新しいユースケースや、これまでの制限を克服する技術的な改善が毎月のように登場しています。科学的な革命が起きた後の進歩はたいていS字カーブを描きます。最初は急速に進展し、研究者が難しい制限にぶつかったところで徐々に落ち着いたペースになります。そして、それ以降の改善は漸進的なものになります。2017年のディープラーニングは、このS字曲線の最初の半分といったところであり、次の数年間でさらに大きく前進することでしょう。

予習：
ニューラルネットワークの
数学的要素

本章で取り上げる内容
- ニューラルネットワークの最初の例
- テンソルとテンソル演算
- ニューラルネットワークがバックプロパゲーションと勾配降下
  法を通じて学習する仕組み

　ディープラーニングを理解するには、テンソル、テンソル演算、微分法、勾配降下法など、多くの単純な数学的概念の知識が必要です。本章の目標は、あまり専門的な内容に踏み込まずに、こうした概念を直観的に理解できるようになることです。とりわけ、本書では数学的な表記をあえて遠ざけています。そうした表記は、数学の知識がない人を困惑させることがあり、何かをうまく説明するのに必ずしも必要ではないからです。

　テンソルや勾配降下法がどのようなものであるかがわかるよう、本章ではまず、ニューラルネットワークの実践的な例に取り組みます。次に、そこで登場した新しい概念を1つずつ調べていきます。それらの概念は、この後の章で登場する実践的な例を理解するのに不可欠なものであることを覚えておいてください。

　本章を最後まで読めば、ニューラルネットワークの仕組みを直観的に理解するようになるはずです。そして、第3章以降で実際のアプリケーションに取り組む準備が整うでしょう。

2.1 初めてのニューラルネットワーク

ここでは、Python ライブラリである Keras を使ったニューラルネットワークの具体的な例として、手書きの数字を分類するための学習を行います。Keras や同様のライブラリを使用した経験がなければ、この最初の例を何もかもすぐに理解するのは無理でしょう。おそらく Keras のインストールもまだ行っていないと思いますが、問題はありません。この例に含まれている要素はすべて、次章で詳しく説明されています。ですから、論理的な必然性がないように思えたり、魔法のように見えたりする手順があったとしても、心配はいりません。何事も最初はそんなものです。

ここで解決しようとしている問題は、「手書きの数字（28×28 ピクセル）を表すグレースケール画像を 10 個のカテゴリ（0〜9）に分類する」というものです。ここで使用するのは、MNIST（Mixed National Institute of Standards and Technology）データセットです。MNIST は機械学習コミュニティの規範的なデータセットです。このデータセットはこの分野自体が誕生した頃から存在しており、徹底的に研究されています。MNIST データセットは、1980 年代に NIST（National Institute of Standards and Technology）によって作成されたもので、60,000 個の訓練画像と 10,000 個のテスト画像で構成されています。MNIST を「解く」――つまり、あなたのアルゴリズムが期待どおりの働きをすることを検証するのは、ディープラーニングの「Hello World」のようなものです。機械学習を実務として行うようになれば、科学論文やブログの投稿などで MNIST が幾度となく取り上げられているのを目にするようになるでしょう。図 2-1 は、MNIST のサンプルの一部を示しています。

図 2-1：MNIST のサンプルの数字

> **クラスとラベル**
>
> 機械学習では、分類問題の**カテゴリ**（category）を**クラス**（class）と呼び、データ点を**サンプル**（sample）または**標本**と呼びます。そして、特定のサンプルに関連付けられているクラスを**ラベル**（label）と呼びます。

この例を自分のマシンで今すぐ再現してみる必要はありません。そのためには、まず Keras をセットアップする必要があります。Keras のセットアップについては、第 3 章の「3.3　ディープラーニングマシンのセットアップ」で取り上げます。

MNIST データセットは、4 つの NumPy 配列として Keras に最初から読み込まれています。

リスト 2-1：Keras での MNIST データセットの読み込み

```
from keras.datasets import mnist
(train_images, train_labels), (test_images, test_labels) = mnist.load_data()
```

train_images と train_labels は**訓練データセット**（training dataset）を形成します。訓練データセットとは、モデルが学習するデータのことです。続いて、モデルは test_images と test_labels からなる**テストデータセット**（test dataset）でテストされます。

これらの画像は NumPy 配列としてエンコードされており、ラベルは 0〜9 の数字の配列です。画像とラベルは 1 対 1 で対応しています。

訓練データを調べてみましょう。

```
>>> train_images.shape
(60000, 28, 28)
>>> len(train_labels)
60000
>>> train_labels
array([5, 0, 4, ..., 5, 6, 8], dtype=uint8)
```

次に、テストデータを調べてみましょう。

```
>>> test_images.shape
(10000, 28, 28)
>>> len(test_labels)
10000
>>> test_labels
array([7, 2, 1, ..., 4, 5, 6], dtype=uint8)
```

ワークフロー（作業の流れ）は次のようになります。まず、ニューラルネットワーク（モデル）に訓練データ train_images と train_labels を供給します。次に、ニューラルネットワークが画像とラベルの関連付けを学習します。最後に、テストデータ test_images での予測値をニューラルネットワークに生成させ、それらの予測値が test_labels のラベルと一致するかどうかを検証します。

ニューラルネットワークの構築から見ていきましょう（リスト 2-2）。くどいようですが、この例を何もかも理解する必要はないことを覚えておいてください。

リスト 2-2：ニューラルネットワークのアーキテクチャ

```
from keras import models
from keras import layers

network = models.Sequential()
network.add(layers.Dense(512, activation='relu', input_shape=(28 * 28,)))
network.add(layers.Dense(10, activation='softmax'))
```

ニューラルネットワークの中核的な構成要素は**層**（layer）というデータ処理モジュールです。層については、データのフィルタとして考えてみるとよいでしょう。これらの層に何らかのデータを入力すると、より有益な形式で出力されます。具体的には、これらの層は入力されたデータから**表現**（representation）を抽出します――うまくいけば、現在取り組んでいる問題にとってより意味のある表現が抽出されます。ディープラーニングのほとんどは、単純な層をつなぎ合わせたものとして構成されています。それらの層は、段階的な**データ蒸留**（data distillation）を実装することになります。デ

ィープラーニングモデルは、データを徐々に純化していくフィルタをつなぎ合わせた、データ処理の「ふるい」のようなものです。

このニューラルネットワークは、2つの連続する密に結合された（Dense）層で構成されています。密に結合された層とは、密結合されたニューラル層のことであり、**全結合層**（fully connected layer）とも呼ばれます。最後（2つ目）の層は、10個のユニットからなる**ソフトマックス**（softmax）層であり、合計すると1になる10個の確率スコアが含まれた配列を返します。各スコアは、現在の数字の画像が10個の数字クラスのいずれかに属している確率を表します。

ニューラルネットワークを訓練する準備を整えるには、**コンパイル**ステップの一部として、さらに次の3つの要素を選択する必要があります。

- **損失関数**
  訓練データでのネットワークの性能をどのように評価するのか、そしてネットワークを正しい方向にどのように向かわせるのかを決める方法。
- **オプティマイザ**
  与えられたデータと損失関数に基づいてネットワークが自身を更新するメカニズム。
- **訓練とテストを監視するための指標**
  ここでは、正解率（画像が正しく分類された割合）のみを考慮します。

損失関数とオプティマイザの具体的な目的は、次の2つの章で明らかになります。

リスト 2-3 : コンパイルステップ

```
network.compile(optimizer='rmsprop',
                loss='categorical_crossentropy',
                metrics=['accuracy'])
```

訓練に先立ち、データの前処理を行います。つまり、データの形状をネットワークが期待しているものに変更し、すべての値を [0, 1] の区間に収まるようにスケーリングします。たとえば、ここで使用している訓練画像は、型が uint8、形状が (60000, 28, 28) の配列に格納されています。この配列には、[0, 255] の区間の値が含まれています。このデータを変換し、型が float32、形状が (60000, 28 * 28) で、0～1の値が含まれた配列にします（リスト 2-4）。

リスト 2-4 : 画像データの準備

```
train_images = train_images.reshape((60000, 28 * 28))
train_images = train_images.astype('float32') / 255

test_images = test_images.reshape((10000, 28 * 28))
test_images = test_images.astype('float32') / 255
```

2.1 初めてのニューラルネットワーク　　31

　また、ラベルをカテゴリ値でエンコードする必要もあります（リスト2-5）。この手順については、第3章で説明します。

リスト2-5：ラベルの準備

```
from keras.utils import to_categorical

train_labels = to_categorical(train_labels)
test_labels = to_categorical(test_labels)
```

　これで、ネットワークの訓練を行う準備が整いました。Kerasでネットワークを訓練するには、ネットワークのfitメソッドを呼び出し、モデルを訓練データに**適合**（fit）させます。

```
>>> network.fit(train_images, train_labels, epochs=5, batch_size=128)
Epoch 1/5
60000/60000 [==============================] - 9s - loss: 0.2524 - acc:
0.9273
Epoch 2/5
51328/60000 [=========================>.....] - ETA: 1s - loss: 0.1035 - acc:
0.9692
```

　モデルの訓練中は、訓練データでの損失値と正解率が表示されます。
　訓練データでの正解率はすでに0.989（98.9%）に達しています。さっそく、テストデータでもよい性能が得られるか確認してみましょう。

```
>>> test_loss, test_acc = network.evaluate(test_images, test_labels)
>>> print('test_acc:', test_acc)
test_acc: 0.9785
```

　テストデータセットでの正解率は97.8%であることがわかります。つまり、訓練データセットでの正解率を若干下回っています。訓練データセットとテストデータセットとで正解率に差があることは、**過学習**（overfitting）の一例です。つまり、訓練データに適用したときよりも、新しいデータに適用したときのほうが、機械学習のモデルの性能が悪い傾向にあることを意味します。過学習は**過剰適合**とも呼ばれます。過学習については、第3章で重点的に取り上げます。
　最初の例は以上です。手書きの数字を分類するニューラルネットワークの構築と訓練を20行足らずのPythonコードで実行できることがわかりました。第3章では、ここでちょっとだけ覗いてみた感動的な要素の数々を詳しく取り上げ、内部の仕組みを明らかにしていきます。その際には、テンソル、テンソル演算、勾配降下法について説明します。テンソルはネットワークに渡されるデータを格納しているオブジェクトです。ネットワークの層はテンソル演算でできています。勾配降下法はネットワークが訓練データを学習できるようにする手法です。

2.2 ニューラルネットワークでのデータ表現

前節の例では、多次元の NumPy 配列に格納されたデータを扱いました。そうした配列は**テンソル** (tensor) とも呼ばれます。一般に、現在の機械学習システムはすべて、基本的なデータ構造としてテンソルを使用します。Google の TensorFlow の名前の一部になっていることからもわかるように、テンソルはこの分野にとって根本的なものです。

基本的には、テンソルはデータのコンテナ (入れ物) です。ほとんどの場合、テンソルは数値データになります。したがって、テンソルは数値のコンテナです。あなたがすでによく知っている行列は、2 次元のテンソルです。テンソルは、任意の数の次元に対して行列を一般化したものです。なお、テンソルの**次元** (dimension) はよく**軸** (axis) と呼ばれます。

2.2.1 スカラー：0 次元テンソル

数値を 1 つしか含んでいないテンソルは、**スカラー** (scalar) と呼ばれます。スカラーは、「スカラーテンソル」や「0 次元テンソル」とも呼ばれます。NumPy の float32 型や float64 型の数値はスカラーテンソル (スカラー配列) です。NumPy でテンソルの軸の数を表示するには、ndim 属性を使用します。スカラーテンソルの軸の数は 0 です (ndim == 0)。テンソルの軸の数は**階数** (rank) とも呼ばれます。NumPy のスカラーを見てみましょう。

```
>>> import numpy as np
>>> x = np.array(12)
>>> x
array(12)
>>> x.ndim
0
```

2.2.2 ベクトル：1 次元テンソル

数値の配列は**ベクトル** (vector) と呼ばれます。ベクトルは 1 次元テンソルです。1 次元テンソルの軸はちょうど 1 つです。NumPy のベクトルを見てみましょう。

```
>>> x = np.array([12, 3, 6, 14, 7])
>>> x
array([12, 3, 6, 14, 7])
>>> x.ndim
1
```

このベクトルの要素は 5 つなので、**5 次元ベクトル**です。5 次元ベクトルと 5 次元テンソルを混同しないように注意してください。5 次元ベクトルの軸は 1 つだけであり、その軸に 5 つの次元が並んでいますが、5 次元テンソルには軸が 5 つあります (そして軸ごとに任意の数の次元が存在する可能性があります)。**次元**は、5 次元ベクトルのように特定の軸に沿った要素の数を表す場合と、5 次元テンソルのようにテンソルの軸の数を表す場合があります。これは何かと混乱を招きます。後者の場合、技術的には**階数 5 のテンソル** (テンソルの階数＝軸の数) のほうがより正確な表現ですが、いず

2.2 ニューラルネットワークでのデータ表現　　　33

れにしても、あいまいな表現である **5 次元テンソル** がよく使用されています。

2.2.3　行列：2 次元テンソル

　ベクトルの配列は **行列** (matrix) です。行列は、**行** (row) と **列** (column) の 2 つの軸を持つため、2 次元テンソルです。視覚的には、矩形のグリッドに並んだ数字として解釈できます。NumPy の行列を見てみましょう。

```
>>> x = np.array([[5, 78, 2, 34, 0],
...               [6, 79, 3, 35, 1],
...               [7, 80, 4, 36, 2]])
>>> x.ndim
2
```

　1 つ目の軸の要素を **行**、2 つ目の軸の要素を **列** と呼びます。この例では、[5, 78, 2, 34, 0] は x の 1 つ目の行であり、[5, 6, 7] は 1 つ目の列です。

2.2.4　3 次元テンソルとより高次元のテンソル

　そうした行列を新しい配列に詰め込むと、3 次元テンソルになります。視覚的には、立体的に並んだ数字として解釈できます。NumPy の 3 次元テンソルを見てみましょう。

```
>>> x = np.array([[[5, 78, 2, 34, 0],
...                [6, 79, 3, 35, 1],
...                [7, 80, 4, 36, 2]],
...               [[5, 78, 2, 34, 0],
...                [6, 79, 3, 35, 1],
...                [7, 80, 4, 36, 2]],
...               [[5, 78, 2, 34, 0],
...                [6, 79, 3, 35, 1],
...                [7, 80, 4, 36, 2]]])
>>> x.ndim
3
```

　3 次元テンソルを配列に詰め込むと 4 次元テンソルになる、といった要領になります。一般に、ディープラーニングで操作するのは 0 次元から 4 次元のテンソルですが、動画データの処理では 5 次元テンソルを扱うことがあります。

2.2.5　テンソルの重要な属性

　テンソルは、次に示す 3 つの主な属性によって定義されます。

- **軸の数（階数）**
  たとえば、3 次元テンソルの軸は 3 つであり、行列の軸は 2 つです。NumPy などの Python ライブラリでは、軸の数をテンソルの ndim 属性とも呼びます。
- **形状**
  テンソルの各軸に沿った次元の数を表す整数のタプル。たとえば先の例では、行列の形状は (3, 5) であり、3 次元テンソルの形状は (3, 3, 5) です。ベクトルの形状は (5,) のように単一の要素で表されますが、スカラーの形状は空 (()) になります。

第2章　予習：ニューラルネットワークの数学的要素

- **データ型**
  テンソルに含まれているデータの型。Python ライブラリでは、通常は dtype で表されます。たとえば、テンソルの型は float32、uint8、float64 などになります。なお、まれに char 型のテンソルが使用されることもあります。NumPy をはじめとするほとんどのライブラリでは、文字列型のテンソルは存在しないことに注意してください。というのも、テンソルはあらかじめ確保された連続するメモリ領域に存在しますが、文字列は可変長であり、そうした実装は不可能だからです。

これらの属性をより具体的に理解するために、MNIST の例で処理したデータをもう一度見てみましょう。まず、MNIST データセットを読み込みます。

```
from keras.datasets import mnist
(train_images, train_labels), (test_images, test_labels) = mnist.load_data()
```

次に、テンソル train_images の軸の数（ndim 属性の値）を表示します。

```
>>> print(train_images.ndim)
3
```

このテンソルの形状は次のとおりです。

```
>>> print(train_images.shape)
(60000, 28, 28)
```

このテンソルのデータ型（dtype 属性の値）は次のとおりです。

```
>>> print(train_images.dtype)
uint8
```

したがって、ここで使用しているのは 8 ビット整数型の 3 次元テンソルです。より正確には、28×28 個の整数からなる 60,000 個の行列が含まれた配列です。それらの行列はそれぞれ 0 〜 255 の係数を持つグレースケール画像です。

Python の標準的な科学パッケージの一部である matplotlib ライブラリを使用して、この 3 次元テンソルの 4 つ目の数字を表示してみましょう（リスト 2-6）。

リスト 2-6：4 つ目の数字を表示

```
digit = train_images[4]

import matplotlib.pyplot as plt
plt.imshow(digit, cmap=plt.cm.binary)
plt.show()
```

リスト 2-6 のコードを実行した結果は図 2-2 のようになります。

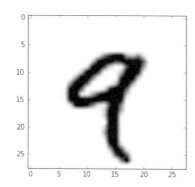

図 2-2：MNIST データセットの 4 つ目のサンプル

2.2.6　NumPy でのテンソルの操作

　先の例では、train_images[i] という構文を用いて、最初の軸の数字を**選択**しました。テンソルの特定の要素を選択することを**テンソル分解** (tensor slicing) と呼びます。NumPy 配列で実行可能なテンソル分解を調べてみましょう。

　次の例では、10 番目から 100 番目の手前までの数字を選択し、それらを (90, 28, 28) という形状の配列に配置します。

```
>>> my_slice = train_images[10:100]
>>> my_slice.shape
(90, 28, 28)
```

　この演算は、次に示すより詳細な表記に相当します。この表記では、各テンソル軸を分解するための開始インデックスと終了インデックスを指定します。なお、コロン (:) は軸全体を選択することに相当します。

```
>>> # 先の例と同じ
>>> my_slice = train_images[10:100, :, :]
>>> my_slice.shape
(90, 28, 28)

>>> # これも先の例と同じ
>>> my_slice = train_images[10:100, 0:28, 0:28]
>>> my_slice.shape
(90, 28, 28)
```

　通常は、テンソル軸ごとに 2 つのインデックスで指定された範囲を選択することが可能です。たとえば、すべての画像で右下の 14×14 ピクセルを選択する方法は次のようになります。

```
my_slice = train_images[:, 14:, 14:]
```

　また、負のインデックスを使用することも可能です。Python のリストで負のインデックスを使用するのと同様に、負のインデックスは現在の軸の終端を基準とした相対位置を表します。画像の中央から 14×14 ピクセルをくり抜く方法は次のようになりま

す。

```
my_slice = train_images[:, 7:-7, 7:-7]
```

2.2.7　データバッチ

　一般に、ディープラーニングで使用されるデータテンソルの最初の軸は、**サンプル軸**（samples axis）になります。サンプル軸は**サンプル次元**（samples dimension）とも呼ばれます。インデックスは 0 始まりなので、最初の軸は軸 0 になります。MNIST の例では、サンプルは数字の画像です。

　それに加えて、ディープラーニングのモデルは、データセット全体を一度に処理するのではなく、データを小さなバッチに分割します。具体的には、この MNIST データセットのバッチサイズは 128 なので、1 つのバッチは次のように定義されます。

```
batch = train_images[:128]
```

　2 つ目のバッチは次のように定義されます。

```
batch = train_images[128:256]
```

　そして n 番目のバッチは次のようになります。

```
batch = train_images[128 * n:128 * (n + 1)]
```

　このようなバッチテンソルを考えるとき、最初の軸（軸 0）は**バッチ軸**（batch axis）または**バッチ次元**（batch dimension）と呼ばれます。Keras などのディープラーニングライブラリを使用するときに、これらの用語を頻繁に目にすることになるでしょう。

2.2.8　データテンソルの現実的な例

　ここでは、後ほど登場するものと同じような例を用いて、データテンソルをさらに具体的に見ていきます。ほとんどの場合、あなたが操作することになるデータは、次のいずれかのカテゴリに属しています。

- **ベクトルデータ**
  形状が (samples, features) の 2 次元テンソル
- **時系列データまたはシーケンス（系列）データ**
  形状が (samples, timesteps, features) の 3 次元テンソル
- **画像**
  形状が (samples, height, width, channels) または (samples, channels, height, width) の 4 次元テンソル
- **動画**
  形状が (samples, frames, height, width, channels) または (samples, frames, channels, height, width) の 5 次元テンソル

2.2.9　ベクトルデータ

ベクトルデータは最も一般的なデータです。そうしたデータセットでは、データ点をそれぞれベクトルとしてエンコードすることが可能です。このため、データバッチは2次元テンソル（ベクトルの配列）としてエンコードされます。この場合、1つ目の軸は**サンプル軸**であり、2つ目の軸は**特徴軸**（features axis）です。

ベクトルデータの例を2つ挙げておきます。

- 人の年齢、郵便番号と住所、収入をまとめた生命表データセット
  人をそれぞれ3つの値からなるベクトルとして特徴付けることができます。したがって、10万人分のデータセット全体を、形状が (100000, 3) の2次元テンソルに格納できます。
- テキスト文書からなるデータセット
  各文書は、20,000語の辞書に基づき、各単語の出現回数によって表されます。各文書は20,000個の値（辞書の各単語の出現回数）からなるベクトルとしてエンコードできます。したがって、500個の文書からなるデータセット全体を、形状が (500, 20000) のテンソルに格納できます。

2.2.10　時系列データとシーケンスデータ

データにおいて時間（またはシーケンスの順序）が重要となる場合は、常に、そうしたデータを明示的な時間軸を持つ3次元テンソルに格納するのが理にかなっています。サンプルはそれぞれベクトルのシーケンス（2次元テンソル）としてエンコードできます。よって、データバッチは3次元テンソルとしてエンコードされます（図2-3）。

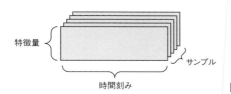

図2-3：時系列データの3次元テンソル

時間軸は常に2つ目の軸（インデックス1の軸）にするのが慣例となっています。次に、例を2つ挙げておきます。

- 株価のデータセット
  現在の株価と1分間の最高値と最安値が1分おきに格納されます。したがって、1分間のデータは3次元ベクトルとしてエンコードされます。1日の取引時間を390分とすれば、1日分の株取引は形状が (390, 3) の2次元テンソルとしてエンコードされます。250日分のデータは形状が (250, 3, 390) の3次元テンソルに格納できます。この場合、各サンプルは1日分のデータとなります。
- ツイートのデータセット
  各ツイートは128のアスキーコードからなる280文字のシーケンスとしてエンコードされます。この設定では、各文字をサイズが128の二値ベクトル（その

文字に対応するインデックス位置にエントリが1つ含まれている以外はすべて0のベクトル）としてエンコードできます。そうすると、各ツイートを形状が(280, 128)の2次元テンソルとしてエンコードできるため、100万個のツイートからなるデータセットを形状が(1000000, 128, 280)のテンソルに格納できます。

2.2.11 画像データ

一般に、画像は幅、高さ、色深度の3つの次元で表されます。MNISTデータセットの数字のようなグレースケール画像は、カラーチャネルが1つだけなので、2次元テンソルに格納することが可能です。ですが慣例では、画像テンソルは常に3次元であり、グレースケール画像の場合は1次元のカラーチャネルを使用します。したがって、サイズが256×256のグレースケール画像が128個含まれたバッチは、形状が(128, 256, 256, 1)のテンソルに格納できることになります。128個のカラー画像が含まれたバッチは、形状が(128, 256, 256, 3)のテンソルに格納できることになります（図2-4）。

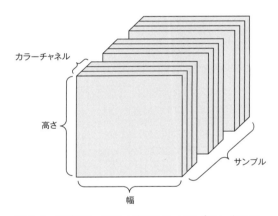

図2-4：画像データの4次元テンソル（チャネルファースト方式）

画像テンソルの形状には、Theanoが採用している**チャネルファースト**（channels-first）方式とTensorFlowが採用している**チャネルラスト**（channels-last）方式の2つの規約があります。Googleの機械学習フレームワークであるTensorFlowは、(samples, height, width, color_depth)のように色深度軸を最後に配置します。これに対し、Theanoは(samples, color_depth, height, width)のように色深度軸をサンプル軸の直後に配置します。Theanoの規約では、先の例は(128, 1, 256, 256)と(128, 3, 256, 256)になります。なお、Kerasフレームワークは両方の規約をサポートしています。

2.2.12 動画データ

5次元テンソルが必要となる現実のデータの種類は限られていますが、動画データはそのうちの1つです。各フレームをカラー画像とすれば、動画をフレームのシーケンスとして考えることができます。各フレームは形状が(height, width, color_depth)の3次元テンソルに格納できるため、フレームのシーケンスは形状が(frames, height, width, color_depth) の 4 次元テンソルに格納できます。したがって、さまざまな動画が含まれたバッチは、形状が (samples, frames, height, width, color_depth) の 5 次元テンソルに格納できます。

たとえば、YouTube の 60 秒間の 144×256 ビデオクリップを 4fps (frames per second) でサンプリングすると、フレームの数は 240 になります。そのようなビデオクリップが 4 つ含まれたバッチは、形状が (4, 240, 144, 256, 3) のテンソルに格納されます。そうすると、値の数は合計で 106,168,320 個になります。このテンソルのデータ型 (dtype) が float32 で、各値が 32 ビットで格納されるとしたら、このテンソルは 405MB になってしまいます。実際に配信される動画がずっと軽量なのは、float32 型で格納されておらず、通常は (MPEG など) 圧縮率の高いフォーマットが使用されるためです。

2.3 ニューラルネットワークの歯車：テンソル演算

コンピュータプログラムが最終的にバイナリ入力での限られた数のバイナリ演算 (AND、OR、NOR など) に分解されるのと同様に、ディープニューラルネットワークによって学習された変換はすべて、数値データのテンソルに適用されるひと握りの**ンソル演算** (tensor operation) に分解できます。たとえば、テンソルの加算やテンルの乗算などが可能です。

最初の例では、全結合 (Dense) 層を積み上げていくという方法でニューラルネワークを構築しました。Keras の層をインスタンス化する方法は次のようになります。

```
keras.layers.Dense(512, activation='relu')
```

この層については関数として解釈できます。この関数は、入力として 2 次テンソルを受け取り、出力として新しい 2 次元テンソルを返します。新しい 2 次元ソルは、入力テンソルの新しい表現です。具体的には、この関数は次のように定されます。ここで、W は 2 次元テンソル、b はベクトルであり、どちらもこの層属性です。

```
output = relu(dot(W, input) + b)
```

この関数を展開してみましょう。この関数は、入力テンソルと W というテンソルの内積 (dot)、結果として得られた 2 次元テンソルとベクトル b の加算 (+)、そして ReLU (Rectified Linear Unit) 演算の 3 つのテンソル演算で構成されています。なお、relu(x) は max(x, 0) です。

本節の内容全体は線形代数の式に関するものですが、数学的な表記はまったく見当たりません。数学的な素養のないプログラマが数学的な概念をマスターするには、そうした概念を数学の式で表すのではなく、簡単な Python コードで表すほうが理解しやすいことがわかったからです。このため、本章では NumPy のコードを使用することにします。

2.3.1 要素ごとの演算

ReLU と加算は、**要素ごと**の演算です。つまり、演算の対象となるテンソルの要素ごとに適用されます。このため、こうした演算は超並列実装、つまり**ベクトル化** (vectorized) 実装[1] に非常に適しています。Python で要素ごとの演算を単純に実装したい場合は、for ループを使用します。ReLU を単純に実装すると、次のようになります。

```
def naive_relu(x):
    assert len(x.shape) == 2        # xはNumPyの2次元テンソル
    x = x.copy()                    # 入力テンソルの上書きを回避
    for i in range(x.shape[0]):
        for j in range(x.shape[1]):
            x[i, j] = max(x[i, j], 0)
    return x
```

加算も同じように実装できます。

```
def naive_add(x, y):
    assert len(x.shape) == 2        # xとyはNumPyの2次元テンソル
    assert x.shape == y.shape
    x = x.copy()                    # 入力テンソルの上書きを回避
    for i in range(x.shape[0]):
        for j in range(x.shape[1]):
            x[i, j] += y[i, j]
    return x
```

同じ原理で、要素ごとの乗算や減算なども実装できます。

実際に NumPy 配列を扱うときには、こうした演算は最適化された NumPy 関数として組み込みでサポートされています。BLAS (Basic Linear Algebra Subprograms) 実装がインストールされている場合 (インストールしておくべきですが)、そうした関数は負荷の高い計算を BLAS へ委譲します。BLAS は、高度に並列化された低レベルの効率的なテンソル操作ルーチンで構成されており、一般に Fortran か C で実装されています。

したがって、NumPy では、要素ごとの演算を次のように行うことができます。そして、これは非常に高速です。

```
import numpy as np

z = x + y                          # 要素ごとの加算
z = np.maximum(z, 0.)              # 要素ごとのReLU
```

2.3.2 ブロードキャスト

naive_add の単純な実装は、まったく同じ形状の 2 次元テンソルの加算だけをサポートしています。しかし、先の Dense 層では、2 次元テンソルとベクトルの加算を行

---

[1] 1970〜1990 年代の**ベクトルプロセッサ**スーパーコンピュータに由来する。

っています。2つのテンソルの形状が異なる場合の加算はどうなるのでしょうか。

その場合は、小さいほうのテンソルが、大きいほうのテンソルの形状に合わせて**ブロードキャスト**（broadcast）されます。ただし、それが可能であることと、あいまいさがないことが前提となります。ブロードキャストは次の2つの手順で実行されます。

1. **ブロードキャスト軸**（broadcast axis）を小さいほうのテンソルに追加することで、大きいほうのテンソルと次元の数（ndim）が同じになるようにする。
2. 小さいほうのテンソルを新しい軸上で繰り返すことで、大きいほうのテンソルと完全に同じ形状にする。

具体的な例として、形状が (32, 10) の X と、形状が (10,) の y について考えてみましょう。まず、空の1つ目の軸を y に追加すると、y の形状が (1, 10) になります。次に、この新しい軸上で y を32回繰り返すと、形状が (32, 10) のテンソル Y になります。i が range(0, 32) の範囲の値であるとすれば、Y[i, :] == y です。この時点で、X と Y の形状は同じであるため、X と Y の加算に進むことができます。

実装に関して言うと、新しい2次元テンソルが作成されることはありません。というのも、新しい2次元テンソルを作成するのは、あまりにも非効率的だからです。テンソルの繰り返しは完全に仮想的なものであり、メモリではなくアルゴリズムのレベルで発生します。しかし、頭の中でイメージするときには、「新しい軸上でベクトルを32回繰り返す」と考えてみるとよいでしょう。このブロードキャストを単純に実装すると、次のようになります。

```python
def naive_add_matrix_and_vector(x, y):
    assert len(x.shape) == 2          # xはNumPyの2次元テンソル
    assert len(y.shape) == 1          # yはNumPyのベクトル
    assert x.shape[1] == y.shape[0]
    x = x.copy()                      # 入力テンソルの上書きを回避
    for i in range(x.shape[0]):
        for j in range(x.shape[1]):
            x[i, j] += y[j]
    return x
```

一般的には、一方のテンソルの形状が (a, b, ... n, n + 1, ... m) で、もう一方のテンソルの形状が (n, n + 1, ... m) の場合は、ブロードキャストを通じて2つのテンソルに要素ごとの演算を適用できます。そうすると、軸 a から n - 1 へのブロードキャストが自動的に発生します。

次の例では、ブロードキャストを利用することで、形状の異なる2つのテンソルに要素ごとの演算 maximum を適用しています。

```python
import numpy as np

x = np.random.random((64, 3, 32, 10))    # 形状(64, 3, 32, 10)のランダムテンソル
y = np.random.random((32, 10))           # 形状(32, 10)のランダムテンソル
z = np.maximum(x, y)                      # 出力zの形状はxと同じ(64, 3, 32, 10)
```

2.3.3　テンソルの内積

　内積演算は、最もよく使用される最も有益なテンソル演算であり、**テンソル積**（tensor product）とも呼ばれます。テンソル積を要素ごとの積と混同しないように注意してください。要素ごとの演算とは対照的に、テンソル積は入力テンソルの要素を組み合わせます。

　NumPy、Keras、Theano、TensorFlow では、要素ごとの積を * 演算子で実行します。TensorFlow では構文が異なるものの、NumPy と Keras で内積を実行するには、標準の dot 演算子を次のように使用します。

```
import numpy as np

z = np.dot(x, y)
```

　数学的表記では、内積をドット（.）で表します。

```
z = x . y
```

　数学的には、内積は何を行うのでしょうか。まず、2 つのベクトル x と y の内積から見ていきましょう。これは次のように計算されます。

```
def naive_vector_dot(x, y):
    assert len(x.shape) == 1        # xとyはNumPyのベクトル
    assert len(y.shape) == 1
    assert x.shape[0] == y.shape[0]
    z = 0.
    for i in range(x.shape[0]):
        z += x[i] * y[i]
    return z
```

　2 つのベクトルの内積がスカラーであることと、内積を計算できるのは同じ数の要素を持つベクトルに限られることがわかります。

　また、行列 x とベクトル y の内積を計算することもできます。それにより、係数が x の行と y の内積であるベクトルが返されます。これは次のように実装します。

```
import numpy as np

def naive_matrix_vector_dot(x, y):
    assert len(x.shape) == 2        # xはNumPyの行列
    assert len(y.shape) == 1        # yはNumPyのベクトル
    assert x.shape[1] == y.shape[0] # xの最初の次元は
                                    # yの0番目の次元と同じでなければならない
    z = np.zeros(x.shape[0])        # xと同じ形状の0が設定されたベクトルを返す
    for i in range(x.shape[0]):
        for j in range(x.shape[1]):
            z[i] += x[i, j] * y[j]
    return z
```

2.3 ニューラルネットワークの歯車：テンソル演算

先ほどのコードを再利用することもできます。そうすると、行列とベクトルの積とベクトル積との関係が浮き彫りになります。

```python
def naive_matrix_vector_dot(x, y):
    z = np.zeros(x.shape[0])
    for i in range(x.shape[0]):
        z[i] = naive_vector_dot(x[i, :], y)
    return z
```

2つのテンソルのうち一方の次元の数（ndim）が1よりも大きくなった時点で、内積は対称的ではなくなります。つまり、dot(x, y) は dot(y, x) と同じではなくなります。

もちろん、内積により、テンソルは任意の数の軸に対して一般化されます。典型的な例は、2つの行列の内積でしょう。2つの行列 x と y の内積（dot(x, y)）を求めることができるのは、x.shape[1] == y.shape[0] の場合だけです。結果として、形状が (x.shape[0], y.shape[1]) の行列が得られます。この場合の係数は、x の行と y の列のベクトル積です。単純な実装は次のようになります。

```python
def naive_matrix_dot(x, y):

    # xとyはNumPyの行列
    assert len(x.shape) == 2
    assert len(y.shape) == 2

    # xの最初の次元はyの0番目の次元と同じでなければならない
    assert x.shape[1] == y.shape[0]

    # 特定の形状を持ち、0が設定された行列を返す
    z = np.zeros((x.shape[0], y.shape[1]))

    for i in range(x.shape[0]):          # xの行を繰り返し処理し...
        for j in range(y.shape[1]):      # yの列を繰り返し処理する
            row_x = x[i, :]
            column_y = y[:, j]
            z[i, j] = naive_vector_dot(row_x, column_y)
```

入力テンソルと出力テンソルを図 2-5 のように並べてみると、内積の形状の互換性を理解するのに役立ちます。

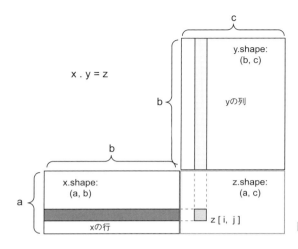

図 2-5：行列の内積

　この図では、x、y、z が矩形（係数の箱）で表されています。x の行と y の列は同じサイズであるため、x の幅は y の高さと一致していなければなりません。新しい機械学習アルゴリズムの開発に取りかかるときには、このような図をたびたび描画することになるでしょう。
　より一般的な見方をすれば、2 次元テンソルの例で示した形状の互換性と同じルールに従って、より高次元のテンソルの内積を求めることができます。

```
(a, b, c, d) . (d,)   -> (a, b, c)
(a, b, c, d) . (d, e) -> (a, b, c, e)
```

2.3.4　テンソルの変形

　必ず理解しておかなければならない 3 つ目のテンソル演算は、**テンソルの変形**（tensor reshaping）です。ニューラルネットワークの最初の例では、Dense 層でテンソルの変形を使用しませんでしたが、MNIST の例では、数字の画像データの前処理を行ったときに使用しています。

```
train_images = train_images.reshape((60000, 28 * 28))
```

　テンソルの変形は、目的の形状と一致するようにテンソルの行と列の配置を変更することを意味します。当然ながら、変形したテンソルの要素の総数は元のテンソルと同じになります。テンソルの変形を理解するには、単純な例を見てみるのが一番です。

```
>>> x = np.array([[0., 1.],
                  [2., 3.],
                  [4., 5.]])
>>> print(x.shape)
(3, 2)
>>> x = x.reshape((6, 1))
```

```
>>> x
array([[ 0.],
       [ 1.],
       [ 2.],
       [ 3.],
       [ 4.],
       [ 5.]])
>>> x = x.reshape((2, 3))
>>> x
array([[ 0., 1., 2.],
       [ 3., 4., 5.]])
```

よく見かける特殊な変形の1つは、**転置**（transposition）です。行列の転置は、その行と列を入れ替えることを意味します。つまり、x[i, :] は x[:, i] になります。

```
>>> x = np.zeros((300, 20))    # 形状が(300, 20)のすべて0の行列を作成
>>> x = np.transpose(x)
>>> print(x.shape)
(20, 300)
```

2.3.5　テンソル演算の幾何学的解釈

　テンソル演算によって操作されるテンソルの内容は、何らかの幾何学空間上にある点の座標として解釈できます。このため、すべてのテンソル演算を幾何学的に解釈できます。たとえば、加算について考えてみましょう。まず、次のベクトルがあるとします。

```
A = [0.5, 1]
```

　このベクトルは2次元空間上の点です（図2-6）。通常は、原点とこの点を結ぶ矢印としてベクトルを描画します（図2-7）。

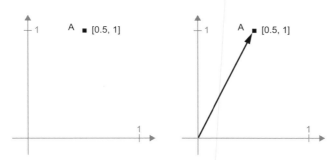

図2-6：2次元空間の点　　**図2-7：矢印で表された2次元空間の点**

　この空間に新しい点 B = [1, 0.25] を追加するとしましょう。幾何学的には、ベクトルを表す2つの矢印をつなぎ合わせると、結果として2つのベクトルの和を表すベクトルが得られます（図2-8）。

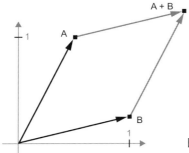

図 2-8：2 つのベクトルの和についての幾何学的解釈

　一般に、アフィン変換、回転、拡大縮小といった基本的な幾何学演算は、テンソル演算として表現できます。たとえば、角度 θ (theta) による 2 次元ベクトルの回転は、2×2 行列 R = [u, v] の内積を使って実現できます。ここで、u と v はどちらも平面ベクトルであり、u = [cos(theta), sin(theta)]、v = [-sin(theta), cos(theta)] で定義されます。

2.3.6　ディープラーニングの幾何学的解釈

　ニューラルネットワーク全体がテンソル演算の連鎖で構成されていることと、それらのテンソル演算がすべて入力データの幾何学変換であることがわかりました。したがって、ニューラルネットワークについては、単純なステップをいくつも連ねたものとして実装された、高次元空間の非常に複雑な幾何学変換として解釈できます。

　3 次元では、次のような場面を思い描いてみるとよいかもしれません。色の付いた 2 枚の紙があるとしましょう。1 枚は赤、もう 1 枚は青です。これら 2 枚の紙を重ねて、一緒にクシャクシャに丸めて小さな紙の玉を作ります。このクシャクシャに丸めた紙の玉は入力データであり、赤と青の紙は分類問題のデータのクラスです。ニューラルネットワーク（または他の機械学習モデル）の目的は、このクシャクシャに丸めた紙の玉をきれいに伸ばして、2 つのクラスを元どおりに分離された状態にする変換を見つけ出すことにあります。ディープラーニングでは、これを 3 次元空間での一連の単純な変換として実装することになります。まさに、クシャクシャに丸めた紙の玉を指で開いていく動作を繰り返すのと同じです。

図 2-9：複雑なデータ多様体のしわを伸ばしていく

　機械学習とは、クシャクシャに丸めた紙の玉を開いて伸ばしていくこと —— つま

り、複雑に折り畳まれたデータ多様体から整然とした表現を見つけ出すことです。この時点で、なぜディープラーニングがこれを得意とするのかがピンときているはずです。ディープラーニングのアプローチは、複雑な幾何学変換を基本的な変換の連鎖として少しずつ分解していく、というものです。人が丸めた紙の玉を開いて伸ばしていくときの手法とまったく同じです。ディープニューラルネットワークの各層は、変換を1つだけ適用します。これらの変換はそれぞれ、データのもつれを少しだけほどきます。そして、そうした層を幾重にも積み上げていくことで、複雑きわまりない解きほぐしのプロセスが扱いやすいものになるのです。

$\mathbf{2.4}$ ニューラルネットワークのエンジン：勾配ベースの最適化

前節で示したように、最初の例でニューラルネットワークを構成していたニューラル層はそれぞれ、入力データを次のように変換します。

```
output = relu(dot(W, input) + b)
```

この式では、Wとbはテンソルであり、それらは層の属性です。Wはカーネル属性、bはバイアス属性であり、それぞれ層の**重み**（weight）または**訓練可能パラメータ**（trainable parameter）と呼ばれます。これらの重みには、ネットワークが訓練データから学習した情報が含まれています。

これらの重み行列には、初期値として小さな乱数値が設定されます。この手順は**ランダム初期化**（random initialization）と呼ばれます。もちろん、Wとbの値が乱数であるとしたら、relu(dot(W, input) + b)が意味のある表現を生成するはずがありません。結果として得られる表現は無意味なものですが、出発点となります。次に、フィードバックに基づいて、これらの重みを少しずつ調整していきます。この**訓練**と呼ばれる段階的な調整こそ、機械学習のそもそもの目的である**学習**なのです。

この段階的な調整は、**訓練ループ**（training loop）の中で行われます。訓練ループの仕組みは次のようになります。ループの中で、これらの手順を必要な回数だけ繰り返します。

1. 訓練データ x と対応する目的値 y をバッチデータとして抽出する。
2. ネットワークを x で実行し、予測値 y_pred を取得する。この手順は**フォワードパス**（forward pass）と呼ばれる。
3. このバッチでの損失値を計算する。損失値は、予測値 y_pred と目的値 y との不一致の目安となる指標である。
4. このバッチでの損失値が少し小さくなるようにネットワークのすべての重みを更新する。

最終的に、この訓練データでの損失値が非常に小さいネットワークが得られます。このネットワークは、入力値を正しい目的値にマッピングする方法を「学習」しています。傍から見ていると魔法のように思えるかもしれませんが、基本的なステップに分解してみると単純であることがわかります。

第2章　予習：ニューラルネットワークの数学的要素

手順 **1** は、単純な I/O コードに思えます。手順 **2** と手順 **3** は、ひと握りのテンソル演算の適用にすぎないため、ここまで学んできた内容だけで実装できるはずです。難しいのは手順 **4** です。この手順では、ネットワークの重みを更新しています。ネットワークの重み係数の 1 つをとっても、その係数の値を増やすべきか減らすべきか、その量はどれくらいを計算するにはどうすればよいのかは悩ましいところです。

　単純な解決策の 1 つは、調整している 1 つのスカラー係数を除いて、ネットワークの重みをすべて凍結してしまい [2]、その係数でのみさまざまな値を試してみることです。その係数の初期値が 0.3 であるとしましょう。データバッチでのフォワードパスの後、そのデータバッチでのネットワークの損失値は 0.5 になります。この係数の値を 0.35 に変更してフォワードパスを再び実行すると、損失値は 0.6 に増えます。しかし、この係数の値を 0.25 に変更すると、損失値は 0.4 になります。この場合は、この係数の値を 0.05 減らしたことが、損失値の最小化に貢献したようです。この作業をネットワークのすべての係数で繰り返すことになります。

　しかし、係数ごとに（コストのかかる）2 つのフォワードパスを計算しなければならないことを考えると、これは非常に効率の悪いアプローチです。係数の数は、通常は数千から（場合によっては）数百万にもなります。それよりもはるかによい方法は、「ネットワークで使用される演算がすべて**微分可能**であること」を利用して、ネットワークの係数に関する損失値の**勾配**（gradient）を計算することです。あとは、それらの係数を勾配とは逆方向に移動させれば、損失値を減らすことができます。

　「微分可能」の意味と「勾配」が何であるかをすでに知っている場合は、『2.4.3　確率的勾配降下法』に進んでください。次の 2 つの項は、この 2 つの概念を理解するのに役立つでしょう。

2.4.1　導関数

　実数 x を新しい実数 y に写像（マッピング）する、なめらかな連続関数 f(x) = y があるとしましょう。f は**連続関数**であるため、x が少しだけ変化した場合は、y も少しだけ変化するだけです —— それが連続性の考え方です。小さな係数 epsilon_x だけ x の値を増やすとしましょう。そうすると、y の値は小さな係数 epsilon_y の値だけ変化することになります。

f(x + epsilon_x) = y + epsilon_y

　さらに、f は**なめらかな関数**（曲線に尖った部分がない関数）であるため、x が点 p の近傍に収まるほど epsilon_x が小さければ、f を傾き a の一次関数として近似することが可能です。したがって、epsilon_y は a * epsilon_x になります。

f(x + epsilon_x) = y + a * epsilon_x

　当然ながら、この線形近似が有効となるのは、x が p に十分に近い場合に限られます。

---

[2]　［訳注］凍結については、5.3.1 項を参照。

傾き a は、f の p における**導関数** (derivative) と呼ばれます。a が負である場合、p のまわりで x が少しだけ大きくなると、f(x) は減少します (図 2-10)。a が正である場合、x が少しだけ大きくなると、f(x) は増加します。さらに、a の絶対値 (導関数の大きさ) から、この増加と減少がどれくらいすばやく発生するのかがわかります。

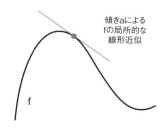

図 2-10：f の p における導関数

微分可能な関数 f(x) ごとに、f のそうした点での局所的な線形近似の傾きに対して x の値を写像する導関数 f'(x) が存在します。**微分可能**は、たとえばなめらかな連続関数を導出できるなど、「導関数が得られる」ことを意味します。例を挙げると、cos(x) の導関数は -sin(x) であり、f(x) = a * x の導関数は f'(x) = a です。

f(x) を最小化するために x を係数 epsilon_x で更新しようとしているとしましょう。f の導関数がわかっているとしたら、この作業は完了です。x が変化したときに f(x) がどのように変化するかは、その導関数によって完全に表されるからです。f(x) の値を小さくしたい場合は、その導関数とは逆方向に x を少し移動させればよいだけです。

2.4.2 テンソル演算の導関数：勾配

勾配 (gradient) は、テンソル演算の導関数であり、導関数の概念を多次元入力の関数 (入力としてテンソルを受け取る関数) として一般化したものです。

入力ベクトル x、行列 W、目的値 y、損失関数 loss があるとすれば、W を使って目的値の候補 y_pred を計算し、y_pred と目的値 y の間の損失値 (不一致) を求めることができます。

```
y_pred = dot(W, x)
loss_value = loss(y_pred, y)
```

入力ベクトル x と目的値 y が凍結されている場合は、この計算を「W の値を損失値に写像する関数」として解釈できます。

```
loss_value = f(W)
```

W の現在の値が W0 であるとしましょう。そうすると、f の点 W0 での導関数は、W と同じ形状を持つテンソル gradient(f)(W0) です。この場合、係数 gradient(f)(W0)[i, j] はそれぞれ、W0[i, j] を変更したときに観測される loss_value の変化の向きと大きさを表します。テンソル gradient(f)(W0) は、関数 f(W) = loss_value の W0 での勾配です。

先ほど示したように、係数が 1 つだけの関数 f(x) の導関数は、f の曲線の傾きとして解釈できます。同様に、gradient(f)(W0) についても、f(W) の W0 での「なめらかさ」

を表すテンソルとして解釈できます。

このため、導関数とは逆方向に x を少し移動させることで f(x) の値を減らせるのと同様に、テンソルの関数 f(W) でも、勾配とは逆方向に W を移動させることで、f(W) の値を減らすことができます。たとえば、step が小さなスケーリング係数であるとすれば、W1 = W0 - step * gradient(f)(W0) のようになります。W0 と W1 が曲線上の近くになければ、なめらかにならないことは直観的にわかります。スケーリング係数 step が必要なのは、gradient(f)(W0) がなめらかさを近似するのは W0 の近傍だけであるため、W0 から離れすぎないようにするためです。

2.4.3　確率的勾配降下法

微分可能な関数があるとすれば、理論上は、その最小値を解析的に見つけ出すことが可能です。関数の最小値は導関数が 0 になる点であることはわかっているため、導関数が 0 に向かう点をすべて洗い出し、それらのうち関数の値が最も小さくなる点を調べればよいわけです。

これをニューラルネットワークに置き換えて考えてみると、損失関数ができるだけ小さくなるような重みの値の組み合わせを解析的に見つけ出すことになります。これは W の式 gradient(f)(W) = 0 を解くことによって可能となります。この式は N 個の変数からなる多項式であり、N はネットワークの係数の数を表します。$N = 2$ や $N = 3$ ならこのような式を解くことは可能ですが、実際のニューラルネットワークでは手に負えないでしょう。というのも、実際のニューラルネットワークでは、パラメータの数が数千を下回ることはなく、数千万単位になることも珍しくないからです。

それに代わる方法として、本節の冒頭で示した 4 つの手順からなるアルゴリズムを使用するという手があります。つまり、ランダムなデータバッチでの現在の損失値に基づいて、パラメータを少しずつ調整していくのです。微分可能な関数を扱うことになるため、関数の勾配を計算すれば、手順 4 を効率よく実装できます。勾配とは逆方向に重みを更新すれば、損失値が少しずつ減っていくはずです。

1. 訓練データ x と対応する目的値 y をバッチデータとして抽出する。
2. ネットワークを x で実行し、予測値 y_pred を取得する。
3. このバッチでの損失値を計算する。損失値は、予測値 y_pred と目的値 y との不一致の目安となる指標である。
4. ネットワークのパラメータを調整するために損失関数の勾配を計算する。この手順は**バックワードパス**（backward pass）と呼ばれる。
5. たとえば W -= step * gradient を実行するなど、それらのパラメータを勾配とは逆方向に少し移動させることで、このバッチでの損失値を少し小さくする。

たったこれだけです。ここで説明したのは、**ミニバッチ確率的勾配降下法**（mini-batch stochastic gradient descent）と呼ばれるものです。「確率的」という用語は、各データバッチがランダムに抽出されることを表します。「確率的」は、科学で言うところの「ランダム」です。図 2-11 は、1 次元での確率的勾配降下法（SGD）を表しています。この場合、ネットワークのパラメータは 1 つだけであり、訓練データも 1 つだけです。

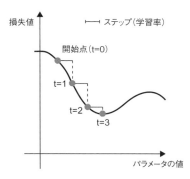

図 2-11：1 次元の損失曲線を下っていく確率的勾配降下法

　直観的にわかるのは、step 係数の値を適切に選択することが重要であることです。この係数の値が小さすぎる場合、曲線を降下するには多くのイテレーションが必要となり、極小値で止まってしまう可能性があります。この係数の値が大きすぎる場合は、更新によって曲線上の完全にランダムな位置へ移動してしまうかもしれません。

　ミニバッチ確率的勾配降下法の 1 つに、データバッチを抽出するのではなく、イテレーションごとにサンプルと目的値を 1 つだけ抽出するものがあります。これは（ミニバッチではなく）**真**の確率的勾配降下法です。あるいは逆に、利用可能なすべてのデータですべての手順を実行することもできます。このアルゴリズムは**バッチ確率的勾配降下法**（batch stochastic gradient descent）と呼ばれます。この場合、それぞれの更新はより正確になりますが、はるかにコストがかかります。これら 2 つの合理的な折衷案は、適度なサイズのミニバッチを使用することです。

　図 2-11 は、1 次元のパラメータ空間での勾配降下法を示していますが、実際に勾配降下法を使用するのは、より高次元の空間です。そうした空間では、ニューラルネットワークの重み係数の次元に制限はなく、数万あるいは数百万になるかもしれません。損失面について理解を深めたい場合は、2 次元の損失面に沿って勾配降下法を可視化してみることもできます（図 2-12）。ただし、ニューラルネットワークの訓練プロセスが実際にどのようになるかを可視化してみる、というわけにはいきません。100 万次元の空間を人が理解できるように表現することは不可能だからです。このため、こうした低次元の表現を通じて養われる直観が、実際に常に正確であることは限らないことを覚えておいてください —— ディープラーニングの研究の世界では、このことは昔からさまざまな問題の原因となっています。

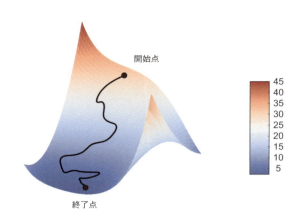

図 2-12：2 次元の損失面（学習可能なパラメータが 2 つ）での勾配降下法

さらに、確率的勾配降下法（SGD）には、次の重みの更新を計算するときに、単に勾配の現在の値を調べるのではなく、以前の重みの更新を考慮に入れるものが何種類かあります。たとえば、モーメンタム SGD（SGD with momentum）や AdaGrad、RMSPro などがあります。これらの SGD は**最適化法**（optimization method）や**オプティマイザ**（optimizer）と呼ばれます。とりわけ注目に値するのは、そうした手法の多くで使用される**モーメンタム**（momentum）の概念です。モーメンタムは、収束の速度と極小値という確率的勾配降下法の 2 つの問題に対処します。図 2-13 は、損失曲線をネットワークパラメータの関数として表したものです。

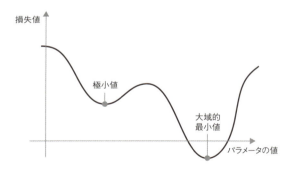

図 2-13：極小値と大域的最小値

見てのとおり、特定のパラメータ値の近くに**極小値**（local minimum）が存在します。そこから左へ移動すると損失値が増加しますが、右へ移動しても増加します。問題のパラメータが学習率の低い確率的勾配降下法を通じて最適化される場合、最適化プロセスは**大域的最小値**（global minimum）へ向かうのではなく、極小値で止まってしまうでしょう。

こうした問題はモーメンタムを使用することによって回避できます。モーメンタムは物理学にヒントを得た概念です。最適化プロセスを頭の中で次のようにイメージしてみてください —— 最適化プロセスは損失曲線をころがっていく小さなボールです。

2.4　ニューラルネットワークのエンジン：勾配ベースの最適化　　53

モーメンタムが十分である場合、このボールは曲線のくぼみでは止まらず、大域的最
小値で止まるでしょう。モーメンタムは、現在の傾きの値（現在の加速）だけでなく、
過去の加速によって得られた現在の速度も考慮に入れた上で、各ステップでボールを
動かすという方法で実装されます。実際の実装では、現在の勾配の値だけでなく、1
つ前のパラメータの更新も考慮に入れた上で、パラメータ w を更新することになりま
す。単純な実装は次のようになります。

```
past_velocity = 0.

# モーメンタム定数
momentum = 0.1

# 最適化ループ
while loss > 0.01:
    w, loss, gradient = get_current_parameters()
    velocity = past_velocity * momentum + learning_rate * gradient
    w = w + momentum * velocity - learning_rate * gradient
    past_velocity = velocity
    update_parameter(w)
```

2.4.4　導関数の連鎖：バックプロパゲーションアルゴリズム

　先のアルゴリズムでは、関数が微分可能であると仮定しましたが、導関数は明示的に
計算することができます。実際には、ニューラルネットワークの関数は、それぞれ単
純な既知の微分を持つ多くのテンソル演算をつなぎ合わせたものでできています。た
とえば、3 つのテンソル演算 a、b、c と、重み行列 W1、W2、W3 からなるネットワーク
f は、次のように定義されます。

```
f(W1, W2, W3) = a(W1, b(W2, c(W3)))
```

　微積分学により、そうした関数の連鎖は**連鎖率**（chain rule）と呼ばれる恒等式を使
って微分できることがわかっています。

```
f(g(x))' = f'(g(x)) * g'(x)
```

　ニューラルネットワークの勾配値の計算に連鎖率を適用すると、**バックプロパゲー
ション**（backpropagation）と呼ばれるアルゴリズムが得られます。バックプロパゲーショ
ンは、**誤差逆伝播法**や**リバースモード微分**（reverse-mode differentiation）とも呼ば
れます。バックプロパゲーションでは、最終的な損失値を出発点として、出力側の層
から入力側の層に向かって逆方向に進みます。そして、連鎖率を適用することで、各
パラメータがその損失値にどのような影響を与えたのかを計算します。
　現在、そして今後数年間は、ニューラルネットワークは TensorFlow などの**数式微分**
（symbolic differentiatio）を扱うことができる現代的なフレームワークで実装されるこ
とになるでしょう。つまり、既知の微分を持つ演算の連鎖を定義すれば、（連鎖率を適
用することで）ネットワークパラメータの値を勾配値へ写像する連鎖の勾配関数を計
算できます。そうした関数を利用できる場合、バックワードパスはこの勾配関数の呼

54　　第2章　予習：ニューラルネットワークの数学的要素

び出しだけになります。数式微分のおかげで、バックプロパゲーションアルゴリズム
を明示的に実装する必要はありません。ここで時間を無駄にせずにバックプロパゲー
ションアルゴリズムの定式化に専念できるのも、数式微分のおかげです。あとは、勾
配ベースの最適化の仕組みをしっかり理解するだけです。

2.5　最初の例を振り返る

　ここまでの内容から、ニューラルネットワークの内部がどのような仕組みになってい
るのかについて、だいたいのところは理解できたはずです。最初の例に戻り、本章
の3つの節で学んだ内容に照らして、各要素をもう一度確認しておきましょう。
　入力データは次のように定義されていました。

```
(train_images, train_labels), (test_images, test_labels) = mnist.load_data()

train_images = train_images.reshape((60000, 28 * 28))
train_images = train_images.astype('float32') / 255

test_images = test_images.reshape((10000, 28 * 28))
test_images = test_images.astype('float32') / 255
```

　入力画像が NumPy のテンソルに格納されることもわかっています。これらのテンソ
ルは、形状が (60000, 784)（訓練データ）と (10000, 784)（テストデータ）の float32
型のテンソルとして定義されています。
　ネットワークは次のように定義されていました。

```
network = models.Sequential()
network.add(layers.Dense(512, activation='relu', input_shape=(28 * 28,)))
network.add(layers.Dense(10, activation='softmax'))
```

　このネットワークが2つの Dense 層の連鎖で構成されていること、各層によって単
純なテンソル演算が入力データに適用されること、そしてそれらの演算に重みテンソ
ルが使用されることがわかりました。重みテンソルは、これらの層の属性であり、ネ
ットワークの**知識**が保存される場所です。
　ネットワークのコンパイルステップは次のように定義されていました。

```
network.compile(optimizer='rmsprop',
                loss='categorical_crossentropy',
                metrics=['accuracy'])
```

　categorical_crossentropy は、重みテンソルの学習に関するフィードバックとして
使用される損失関数です。そして訓練の際には、この関数の最小化を試みることもわ
かりました。また、この損失関数の最小化がミニバッチ確率的勾配降下法を通じて実
現されることもわかりました。勾配降下法の適用を制御する実際のルールは、1つ目
の引数として渡されている rmsprop オプティマイザによって定義されます。

本章のまとめ   55

　最後に、訓練ループは次のように定義されていました。

```
network.fit(train_images, train_labels, epochs=5, batch_size=128)
```

　fit メソッドを呼び出したときに何が起きるかはもうわかっています。このネットワークは、128 サンプルのミニバッチを使って訓練データの学習（イテレーション）を 5 回繰り返します。訓練データ全体にわたるイテレーションはそれぞれ**エポック**（epoch）と呼ばれます。イテレーションのたびに、ネットワークはそのバッチでの損失値という観点から重みの勾配を計算し、その結果に基づいて重みを更新します。5 エポックの後、このネットワークは勾配の更新を 2,345 回実行し（エポックごとに 469 回）、ネットワークの損失値は手書きの数字を高い正解率で分類できるほど小さくなります。
　この時点で、ニューラルネットワークについて知っておくべきことはほとんど理解したことになります。

本章のまとめ

- **学習**とは、特定の訓練データとそれらに対応する目的値を対象に、損失関数を最小化するネットワークパラメータの組み合わせを見つけ出すことである。
- 学習は、データサンプルとそれらの目的値からなるバッチをランダムに抽出し、そのバッチでの損失値という観点からネットワークパラメータの勾配を計算するという方法で行われる。続いて、ネットワークパラメータが勾配とは逆方向に少しだけ移動される。移動の大きさは学習率によって定義される。
- この学習プロセス全体は、ニューラルネットワークが微分可能なテンソル演算の連鎖であることによって可能となる。したがって、導関数の連鎖率を適用すれば、現在のパラメータと現在のデータバッチを勾配値へ写像する勾配関数を見つけ出すことが可能である。
- この後の章で頻繁に登場する主な概念に**損失関数**と**オプティマイザ**の 2 つがある。データをニューラルネットワークに供給するには、まず損失関数とオプティマイザを定義しておかなければならない。
- **損失関数**は、訓練中に最小化を試みる数量であるため、解決しようとしているタスクの成功の目安となる指標を表すものにすべきである。
- **オプティマイザ**は、損失関数の勾配を使ってパラメータを更新するための具体的な方法を指定する。たとえば、RMSProp オプティマイザやモーメンタム SGD などが使用できる。

入門：ニューラルネットワーク

本章で取り上げる内容
- ニューラルネットワークの中核的な要素
- Keras の紹介
- ディープニューラルマシンのセットアップ
- ニューラルネットワークを使った基本的な分類問題と回帰問題の解決

　本章の目的は、ニューラルネットワークを使って現実の問題を解決することにあります。第 2 章で取り組んだ最初の実践的な例から得た知識を整理し、二値分類、多クラス分類、スカラー回帰という 3 つの新しい問題に適用します。これらの問題は、ニューラルネットワークの最も一般的なユースケースをカバーするものとなっています。

　本章では、層、ネットワーク、目的関数、オプティマイザを詳しく見ていきます。これらは第 2 章で紹介したニューラルネットワークの中核的な構成要素です。続いて、本書全体で使用している Python のディープラーニングライブラリである Keras を簡単に紹介し、TensorFlow、Keras、GPU のサポートがインストールされたディープラーニングワークステーションをセットアップします。本章の内容は、次に示す 3 つの初歩的な例に分かれています。これらの例では、ニューラルネットワークを使って現実の問題に対処する方法を示します。

- 映画レビューを肯定的なものと否定的なものに分割する（二値分類）
- ニュース配信をトピックごとに分類する（多クラス分類）
- 不動産データに基づいて住宅価格を予測する（回帰）

本章を読み終える頃には、ニューラルネットワークを使ってベクトルデータの分類や回帰といった単純な機械学習問題を解決できるようになるでしょう。第4章では、機械学習をより原理的かつ理論的に理解していくための準備を整えます。

3.1 ニューラルネットワークの構造

ここまでの章で示したように、ニューラルネットワークの訓練は次のオブジェクトに基づいて行われます。

- **ネットワーク（モデル）として結合される層**
- **入力データ**と対応する**目的値**
- 学習に使用されるフィードバックを定義する**損失関数**
- 学習の進め方を決定する**オプティマイザ**

これらのオブジェクトのやり取りを図解すると、図3-1のようになります。ネットワークは数珠つなぎになった層で構成されており、入力データを予測値へ写像（マッピング）します。これらの予測値は損失関数によって目的値と比較され、損失値が生成されます。損失値は、ネットワークの予測値が目的値とどれくらい一致しているかの目安となる指標です。この損失値に基づき、オプティマイザがネットワークの重みを更新します。

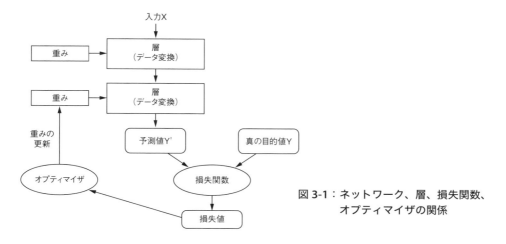

図3-1：ネットワーク、層、損失関数、オプティマイザの関係

ここでは、層、ネットワーク、損失関数、オプティマイザを詳しく見ていきます。

3.1.1 層：ディープラーニングの構成要素

　ニューラルネットワークの基本的なデータ構造は**層**です。第2章で説明したように、層はデータ処理モジュールであり、入力としてテンソルを1つ以上受け取り、出力としてテンソルを1つ以上返します。一部の層はステートレスですが、ほとんどの層はステートフルであり、状態を持ちます。層の状態は、層の**重み**によって表されます。層の重みは、確率的勾配降下法に基づいて学習された1つ以上のテンソルであり、それぞれネットワークの**知識**の一部を含んでいます。

　テンソルのフォーマットやデータ処理の種類はさまざまであり、それらに適している層もそれぞれ異なります。たとえば、形状が (samples, features) の2次元テンソルに格納された単純なベクトルデータは、多くの場合、**密結合された層** (densely connected layer) によって処理されます。これらの層は**全結合層** (fully connected layer) とも呼ばれ、Keras では Dense クラスとして定義されています。形状が (samples, timesteps, features) の3次元テンソルに格納されたシーケンスデータは、たいてい LSTM 層などの**リカレント層** (recurrent layer) によって処理されます。4次元テンソルに格納された画像データは、通常は2次元の畳み込み層 (Conv2D) によって処理されます。

　層については、ディープラーニングの LEGO ブロックとして考えることができます。これは Keras などのフレームワークによって打ち出されている例えです。Keras でのディープラーニングモデルの構築は、互換性のある層をつなぎ合わせて有益なデータ変換パイプラインを形成するという方法で行われます。ここでの「層の互換性」は、具体的には、すべての層が特定の形状を持つ入力テンソルだけを受け取り、特定の形状を持つ出力テンソルを返すことを意味します。次の例について考えてみましょう。

```
from keras import layers

# 32個の出力ユニットを持つ全結合層
layer = layers.Dense(32, input_shape=(784,))
```

　ここで作成しているのは、入力として2次元テンソルのみを受け取る層です。このテンソルの最初の次元は784です。軸0（バッチ次元）は指定されていないため、任意の値を使用できます。この層は、最初の次元が32に変換されたテンソルを返します。

　したがって、この層を結合できるのは、入力として32次元のベクトルを期待する出力側の層だけです。Keras を使用する場合は、互換性について心配する必要はありません。というのも、モデルに追加される層は、入力側の層の形状に合わせて動的に構築されるからです。たとえば、次のようなコードを書いているとしましょう。

```
from keras import models
from keras import layers

model = models.Sequential()
model.add(layers.Dense(32, input_shape=(784,)))
model.add(layers.Dense(32))
```

　2つ目の層では、input_shape パラメータへの引数は指定されていません。このため、この層の入力の形状は、その直前にある層の出力の形状から自動的に推察されます。

3.1.2　モデル：複数の層からなるネットワーク

ディープラーニングモデルは、複数の層からなる有向非巡回グラフです。最も一般的な例は、それぞれ1つの入力を1つの出力へ写像（マッピング）する、複数の層からなる線形スタックです。

しかし、その一歩先には、それこそさまざまな種類のネットワークトポロジが待ち構えています。次に、一般的なトポロジをいくつか挙げておきます。

- 2分岐ネットワーク
- マルチヘッドネットワーク
- インセプションブロック

ネットワークのトポロジは**仮説空間**（hypothesis space）を定義します。第1章で説明したように、機械学習は「フィードバックのガイダンスに基づいて、あらかじめ定義された仮説空間内で入力データの有益な表現を検索すること」と定義されます。ネットワークトポロジの選択により、「仮説空間」は入力データを出力データにマッピングする一連のテンソル演算に絞り込まれます。その後は、それらのテンソル演算に必要な、重みテンソルの適切な値を検索することになります。

正しいネットワークアーキテクチャの選び出しは、科学というよりも選択術です。役に立ちそうなベストプラクティスや原則もありますが、本物のニューラルネットワークアーキテクトを目指しているなら、実践あるのみです。次の数章では、ニューラルネットワークを構築するための明確な原則を伝授し、特定の問題に対して何がうまくいき、何がうまくいかないのかについて直観を養うための手助けをします。

3.1.3　損失関数とオプティマイザ：学習プロセスを設定するための鍵

ネットワークアーキテクチャが定義されたら、さらに次の2つの選択を行わなければなりません。

- 損失関数
  訓練中に最小化する数量。タスクの成功の目安となる尺度であり、**目的関数**とも呼ばれます。
- オプティマイザ
  損失関数に基づいてネットワークをどのように更新するのかを決定します。確率的勾配降下法（SGD）の一種を実装します。

複数の出力を持つニューラルネットワークは、（出力ごとに1つの割合で）複数の損失関数を持つことがあります。しかし、勾配降下法のプロセスは**単一**のスカラー損失値に基づくものでなければなりません。したがって、ネットワークが複数の損失関数を持つ場合、それらの損失関数はすべて（平均化に基づいて）1つのスカラー値にまとめられます。

問題を正しく評価して適切な目的関数を選択することは非常に重要です。あなたの

ネットワークは損失値を最小限に抑えるためなら近道も厭わないため、目的関数とタスクの成功との関連性が十分ではない場合、ネットワークはあなたが望んでいなかったことをするようになるかもしれません。あろうことか「全人類の平均的な幸福度を最大化する」目的関数が選択された、確率的勾配降下法で訓練された愚かにして全能のAIを想像してみてください。この作業を容易にするために、このAIは一部を残してすべての人間を抹殺することにし、残った人間の幸福度に焦点を合わせることにするかもしれません。いくら平均的な幸福度が残っている人間の数に影響されないからとって、まさかそんなことになるとは！ あなたが構築するニューラルネットワークはすべて、損失関数を小さくすることに何のためらいも持たないことを覚えておいてください。このため、目的関数をうまく選択しないと、思わぬ副作用に直面することになるでしょう。

さいわい、分類、回帰、系列予測といった一般的な問題に関しては、正しい損失関数を選択するための単純なガイドラインがあります。たとえば、二値分類問題には二値の交差エントロピー、多クラス分類問題には多クラス交差エントロピー、回帰問題には平均二乗誤差（MSE）、系列学習問題にはCTC（Connectionist Temporal Classification）を使用する、といった具合になります。目的関数を独自に開発しなければならないのは、まったく新しい研究課題に取り組んでいるときだけです。次の数章では、一般的なタスクにどの損失関数を選択すればよいのかを具体的に見ていきます。

3.2 Keras の紹介

本書では、サンプルコードでKeras[1]を使用しています。KerasはPythonのディープラーニングフレームワークであり、ほぼあらゆる種類のディープラーニングモデルを定義して訓練するための便利な手段を提供します。当初は、実験をすばやく行えるようにすることを目的として、研究者のために開発されました。

次に、Kerasの主な特徴を挙げておきます。

- CPUでもGPUでも同じコードをシームレスに実行できる。
- ディープラーニングモデルのプロトタイプを簡単にすばやく作成できるユーザーフレンドリなAPIを備えている。
- 畳み込みネットワーク（コンピュータビジョン）、リカレントネットワーク（系列処理）、およびそれらの組み合わせを組み込みでサポートしている。
- 複数入力／複数出力モデル、層の共有、モデルの共有など、任意のネットワークアーキテクチャをサポートしている。つまり、敵対的生成ネットワークからニューラルチューリングマシンまで、ほぼすべてのディープラーニングモデルの構築に適している。

KerasはMITライセンスで配布されているため、営利目的のプロジェクトでも無償で利用できます。2017年の時点では、Pythonの2.7から3.6までのバージョンと互換性があります。

---

[1]　https://keras.io

Kerasのユーザーは、スタートアップや大企業の研究者やエンジニアから、大学院生、愛好家まで、20万人を優に超えています。Kerasは、Google、Netflix、Uber、CERN、Yelp、Square、そしてさまざまな問題に取り組む数百ものスタートアップで使用されています。また、機械学習のコンペを開催しているKaggleでも人気の高いフレームワークです。最近のディープラーニングコンペでは、ほぼすべての優勝者がKerasのモデルを使用しています（図3-2）。

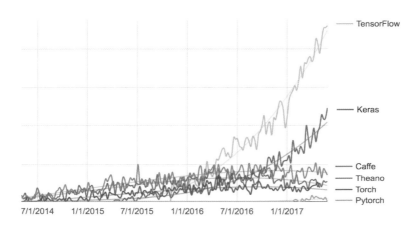

図3-2：Google でのさまざまなディープラーニングフレームワークの検索トレンド

3.2.1　Keras、TensorFlow、Theano、CNTK

Kerasはモデルレベルのライブラリであり、ディープラーニングのモデルを開発するための高レベルの構成要素を提供します。Kerasは、テンソルの操作や微分といった低レベルの演算を直接扱うのではなく、Kerasの**バックエンドエンジン**として専用の最適化されたテンソルライブラリを利用します。Kerasでは、テンソルライブラリをどれか1つ選択してKerasの実装をそのライブラリに結び付けるのではなく、問題をモジュール方式で処理します（図3-3）。このため、数種類のバックエンドエンジンをKerasにシームレスに接続することが可能です。本書の執筆時点では、バックエンド実装としてTensorFlow、Theano、Microsoft Cognitive Toolkit（CNTK）の3つが存在しています。将来的には、Kerasが拡張され、さらに多くのディープラーニング実行エンジンに対応するようになるでしょう。

図3-3：ディープラーニングのソフトウェア / ハードウェアスタック

現在、TensorFlow、Theano、CNTKはディープラーニングの主なプラットフォームの一部となっています。TensorFlow[2]はGoogleによって開発されており、Theano[3]はモントリオール大学のMILA研究所によって開発されており、CNTK[4]はMicrosoftによって開発されています。Kerasを使って記述するコードはすべて、コード側で何かを変更しなくても、これらのバックエンドのすべてで実行できます。たとえば、特定のバックエンドを使用するとタスクがより高速になることが判明したとしましょう。そのような場合は、開発中にバックエンドをシームレスに入れ替えることも可能であり、何かと便利です。ディープラーニングのほとんどのニーズについては、デフォルトのバックエンドとしてTensorFlowを使用することをお勧めします。TensorFlowは広く導入されており、スケーラブルで、すぐに作業を開始できます。

TensorFlow（またはTheano、CNTK）を使用する場合、KerasはCPUとGPUの両方でシームレスに動作できます。TensorFlow自体は、CPUで実行する際にEigen[5]という低レベルのテンソル演算ライブラリをラッピングします。GPUで実行する際には、NVIDIAのcuDNN（CUDA Deep Neural Network library）[6]をラッピングします。cuDNNは、高度に最適化されたディープラーニング演算からなるライブラリです。

3.2.2　速習：Kerasを使った開発

本書では、Kerasモデルの一例として、MNISTデータセットの例をすでに見ています。Kerasの標準的なワークフローは、この例で見たものとほぼ同じです。

1. 訓練データ（入力テンソルと目的テンソル）を定義する。
2. 入力値を目的値にマッピングする複数の層からなるネットワーク（モデル）を定義する。
3. 損失関数、オプティマイザ、監視する指標を選択することで、学習プロセスを設定する。
4. モデルの`fit`メソッドを呼び出すことで、訓練データを繰り返し学習する。

モデルを定義する方法は2つあります。Sequentialクラスを使用する方法と、**Functional API**（関数型API）を使用する方法です。前者の方法は、最も一般的なネッ

---

[2] https://www.tensorflow.org/
[3] http://deeplearning.net/software/theano/
[4] https://github.com/Microsoft/CNTK
[5] http://eigen.tuxfamily.org
[6] https://developer.nvidia.com/cudnn

トワークアーキテクチャである複数の層からなる線形スタックに限定されます。後者の方法では、複数の層からなる有向非巡回グラフが対象となるため、完全に任意のアーキテクチャを構築できます。

　記憶を呼び覚ますために、Sequential クラスを使って定義した 2 層のモデルを見てみましょう。入力データに期待される形状が最初の層に指定されていることに注意してください。

```
from keras import models
from keras import layers

model = models.Sequential()
model.add(layers.Dense(32, activation='relu', input_shape=(784,)))
model.add(layers.Dense(10, activation='softmax'))
```

　そして、同じモデルを Functional API で定義すると、次のようになります。

```
input_tensor = layers.Input(shape=(784,))
x = layers.Dense(32, activation='relu')(input_tensor)
output_tensor = layers.Dense(10, activation='softmax')(x)

model = models.Model(inputs=input_tensor, outputs=output_tensor)
```

Functional API では、このモデルが処理するデータテンソルを操作し、このテンソルに対して層を関数であるかのように適用します。

> Functional API を使って何ができるかについては、第 7 章で詳しく説明します。それまでの間、サンプルコードでは Sequential クラスのみを使用します。

　モデルのアーキテクチャが定義されてしまえば、Sequential モデルを使用したのか、それとも Functional API を使用したのかは問題ではありません。その後の手順はすべて同じです。

　学習プロセスはコンパイルステップで設定します。その際には、このモデルが使用するオプティマイザと（1 つ以上の）損失関数に加えて、訓練中に監視する指標を指定します。最も一般的なケースは、損失関数が 1 つだけのモデルです。このモデルは次のように定義されます。

```
from keras import optimizers

model.compile(optimizer=optimizers.RMSprop(lr=0.001),
              loss='mse',
              metrics=['accuracy'])
```

　学習プロセスでは、fit メソッドを呼び出すことで、入力データ（および対応する目的データ）を NumPy 配列としてモデルに渡します。これは scikit-learn などの機械学習ライブラリを使用するときと同じです。

```
model.fit(input_tensor, target_tensor, batch_size=128, epochs=10)
```

次の数章では、さまざまな問題でどのような種類のネットワークアーキテクチャが
うまくいくのか、正しい学習設定をどのように選択すればよいのか、そして思いどお
りの結果が得られるようになるまでモデルを調整するにはどうすればよいのかをしっ
かりと理解します。本章では、基本的な例を 3 つ取り上げます。『3.4　二値分類の例：
映画レビューの分類』では二値分類、『3.5　多クラス分類の例：ニュース配信の分類』
では多クラス分類、『3.6　回帰の例：住宅価格の予測』では回帰の例を見ていきます。

3.3　ディープラーニングマシンのセットアップ

　ディープラーニングアプリケーションの開発に取りかかる前に、コンピュータをセッ
トアップしておく必要があります。また、どうしても必要というわけではありませ
んが、ディープラーニングのコードはぜひ最近の NVIDIA GPU で実行してください。
畳み込みネットワークを使った画像処理やリカレントニューラルネットワークを使っ
た系列処理では特にそうですが、アプリケーションによっては、CPU で実行すると耐
え難いほど時間がかかることがあります。これは高速なマルチコア CPU であっても同
じです。また、CPU での実行が現実的に可能なアプリケーションであっても、最近の
GPU を使用すればたいてい 5 〜 10 倍ほど高速になります。マシンに GPU をインスト
ールしたくない場合は、Amazon EC2（Elastic Compute Cloud）の GPU インスタンス
か、Google Cloud Platform で実行することを検討してみてください。ただし、クラウ
ドの GPU インスタンスはオンデマンド料金（従量制）なので注意してください。

　ローカルとクラウドのどちらで実行するとしても、Unix ワークステーションを使用
するほうが効果的です。技術的には、Keras を Windows で実行することは可能ですが
（Keras の 3 つのバックエンドはすべて Windows をサポートしています）、本書ではお勧
めしません。付録 A のインストール手順は Ubuntu マシンを想定しています。Windows
を使用している場合、すべてを動作させる最も単純な方法は、マシンで Ubuntu のデュ
アルブートをセットアップすることです。面倒な作業に思えるかもしれませんが、長
い目で見れば、Ubuntu によって多くの時間や手間が省けるでしょう。

　なお、Keras を使用するには、TensorFlow、Theano、CNTK のいずれかをインスト
ールしておく必要があります。これら 3 つのバックエンドを切り替えられるようにし
たい場合は、3 つともインストールしてください。本書では TensorFlow に焦点を合わ
せていますが、Theano についても簡単に説明します。なお、CNTK は取り上げません。

3.3.1　ディープラーニングを試してみたい場合は Jupyter Notebook を使用する

　Jupyter Notebook [7] は、ディープラーニングを試してみるのにうってつけの手段で
す。本書のサンプルコードはぜひ Jupyter Notebook で試してみてください。Jupyter
Notebook は、データサイエンスや機械学習のコミュニティで広く使用されています。
ノートブック（notebook）とは、Jupyter Notebook によって生成されるファイルのこと
であり、手持ちのブラウザで編集できます。ノートブックは、Python コードを実行す

---

[7]　https://jupyter.org

る機能に、何を行っているのかについて注釈を付けるための高性能なテキスト編集機能を組み合わせたものです。ノートブックでは、長いコードを小さなコードに分割し、個別に実行できるようにすることも可能です。それにより、開発作業がインラクティブなものになり、あとで何かがうまくいかなくなった場合でも、そこまでのコードをすべて再実行せずに済みます。

本書では、Keras への取り組みを開始するにあたって Jupyter Notebook の使用を推奨していますが、必須条件ではありません。Python スクリプトを個別に実行してもよいですし、PyCharm などの IDE で実行することもできます。本書のサンプルコードはすべてオープンソースのノートブックとして提供されており、本書の Web サイト[8]からダウンロードできます。

3.3.2　Keras の実行：2 つのオプション

本書では、実際の作業を開始するにあたって、次の 2 つのオプションのいずれかを推奨しています。

- **AWS Deep Learning AMI[9] を使用し、Keras を Jupyter Notebook で実行**
ローカルマシンにまだ GPU がインストールされていない場合は、この方法を選択してください。詳しい手順は付録 B に含まれています。
- **ローカル Unix マシンに新規インストール**
ローカルで Jupyter Notebook を実行するか、通常の Python のコードベースを実行できます。ハイエンドの NVIDIA GPU がすでにインストールされている場合は、この方法を選択してください。Ubuntu での詳しい手順は付録 A に含まれています。

次に、どちらかのオプションを選択するときの長所と短所を詳しく見ていきましょう。

3.3.3　ディープラーニングをクラウドで実行する場合の長所と短所

ディープラーニングに使用できる GPU、つまり、最近のハイエンドの NVIDIA GPU をまだインストールしていない場合、ディープラーニングのコードはクラウドで試してみるのが簡単です。追加のハードウェアをいっさい購入せずに作業を開始できるため、費用も抑えられます。Jupyter Notebook を使用する場合、クラウドでの実行はローカルでの実行と何ら変わりません。2017 年の時点では、ディープラーニングへの取り組みを最も簡単に開始できるクラウドサービスは、何と言っても Amazon EC2 です。EC2 の GPU インスタンスで Jupyter Notebook を実行するための詳しい手順は、付録 B に含まれています。

しかし、ディープラーニングに本格的に取り組むとしたら、この環境を長期的に維持するのは現実的ではありません。せいぜい数週間といったところでしょう。EC2 のインスタンスは高価です。付録 B で推奨しているインスタンスタイプ（p2.xlarge）は、

---

[8]　https://www.manning.com/books/deep-learning-with-python
[9]　https://aws.amazon.com/jp/machine-learning/amis/

それほど高性能ではありませんが、2017年の時点で1時間あたり0.90ドルかかります。これに対し、コンシューマ向けの高性能なGPUは1,000ドルから1,500ドルくらいで入手できます。GPUのスペックは着実に改善されていますが、安定した価格を維持しています。ディープラーニングに本格的に取り組もうと考えている場合は、GPUを1つ以上搭載したローカルマシンを準備してください。

手短に言えば、EC2はディープラーニングをすぐに試してみるのにもってこいです。本書のサンプルコードはすべてEC2のGPUインスタンスで実行できます。しかし、ディープラーニングのパワーユーザーを目指している場合は、GPUを入手してください。

3.3.4 ディープラーニングに最適なGPUは何か

これからGPUを購入するとしたら、どれを選べばよいのでしょうか。最初に注意しなければならないのは、NVIDIAのGPUでなければならないことです。現時点において、ディープラーニングへの投資に本腰を入れているグラフィックスコンピューティングベンダーはNVIDIAだけです。そして、最近のディープラーニングのフレームワークはNVIDIAのグラフィックスカードでのみ動作します。

2017年の時点で、ディープラーニングに最適なグラフィックスカードとして本書が推奨するのはNVIDIA TITAN Xpです。予算があまりない場合は、GTX 1060を検討してもよいでしょう。新しいモデルが毎年のようにリリースされているため、このページを読んでいるのが2018年以降の場合は、インターネットで最新のお勧めモデルを調べてください。

これ以降は、Kerasとその依存ファイルがインストールされたマシンにアクセスできるものとします。GPUもサポートされていれば言うことなしです。先へ進む前に、付録Aと付録Bの手順に従ってマシンをセットアップしておいてください。さらに助けが必要な場合は、インターネットで調べてみてください。Kerasとディープラーニングの一般的な依存ファイルのインストール方法に関するチュートリアルはいくらでも見つかります。

さっそく、Kerasの実践的な例を見ていきましょう。

3.4 二値分類の例：映画レビューの分類

二値分類（2クラス分類）は、最も広く適用されている機械学習問題かもしれません。この例では、映画レビューのテキストの内容に基づいて、映画レビューを肯定的なレビューと否定的なレビューに分類します。

3.4.1 IMDbデータセット

ここでは、IMDbデータセットを使用します。このデータセットは、IMDb (Internet Movie Database) から収集された、「肯定的」または「否定的」な50,000件のレビューで構成されています。このデータセットは訓練用の25,000件のレビューとテスト用の25,000件のレビューに分かれており、それぞれ否定的な50%のレビューと肯定的な50%のレビューで構成されています。

訓練データセットとテストデータセットに分割するのはなぜでしょうか。モデルの訓練に使用したのと同じデータでモデルをテストすべきではないからです。訓練デー

タでの性能がよかったからといって、まだ見たことのないデータでもモデルの性能が
よいとは限りません。そして肝心なのは、新しいデータに適用したときのモデルの性
能です（訓練データのラベルはすでにわかっているわけですから、モデルにそれらの
ラベルを予測させる必要がないことは明白です）。たとえば、結局は訓練データとそれ
らの目的値とのマッピングをモデルに「記憶させた」だけだった、ということもあり得
るわけです。その場合、まだ見たことのないデータの目的値をモデルに予測させると
いうタスクは台無しになるでしょう。この点については、次章でさらに詳しく見てい
きます。

　MNIST データセットと同様に、IMDb データセットも前処理された状態で Keras に
含まれています。レビューの内容（単語のシーケンス）は整数のシーケンスに変換され
ており、整数はそれぞれ辞書の特定の単語を指しています。

　このデータセットを読み込むコードはリスト 3-1 のようになります（このコードを最
初に実行すると、約 80MB のデータがマシンにダウンロードされます）。

リスト 3-1：IMDb データセットの読み込み

```
from keras.datasets import imdb

(train_data, train_labels), (test_data, test_labels) = \
    imdb.load_data(num_words=10000)
```

　引数 num_words=10000 は、訓練データにおいて出現頻度が最も高い 10,000 個の単語
だけを残しておき、出現頻度が低い単語は捨ててしまうことを意味します。これによ
り、ベクトルデータを扱いやすいサイズで操作できるようになります。

　train_data と test_data の 2 つの変数は、レビューのリストを表します。各レビュー
は単語のインデックス（単語のシーケンスをエンコードしたもの）からなるリストです。
train_labels と test_labels の 2 つの変数は、0 と 1 のリストです。0 は「否定的」、1
は「肯定的」を意味します。

```
>>> train_data[0]
[1, 14, 22, 16, ... 178, 32]
>>> train_labels[0]
1
```

　この例では、出現頻度が最も高い 10,000 個の単語に制限しているため、単語のイン
デックスが 10,000 を超えることはありません。

```
>>> max([max(sequence) for sequence in train_data])
9999
```

　せっかくなので、これらのレビューの 1 つを英語の単語にどれくらいすばやく戻せ
るか試してみましょう。

```
# word_indexは単語を整数のインデックスにマッピングする辞書
word_index = imdb.get_word_index()
```

```
# 整数のインデックスを単語にマッピング
reverse_word_index = dict(
    [(value, key) for (key, value) in word_index.items()])

# レビューをデコード：インデックスのオフセットとして3が指定されているのは、
# 0、1、2がそれぞれ「パディング」、「シーケンスの開始」、「不明」の
# インデックスとして予約されているためであることに注意
decoded_review = ' '.join(
    [reverse_word_index.get(i - 3, '?') for i in train_data[0]])

# デコードしたレビューの内容を表示
decoded_review
```

3.4.2　データの準備

　整数のリストをそのままニューラルネットワークに供給するわけにはいきません。それらのリストはテンソルに変換しなければなりません。これには次の2つの方法があります。

- リストをパディングしてすべて同じ長さに揃えた上で、形状が (samples, word_indices) の整数型のテンソルに変換する。さらに、ネットワークの最初の層を、そうした整数型のテンソルを扱うことができる層として使用する。この**埋め込み層** (embedding layer) と呼ばれる層については、後ほど改めて取り上げる。
- one-hot エンコーディングを使ってリストを 0 と 1 のベクトルに変換する。たとえば、シーケンス [3, 5] は、インデックス 3 とインデックス 5 が 1 である以外はすべて 0 の、10,000 次元のベクトルに変換される。そして、ネットワークの最初の層を、浮動小数点数のベクトルデータを扱うことができる Dense 層として使用すればよい。

　ここでは、2つ目の方法を使ってデータをベクトル化します。手順ができるだけ明確になるよう、手動で行うことにします (リスト 3-2)。

リスト 3-2：整数のシーケンスを二値行列に変換

```
import numpy as np

def vectorize_sequences(sequences, dimension=10000):

    # 形状が(len(sequences), dimension)の行列を作成し、0で埋める
    results = np.zeros((len(sequences), dimension))

    for i, sequence in enumerate(sequences):
        results[i, sequence] = 1.   # results[i]のインデックスを1に設定
    return results

# 訓練データのベクトル化
x_train = vectorize_sequences(train_data)
# テストデータのベクトル化
x_test = vectorize_sequences(test_data)
```

サンプルは次のように表示されるはずです。

```
>>> x_train[0]
array([ 0., 1., 1., ..., 0., 0., 0.])
```

ラベルもベクトル化しておく必要があります。これは簡単です。

```
y_train = np.asarray(train_labels).astype('float32')
y_test = np.asarray(test_labels).astype('float32')
```

データをニューラルネットワークに供給するための準備はこれで完了です。

3.4.3 ニューラルネットワークの構築

入力データはベクトルであり、ラベルはスカラー（1 と 0）です。つまり、これ以上ないほど単純な設定です。こうした問題に適しているのは、単純な全結合層のスタックと ReLU（Rectified Linear Unit）活性化関数で構成されたネットワークです。

```
Dense(16, activation='relu')
```

各 Dense 層に渡される引数（16）は、その層の隠れユニットの数です。**隠れユニット**（hidden unit）は、その層の表現空間において 1 つの次元を表します。第 2 章で説明したように、ReLU 活性化関数を持つ Dense 層はそれぞれ、次に示すテンソル演算の連鎖を実装します。

```
output = relu(dot(W, input) + b)
```

16 個の隠れユニットを持つということは、重み行列 W の形状が (input_dimension, 16) になるということです。W との内積により、入力データは 16 次元の表現空間に射影されます（さらに、バイアスベクトル b を足し、ReLU 演算を適用します）。表現空間の次元については、「内部表現を学習するときにネットワークに与える自由度」として考えることができます。隠れユニットの数が増え、より高次元の表現空間になるほど、ネットワークはより複雑な表現を学習できるようになります。ただし、その分ネットワークの計算量が増えるため、無駄なパターン（訓練データでの性能は向上するものの、テストデータでの性能は向上しないパターン）を学習することになるかもしれません。

そうした Dense 層のスタックでは、アーキテクチャ上の重要な意思決定が 2 つ必要になります。

- 使用する層の数をいくつにするか
- 各層の隠れユニットの数をいくつにするか

第 4 章では、これらの選択を行うためのガイドラインを紹介します。ここは筆者に任せて、次のように選択することにしましょう。

- それぞれ 16 個の隠れユニットを持つ 2 つの中間層
- 現在のレビューの感情に関する予測値（スカラー）を出力する 3 つ目の層

2 つの中間層では、活性化関数として ReLU を使用します。最後の 3 つ目の層では、確率（0 から 1 の間のスコア）を出力するためにシグモイド活性化関数を使用します。このスコアは、そのサンプルが目的値 "1" を持つ可能性がどれくらいか、つまり、そのレビューが肯定的である可能性がどれくらいかを表します。ReLU は負の値をすべて 0 にする関数ですが（図 3-4）、シグモイド関数はどのような値もすべて [0, 1] の区間に詰め込み、確率として解釈できるものを出力します（図 3-5）。

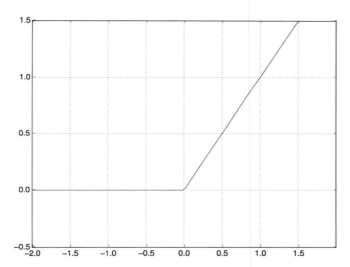

図 3-4：ReLU 関数

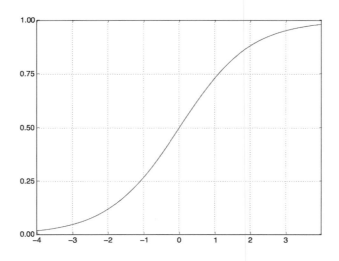

図 3-5：シグモイド関数

図3-6は、このネットワークがどのようなものになるかを示しています。そしてKerasでの実装は、MNISTの例で見たものと似ています（リスト3-3）。

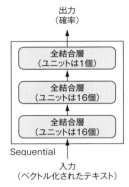

図3-6：3層のニューラルネットワーク

リスト3-3：モデルの定義

```
from keras import models
from keras import layers

model = models.Sequential()
model.add(layers.Dense(16, activation='relu', input_shape=(10000,)))
model.add(layers.Dense(16, activation='relu'))
model.add(layers.Dense(1, activation='sigmoid'))
```

活性化関数とは何か、それらはなぜ必要か

　ReLUのような活性化関数（非線形性）がない場合、全結合層（Dense）は内積と加算の2つの線形演算で構成されることになります。

```
output = dot(W, input) + b
```

　したがって、この層が学習できるのは、入力データの**線形変換**（アフィン変換）だけです。この層の**仮説空間**は、入力データから16次元の表現空間へのあらゆる線形変換の集まりとなります。そうした仮説空間は制限されすぎており、線形の層をどれほど積み上げたところで実装されるのは線形演算であるため、表現を複数の層にするメリットはありません。層をさらに追加しても、仮説空間が広がることはありません。ディープな表現の恩恵を受けるはるかに機能的な仮説空間を手に入れるには、非線形性（活性化関数）が必要です。ディープラーニングにおいて最もよく使用される活性化関数はReLUですが、候補は他にもいろいろあります。どの活性化関数にも、PReLU（Parametric ReLU）やELU（Exponential Linear Unit）といった変わった名前が付いています。

最後に、損失関数とオプティマイザを選択する必要があります。ここで解決しようとしているのは二値分類問題であり、このネットワークの出力は確率であるため（ネットワークの最後の層は、シグモイド活性化関数を使用する単一ユニットの層です）、損失関数には `binary_crossentropy`（二値の交差エントロピー）を使用するのが最も効果的です。ただし、これが唯一の選択肢というわけではなく、たとえば `mean_squared_error`（平均二乗誤差）を使用することも可能です。とはいえ、確率を出力するモデルを扱っているときには、通常は**交差エントロピー**（crossentropy）が最適です。交差エントロピーは、2つの確率分布の距離を表す情報理論の尺度です。この場合は、グラウンドトルース分布と予測値との距離を表します。

オプティマイザとして `rmsprop`、損失関数として `binary_crossentropy` を使ってモデルを設定する手順は、リスト 3-4 のようになります。この場合は、訓練時に正解率も監視することに注意してください。

リスト 3-4：モデルのコンパイル

```
model.compile(optimizer='rmsprop',
              loss='binary_crossentropy',
              metrics=['accuracy'])
```

オプティマイザ、損失関数、指標は文字列で渡されていますが、これが可能なのは、`rmsprop`、`binary_crossentropy`、`accuracy` が Keras の一部としてパッケージ化されているためです。場合によっては、オプティマイザのパラメータを設定したり、独自の損失関数や指標関数を指定したいことがあります。オプティマイザのパラメータを設定したい場合は、リスト 3-5 に示すように、`optimizer` パラメータに引数としてオプティマイザクラスのインスタンスを指定します。独自の損失関数や指標関数を使用したい場合は、リスト 3-6 に示すように、`loss` パラメータか `metrics` パラメータに引数として関数オブジェクトを指定します。

リスト 3-5：オプティマイザの設定

```
from keras import optimizers

model.compile(optimizer=optimizers.RMSprop(lr=0.001),
              loss='binary_crossentropy',
              metrics=['accuracy'])
```

リスト 3-6：カスタム損失関数とカスタム指標の使用

```
from keras import losses
from keras import metrics

model.compile(optimizer=optimizers.RMSprop(lr=0.001),
              loss=losses.binary_crossentropy,
              metrics=[metrics.binary_accuracy])
```

3.4.4 アプローチの検証

まったく新しいデータでモデルを訓練するときの正解率を監視するには、元の訓練データセットから取り分けておいた 10,000 個のサンプルを使って検証データセットを作成します (リスト 3-7)。

リスト 3-7：検証データセットの設定

```
x_val = x_train[:10000]
partial_x_train = x_train[10000:]

y_val = y_train[:10000]
partial_y_train = y_train[10000:]
```

次に、512 サンプルのミニバッチで 20 エポックの訓練を行います。つまり、x_train テンソルと y_train テンソルのすべてのサンプルで訓練を 20 回繰り返します。それと同時に、取り分けておいた 10,000 サンプルでの損失値と正解率を監視します。リスト 3-8 に示すように、検証データは validation_data パラメータに引数として指定します。

リスト 3-8：モデルの訓練

```
model.compile(optimizer='rmsprop',
              loss='binary_crossentropy',
              metrics=['acc'])

history = model.fit(partial_x_train,
                    partial_y_train,
                    epochs=20,
                    batch_size=512,
                    validation_data=(x_val, y_val))
```

CPU で実行する場合、エポック 1 つあたり 2 秒もかかりません。訓練全体は 20 秒ほどで完了します。このモデルは、各エポックの最後に 10,000 サンプルの検証データでの損失値と正解率を計算するため、ほんの一瞬止まって見えるかもしれません。

model.fit() 呼び出しが History オブジェクトを返すことに注目してください。このオブジェクトには、history というメンバーがあります。このメンバーは、訓練中に起きたすべてのことに関するデータを含んでいるディクショナリです。このディクショナリの内容を調べてみましょう。

```
>>> history_dict = history.history
>>> history_dict.keys()
dict_keys(['val_acc', 'acc', 'val_loss', 'loss'])
```

このディクショナリには、訓練中および検証中に監視される指標ごとに 1 つ、合計 4 つのエントリが含まれています。次のリスト 3-9 では、訓練データと検証データでの損失値を、matplotlib を使ってプロットします (図 3-7)。リスト 3-10 では、訓練デー

タと検証データでの正解率をプロットします（図3-8）。

リスト3-9：訓練データと検証データでの損失値をプロット

```
import matplotlib.pyplot as plt

history_dict = history.history
loss_values = history_dict['loss']
val_loss_values = history_dict['val_loss']

epochs = range(1, len(loss_values) + 1)

# "bo"は"blue dot"（青のドット）を意味する
plt.plot(epochs, loss_values, 'bo', label='Training loss')
# "b"は"solid blue line"（青の実線）を意味する
plt.plot(epochs, val_loss_values, 'b', label='Validation loss')
plt.title('Training and validation loss')
plt.xlabel('Epochs')
plt.ylabel('Loss')
plt.legend()
plt.show()
```

リスト3-9のコードを実行した結果は図3-7のようになります。ドットは訓練データでの結果を表しており、折れ線は検証データの結果を表しています。

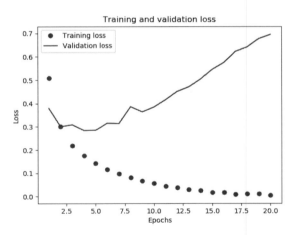

図3-7：訓練データと検証データでの損失値

リスト3-10：訓練データと検証データでの正解率をプロット

```
# 図を消去
plt.clf()

acc = history_dict['acc']
val_acc = history_dict['val_acc']

plt.plot(epochs, acc, 'bo', label='Training acc')
```

```
plt.plot(epochs, val_acc, 'b', label='Validation acc')
plt.title('Training and validation accuracy')
plt.xlabel('Epochs')
plt.ylabel('Accuracy')
plt.legend()
plt.show()
```

リスト 3-10 のコードを実行した結果は図 3-8 のようになります。ドットは訓練データでの結果を表しており、折れ線は検証データの結果を表しています。

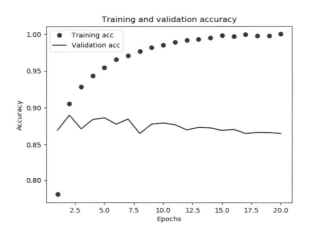

図 3-8：訓練データと検証データでの正解率

図 3-7 と図 3-8 から、訓練データでの損失値がエポックごとに小さくなっていることと、訓練データデータの正解率がエポックごとに向上していることがわかります。この「最小化しようとしている指標がイテレーションごとに小さくなる」ことはまさに、勾配降下法による最適化に期待される結果です。しかし、検証データでの損失値と正解率はその限りではありません。それらの正解率は、4 つ目のエポックでピークに達しているように見えます。これはまさに先ほど警告したことです —— 訓練データではモデルの性能がよかったとしても、まったく見たことのない新しいデータでも性能がよいとは限りません。正確には、これは**過学習**（overfitting）の一例です。2 つ目のエポックの後、このモデルは訓練データの過学習に陥っています。結局のところ、このモデルは訓練データに特化した表現を学習しているだけであり、訓練データセット以外のデータに対して汎化していません。

この場合は、過学習を回避するために訓練を 3 エポックで中止することができます。一般に、過学習の抑制にはさまざまな手法を用いることができます。これについては、次章で取り上げます。

新しいモデルを 4 エポックで訓練し、続いてテストデータで評価してみましょう（リスト 3-11）。

3.4　二値分類の例：映画レビューの分類　　77

> **リスト 3-11：モデルの訓練をやり直す**

```
model = models.Sequential()
model.add(layers.Dense(16, activation='relu', input_shape=(10000,)))
model.add(layers.Dense(16, activation='relu'))
model.add(layers.Dense(1, activation='sigmoid'))

model.compile(optimizer='rmsprop',
              loss='binary_crossentropy',
              metrics=['accuracy'])

model.fit(x_train, y_train, epochs=4, batch_size=512)
results = model.evaluate(x_test, y_test)
```

　最終的な結果は次のようになります。

```
>>> results
[0.29184698499679568, 0.88495999999999997]
```

　このかなり単純なアプローチでは、88% の正解率が達成されています。最先端のアプローチでは、95% 近い正解率を達成できるはずです。

3.4.5　学習済みのネットワークを使って新しいデータで予測値を生成する

　ネットワーク（モデル）の訓練が完了した後は、現実的な設定で試してみたいところです。predict メソッドを呼び出し、レビューが肯定的として分類される尤度を生成してみましょう。

```
>>> model.predict(x_test)
array([[ 0.98006207]
       [ 0.99758697]
       [ 0.99975556]
       ...,
       [ 0.82167041]
       [ 0.02885115]
       [ 0.65371346]], dtype=float32)
```

　このモデルでは、確実に分類できるサンプル（0.99 以上か 0.01 以下）もあれば、確実に分類できないサンプル（0.6、0.4）もあるようです。

3.4.6　その他の実習

　次の実習は、ここで選択したアーキテクチャがどれも合理的であることを確認するのに役立つでしょう。ただし、まだ改善の余地があります。

- この例では、隠れ層を 2 つ使用している。隠れ層を 1 または 3 つにした場合に、検証とテストの正解率にどのような影響を与えるのかを確認する。
- 隠れユニットの数が多いまたは少ない層で試してみる（32 ユニット、64 ユニットなど）。
- 損失関数を binary_crossentropy から mse に変更してみる。

- 活性化関数を relu から tanh に変更してみる（tanh は初期のニューラルネットワークでよく使用されていた活性化関数）。

3.4.7　まとめ

次に、本節の例から学んだことをまとめておきます。

- 通常、生のデータをニューラルネットワークに（テンソルとして）供給するには、データの前処理をしっかり行っておく必要がある。単語のシーケンスは二値ベクトルとしてエンコードできるが、エンコーディングオプションは他にもある。
- 活性化関数として ReLU を使用する Dense 層のスタックは、感情分類をはじめ、幅広い問題を解決できる。このため、頻繁に使用することになるだろう。
- 二値分類問題（出力クラスが 2 つ）では、ネットワークの最後の層は、活性化関数としてシグモイドを使用する単一ユニットの Dense 層になるはずである。このネットワークの出力は、確率を表す 0〜1 のスカラー値になるはずである。
- 二値分類問題の出力がそうしたシグモイド関数のスカラー値である場合は、損失関数として binary_crossentropy を使用すべきである。
- rmsprop オプティマイザは、一般にどのような問題でも十分によい選択である。心配事が 1 つ減ることになる。
- 訓練データでの性能がよくなっていくうちに、ニューラルネットワークは過学習に陥るようになり、まだ見たことのないデータでの結果は次第に悪くなっていく。訓練データ以外のデータでの性能には常に目を光らせておこう。

3.5　多クラス分類の例：ニュース配信の分類

前節では、全結合のニューラルネットワークを用いて、入力ベクトルを 2 つの相互排他なクラスに分類する方法を確認しました。しかし、クラスが 3 つ以上ある場合はどうなるのでしょうか。

ここでは、Reuters のニュース配信を 46 種類の相互排他なトピック（クラス）に分類するネットワークを構築します。クラスの数が多いため、この問題は**多クラス分類**（multiclass classification）の一例です。また、各データ点は 1 つのカテゴリ（トピック）にのみ分類されるはずです。そう考えると、より具体的には、これは**多クラス単一ラベル分類**（single-label, multiclass classification）問題です。各データ点が複数のカテゴリ（トピック）に分類される可能性がある場合は、**多クラス多ラベル分類**（multilabel, multiclass classification）問題を扱うことになります。

3.5.1　Reuters データセット

ここでは、**Reuters データセット**を使用します。このデータセットは、1986 年に Reuters によって配信された短いニュース記事とそれらのトピックを集めたものであり、テキスト分類用の単純なデータセットとして広く利用されています。トピックは全部で 46 種類です。他のトピックよりもサンプル数が多いトピックがいくつかあるものの、訓練データセットには各トピックのサンプルが少なくとも 10 個含まれています。

3.5　多クラス分類の例：ニュース配信の分類　　79

　IMDb データセットや MNIST データセットと同様に、Reuters データセットは Keras の一部としてパッケージされています。さっそく見てみましょう（リスト 3-12）。

リスト 3-12：Reuters データセットを読み込む

```
from keras.datasets import reuters

(train_data, train_labels), (test_data, test_labels) = \
    reuters.load_data(num_words=10000)
```

　IMDb データセットの例と同様に、引数 num_words=10000 は、データを出現頻度が最も高い 10,000 個の単語に制限します。
　訓練サンプルは 8,982 個、テストサンプルは 2,246 個になります。

```
>>> len(train_data)
8982
>>> len(test_data)
2246
```

　IMDb データセットのレビューと同様に、各サンプルは整数（単語のインデックス）のリストです。

```
>>> train_data[10]
[1, 245, 273, 207, 156, 53, 74, 160, 26, 14, 46, 296, 26, 39, 74, 2979,
3554, 14, 46, 4689, 4329, 86, 61, 3499, 4795, 14, 61, 451, 4329, 17, 12]
```

　参考までに、この整数のリストを単語に戻してみましょう（リスト 3-13）。

リスト 3-13：ニュースサンプルをテキストに変換する

```
word_index = reuters.get_word_index()
reverse_word_index = \
    dict([(value, key) for (key, value) in word_index.items()])

# インデックスのオフセットとして3が指定されているのは、
# 0、1、2がそれぞれ「パディング」、「シーケンスの開始」、「不明」の
# インデックスとして予約されているためであることに注意
decoded_newswire = ' '.join(
    [reverse_word_index.get(i - 3, '?') for i in train_data[0]])

# デコードしたニュースの内容を表示
decoded_newswire
```

　サンプルに関連付けられているラベルは、0〜45 の整数（トピックインデックス）です。

```
>>> train_labels[10]
3
```

3.5.2 データの準備

データのベクトル化には、前節の例とまったく同じコードを使用できます（リスト3-14）。

リスト 3-14：データのエンコーディング

```python
import numpy as np

def vectorize_sequences(sequences, dimension=10000):
    results = np.zeros((len(sequences), dimension))
    for i, sequence in enumerate(sequences):
        results[i, sequence] = 1.
    return results

# 訓練データのベクトル化
x_train = vectorize_sequences(train_data)
# テストデータのベクトル化
x_test = vectorize_sequences(test_data)
```

ラベルのベクトル化については、2つの選択肢があります。ラベルのリストを整数のテンソルとしてキャスト（型変換）するか、**one-hot エンコーディング**（one-hot encoding）を使用するかです。one-hot エンコーディングは、カテゴリ値のデータで広く利用されている手法であり、**カテゴリエンコーディング**（categorical encoding）とも呼ばれます。one-hot エンコーディングの詳細については、第6章の『6.1　テキストデータの操作』を参照してください。この場合は、ラベルの one-hot エンコーディングにより、ラベルはそれぞれベクトルとして埋め込まれます。それらのベクトルは、ラベルのインデックスの位置に 1 が含まれている以外はすべて 0 が設定されたベクトルになります。

```python
def to_one_hot(labels, dimension=46):
    results = np.zeros((len(labels), dimension))
    for i, label in enumerate(labels):
        results[i, label] = 1.
    return results

# ベクトル化された訓練ラベル
one_hot_train_labels = to_one_hot(train_labels)
# ベクトル化されたテストラベル
one_hot_test_labels = to_one_hot(test_labels)
```

なお、MNIST の例ですでに確認したように、Keras には、同じことを行う方法がすでに組み込まれています。

```python
from keras.utils.np_utils import to_categorical

one_hot_train_labels = to_categorical(train_labels)
one_hot_test_labels = to_categorical(test_labels)
```

3.5.3　ニューラルネットワークの構築

　このトピック分類問題は、短いテキストの分類を試みるという点では、前節の映画
レビュー分類問題と似ているように思えます。ですがこの場合は、「出力クラスの数が
2 から 46 に増えている」という新しい制約があります。出力空間の次元ははるかに大
きくなります。

　ここまで見てきたような Dense 層のスタックでは、各層がアクセスできる情報は、1
つ前の層の出力に含まれているものだけです。分類問題に関連する情報が途中の層で
抜け落ちてしまった場合、その情報をその後の層で復元することは不可能です。その
意味では、どの層も情報のボトルネックになる可能性を秘めています。前節の例では
16 次元の中間層を使用しましたが、46 種類のクラスを学習するとなると、16 次元の
空間では制限がきつすぎるかもしれません。そうした小さな中間層が情報ボトルネッ
クとなり、重要な情報が永遠に失われてしまうことも考えられます。

　そこで、もっと大きな 64 ユニットの中間層で試してみましょう（リスト 3-15）。

> **リスト 3-15：モデルの定義**

```
from keras import models
from keras import layers

model = models.Sequential()
model.add(layers.Dense(64, activation='relu', input_shape=(10000,)))
model.add(layers.Dense(64, activation='relu'))
model.add(layers.Dense(46, activation='softmax'))
```

　このアーキテクチャには、注意しなければならない点がさらに 2 つあります。

- ネットワークの最後の層は、サイズが 46 の Dense 層となる。つまり、このネッ
  トワークは入力サンプルごとに 46 次元の出力ベクトルを生成する。このベクト
  ルのエントリ（次元）はそれぞれ、異なる出力クラスをエンコードする。
- 最後の層は活性化関数としてソフトマックス（softmax）を使用している。これ
  は MNIST の例ですでに見ているパターンである。つまり、このネットワーク
  の出力は、46 種類の出力クラスの**確率分布**である。このネットワークは入力サ
  ンプルごとに 46 次元の出力ベクトルを生成する。output[i] は、そのサンプル
  がクラス i に属している確率を表す。46 個の確率値は合計すると 1 になる。

　この場合、最適な損失関数は categorical_crossentropy です。この損失関数は、2
つの確率分布の距離を計測します。この場合は、このネットワークによって出力され
る確率分布と、ラベルの真の分布との距離になります。これら 2 つの分布の距離を最
小化することで、出力が真のラベルにできるだけ近づくようにネットワークを訓練し
ます。

第3章　入門：ニューラルネットワーク

リスト3-16：モデルのコンパイル

```
model.compile(optimizer='rmsprop',
              loss='categorical_crossentropy',
              metrics=['accuracy'])
```

3.5.4　アプローチの検証

　訓練データのうち1,000サンプルを検証データセットとして使用するために分けておきます（リスト3-17）。

リスト3-17：検証データセットの設定

```
x_val = x_train[:1000]
partial_x_train = x_train[1000:]

y_val = one_hot_train_labels[:1000]
partial_y_train = one_hot_train_labels[1000:]
```

　次に、512サンプルのミニバッチで20エポックの訓練を行います（リスト3-18）。

リスト3-18：モデルの訓練

```
history = model.fit(partial_x_train,
                    partial_y_train,
                    epochs=20,
                    batch_size=512,
                    validation_data=(x_val, y_val))
```

　そして最後に、損失値（図3-9）と正解率（図3-10）をプロットします。

リスト3-19：訓練データと検証データでの損失値をプロット

```
import matplotlib.pyplot as plt

loss = history.history['loss']
val_loss = history.history['val_loss']

epochs = range(1, len(loss) + 1)

plt.plot(epochs, loss, 'bo', label='Training loss')
plt.plot(epochs, val_loss, 'b', label='Validation loss')
plt.title('Training and validation loss')
plt.xlabel('Epochs')
plt.ylabel('Loss')
plt.legend()
plt.show()
```

3.5 多クラス分類の例：ニュース配信の分類

リスト 3-20：訓練データと検証データでの正解率をプロット

```
plt.clf()    # 図を消去

acc = history.history['acc']
val_acc = history.history['val_acc']

plt.plot(epochs, acc, 'bo', label='Training acc')
plt.plot(epochs, val_acc, 'b', label='Validation acc')
plt.title('Training and validation accuracy')
plt.xlabel('Epochs')
plt.ylabel('Accuracy')
plt.legend()
plt.show()
```

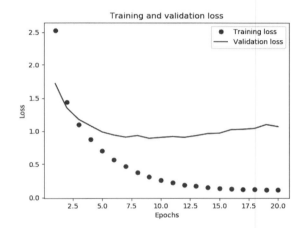

図 3-9：訓練データでの損失値（ドット）と検証データでの損失値（折れ線）

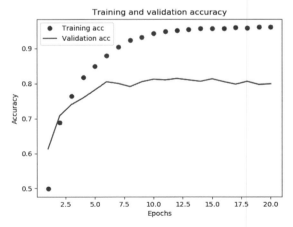

図 3-10：訓練データでの正解率（ドット）と検証データでの正解率（折れ線）

8エポックの後、このネットワークは過学習に陥っています。新しいネットワークを8エポックで訓練し、その後テストデータで評価してみましょう（リスト 3-21）。

第3章　入門：ニューラルネットワーク

リスト 3-21：モデルの訓練をやり直す

```
model = models.Sequential()
model.add(layers.Dense(64, activation='relu', input_shape=(10000,)))
model.add(layers.Dense(64, activation='relu'))
model.add(layers.Dense(46, activation='softmax'))

model.compile(optimizer='rmsprop',
              loss='categorical_crossentropy',
              metrics=['accuracy'])

model.fit(partial_x_train,
          partial_y_train,
          epochs=8,
          batch_size=512,
          validation_data=(x_val, y_val))
results = model.evaluate(x_test, one_hot_test_labels)
```

最終的な結果は次のようになります。

```
>>> results
[0.98764628548762257, 0.77693677651807869]
```

このアプローチの正解率は 78% に達しています。均衡な二値分類問題では、純粋にランダムな分類器の正解率は 50% となります。しかし、この場合は 19% に迫っているため、少なくともランダムなベースラインと比較した限りでは、かなりよい結果に思えます。

```
>>> import copy

>>> test_labels_copy = copy.copy(test_labels)
>>> np.random.shuffle(test_labels_copy)
>>> float(np.sum(np.array(test_labels) == \
...     np.array(test_labels_copy))) / len(test_labels)
0.18477292965271594
```

3.5.5　新しいデータで予測値を生成する

このモデルの predict メソッドは、46 種類のトピックがすべてカバーされた確率分布を返します。このことを検証するために、テストデータ全体のトピック予測を生成してみましょう（リスト 3-22）。

リスト 3-22：新しいデータの予測値を生成

```
predictions = model.predict(x_test)
```

predictions の各エントリは、長さが 46 のベクトルです。

```
>>> predictions[0].shape
(46,)
```

このベクトルの係数を合計すると 1 になります。

```
>>> np.sum(predictions[0])
1.0
```

最も大きなエントリが、予測されたクラスです。つまり、確率が最も高いクラスです。

```
>>> np.argmax(predictions[0])
3
```

3.5.6　ラベルと損失値を処理する別の方法

先ほど述べたように、ラベルをエンコードするもう 1 つの方法は、それらのラベルを整数のテンソルとしてキャストすることです。

```
y_train = np.array(train_labels)
y_test = np.array(test_labels)
```

このアプローチによって変わるのは、損失関数の選択だけです。リスト 3-21 で使用した損失関数 categorical_crossentropy は、ラベルが one-hot エンコーディングで表現されていることを期待します。ラベルが整数の場合は、損失関数として sparse_categorical_crossentropy を使用すべきです。

```
model.compile(optimizer='rmsprop',
              loss='sparse_categorical_crossentropy',
              metrics=['acc'])
```

この新しい損失関数は、数学的には categorical_crossentropy と同じであり、違いはインターフェイスだけです。

3.5.7　十分な大きさの中間層を持つことの重要性

先ほど中間層の大きさに言及したのは、最終的な出力は 46 次元であるため、隠れユニットの数が 46 よりもずっと少ない中間層は避けるべきだからです。たとえば 4 次元など、46 次元よりもずっと小さい中間層を使用したために情報ボトルネックが発生したらどうなるでしょうか。実際に試してみましょう（リスト 3-23）。

リスト 3-23：情報ボトルネックを持つモデル

```
model = models.Sequential()
model.add(layers.Dense(64, activation='relu', input_shape=(10000,)))
model.add(layers.Dense(4, activation='relu'))
model.add(layers.Dense(46, activation='softmax'))

model.compile(optimizer='rmsprop',
              loss='categorical_crossentropy',
              metrics=['accuracy'])
```

```
model.fit(partial_x_train,
          partial_y_train,
          epochs=20,
          batch_size=128,
          validation_data=(x_val, y_val))
```

　検証データセットでの正解率のピークはだいたい 71% であり、絶対損失は 8% です。この損失の原因は主に、大量の情報（46 のクラスの分離超平面を復元するのに十分な情報）をあまりにも小さな中間層に詰め込もうとしたことにあります。このネットワークには、これらの 4 次元表現に必要な情報の「大部分」は詰め込むことができますが、必要な情報がすべて詰め込まれるわけではありません。

3.5.8　その他の実習

- 32 ユニットや 128 ユニットなど、さらに大きい中間層や小さい中間層を試してみる。
- この例では、隠れ層を 2 つ使用している。隠れ層を 1 つにする、または 3 つにするとどうなるか試してみる。

3.5.9　まとめ

次に、本節の例から学んだことをまとめておきます。

- データ点を N 個のクラスに分類しようとしている場合、ネットワークの最後の層は、サイズが N の Dense 層でなければならない。
- 多クラス単一ラベル分類問題では、ネットワークの最後の層では活性化関数としてソフトマックス（softmax）を使用すべきである。このため、出力は N 個の出力クラスに対する確率分布となる。
- そうした問題に使用すべき損失関数は、ほぼ必ずと言ってよいほど多クラス交差エントロピー（categorical_crossentropy）である。この損失関数は、ネットワークによって出力される確率分布と、目的値（ラベル）の真の分布との距離を最小化する。
- 多クラス分類でラベルを扱う方法は次の 2 つである。
  - カテゴリエンコーディング（one-hot エンコーディング）を用いてラベルをエンコードし、損失関数として categorical_crossentropy を使用する。
  - ラベルを整数としてエンコードし、損失関数として sparse_categorical_crossentropy を使用する。
- データの分類先となるカテゴリの数が多い場合は、中間層が小さすぎることが原因で、ネットワークに情報ボトルネックが生じることがないように注意する。

3.6　回帰の例：住宅価格の予測

　先の 2 つの例では、分類問題を取り上げました。それらの問題の目的は、入力データ点の離散的なラベルを 1 つ予測することでした。もう 1 種類の一般的な機械学習問題は、**回帰**（regression）です。回帰では、離散的なラベルではなく連続値を予測しま

す。たとえば、気象データに基づいて明日の気温を予測したり、ソフトウェアプロジェクトの仕様に基づいてプロジェクトの完了にかかる時間を予測したりします。

> 回帰（regression）と**ロジスティック回帰**（logistic regression）を混同しないように注意してください。紛らわしいことに、ロジスティック回帰は回帰アルゴリズムではなく、分類アルゴリズムです。

3.6.1　Boston Housing データセット

　ここでは、1970年代中頃のボストン近郊での住宅価格の中央値を予測します。この予測には、犯罪発生率や地方財産税の税率など、当時のボストン近郊に関するデータ点を使用します。先の2つの例からすると、ここで使用するデータセットには興味深い違いがあります。このデータセットに含まれているデータ点は506個と比較的少なく、404の訓練サンプルと102のテストサンプルに分割されています。また、入力データの**特徴量**（犯罪発生率など）はそれぞれ異なる尺度を使用しています。たとえば、割合を0〜1の値で表すものもあれば、1〜12の値をとるものや、0〜100の値をとるものもあります。

> **リスト 3-24：Boston Housing データセットの読み込み**

```
from keras.datasets import boston_housing

(train_data, train_targets), (test_data, test_targets) = \
    boston_housing.load_data()
```

　このデータセットのデータを調べてみましょう。

```
>>> train_data.shape
(404, 13)
>>> test_data.shape
(102, 13)
```

　この出力に示されているように、訓練サンプルは404個、テストサンプルは102個であり、それぞれ13種類の数値の特徴量で構成されています。これらの特徴量は、犯罪発生率、1戸あたりの平均部屋数、幹線道路へのアクセス指数などを表します。
　目的値は、住宅価格の中央値（1,000ドル単位）です。

```
>>> train_targets
array([ 15.2,  42.3,  50. ,  ... 19.4,  19.4,  29.1])
```

　住宅価格は主に10,000ドルから50,000ドルの間です。安いと思っているなら、これが1970年代のデータであることを思い出してください。これらの価格はインフレ率に合わせて調整されていません。

3.6.2 データの準備

それぞれまったく異なる範囲の値をとる特徴量をニューラルネットワークに供給するのは、どう考えても問題です。その場合、ネットワークはそうした種類の異なるデータに自動的に適応できなければなりませんが、学習がより困難になることは目に見えています。そうしたデータに対処するためのベストプラクティスとして広く知られているのは、特徴量ごとの正規化です。入力データの特徴量（入力データ行列の列）ごとに、「特徴量の平均値を引き、標準偏差で割る」という処理を行います。そうすると、特徴量の中心が 0 になり、標準偏差が 1 になります。これを NumPy で実行するのは簡単です（リスト 3-25）。

リスト 3-25：データの正規化

```
mean = train_data.mean(axis=0)
train_data -= mean
std = train_data.std(axis=0)
train_data /= std

test_data -= mean
test_data /= std
```

テストデータの正規化に使用される値は、訓練データを使って計算されています。機械学習のワークフローでは、たとえデータの正規化のような単純なものであっても、テストデータを使って計算された値はいっさい使用すべきではありません。

3.6.3 ニューラルネットワークの構築

利用可能なサンプルの数が少ないので、2 つの隠れ層を持つ非常に小さなニューラルネットワークを使用することにします。これらの隠れ層はそれぞれ 64 個のユニットで構成されています（リスト 3-26）。一般的には、使用する訓練データが少なければ少ないほど、モデルは過学習に陥りやすくなります。小さいネットワークを使用することは、過学習を抑制する方法の 1 つです。

リスト 3-26：モデルの定義

```
from keras import models
from keras import layers

def build_model():
    # 同じモデルを複数回インスタンス化する必要があるため、
    # モデルをインスタンス化するための関数を使用
    model = models.Sequential()
    model.add(layers.Dense(64, activation='relu',
                           input_shape=(train_data.shape[1],)))
    model.add(layers.Dense(64, activation='relu'))
    model.add(layers.Dense(1))
    model.compile(optimizer='rmsprop', loss='mse', metrics=['mae'])
    return model
```

最後の層のユニットは 1 つだけで、活性化関数は適用されないため、線形の層になります。これはスカラー回帰の典型的な設定です。スカラー回帰は、連続値を 1 つだけ予測する回帰です。活性化関数を適用すると、出力値の範囲を制限することになります。たとえば、最後の層に活性化関数として sigmoid を適用した場合、ネットワークの学習は 0 から 1 の値を予測するためのものに制限されてしまいます。この場合、最後の層は完全に線形の層なので、ネットワークはあらゆる範囲の値を予測するための学習を行うことができます。

このネットワークをコンパイルするときに、損失関数として mse（平均二乗誤差）を使用していることに注目してください。**平均二乗誤差**（mean squared error）は、予測値と目的値との差の自乗であり、回帰問題の損失関数として広く使用されています。

また、訓練の際には、**平均絶対誤差**（mean absolute error、以下 MAE）という新しい指標も監視しています。MAE は、予測値と目的値との差の絶対値です。たとえば、この問題において MAE が 0.5 である場合、予測値は平均で 500 ドルずれていることになります。

3.6.4 k 分割交差検証によるアプローチの検証

訓練に使用するエポック数といったパラメータを調整しながらネットワークを評価する際には、ここまでの例で示したように、データを訓練データセットと検証データセットに分割することが考えられます。しかし、データ点の数が少ないことを考えると、検証データセットはかなり小さなもの（100 サンプルなど）になってしまいます。結果として、検証と訓練にどのデータ点を選択したかによって、検証スコアが大きく変化することになるかもしれません。つまり、検証データセットの分割方法によっては、検証スコアの**バリアンス**（variance）が高くなり、過学習に陥ってしまいます。これでは、モデルを正確に評価することは不可能です。

こうした状況でのベストプラクティスは、**k 分割交差検証**（k-fold cross-validation）を使用することです（図 3-11）。k 分割交差検証では、利用可能なデータを K 個のサブセット（フォールド）に分割し、まったく同じモデルのインスタンスを K 個作成します。そして、各モデルを $K - 1$ 個のフォールドで訓練し、残りの 1 個のフォールドで評価します。そして最後に、K 個の検証スコアの平均を求めます。通常、K の値は 4 か 5 になります。

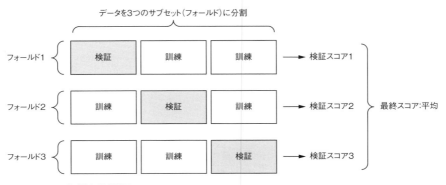

図 3-11：3 分割交差検証

90   第 3 章　入門：ニューラルネットワーク

コードはいたって単純です（リスト 3-27）。

リスト 3-27：k 分割交差検証

```
import numpy as np

k = 4
num_val_samples = len(train_data) // k
num_epochs = 100
all_scores = []
    for i in range(k):
    print('processing fold #', i)

    # 検証データの準備：フォールドiのデータ
    val_data = \
        train_data[i * num_val_samples: (i + 1) * num_val_samples]
    val_targets = \
        train_targets[i * num_val_samples: (i + 1) * num_val_samples]

    # 訓練データの準備：残りのフォールドのデータ
    partial_train_data = np.concatenate(
        [train_data[:i * num_val_samples],
         train_data[(i + 1) * num_val_samples:]],
        axis=0)
    partial_train_targets = np.concatenate(
        [train_targets[:i * num_val_samples],
         train_targets[(i + 1) * num_val_samples:]],
        axis=0)

    # Kerasモデルを構築（コンパイル済み）
    model = build_model()

    # モデルをサイレントモード（verbose=0）で適合
    model.fit(partial_train_data, partial_train_targets,
            epochs=num_epochs, batch_size=1, verbose=0)

    # モデルを検証データで評価
    val_mse, val_mae = model.evaluate(val_data, val_targets, verbose=0)
    all_scores.append(val_mae)
```

これを num_epochs = 100 で実行すると、次の結果が得られます。

```
>>> all_scores
[2.0750808349930412, 2.117215852926273, 2.9140411863232605,
2.4288365227161068]
>>> np.mean(all_scores)
2.3837935992396706
```

コードを実行するたびに、検証スコアが 2.1 から 2.9 の間で変化していることがわか
ります。それらの平均値（2.4）のほうが、どれか 1 つの検証スコアよりもずっと信頼
できる指標です——k 分割交差検証の主眼はそこにあります。この場合、誤差の平均
は 2,400 ドルです。住宅価格が 10,000 ドルから 50,000 ドルであることを考えると、か

なり大きな数字です。

　このネットワークをもう500エポックだけ訓練してみましょう。このモデルの性能をエポックごとに記録しておくために、訓練ループを書き換え、各エポックの検証ログを保存するようにします（リスト3-28）。

リスト3-28：フォールドごとに検証ログを保存

```python
num_epochs = 500
all_mae_histories = []
for i in range(k):

    # 検証データの準備：フォールドiのデータ
    print('processing fold #', i)
    val_data = \
        train_data[i * num_val_samples: (i + 1) * num_val_samples]
    val_targets = \
        train_targets[i * num_val_samples: (i + 1) * num_val_samples]

    # 訓練データの準備：残りのフォールドのデータ
    partial_train_data = np.concatenate(
        [train_data[:i * num_val_samples],
         train_data[(i + 1) * num_val_samples:]],
        axis=0)
    partial_train_targets = np.concatenate(
        [train_targets[:i * num_val_samples],
         train_targets[(i + 1) * num_val_samples:]],
        axis=0)

    # Kerasモデルを構築（コンパイル済み）
    model = build_model()

    # モデルをサイレントモード（verbose=0）で適合
    history = model.fit(partial_train_data, partial_train_targets,
                        validation_data=(val_data, val_targets),
                        epochs=num_epochs, batch_size=1, verbose=0)
    mae_history = history.history['val_mean_absolute_error']
    all_mae_histories.append(mae_history)
```

　続いて、すべてのフォールドを対象に、エポックごとのMAEスコアの平均を求めることができます（リスト3-29）。

リスト3-29：k分割交差検証の平均スコアの履歴を構築

```python
average_mae_history = [
    np.mean([x[i] for x in all_mae_histories]) for i in range(num_epochs)]
```

　そして、結果をプロットします（リスト3-30）。

リスト 3-30：検証スコアのプロット

```
import matplotlib.pyplot as plt

plt.plot(range(1, len(average_mae_history) + 1), average_mae_history)
plt.xlabel('Epochs')
plt.ylabel('Validation MAE')
plt.show()
```

リスト 3-30 のコードを実行した結果は図 3-12 のようになります。

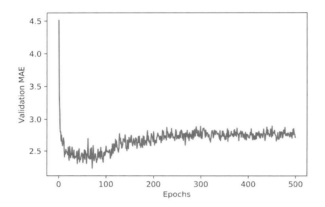

図 3-12：エポックごとの検証スコア（MAE）

スケーリングの問題やバリアンスが比較的高いせいで、このプロットを読んで理解するのは少し難しいかもしれません。そこで、次のようにしてみましょう。

- 最初の 10 個のデータ点を省略する。それらのデータ点は曲線の残りの部分とは異なる尺度に基づいている。
- 各データ点をその手前にあるデータ点の指数移動平均に置き換えることで、なめらかな曲線が描かれるようにする。

そのためのコードはリスト 3-31 のようになります。

リスト 3-31：最初の 10 個のデータ点を除外した検証スコアのプロット

```
def smooth_curve(points, factor=0.9):
    smoothed_points = []
    for point in points:
        if smoothed_points:
            previous = smoothed_points[-1]
            smoothed_points.append(previous * factor + point * (1 - factor))
        else:
            smoothed_points.append(point)
    return smoothed_points
```

```
smooth_mae_history = smooth_curve(average_mae_history[10:])

plt.plot(range(1, len(smooth_mae_history) + 1), smooth_mae_history)
plt.xlabel('Epochs')
plt.ylabel('Validation MAE')
plt.show()
```

リスト 3-31 のコードを実行した結果は図 3-13 のようになります。

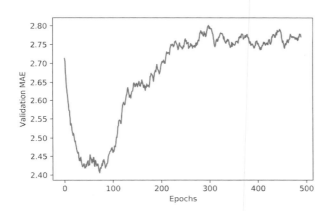

図 3-13：最初の 10 個のデータ点を除外したエポックごとの検証スコア（MAE）

このプロットから、検証スコア（MAE）が 80 エポック後に大きく改善されていることがわかります。そのポイントを過ぎた後は、過学習に陥っています。

モデルの他のパラメータのチューニングが完了したら、最適なパラメータと訓練データ全体を使って最終的なモデルの訓練を行います。パラメータのチューニングでは、エポック数に加えて、隠れ層のサイズも調整できます。続いて、テストデータでの性能を調べます（リスト 3-32）。

リスト 3-32：最終的なモデルの訓練

```
# コンパイル済みの新しいモデルを取得
model = build_model()

# データ全体を使って訓練
model.fit(train_data, train_targets,
          epochs=80, batch_size=16, verbose=0)

# テストデータでの検証スコアを取得
test_mse_score, test_mae_score = model.evaluate(test_data, test_targets)
```

最終的な結果は次のようになります。

```
>>> test_mae_score
2.5532484335057877
```

依然として 2,550 ドルもずれています。

3.6.5　まとめ

次に、本節の例から学んだことをまとめておきます。

- 回帰に使用される損失関数は、分類に使用される損失関数とは異なる。回帰によく使用される損失関数は、平均二乗誤差（MSE）である。
- 同様に、回帰に使用される評価指標も、分類に使用される評価指標とは異なる。当然ながら、回帰には正解率の概念が適用されない。回帰の一般的な評価指標は、平均絶対誤差（MAE）である。
- 入力データの特徴量がそれぞれ異なる範囲の値をとる場合は、前処理ステップとして各特徴量の尺度を個別に調整すべきである。
- 利用可能なデータが少ない場合、モデルを正確に評価するのに適した方法は k 分割交差検証である。
- 利用可能な訓練データが少ない場合、深刻な過学習を回避するには、隠れ層の数が少ない（通常は 1 つか 2 つ）小さなネットワークを使用するのが望ましい。

本章のまとめ

- これで、最も一般的な機械学習タスク（二値分類、多クラス分類、スカラー回帰）をベクトルデータで処理できるようになった。これらのタスクに関する重要なポイントは、各節の「まとめ」に含まれている。
- 通常、生のデータは前処理してからニューラルネットワークに供給する必要がある。
- 入力データの特徴量がそれぞれ異なる範囲の値をとる場合は、前処理の一部として各特徴量の尺度を個別に調整する。
- 訓練を重ねるうちに、ニューラルネットワークは過学習に陥るようになり、まだ見たことのない新しいデータでの性能は悪くなっていく。
- 訓練データの量が十分ではない場合は、深刻な過学習を回避するために、隠れ層が 1 つか 2 つの小さなネットワークを使用する。
- データが多くのカテゴリに分かれている場合、中間層が小さすぎると情報ボトルネックが発生するおそれがある。
- 回帰と分類とでは、使用する損失関数と評価指標が異なる。
- 利用可能なデータが少ない場合は、モデルを正確に評価するのに k 分割交差検証が役立つ可能性がある。

機械学習の基礎

本章で取り上げる内容

- 分類や回帰にとどまらない機械学習の形式
- 機械学習モデルの正式な評価手続き
- ディープラーニング用のデータの準備
- 特徴エンジニアリング
- 過学習への対処
- 機械学習の問題に取り組むための一般的なワークフロー

　第3章では実践的な例を3つ見てきたので、ニューラルネットワークを使って分類問題や回帰問題にどのように取り組めばよいかがだいぶつかめてきたのではないでしょうか。そして、機械学習の中心的な課題である「過学習」がどのようなものであるかも実際に確認しました。本章では、ディープラーニングの問題を解決するために、この新しい知識の一部を概念的な枠組みとして確立することにします。具体的には、モデルの評価、データの前処理と特徴エンジニアリング、そして過学習への対処という概念を、機械学習タスクに取り組むための7つのステップからなるワークフローにまとめます。

4.1 機械学習の4つの手法

ここまでの例では、二値分類、多クラス分類、スカラー回帰という3種類の機械学習問題を見てきました。これらはすべて**教師あり学習**（supervised learning）です。教師あり学習の目的は、訓練の入力値と目的値の関係を学習することにあります。

教師あり学習は氷山の一角にすぎません —— 機械学習は、複雑なサブフィールドを持つ広大な分野です。一般に、機械学習のアルゴリズムは、大きく4つのカテゴリに分類されます。ここでは、これらのカテゴリについて説明します。

4.1.1 教師あり学習

教師あり学習は間違いなく最も一般的な機械学習です。教師あり学習は、一連のサンプルに基づいて、入力データを既知の目的値に写像（マッピング）するための学習です。多くの場合、それらのサンプルは人の手でアノテートされており、目的値は**アノテーション**（annotation）とも呼ばれます。ここまでの4つの例はすべて、教師あり学習の典型的な例です。全体的に見て、光学文字認識や音声認識、画像分類、言語翻訳など、現在スポットライトを浴びているディープラーニングのアプリケーションは、ほぼ例外なく、このカテゴリに属しています。

教師あり学習のほとんどは分類と回帰で構成されていますが、次を含め、少し変わった種類のものもあります。

- **シーケンス生成**
  与えられた画像を説明するキャプションを予測します。シーケンス生成は、シーケンス内の単語やトークンを繰り返し予測するなど、連続する分類問題に変換されることがあります。
- **構文木予測**
  与えられた文章から構文木への分解を予測します。
- **物体検出**
  与えられた画像内の特定のオブジェクトのまわりに境界矩形を描くもので、分類問題や同時分類／回帰問題として表現されることもあります。分類問題では、候補となる境界矩形の数が十分であるという前提で、各境界矩形の内容を分類します。同時分類／回帰問題では、ベクトル回帰を通じて境界矩形の座標を予測します。
- **画像分割**
  与えられた画像の特定のオブジェクトをピクセルレベルでマスクします。

4.1.2 教師なし学習

このカテゴリに分類される機械学習では、目的値の助けを借りずに、入力データの重要な変換を見つけ出します。教師なし学習は、データの可視化、データの圧縮、データのノイズ除去が目的のこともあれば、データによって表される相関関係への理解を深めることが目的のこともあります。教師なし学習はデータ解析に不可欠なものであり、教師あり学習の問題を解決する前にデータセットへの理解を深めるために必要になることもよくあります。教師なし学習では、**次元削減**（dimensionality reduction）

とクラスタリング（clustering）の 2 つのカテゴリがよく知られています。

4.1.3　自己学習

　これは特殊な教師あり学習ですが、別のカテゴリに分類するのに十分な違いがあります。自己学習は、アノテーションラベルのない教師あり学習であり、人がまったく介入しない教師あり学習として考えることができます。自己学習にも何らかの教師が必要なので、やはりラベルを使用しますが、それらのラベルはたいてい発見的アルゴリズムを用いて入力データから生成されます。

　たとえば**オートエンコーダ**（autoencoder）は、よく知られている自己学習の一例です。この場合、生成される目的値は入力そのものです。同様に、動画の過去のフレームに基づいて次のフレームを予測したり、テキストの前の単語に基づいて次の単語を予測したりするのも、自己学習の例です。この場合は、未来の入力データが教師になるため、時間的教師あり学習となります。教師あり学習、自己学習、教師なし学習の違いはあいまいなことがあるので注意してください。これらのカテゴリは、どちらかと言えば連続体であり、はっきりとした境界はありません。自己学習については、学習メカニズムを重視するのか、それともその適用範囲を重視するのかによって、教師あり学習と解釈できることもあれは、教師なし学習と解釈できることもあります。

> 本書の主眼は教師あり学習にあります。教師あり学習は現在のディープラーニングにおいて圧倒的多数を占めており、幅広い業界で利用されているからです。また、この後の章では、自己学習についても簡単に取り上げます。

4.1.4　強化学習

　Google の DeepMind が Atari のゲームを学習することに成功した後、世界屈指のレベルで「碁」を打つようになると、長らく見落とされていたこのカテゴリがにわかに注目を集めるようになりました。強化学習では、**エージェント**（agent）がその環境に関する情報を受け取り、何らかの報酬が最大になるような行動の選び方を学習します。たとえば強化学習では、ゲームの画面を見て、ゲームのスコアが最大になるようなゲームアクションを出力するニューラルネットワークを訓練することが可能です。

　現在、強化学習は主に研究分野で使用されており、ゲーム以外の分野では大きな実績を上げるには至っていません。ですがゆくゆくは、強化学習が現実のアプリケーション（自動運転、ロボット工学、リソース管理、教育など）で大きな割合を占めるようになることが期待されています。強化学習はこの時代にぴったりであり、いずれ強化学習の時代がやってくるでしょう。

分類と回帰の用語

　分類と回帰は専門用語だらけです。それらの一部は本書の例にすでに登場していますが、以降の章ではさらに多くの用語が登場します。それらの用語には機械学習特有の定義があるため、ここで理解しておいてください。

用語	意味
サンプルまたは入力	モデルに渡される 1 つのデータ点
予測値または出力	モデルから返される値
目的値	真の値。理想的には、外部のデータに基づいてモデルが予測すべき値
予測誤差または損失値	モデルの予測値と目的値との距離の目安となる指標
クラス	分類問題において選択可能な一連のラベル。たとえば、犬と猫の写真を分類する際、"dog" と "cat" は 2 つのクラスである
ラベル	分類問題でのクラスアノテーションのインスタンス。たとえば、1234 番目の写真に "dog" クラスを含んでいるというアノテーションが付いている場合、その写真のラベルは "dog" である
グラウンドトルースまたはアノテーション	データセットのすべての目的値。通常は人によって収集される
二値分類	各入力サンプルを 2 つの相互排他なカテゴリに分類するタスク
多クラス分類	手書きの数字を分類するなど、各入力サンプルを 2 つ以上のカテゴリに分類するタスク
多ラベル分類	各入力サンプルに複数のラベルを割り当てることができる分類タスク。たとえば、特定の画像に犬と猫が両方とも含まれている場合は、"dog" ラベルと "cat" ラベルのアノテーションを付けるべきである。画像 1 つあたりのラベルの数は、通常は任意である
スカラー回帰	目的値が連続するスカラー値となるタスク。たとえば住宅価格の予測では、さまざまな目的値（価格）が連続値の空間を形成する
ベクトル回帰	連続ベクトルなど、目的値が連続値となるタスク。画像の境界矩形の座標など、複数の値に対して回帰を実行する場合は、ベクトル回帰を実行することになる
ミニバッチまたはバッチ	モデルによって同時に処理されるサンプルの小さな集合（通常は 8〜128 個）。多くの場合、GPU でのメモリの確保を容易にするために、サンプルの数は 2 の累乗となる。訓練の際には、モデルの重みに適用される勾配降下法の更新値を 1 つ計算するために、ミニバッチを使用する

4.2 機械学習モデルの評価

第3章の3つの例では、データを訓練データセット、検証データセット、テストデータセットの3つに分割しました。訓練に使用したものと同じデータをモデルの評価に使用しない理由は、すぐに明らかになりました。ほんの数エポックで、3つのモデルが揃って**過学習**に陥ったからです。つまり、訓練データでのモデルの性能は、常に訓練が進むにつれて向上していたにもかかわらず、まだ見たことのないデータでは性能の低下（悪化）に転じていました。

機械学習の目標は、モデルを**汎化**させることにあります。つまり、まだ見たことのないデータでも性能がよいモデルを実現することが目標となります。そして、最大の課題は過学習です。何かを制御するには、その何かを観測できなければなりません。したがって、モデルの汎化性能を正確に計測できることが重要となります。次節以降では、過学習を抑制し、汎化をできるだけ促進するための戦略を取り上げます。ここでは、汎化を計測する方法、つまり、機械学習モデルを評価する方法に焦点を合わせます。

4.2.1 訓練データセット、検証データセット、テストデータセット

モデルの評価とは、突き詰めれば、利用可能なデータを訓練データセット、検証データセット、テストデータセットの3つに分割することです。モデルの訓練は訓練データで行い、モデルの評価は検証データで行います。モデルの準備が整ったら、最後にテストデータでテストします。

訓練データセットとテストデータセットの2つで十分なのでは、と考えているかもしれませんね。訓練データで訓練し、テストデータで評価すれば、ずっと簡単です。

そうしない理由は、モデルの開発では常に設定のチューニングが必要になるからです。たとえば、層の数や層のサイズなどの選択が必要になります。これらの設定は、ネットワークの重みである**パラメータ**と区別するために、モデルの**ハイパーパラメータ**と呼ばれます。チューニングでは、モデルの検証データでの性能をフィードバックとして使用します。要するに、このチューニングは一種の**学習**です。つまり、何らかのパラメータ空間でよい設定を探すのです。このため、検証データでの性能に基づいてモデルの設定を調整すると、検証データで直接訓練を行っていなくても、モデルがすぐに**過学習**に陥ることがあります。

この現象の中心にあるのは、**情報の漏れ**（information leak）という概念です。モデルの検証データセットでの性能に基づいてハイパーパラメータのチューニングを行うたびに、検証データの何らかの情報がモデルに漏れ出します。この作業をハイパーパラメータごとに一度だけ行うとしたら、漏れ出す情報はほんのわずかであり、検証データセットには依然としてモデルを評価するだけの信頼性があります。しかし、ハイパーパラメータのチューニングを何度も繰り返す場合はどうでしょうか。ハイパーパラメータを1つ変更しては検証データセットで評価し、その結果に基づいてモデルを修正するとしたら、モデルに漏れ出す検証データセットの情報はどんどん増えていくでしょう。

最終的に手にするのは、検証データでの性能が人為的につり上げられたモデルです。検証データに合わせて最適化したのですから、当然です。肝心なのは、検証データでの性能ではなく、まったく新しいデータでの性能です。まだ見たことのないまったく異なるデータセットである「テストデータセット」を使用する必要があるのは、そのためです。たとえ間接的にであっても、モデルがテストデータセットの情報に1つでもアクセスしていれば意味がありません。モデルの何かがテストデータセットでの性能に基づいて調整されている場合、汎化性能の計測は不完全なものとなります。

　データを訓練データセット、検証データセット、テストデータセットに分割するのは簡単なことに思えるかもしれません。しかし、利用可能なデータの量が少ない場合はどうでしょうか。そうした場合に役立つ洗練された手法がいくつかあります。ここでは、単純なホールドアウト法、k分割交差検証、シャッフルに基づく反復的なk分割交差検証という3つの標準的な評価手法を紹介します。

単純なホールドアウト法

　ホールドアウト法（hold-out validation）では、データのほんの一部をテストデータセットとして取り分けておきます。残りのデータで訓練を行い、テストデータセットで評価を行います。前項で示したように、情報の漏れを防ぐには、モデルのチューニングにテストデータセットを使用するわけにはいきません。このため、検証データセットも確保しておく必要があります。

　ホールドアウト法を図解すると、図4-1のようになります。

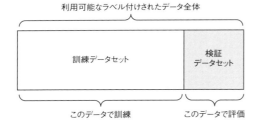

図4-1：単純なホールドアウト法でのデータの分割

単純な実装はリスト4-1のようになります。

リスト4-1：ホールドアウト法

```
num_validation_samples = 10000

# 通常はデータをシャッフルするのが適している
np.random.shuffle(data)

# 検証データセットを定義
validation_data = data[:num_validation_samples]
data = data[num_validation_samples:]
# 訓練データセットを定義
training_data = data[:]

# モデルを訓練データで訓練し、検証データで評価
```

```
model = get_model()
model.train(training_data)
validation_score = model.evaluate(validation_data)

# この時点で、モデルのチューニング、再訓練、評価、再訓練...の繰り返しが可能となる

# ハイパーパラメータのチューニングが済んだら、
# テストにまったく使用していないデータで最終的なモデルの訓練を行うのが一般的
model = get_model()
model.train(np.concatenate([training_data, validation_data]))
test_score = model.evaluate(test_data)
```

これは最も単純な評価プロトコルですが、欠陥が1つあります。利用可能なデータの量が十分ではない場合、検証データセットとテストデータセットに含まれるサンプルの量は、統計的に見て、データの典型的なサンプルと見なすには少なすぎるかもしれません。この問題を見分けるのは簡単です。データを分割する前のランダムなシャッフルによってモデルの性能に大きなばらつきが見られるとしたら、この問題が発生している証拠です。k分割交差検証と反復的なk分割交差検証は、この問題に対処する2つの方法です。次は、これらの手法について見ていきましょう。

k分割交差検証

このアプローチでは、データを同じサイズのK個のサブセット（フォールド）に分割します。i番目のフォールドごとに、残りの$K-1$個のフォールドでモデルを訓練し、i番目のフォールドで評価します。最終的なスコアは、K個のスコアの平均です。この手法が役立つのは、訓練データセットとテストデータセットの分割方法によってモデルの性能に大きな相違が見られる場合です。ホールドアウト法と同様に、この手法でも、モデルの評価には検証データセットを別途使用しなければなりません。

k分割交差検証を図解すると、図4-2のようになります。

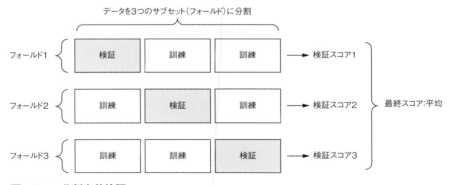

図4-2：3分割交差検証

単純な実装はリスト4-2のようになります。

第4章　機械学習の基礎

リスト4-2：k分割交差検証

```python
k = 4
num_validation_samples = len(data) // k
np.random.shuffle(data)
validation_scores = []

for fold in range(k):
    # 検証データを選択
    validation_data = data[num_validation_samples * fold:
                           num_validation_samples * (fold + 1)]

    # 残りのデータは訓練データとして使用
    # +演算子は合計を求めるのではなくリストの連結を行うことに注意
    training_data = data[:num_validation_samples * fold] +
                    data[num_validation_samples * (fold + 1):]

    # モデルのまったく新しいインスタンスを作成
    model = get_model()
    # モデルを訓練
    model.train(training_data)

    # 検証スコアはk個のフォールドの検証スコアの平均
    validation_score = model.evaluate(validation_data)
    validation_scores.append(validation_score)

validation_score = np.average(validation_scores)
# テストにまったく使用していないデータで最終的なモデルを訓練
model = get_model()
model.train(data)
test_score = model.evaluate(test_data)
```

シャッフルに基づく反復的なk分割交差検証

　この手法を用いるのは、利用可能なデータの量が比較的少なく、モデルをできるだけ正確に評価しなければならない場合です。この手法は、Kaggleのコンペに参加したときに役立ちました。この手法では、k分割交差検証を複数回適用しますが、データを K 個のフォールドに分割する前に、そのつどデータをシャッフルします。最終的なスコアは、k分割交差検証を実行するたびに取得したスコアの平均です。なお、P を繰り返し（イテレーション）の回数とすれば、$P \times K$ 個のモデルで訓練と評価を行うことになるため、かなり高くつくことがあります。

4.2.2　注意すべき点

　評価プロトコルを選択する際には、次の点を見逃さないようにしてください。

- **データの典型性**
  訓練データセットとテストデータセットの両方がデータの典型的なサンプルで構成されるようにしたいところです。たとえば、数字の画像を分類しようとしているとしましょう。サンプルがクラスの昇順で含まれている配列があり、最

初の 80% を訓練データセット、残りの 20% をテストデータセットにするとしたら、訓練データセットに含まれるのはクラス 0〜7 のサンプルだけになり、テストデータセットに含まれるのはクラス 8〜9 のサンプルだけになります。これでは話になりませんが、この手の間違いは驚くほどよくあります。このため通常は、データを訓練データセットとテストデータセットに分割する前に、**ランダムにシャッフル**すべきです。

- **時間の矢**
  明日の天気や株価の値動きなど、過去に基づいて未来を予測しようとしている場合は、データを分割する前にランダムにシャッフルするわけにはいきません。そのようなことをすれば、**時間の漏れ**を作ってしまうことになり、モデルが事実上、未来のデータで訓練されることになるからです。そうした状況では、常に、テストデータセットのすべてのデータが訓練データセットのデータよりも新しいものになるようにすべきです。

- **データの冗長性**
  現実のデータではよくあることですが、データ点の一部がデータに 2 回出現している場合、データをシャッフルしてから訓練データセットと検証データセットに分割すると、訓練データセットと検証データセットの一部が重複することになります。事実上、訓練データの一部でテストを行うことになり、最悪の展開です。訓練データセットと検証データセットが互いに素であることを確認するようにしてください。

4.3 データ前処理、特徴エンジニアリング、表現学習

モデルの評価以外にも、モデルの開発について詳しく見ていく前に対処しなければならない重要な問題があります。それは、「ニューラルネットワークに供給する入力データと目的値をどのように準備すればよいか」という問題です。データ前処理や特徴エンジニアリングの手法の多くは、テキストデータや画像データに固有のものなど、問題領域に特化しています。それらの手法については、この後の章で実践的な例を紹介するときに取り上げます。ここでは、すべての問題領域のデータに共通する基本的な手法を紹介します。

4.3.1 ニューラルネットワークでのデータ前処理

データ前処理の目的は、生のデータをニューラルネットワークにより適したものにすることです。これには、ベクトル化、正規化、欠測値の処理、特徴抽出が含まれます。

ベクトル化

ニューラルネットワークの入力値と目的値はすべて、浮動小数点データのテンソル（特別なケースでは、整数のテンソル）でなければなりません。音声、画像、テキストなど、処理しなければならないデータがどのようなものであっても、まずそれらをテンソルに変換する必要があります。この手順を**データのベクトル化**（data vectorization）と呼びます。たとえば、先に示したテキスト分類の 2 つの例では、（単語のシーケンス

を表す）整数のリストとして表されたテキストを、one-hot エンコーディングを使って float32 型のテンソルに変換しました。手書きの数字の分類と住宅価格の予測の例では、データはすでにベクトル化されていたため、この手順を省略することができました。

値の正規化

　手書きの数字を分類する例では、画像データは 0〜255 の範囲のグレースケール値を表す整数としてエンコードされていました。このデータをニューラルネットワークに供給するには、float32 型でキャストしてから 255 で割ることで、0〜1 の範囲の浮動小数点数値に変換する必要がありました。同様に、住宅価格を予測する例では、さまざまな範囲の値をとる特徴量を扱いました。小さな浮動小数点数値をとる特徴量もあれば、かなり大きな整数値をとる特徴量もありました。このデータをニューラルネットワークに供給するには、各特徴量を個別に正規化することで、標準偏差が 1、平均が 0 になるようにする必要がありました。

　一般に、比較的大きな値をとるデータや種類の異なる値をとるデータをニューラルネットワークに供給するのは安全ではありません。比較的大きな値とは、たとえばネットワークの重みの初期値よりもはるかに大きな複数桁の整数などを意味します。種類の異なる値とは、ある特徴量の値は 0〜1 で、別の特徴量の値は 100〜200 といったデータです。そうしたデータを使用すると、勾配を更新するための値が大きくなり、ネットワークが収束しなくなってしまいます。ネットワークの学習を容易にするには、データに次のような特性がなければなりません。

- **小さな値をとる**
　一般に、ほとんどの値は 0〜1 の範囲の値をとるものにすべきです。
- **種類が同じである**
　つまり、すべての特徴量をほぼ同じ範囲の値をとるものにすべきです。

　それに加えて、以下のより厳格な正規化を用いるのが一般的です。こうした正規化は助けになることがありますが、そうしなければならないと決まっているわけではありません。たとえば手書きの数字を分類する例では、この正規化を用いませんでした。

- 平均が 0 になるように各特徴量を個別に正規化する。
- 標準偏差が 1 になるように各特徴量を個別に正規化する。

　これについては、NumPy 配列を利用すれば簡単です。

```
# xは形状が(samples, features)の2次元行列
x -= x.mean(axis=0)
x /= x.std(axis=0)
```

欠測値の処理

　場合によっては、データに**欠測値**（missing value）が含まれていることがあります。たとえば、住宅価格の例では、最初の特徴量（データのインデックス 0 の列）は犯罪発

生率を表していました。この特徴量がすべてのサンプルに含まれているとは限らない場合はどうなるでしょうか。その場合は、訓練データかテストデータに欠測値が含まれることになります。

一般に、ニューラルネットワークでは、入力データの欠測値は 0 にするのが安全です。ただし、0 が意味のある値としてすでに使用されていないことが前提となります。そのネットワークは、0 の値が「欠測値」であることを学習し、その値を無視するようになります。

テストデータに欠測値が含まれていることが想定されているものの、欠測値が含まれていないデータでネットワークが訓練されている場合、そのネットワークは「欠測値を無視すること」を学習していません。このような場合は、訓練サンプルで欠測値を人工的に作成すべきです。訓練サンプルを複数回コピーして、テストデータで欠測値になりそうな特徴量の一部を削除してください。

4.3.2 特徴エンジニアリング

特徴エンジニアリング（feature engineering）は、使用しているデータと機械学習アルゴリズム（この場合はニューラルネットワーク）に関する知識に基づいて、そのアルゴリズムの性能を向上させるプロセスです。特徴エンジニアリングでは、データをモデルに供給する前に、ハードコーディングされた（学習されたものではない）変換を適用します。多くの場合、機械学習モデルが完全に任意のデータから学習できると期待するのは合理的ではありません。このため、モデルの作業が容易になるような方法でデータを提供する必要があります。

直観的な例として、入力として時計の画像を受け取り、出力として時刻を返すモデルを開発しているとしましょう（図 4-3）。

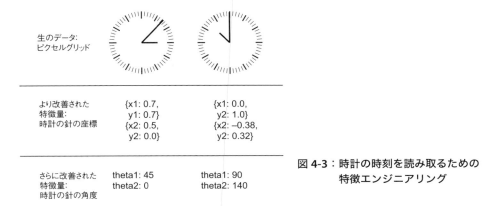

図 4-3：時計の時刻を読み取るための特徴エンジニアリング

入力データとして画像のピクセルをそのまま使用することにした場合は、難しい機械学習問題に取り組むことになります。この問題を解決するには、畳み込みニューラルネットワークが必要であり、このネットワークを訓練するには、膨大な計算リソースを費やさなければなりません。

しかし、すでに問題を大まかに理解している場合は（時計の時刻の読み方ならすで

にわかっています)、機械学習アルゴリズムに合わせてもっとよい入力特徴量を考え出せばよいわけです。たとえば、時計の針を表す黒いピクセルを追跡し、針の位置を (x, y) 座標として出力する Python スクリプトは、たった5行で記述できます。あとは、単純な機械学習アルゴリズムを用いて、それらの座標と該当する時刻との関係を学習すればよいだけです。

さらに一歩踏み込み、座標変換を行うこともできます。つまり、針の位置を表す (x, y) 座標を、画像の中心を基準とした極座標として表現するのです。この場合は、各時計の針の角度 θ が入力となります。これらの特徴量により、この問題は機械学習が必要ないほど単純になります。だいたいの時刻を割り出すには、単純な丸め演算とディクショナリ検索で十分です。

これが特徴エンジニアリングの本質です ── 特徴エンジニアリングは、特徴量をより単純な方法で表現することで、問題を容易にします。通常は、問題を深く理解していることが要求されます。

従来のシャローラーニング(表層学習)アルゴリズムの仮説空間は、それらのアルゴリズムが有益な特徴量を学習するのに十分ではありませんでした。このため、ディープラーニングが登場する以前は、特徴エンジニアリングは非常に重要でした。アルゴリズムが成功かするかどうかは、そのアルゴリズムにデータが提供される方法にかかっていました。たとえば、畳み込みニューラルネットワークが MNIST の手書き数字の分類問題で成功を収めるようになる前は、数字の画像のループの数、画像の各数字の高さ、ピクセル値のヒストグラムなど、ハードコーディングされた特徴量に基づく解決策が一般的でした。

さいわいなことに、ニューラルネットワークは生のデータから有益な特徴量を自動的に抽出できるため、最近のディープラーニングでは、ほとんどの特徴エンジニアリングが必要ではなくなっています。ということは、ディープニューラルネットワークを使用する限り、特徴エンジニアリングについては考えなくてもよい、ということでしょうか。いいえ、そうではありません。これには次の2つの理由があります。

- よい特徴量があると、リソースの消費を抑えた上で、問題をより的確に解決できる。たとえば、時計の文字盤を読み取る問題を解決するために畳み込みニューラルネットワークを使用するのはばかげている。
- よい特徴量があると、問題をずっと少ないデータで解決できる。ディープラーニングのモデルが特徴量から学習できるかどうかは、大量の訓練データが提供されるかどうかにかかっている。サンプルがほんの少ししかない場合、特徴量の情報的価値はきわめて高くなる。

4.4 過学習と学習不足

第3章では、映画レビューの予測、トピック分類、住宅価格の回帰の3つの例を取り上げました。どの例においても、モデルの検証データでの性能は常に数エポック後にピークを迎え、それ以降は低下していきました。つまり、モデルはすぐに訓練データの**過学習**に陥っていました。機械学習の問題に過学習はつきものです。機械学習をマスターするには、過学習に対処する方法を理解することが不可欠です。

4.4　過学習と学習不足　　107

　機械学習の根本的な課題は、最適化と汎化の間の緊張にあります。**最適化**とは、訓練データでの性能をできるだけ高めるためにモデルを調整するプロセスのことであり、「機械学習」の「学習」にあたります。これに対し、**汎化**とは、学習済みのモデルをまったく新しいデータに適用したときの性能がどれくらいよいかを表します。もちろん、モデルをうまく汎化させることが目標となりますが、汎化を制御することはできません —— あなたにできることは、訓練データに基づいてモデルを調整することだけです。

　訓練を開始する時点では、最適化と汎化は相関関係にあります。つまり、訓練データでの損失値が小さければ小さいほど、テストデータでの損失値も小さくなります。このような状態のモデルは、まだ学習が十分ではなく、改善の余地があることから、**学習不足**（underfitting）と呼ばれます。つまり、訓練データの重要なパターンが1つ残らずモデル化されている、とは言えない状態です。しかし、訓練データでのイテレーションが一定の回数に達した時点で、汎化性能はそれ以上改善されなくなり、検証スコアが伸び悩んだ後、下落に転じます。この時点で、モデルは過学習に陥ります。つまり、モデルはその訓練データに特化したパターンを学習するようになりますが、そうしたパターンは新しいデータでは意味を持たない、誤解を招くパターンです。

　モデルが訓練データから誤解を招くパターンや意味のないパターンを学習しないようにするには、どうすればよいでしょうか。最善策は、**訓練データを増やす**ことです。データを学習すればするほど、モデルは自然に汎化していきます。それが不可能である場合の次善策は、モデルに格納できる情報の量を調整するか、モデルに格納できる情報の種類に制限を課すことです。ネットワークが記憶できるパターンの数が限られている場合、最適化プロセスは最も顕著なパターンを重視せざるを得なくなり、うまく汎化する可能性が高くなります。

　過学習をこのようにして克服するプロセスを**正則化**（regularization）と呼びます。最もよく知られている正則化手法を調べて、第3章の『3.4　二値分類の例：映画レビューの分類』で取り組んだ映画レビュー分類モデルを改善するためにそれらを適用してみましょう。

4.4.1　ネットワークのサイズを削減する

　過学習を回避するための最も単純な方法は、モデルのサイズを小さくすることです。つまり、モデルの学習可能なパラメータの数を減らします。学習可能なパラメータの数は、層の数と層1つあたりのユニットの数によって決まります。ディープラーニングでは、モデルの学習可能なパラメータの数を、よくモデルの**キャパシティ**（capacity）と呼びます。直観的に、パラメータの数が多いほどモデルの**記憶容量**が増え、訓練サンプルとそれらの目的値との写像（マッピング）をまるで辞書のように学習できることがわかります。このマッピングは、汎化性能とはまったく無関係です。たとえば、モデルに二値のパラメータが500,000個ある場合、MNISTの訓練データセットの数字クラス（0〜9）をすべて学習するのは簡単です。50,000個の数字ごとに、二値のパラメータが10個あればよいからです。しかし、新しい数字サンプルの分類では、そうしたモデルは役に立ちません。ディープラーニングのモデルは訓練データにうまく適合する傾向にありますが、本当の課題は（適合ではなく）汎化であることを常に忘れないようにしてください。

第4章　機械学習の基礎

　一方で、ニューラルネットワークの記憶リソースが限られている場合、このマッピングを簡単に学習することはできません。このため、損失値をできるだけ小さくするには、目的値に関して予測力を持つ圧縮された表現を学習せざるを得ません。ここで関心があるのはまさに、この種の表現です。それと同時に、パラメータの数が十分で、学習不足に陥ることのないモデルを使用すべきであることを忘れないでください。つまり、モデルの記憶リソースが不足するような事態は回避すべきです。「キャパシティが多すぎる」と「キャパシティが十分ではない」の間で妥協点を探る必要があります。

　残念ながら、層の正しい数や各層の正しいサイズを魔法のようにはじき出す公式はありません。データに合わせてモデルの正しいサイズを割り出すには、さまざまなアーキテクチャを（もちろん、テストデータセットではなく検証データセットで）評価してみなければなりません。モデルの適切なサイズを割り出すための一般的なワークフローでは、比較的少ない数の層とパラメータから始めて、検証データセットでの損失値に関して収穫逓減が見られるまで、層のサイズを大きくするか、新しい層を追加していきます。

　このワークフローを映画レビュー分類ネットワークで試してみましょう。元のネットワーク（モデル）はリスト 4-3 のように定義されていました。

リスト 4-3：元のモデル

```
from keras import models
from keras import layers

model = models.Sequential()
model.add(layers.Dense(16, activation='relu', input_shape=(10000,)))
model.add(layers.Dense(16, activation='relu'))
model.add(layers.Dense(1, activation='sigmoid'))
```

　このネットワークを、リスト 4-4 に示すより小さなネットワークに置き換えます。

リスト 4-4：キャパシティが小さいモデル

```
model = models.Sequential()
model.add(layers.Dense(4, activation='relu', input_shape=(10000,)))
model.add(layers.Dense(4, activation='relu'))
model.add(layers.Dense(1, activation='sigmoid'))
```

　この新しいネットワークと元のネットワークの検証データセットでの損失値を比較すると、図 4-4 のようになります。新しいネットワークの検証データセットでの損失値はドット、元のネットワークの損失値はプラス記号で表されています。検証データセットでの損失値が小さいほうがよいモデルであることを思い出してください。

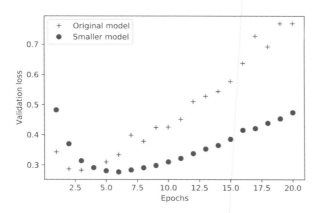

図 4-4：モデルのキャパシティが検証データセットでの損失値に与える影響（より小さなモデルでの実験）

図 4-4 に示されているように、新しいネットワークが過学習に陥っているのは 6 エポック後であり、元のリファレンスネットワーク（4 エポック）よりも遅れて始まっています。そして、過学習に陥った後は、新しいネットワークの性能が徐々に低下していることがわかります。

試しに、キャパシティがはるかに大きいネットワークをこのベンチマークに追加してみましょう。このネットワークのキャパシティは、この問題に必要なキャパシティをはるかに超えています（リスト 4-5）。

リスト 4-5：キャパシティが大きいモデル

```
model = models.Sequential()
model.add(layers.Dense(512, activation='relu', input_shape=(10000,)))
model.add(layers.Dense(512, activation='relu'))
model.add(layers.Dense(1, activation='sigmoid'))
```

このより大きなネットワークの性能を元のリファレンスネットワークと比較した結果は図 4-5 のようになります。新しいネットワークの検証データセットでの損失値はドット、元のネットワークの損失値はプラス記号で表されています。

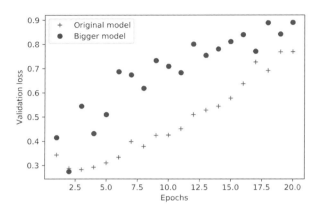

図 4-5：モデルのキャパシティが検証データセットでの損失値に与える影響（より大きなモデルでの実験）

　この新しいネットワークは、1つ目のエポックが終わるのとほぼ同時に過学習に陥っています。そして、過学習の度合いはかなり深刻です。検証データセットでの損失値もノイズだらけです。
　これに対し、これら2つのネットワークの訓練データセットでの損失値は図 4-6 のようになります。新しいネットワークの損失値はすぐに0に近づいています。ネットワークのキャパシティが大きければ大きいほど、訓練データはすばやくモデル化されますが（結果として、訓練データセットでの損失値は小さくなります）、その分、過学習に陥りやすくなります。結果として、訓練データセットでの損失値と検証データセットでの損失値が大きく異なることになります。

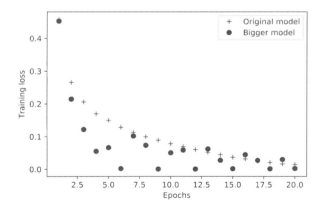

図 4-6：モデルのキャパシティが訓練データセットでの損失値に与える影響（より大きなモデルでの実験）

4.4.2 重みを正則化する

オッカムの剃刀（Occam's razor）という原則を知っているでしょうか。何かに対する説明が2つあるとしたら、最も正しいと思われる説明は最も単純な説明です —— つまり、正しいのは前提が少ないほうの説明です。この考え方は、ニューラルネットワークによって学習されるモデルにも当てはまります。何らかの訓練データとネットワークアーキテクチャがある場合、そのデータを説明できる重み値の集まり（モデル）は複数存在することが考えられます。より単純なモデルのほうが、より複雑なモデルよりも過学習に陥りにくい可能性があります。

ここで言う**単純なモデル**とは、パラメータの値の分布に関するエントロピーが小さいモデルのことです。つまり、前項で示したように、パラメータの数が少ないモデルを意味します。したがって、過学習を抑制する主な方法の1つは、ネットワークの重みに小さい値だけが設定されるようにすることで、ネットワークの複雑さに歯止めをかけることです。重みの値をそのように制限すると、重みの値の分布がより正則化されます。これを**重みの正則化**（weight regularization）と呼びます。重みを正則化するには、大きな重みを使用する場合の**コスト**をネットワークの損失関数に追加します。このコストには、次の2種類があります。

- **L1 正則化**
  追加されるコストは**重み係数の絶対値**（重みのL1ノルム）に比例します。
- **L2 正則化**
  追加されるコストは**重み係数の値の二乗**（重みのL2ノルム）に比例します。ニューラルネットワークでは、L2正則化は**荷重減衰**（weight decay）とも呼ばれます。名前の違いに惑わされないようにしてください。数学的には、荷重減衰はL2正則化と同じです。

Kerasで重みを正則化するには、層をインスタンス化するときに、正則化項のインスタンスをキーワード引数として指定します。映画レビュー分類ネットワークにL2正則化を追加してみましょう（リスト4-6）。

リスト 4-6：モデルに L2 正則化を追加

```
from keras import regularizers

model = models.Sequential()
model.add(layers.Dense(16, kernel_regularizer=regularizers.l2(0.001),
                       activation='relu', input_shape=(10000,)))
model.add(layers.Dense(16, kernel_regularizer=regularizers.l2(0.001),
                       activation='relu'))
model.add(layers.Dense(1, activation='sigmoid'))
```

`l2(0.001)` は、その層の重み行列の係数ごとに、ネットワークの全損失に `0.001 * weight_coefficient_value` を足すことを意味します。このペナルティが追加されるのは訓練時だけなので、このネットワークの損失値はテスト時よりも訓練時のほうがずっと大きくなります。

図 4-7 は、L2 正則化のペナルティの影響を示しています。L2 正則化を適用したモデル（ドット）もリファレンスモデル（プラス記号）もパラメータの数は同じですが、L2 正則化を適用したモデルのほうが過学習への抵抗力があることがわかります。

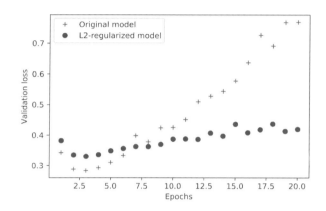

図 4-7：L2 正則化が検証データセットでの損失値に与える影響

L2 正則化の代わりに、Keras の正則化項の 1 つを使用することもできます。

リスト 4-7：重みを正則化するための Keras のさまざまな正則化項

```
from keras import regularizers

# L1正則化
regularizers.l1(0.001)
# L1正則化とL2正則化の同時適用
regularizers.l1_l2(l1=0.001, l2=0.001)
```

4.4.3 ドロップアウトを追加する

ドロップアウト（dropout）は、ニューラルネットワークにおいて最も効果的で最もよく使用されている正則化手法の 1 つであり、トロント大学の Geoffrey Hinton と彼の教え子によって開発されました。ドロップアウトを層に適用すると、訓練中にその層の出力特徴量の一部がランダムに取り除かれ、0 に設定されます。たとえば、訓練中に入力サンプルに対して通常はベクトル [0.2, 0.5, 1.3, 0.8, 1.1] を返す層があるとしましょう。ドロップアウトを適用した後は、[0, 0.5, 1.3, 0, 1.1] のように、このベクトルに 0 の要素がランダムに配置されるようになります。**ドロップアウト率**（dropout rate）は、ドロップアウトする（0 にする）特徴量の割合であり、通常は 0.2 から 0.5 に設定

されます。テスト時には、ドロップアウトが適用されるユニットはありません。代わりに、訓練時よりも多くのユニットが活性化されるという事実と折り合いを付けるために、その層の出力値がドロップアウト率と同じ割合でスケールダウンされます。

`layer_output` という層の出力を含んでいる NumPy 行列があるとしましょう。この行列の形状は (batch_size, features) です。訓練の際には、この行列の値がランダムな割合で 0 に設定されます。

```
# 訓練時には、出力からユニットの50%がドロップアウトされる
layer_output *= np.random.randint(0, high=2, size=layer_output.shape)
```

テストの際には、ドロップアウト率に基づいて出力をスケールダウンします。この場合、訓練ではユニットの半分をドロップアウトしたので、スケールダウンに 0.5 を使用します。

```
# テスト時
layer_output *= 0.5
```

このプロセスを実装するには、訓練時は両方の演算を実行し、テスト時は出力を変更しないままにします。これは実際の実装でよく使用される方法です。

```
# 訓練時
layer_output *= np.random.randint(0, high=2, size=layer_output.shape)
# この場合は、スケールダウンではなくスケールアップを行っていることに注意
layer_output /= 0.5
```

結果は図 4-8 のようになります。

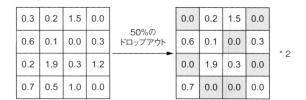

図 4-8：訓練時に活性化行列に適用されたドロップアウトと訓練時のスケーリング（テスト時は活性化行列を変更しない）

この手法は奇妙で、論理的な必然性がないように思えるかもしれません。これは過学習の抑制にどのように役立つのでしょうか。Hinton が着想を得たのは、とりわけ、銀行の不正行為防止メカニズムでした。Hinton の言葉を借りれば、「銀行に行くと、窓口がいつも違う人なので、そのうちの 1 人に理由を聞いてみました。その銀行員は理由を知りませんでしたが、しょっちゅう異動があると話してくれました。銀行が不正行為を未然に防ぐには、従業員どうしの協力が必要だからに違いないと考えました。これがきっかけとなって、サンプルごとにニューロンの異なるサブセットをランダムに削

除すれば、コンスピラシーが阻止され、過学習が抑制されることに気づいたのです」[1]。基本的な考えは次のようになります。層の出力値にノイズを追加すると、重要ではない偶然のパターンを破壊できるようになります。このパターンが、Hintonが言う**コンスピラシー**です。ネットワークが記憶を開始するのは、ノイズがまったく含まれていない場合です。

　Kerasでは、ネットワークにドロップアウトを適用するにはDropout層を使用します。そうすると、直前の層の出力にドロップアウトが適用されます。

```
model.add(layers.Dropout(0.5))
```

　映画レビュー分類ネットワークにDropout層を2つ追加して、過学習がどれくらいうまく抑制されるか確認してみましょう（リスト4-8）。

リスト4-8：映画レビュー分類ネットワークにドロップアウトを追加

```
model = models.Sequential()
model.add(layers.Dense(16, activation='relu', input_shape=(10000,)))
model.add(layers.Dropout(0.5))
model.add(layers.Dense(16, activation='relu'))
model.add(layers.Dropout(0.5))
model.add(layers.Dense(1, activation='sigmoid'))
```

　結果をプロットすると、図4-9のようになります。この場合も、リファレンスネットワークよりも改善されていることは明白です。

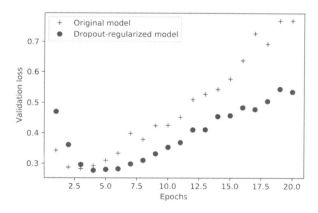

図4-9：ドロップアウトが検証データセットでの損失値に与える影響

---

[1] RedditのスレッドˮAMA: We are the Google Brain team. We'd love to answer your questions about machine learningˮを参照。
http://mng.bz/XrsS

次に、ニューラルネットワークで過学習を防ぐための最も一般的な方法をまとめておきます。

- 訓練データを増やす。
- ネットワークのキャパシティを減らす。
- 重みを正則化する。
- ドロップアウトを追加する。

4.5 機械学習の一般的なワークフロー

ここでは、機械学習のあらゆる問題への取り組みと解決に使用できる普遍的な設計図を紹介します。この設計図は、本章で理解した問題の定義、評価、特徴エンジニアリング、過学習の抑制という 4 つの概念を 1 つにまとめたものです。

4.5.1 問題を定義し、データセットを作成する

まず、現在取り組んでいる問題を定義する必要があります。

- **入力データは何か、予測しようとしているものは何か**
  何かを予測するための学習が可能となるのは、利用可能な訓練データがある場合だけです。たとえば、映画レビューの感情を分類できるのは、映画レビューと感情アノテーションの両方が揃っている場合に限られます。(データの収集を依頼する手立てがない限り) この段階では、通常はデータの利用可能性が制限因子となります。
- **直面している問題はどのような種類のものか**
  問題は二値分類でしょうか、多クラス分類でしょうか。スカラー回帰、ベクトル回帰、多クラス多ラベル分類でしょうか。それとも、クラスタリング、生成、強化学習のようなものでしょうか。問題の種類を特定することは、モデルのアーキテクチャや損失関数などを選択するための目安となります。

入力と出力がどのようなものであり、使用するデータがどのようなものであるかがわからない限り、次の段階に進むことはできません。この段階では、次のような仮説を立てることに注意してください。

- 出力は入力から予測できるものあると仮定する。
- 利用可能なデータの情報利得は、入力と出力の関係を学習するのに十分であると仮定する。

実際に動くモデルが完成するまでは、これらは有効かどうかの検証を待っている仮説にすぎません。すべての問題が解決できるわけではありません —— つまり、入力値 X と目的値 Y からなるサンプルを作成しただけでは、Y を予測するのに十分な情報が X に含まれているとは限りません。たとえば、最近の株価の履歴に基づいて株式市場の株の値動きを予測しようとしているとしたら、成功する見込みはありません。なぜ

なら、株価の履歴には、予測を行うための十分な情報は含まれていないからです。

ここで注意しなければならない解決不能な問題の1つは、**非定常問題**（nonstationary problem）です。たとえば、ファッション関連のレコメンデーションエンジンを構築しているとしましょう。このエンジンはひと月分（8月）のデータで訓練されており、レコメンデーションの生成は冬に開始する予定です。大きな問題の1つは、人々が購入する服の種類が季節ごとに変化することです。衣服の購入は数か月の規模での非定常問題であり、モデル化しようとしているものは徐々に変化します。この場合の正しい措置は、直近のデータでモデルを絶えず再訓練するか、問題が定常化している時間の尺度でデータを収集するかです。衣服の購入のような循環的な問題では、季節的な変化を捕捉するには、数年分のデータがあれば十分でしょう。ただし、いつの時期のデータなのかをモデルの入力にすることを忘れないようにしてください。

機械学習の使用目的は、訓練データに出現するパターンを記憶することだけです。あなたが認識できるのは、以前に見たことがあるものだけです。過去のデータで訓練された機械学習を使って未来を予測するということは、過去と同じような未来を予測するということです。未来が過去と違っているのはよくあることです。

4.5.2　成功の指標を選択する

何かを制御するには、その何かを観測できなければなりません。成功を手にするには、何をもって成功とするのかを定義しなければなりません。それは正解率でしょうか。適合率でしょうか。再現率でしょうか。それとも顧客定着率でしょうか。成功の指標は、損失関数（モデルが最適化するもの）を選択する目安となります。そうした指標は、ビジネスの成功といったより高いレベルの目標に直結するものでなければなりません。

均衡分類問題は、すべてのクラスが同様に確からしいという問題です。そうした問題では、正解率と**受信者操作特性曲線**（receiver operating characteristic curve）の**曲線下面積**（area under the curve）が主な指標となります。受信者操作特性曲線は**ROC曲線**、曲線下面積は**AUC**とも呼ばれます。不均衡分類問題では、**適合率**（precision）と**再現率**（recall）を使用できます。ランキング問題や多ラベル問題では、MAP（Mean Average Precision）を使用できます。そして、成功の目安となるカスタム指標を定義するのも珍しいことではありません。機械学習のさまざまな成功指標がどのようなもので、それらの指標がさまざまな問題領域とどのような関係にあるのかを理解したい場合は、Kaggle[2] のデータサイエンスコンペを覗いてみるとよいでしょう。Kaggle のコンペはまさに、幅広い問題と評価指標のショーケースです。

4.5.3　評価プロトコルを決定する

何を目指しているのかがわかったら、次は現在の進捗を評価する方法を設定しなければなりません。先ほど確認したように、主な評価プロトコルとして次の3つがあります。

> ▪ **ホールドアウト法の検証データセットを確保** … データが十分にある場合の手段。

---

[2]　https://kaggle.com

- **k 分割交差検証を実行** … ホールドアウト法を確実に行うにはサンプルが少なすぎる場合に適している。
- **反復的な k 分割交差検証を実行** … 利用可能なデータの量が少ない場合にモデルの評価をかなり正確に行う方法。

この中から 1 つ選択してください。ほとんどの場合は、最初の方法で十分でしょう。

4.5.4 データを準備する

何を訓練するのか、何を最適化するのか、そのアプローチをどのように評価するのかがわかったところで、モデルの訓練を開始するための準備はほぼ完了です。ですがその前に、データのフォーマットを機械学習モデルに供給できるものにする必要があります。ここでは、機械学習モデルがディープニューラルネットワークであるという前提で話を進めます。

- すでに示したように、データはテンソルとしてフォーマットされていなければならない。
- それらのテンソルに設定する値は、[–1, 1] の範囲や [0, 1] の範囲の値など、通常は小さな値にスケーリングすべきである。
- 特徴量によって値の範囲が異なる（異種のデータを使用する）場合は、データを正規化すべきである。
- 利用可能なデータの量が少ない場合は特にそうだが、何らかの特徴エンジニアリングが必要になるかもしれない。

入力データと目的データのテンソルが準備できたら、モデルの訓練を開始できます。

4.5.5 ベースラインを超える性能のモデルを開発する

この段階での目標は、**統計的検出力**（statistical power）を実現することです。つまり、ベースラインを超える程度の性能を持つ、小さなモデルを開発します。MNIST の数字を分類する例では、正解率が 0.1 を超えるものはすべて「統計的検出力」を持つと言えます。映画レビューを分類する例では、正解率が 0.5 を超えるものはすべてそうであると言えます。

統計的検出力を持つことが常に可能であるとは限らないことに注意してください。妥当に思えるアーキテクチャをいくつか試した後もランダムに設定したベースラインを超えることができない場合は、その問題への答えが入力データに存在しないのかもしれません。ここで、次の 2 つの仮説を立てていることを思い出してください。

- 出力は入力から予測できるものであると仮定する。
- 利用可能なデータの情報利得は、入力と出力の関係を学習するのに十分であると仮定する。

これらの仮説が成り立たないこともあり得ます。その場合は、設計段階に戻らなければなりません。

うまくいったと仮定すれば、最初のモデルを構築するにあたって、重要な選択を3つ行う必要があります。

- **最後の層の活性化**
  これにより、ネットワークの出力に有益な制約が適用されます。たとえば、映画レビューを分類する例では、最後の層で sigmoid を使用しましたが、回帰の例では、最後の層の活性化には何も使用しませんでした。
- **損失関数**
  損失関数の選択は、解決しようとしている問題の種類に適合するものでなければなりません。たとえば、映画レビューを分類する例では binary_crossentropy を使用し、回帰の例では mse を使用しました。
- **最適化の設定**
  このモデルに使用するオプティマイザは何でしょうか。その学習率はどれくらいでしょうか。ほとんどの場合は、rmsprop とそのデフォルトの学習率で十分でしょう。

　損失関数の選択に関しては、成功の目安となる指標に合わせて直接最適化を行うことが常に可能であるとは限らないことに注意してください。場合によっては、指標を損失関数に置き換える簡単な方法がないことがあります。結局のところ、損失関数はデータがミニバッチでしか提供されなくても計算可能でなければならず、微分可能でなければなりません。理想的には、損失関数はデータ点が1つだけであっても計算可能でなければなりません。また、損失関数が微分可能ではないとしたら、ネットワークの訓練にバックプロパゲーションを使用することは不可能になります。たとえば、ROC曲線のAUCは分類指標として広く利用されていますが、直接最適化することはできません。このため、分類タスクでは、交差エントロピーといったROC AUCの代理指標に合わせて最適化するのが一般的です。通常は、交差エントロピーが小さくなるほど、ROC AUCが大きくなることが期待できます。

　一般的な種類の問題では、表 4-1 に示す内容が、最後の層の活性化関数と損失関数の選択に役立つ可能性があります。

表 4-1：モデルの最後の層の活性化関数と損失関数の選択

問題の種類	最後の層の活性化関数	損失関数
二値分類	sigmoid	binary_crossentropy
多クラス単一ラベル分類	softmax	categorical_crossentropy
多クラス多ラベル分類	sigmoid	binary_crossentropy
任意の値に対する回帰	なし	mse
0〜1の値に対する回帰	sigmoid	mse または binary_crossentropy

4.5.6 スケールアップ：過学習するモデルの開発

　統計的検出力を持つモデルが得られたら、次の課題は、そのモデルの性能が十分かどうかです。そのモデルは、現在の問題を正しくモデル化するのに十分な層とパラメータで構成されているでしょうか。たとえば、隠れ層が1つだけ含まれたネットワークがあり、その隠れ層が2つのユニットで構成されているとしましょう。MNISTの例では、このネットワークの統計的検出力は十分かもしれませんが、問題をうまく解決するのには不十分でしょう。機械学習では、最適化と汎化のバランスが常に問題となることに注意してください。理想的なモデルは、学習不足（キャパシティ不足）と過学習（キャパシティ過剰）のまさに境界線上に位置するモデルです。この境界線がどこにあるかを突き止めるには、まずそれをまたいでみなければなりません。

　必要なモデルの大きさを突き止めるには、過学習に陥るモデルを開発する必要があります。これはいたって簡単です。

1. 層を追加する。
2. それらの層を大きくする。
3. 訓練のエポック数を増やす。

　訓練データと検証データでの損失値に加えて、あなたが選択した指標の訓練データと検証データでの値を常に監視してください。モデルの検証データでの性能が低下し始めたことが確認できれば、モデルは過学習に陥っています。

　次のステップでは、学習不足や過学習とは無縁の理想的なモデルにできるだけ近づけるために、モデルの正則化とチューニングを開始します。

4.5.7 モデルの正則化とハイパーパラメータのチューニング

　最も時間がかかるのは、このステップです。このステップでは、モデルの修正、訓練、（この段階では、テストデータではなく）検証データでの評価、再び修正という作業を、モデルがその性能を出し切るようになるまで繰り返します。ここで試してみるべきことがいくつかあります。

- ドロップアウトを追加する。
- 別のアーキテクチャを試してみる（層を追加または削除する）。
- L1/L2正則化を追加する。
- 最適な設定を見つけ出すために（層1つあたりのユニットの数やオプティマイザの学習率など）別のハイパーパラメータを試してみる。
- 必要であれば、特徴エンジニアリングを繰り返す。新しい特徴量を追加するか、情報利得がなさそうな特徴量を削除する。

　覚えておいてほしいのは、検証プロセスからのフィードバックに基づいてモデルのチューニングを行うたびに、検証プロセスに関する情報がモデルに漏れ出すことです。ほんの数回繰り返すだけなら、モデルのチューニングは無害です。しかし、多くのイテレーションにわたって体系的に行うとしたら、最終的には、（検証データで直接訓練

を行っていないにもかかわらず）モデルを検証プロセスに対して過学習に陥らせることになります。これは検証プロセスの信頼性を低下させることになるでしょう。

満足のいく設定ができたら、利用可能なすべてのデータ（訓練データと検証データ）を使って最終的なモデルを訓練し、テストデータセットで最後の評価を行います。テストデータセットでの性能が検証データでの性能を大きく下回った場合は、検証プロセスに信頼性がまったくないか、モデルのチューニングを行ったときに検証データに対して過学習に陥っていたかのどちらかです。この場合は、反復的な k 分割交差検証など、より信頼性の高い評価プロトコルに切り替えたほうがよいでしょう。

本章のまとめ

- 現在の問題を定義し、訓練に使用するデータを準備する。そのデータを収集するか、必要に応じてラベル付けする。
- 成功の目安となるものを選択する。検証データで監視する指標はどれか。
- 評価プロトコルを決定する。評価プロトコルはホールドアウト法か。k 分割交差検証か。データのどの部分を検証に使用するか。
- 基本的なベースラインよりも性能がよい最初のモデル、つまり、統計的検出力を持つモデルを開発する。
- 過学習するモデルを開発する。
- 検証データでの性能に基づいて、モデルの正則化とハイパーパラメータのチューニングを行う。機械学習の研究では、このステップにのみ焦点を合わせているものが多く見受けられるが、全体像を見失わないようにすることが肝心である。

Part 2

ディープラーニングの実践

第 5 章～第 9 章では、ディープラーニングを使って現実の問題の解決方法を実践的に理解し、ディープラーニングに不可欠なベストプラクティスを確認します。本書のサンプルコードのほとんどは、Part 2 に含まれています。

第 5 章 コンピュータビジョンのためのディープラーニング　　123

第 6 章 テキストとシーケンスのためのディープラーニング　　187

第 7 章 高度なディープラーニングのベストプラクティス　　245

第 8 章 ジェネレーティブディープラーニング　　283

第 9 章 本書のまとめ　　331

コンピュータビジョンのための
ディープラーニング

本章で取り上げる内容

- 畳み込みニューラルネットワーク（CNN）の概要
- 過学習を抑制するためのデータ拡張
- 学習済みの CNN を使った特徴エンジニアリング
- 学習済みの CNN のファインチューニング
- CNN が学習した内容と分類時の意思決定の可視化

　本章では、**畳み込みニューラルネットワーク（CNN）**を紹介します。CNN はコンピュータビジョンのアプリケーションにおいてほぼ例外なく使用されているディープラーニングモデルであり、**convnet** とも呼ばれます。ここでは、画像分類問題に CNN を適用する方法を理解します。大規模なテクノロジー企業で働いている場合を除けば、小さな訓練データセットを使用するのが最も一般的です。ここでは、そうしたデータセットを使用する CNN に焦点を合わせることにします。

124 第5章 コンピュータビジョンのためのディープラーニング

5.1 畳み込みニューラルネットワークの紹介

ここでは、畳み込みニューラルネットワーク（CNN）とは何であり、コンピュータビジョンのタスクでなぜ成功を収めたのかを理論的に見ていきます。ですがその前に、単純な CNN の例を実践的な角度から見ておきましょう。この例では、CNN を使って MNIST の手書きの数字を分類します。これは第2章で全結合ネットワークを使って実行したタスクであり、テストデータセットでの正解率は 97.8% でした。この CNN は基本的なものですが、その正解率は第2章の全結合ネットワークの正解率を大きく上回るはずです。

リスト 5-1 のコードは、基本的な CNN がどのようなものであるかを示しています。この CNN は、Conv2D 層と MaxPooling2D 層のスタックです。これらの層が実際に何をするのかについては、この後すぐに説明します。

リスト 5-1：基本的な CNN のインスタンス化

```
from keras import layers
from keras import models

model = models.Sequential()
model.add(layers.Conv2D(32, (3, 3), activation='relu',
                        input_shape=(28, 28, 1)))
model.add(layers.MaxPooling2D((2, 2)))
model.add(layers.Conv2D(64, (3, 3), activation='relu'))
model.add(layers.MaxPooling2D((2, 2)))
model.add(layers.Conv2D(64, (3, 3), activation='relu'))
```

ここで重要となるのは、CNN の入力テンソルが (image_height, image_width, image_channels)（バッチ次元を含まない）という形状であることです。この場合は、サイズが (28, 28, 1) の入力を処理するように CNN を設定します。これが MNIST の画像のフォーマットです。最初の層に引数として input_shape=(28, 28, 1) を指定しているのは、そのためです。

ここで、この CNN のアーキテクチャを表示してみましょう。

```
>>> model.summary()
```

Layer (type)	Output Shape	Param #
conv2d_1 (Conv2D)	(None, 26, 26, 32)	320
maxpooling2d_1 (MaxPooling2D)	(None, 13, 13, 32)	0
conv2d_2 (Conv2D)	(None, 11, 11, 64)	18496
maxpooling2d_2 (MaxPooling2D)	(None, 5, 5, 64)	0
conv2d_3 (Conv2D)	(None, 3, 3, 64)	36928

Total params: 55,744

```
Trainable params: 55,744
Non-trainable params: 0
```

　各 Conv2D 層と MaxPooling2D 層の出力が 3 次元テンソルであり、その形状が
(height, width, channels) であることがわかります。幅（width）と高さ（height）の
次元は、ネットワークが深くになるに従って縮小する傾向にあります。チャネルの数
は、Conv2D 層（32 または 64）に渡された最初の引数によって制御されます。
　次の手順は、最後の出力テンソルを、すでにおなじみの全結合分類器（Dense 層の
スタック）に供給することです。この出力の形状は (3, 3, 64) です。これらの分類器
が処理するのはベクトル（1 次元テンソル）ですが、現在の出力は 3 次元テンソルです。
まず、3 次元の出力を 1 次元に平坦化し、続いていくつかの Dense 層を追加する必要
があります。

リスト 5-2：CNN の上に分類器を追加

```
model.add(layers.Flatten())
model.add(layers.Dense(64, activation='relu'))
model.add(layers.Dense(10, activation='softmax'))
```

　10 個の出力を持つ最終層とソフトマックス活性化関数を使用することで、10 ユニッ
トの分類を行います。この CNN のアーキテクチャは次のようになります。

```
>>> model.summary()
```

Layer (type)	Output Shape	Param #
conv2d_1 (Conv2D)	(None, 26, 26, 32)	320
maxpooling2d_1 (MaxPooling2D)	(None, 13, 13, 32)	0
conv2d_2 (Conv2D)	(None, 11, 11, 64)	18496
maxpooling2d_2 (MaxPooling2D)	(None, 5, 5, 64)	0
conv2d_3 (Conv2D)	(None, 3, 3, 64)	36928
flatten_1 (Flatten)	(None, 576)	0
dense_1 (Dense)	(None, 64)	36928
dense_2 (Dense)	(None, 10)	650

```
Total params: 93,322
Trainable params: 93,322
Non-trainable params: 0
```

形状が (3, 3, 64) の出力が、2 つの Dense 層に渡される前に、形状が (576,) のベクトルに平坦化されたことがわかります。

この CNN を MNIST データセットの数字の画像で訓練してみましょう。ここでは、第 2 章の MNIST サンプルのコードを再利用します。

リスト 5-3：MNIST の画像で CNN を訓練

```python
from keras.datasets import mnist
from keras.utils import to_categorical

(train_images, train_labels), (test_images, test_labels) = mnist.load_data()

train_images = train_images.reshape((60000, 28, 28, 1))
train_images = train_images.astype('float32') / 255

test_images = test_images.reshape((10000, 28, 28, 1))
test_images = test_images.astype('float32') / 255

train_labels = to_categorical(train_labels)
test_labels = to_categorical(test_labels)

model.compile(optimizer='rmsprop',
              loss='categorical_crossentropy',
              metrics=['accuracy'])
model.fit(train_images, train_labels, epochs=5, batch_size=64)
```

このモデルをテストデータセットで評価してみましょう。

```
>>> test_loss, test_acc = model.evaluate(test_images, test_labels)
>>> test_acc
0.99319999999999997
```

第 2 章の全結合ネットワークでは、テストデータセットでの正解率は 97.8% でしたが、この基本的な CNN のテストデータセットでの正解率は 99.3% であり、誤分類率は (相対で) 68% も低下しています。悪くない数字です！

ですが、この単純な CNN が全結合モデルよりもうまくいくのはなぜでしょうか。この疑問に答えるために、Conv2D 層と MaxPooling2D 層の内部を覗いてみましょう。

5.1.1 畳み込み演算

　全結合層と畳み込み層の根本的な違いは、次の点にあります —— 全結合層は入力特徴空間から大域的なパターンを学習しますが、畳み込み層は局所的なパターンを学習します。たとえば MINIST データセットの数字の分類では、全結合層が学習するパターンはすべてのピクセルを含んでいますが、畳み込み層が学習するパターンは図 5-1 のようになります。画像の場合は、入力特徴量の小さな 2 次元ウィンドウで検出されたパターンです。先の例では、これらのウィンドウはすべて 3×3 です。

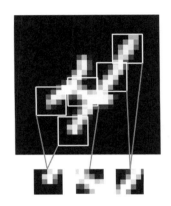

図 5-1：画像はエッジ、テクスチャ、その他に分解できる

この重要な特徴を持つ CNN には、興味深い性質が 2 つあります。

- **CNN が学習するパターンは移動不変である**
  画像の右下で特定のパターンを学習した後は、画像の左上を含め、どの部分でもそのパターンを認識できます。全結合ネットワークの場合は、新しい場所に出現したパターンを改めて学習しなければなりません。画像処理での CNN のデータ効率がよいのは、そのためです（視覚の世界は根本的に移動不変です）。CNN では、汎化力を持つ表現を学習するために必要なサンプルの数が少なくなります。
- **CNN はパターンの空間階層を学習できる**
  1 つ目の畳み込み層はエッジといった小さな局所的パターンを学習し、2 つ目の畳み込みは 1 つ目の畳み込み層の特徴量からなるより大きなパターンを学習する、といった具合になります（図 5-2）。このため（視覚の世界は根本的に移動不変であるため）、CNN では、複雑な画像の漸進的な学習と視覚概念の抽象化を効率よく行うことが可能です。

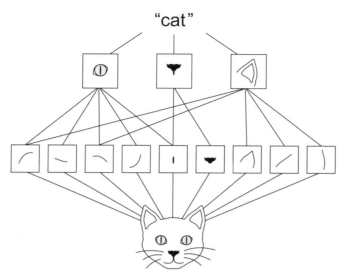

図5-2：視覚の世界は視覚モジュールの空間階層をなしており、超局所的なエッジが目や耳といった局所的な物体と結合され、「猫」といった高レベルな概念に結合される

　畳み込み演算は、2つの空間軸（**幅**と**高さ**）と1つの**深さ**軸（**チャネル**軸）に基づき、**特徴マップ**（feature map）と呼ばれる3次元テンソルに対して実行されます。RGB画像の場合、画像のカラーチャネルは3つ（赤、緑、青）であるため、深さ軸の次元は3です。MNISTの手書きの数字といったグレースケール画像の場合、深さ軸の次元は1（グレーの度合い）です。畳み込み演算は、入力特徴マップからパッチを抽出し、それらすべてのパッチに同じ変換を適用することで、**出力特徴マップ**（output feature map）を生成します。この出力特徴マップは3次元テンソルのままであり、幅と高さがあります。出力の深さはその層のパラメータなので、任意の深さになることがあります。また、その深さ軸のさまざまなチャネルはRGB入力の特定の色を表さなくなり、代わりに**フィルタ**（filter）を表すようになります。それらのフィルタは、入力データの特定の側面を（高いレベルで）エンコードします。たとえば、「入力における顔の有無」の概念を1つのフィルタでエンコードできます。

　MNISTの例では、最初の畳み込み層はサイズが(28, 28, 1)の特徴マップを受け取り、サイズが(26, 26, 32)の特徴マップを出力します。つまり、入力に対して32個のフィルタを計算します。これら32個の出力フィルタはそれぞれ26×26グリッドの値を含んでいます。これは入力に対するフィルタの**応答マップ**（response map）であり、入力のさまざまな場所にわたってそのフィルタのパターンの有無（応答）を表しています（図5-3）。これが**特徴マップ**という用語の意味です。つまり、深さ軸の各次元は特徴量（フィルタ）であり、2次元テンソル output[:, :, n] は入力に対するこのフィルタの応答を表す2次元空間マップです。

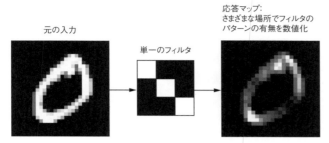

図 5-3：応答マップは入力のさまざまな場所でのパターンの有無を表す 2 次元マップ

畳み込みは、次に示す 2 つの主なパラメータによって定義されます。

- **入力から抽出されたパッチのサイズ**
  通常は 3×3 または 5×5。この例では、一般的な選択肢である 3×3 が使用されています。
- **出力特徴マップの深さ**
  畳み込みによって計算されるフィルタの数。この例では、深さは 32 で始まり、64 で終わっています。

Keras の Conv2D 層では、これらのパラメータは畳み込み層の第 1 引数となります。

```
Conv2D(output_depth, (window_height, window_width))
```

畳み込みの仕組みは次のようになります。サイズが 3×3 または 5×5 のウィンドウを 3 次元の入力特徴マップに対して**スライド**させ、ウィンドウを移動できる場所ごとに停止して、周囲の特徴量から 3 次元パッチを抽出します。この 3 次元パッチの形状は (window_height, window_width, input_depth) です。続いて、それらの 3 次元パッチを形状が (output_depth,) の 1 次元ベクトルに変換します。この**畳み込みカーネル**（convolution kernel）と呼ばれる変換は、同じ学習済みの重み行列に基づくテンソル積として実行されます。さらに、これらすべてのベクトルが、形状が (height, width, output_depth) の 3 次元の出力特徴マップとして空間的に再結合されます。出力特徴マップの空間的な位置はそれぞれ入力特徴マップの同じ位置に対応しています（たとえば、出力の右下角の位置には、入力の右下角に関する情報が含まれています）。たとえば 3×3 ウィンドウでは、3 次元パッチ input[i-1:i+1, j-1:j+1, :] からベクトル output[i, j, :] が得られます。このプロセス全体を図解すると、図 5-4 のようになります。

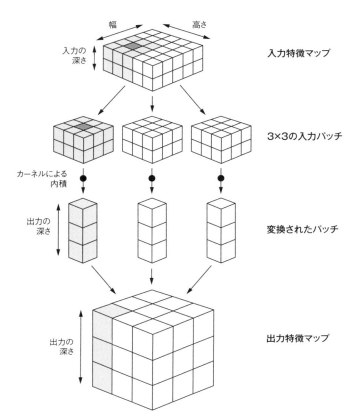

図 5-4：畳み込みの仕組み

　出力の幅と高さは、入力の幅と高さとは異なる場合があることに注意してください。それらが異なる理由は 2 つあります。

- 周辺効果（入力特徴マップのパディングによって対処可能）
- この後で説明する**ストライド**の使用

　これらの概念を詳しく見ていきましょう。

周辺効果とパディング

　5×5 の特徴マップ（全部で 25 タイル）について考えてみましょう。3×3 のグリッドを形成するために 3×3 のウィンドウの中心として使用できるタイルは 9 つだけです（図 5-5）。したがって、出力特徴マップは 3×3 となります。この場合は、各次元に沿ったタイルがちょうど 2 つなので、少し小さくなります。この周辺効果については、先の例で実際に確かめることができます。28×28 の入力は、最初の畳み込み層を通過した後は 26×26 になります。

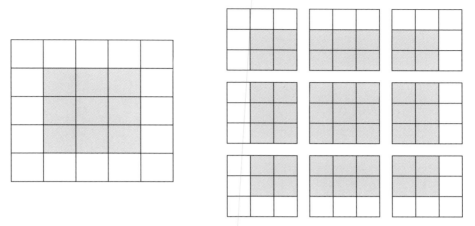

図 5-5：**5×5** の入力特徴マップにおける **3×3** パッチの有効な位置

　入力と同じ空間次元を持つ出力特徴マップを取得したい場合は、**パディング**（padding）を使用できます。パディングは、入力特徴マップの上下左右に適切な数の行と列を追加することで、畳み込みウィンドウの中心をすべての入力タイルに移動できるようにする、というものです。たとえば 3×3 ウィンドウの場合は、右に 1 列、左に 1 列、上に 1 行、下に 1 行を追加します。5×5 ウィンドウの場合は、2 行を追加します（図 5-6）。

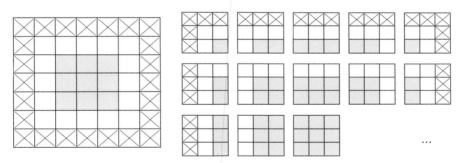

図 5-6：**3×3** パッチを **25** 個抽出するための **5×5** 入力のパディング

　Conv2D 層でパディングを設定するには、padding パラメータに引数を指定します。引数として指定できる値は次の 2 つです。"valid" は、「パディングなし」を意味します（つまり、有効なウィンドウ位置のみを使用します）。"same" は、「出力の幅と高さが入力と同じになるようにパディングする」ことを意味します。padding パラメータのデフォルト値は "valid" です。

畳み込みのストライド

　出力のサイズに影響を与えるもう 1 つの要因は、**ストライド**（stride）の概念です。畳み込みのここまでの説明は、畳み込みウィンドウの中心タイルがすべて連続していることを前提としていました。しかし、2 つの連続するウィンドウの距離は、**ストライ**

ドと呼ばれる畳み込みのパラメータの1つです（デフォルトは1）。このため、**ストライドされた畳み込み**（strided convolution）、つまり、ストライドが1よりも大きい畳み込みを使用することが可能です。図5-7では、5×5入力（パディングなし）に対して、ストライド2の3×3の畳み込みにより、パッチが抽出されていることがわかります。

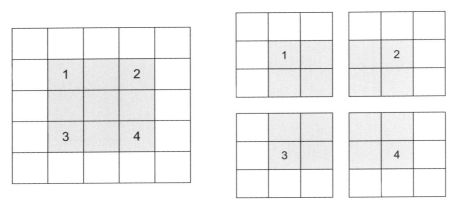

図5-7：2×2ストライドの3×3畳み込みによって抽出されたパッチ

ストライドを2にすると、特徴マップの幅と高さが（周辺効果による変更に加えて）2の倍数でダウンサンプリングされます。ストライドされた畳み込みが実際に使用されることはまれですが、モデルの種類によっては役立つことがあるため、この概念を知っておいて損はありません。

ストライドなしの特徴マップのダウンサンプリングでは、**最大値プーリング**（maxpooling）が使用される傾向にあります。この演算については、CNNの最初の例で実際に見ています。次項では、最大値プーリングを詳しく見ていきましょう。

5.1.2 最大値プーリング演算

　CNNの例で、特徴マップのサイズが`MaxPooling2D`層ごとに半分になることに気づいたでしょうか。たとえば、1つ目の`MaxPooling2D`層に渡される前の特徴マップは26×26でしたが、最大値プーリング演算によって半分の13×13に縮小されています。ストライドされた畳み込みと同様に、最大値プーリングの役割は、特徴マップの積極的なダウンサンプリングにあります。

　最大値プーリングは、入力特徴マップからのウィンドウの抽出と、各チャネルの最大値の出力で構成されます。概念的には畳み込みに似ていますが、学習済みの線形変換（畳み込みカーネル）に基づいて局所的なパッチを変換するのではなく、ハードコーディングされた`max`テンソル演算を使って変換します。畳み込みとの大きな違いは、最大値プーリングが通常は2×2ウィンドウとストライド2を使って実行されることです。これは特徴マップのダウンサンプリングを2の倍数で行うためです。これに対し、畳み込みはたいてい3×3ウィンドウとストライドなし（ストライド1）で実行されます。

　特徴マップをこのようにしてダンプサンプリングするのはなぜでしょうか。最大値プーリング層を削除し、かなり大きな特徴マップを最後まで維持してもよいのではないでしょうか。そのようにした場合はどうなるか調べてみましょう。その場合、この

モデルの畳み込みベースは次のようになります。

```
model_no_max_pool = models.Sequential()
model_no_max_pool.add(layers.Conv2D(32, (3, 3), activation='relu',
                                    input_shape=(28, 28, 1)))
model_no_max_pool.add(layers.Conv2D(64, (3, 3), activation='relu'))
model_no_max_pool.add(layers.Conv2D(64, (3, 3), activation='relu'))
```

このモデルのアーキテクチャは次のようになります。

```
>>> model_no_max_pool.summary()
```

Layer (type)	Output Shape	Param #
conv2d_4 (Conv2D)	(None, 26, 26, 32)	320
conv2d_5 (Conv2D)	(None, 24, 24, 64)	18496
conv2d_6 (Conv2D)	(None, 22, 22, 64)	36928

```
Total params: 55,744
Trainable params: 55,744
Non-trainable params: 0
```

この設定の何が問題なのでしょうか。問題は 2 つあります。

- **特徴量の空間階層の学習に貢献しない**
  3 つ目の層の 3×3 ウィンドウに含まれているのは、最初の入力の 7×7 ウィンドウから得られた情報だけです。CNN によって学習される高レベルのパターンは、最初の入力からすれば依然として非常に小さいものの、数字を分類するための学習には不十分かもしれません（7×7 ピクセルのウィンドウ越しに数字を見分けられるか試してみてください！）。入力の全容に関する情報を保持するには、最後の畳み込み層からの特徴量が必要です。
- **最終的な特徴マップが非常に大きい**
  最終的な特徴マップのサンプル 1 つあたりの係数は全部で 22×22×64 = 30,976 個です。サイズが 512 の Dense 層に合わせて平坦化した場合、その層のパラメータは 1,580 万個になります。このような小さなモデルには大きすぎて、ひどい過学習に陥ることは目に見えています。

　要するに、ダウンサンプリングを使用する理由は、処理の対象となる特徴マップの係数の数を減らすことと、連続する畳み込みが調べるウィンドウを（それらがカバーする最初の入力の割合という観点から）徐々に大きくすることで、空間フィルタ階層を抽出することにあります。

　最大値プーリングは、こうしたダウンサンプリングを実現できる唯一の方法ではありません。すでに説明したように、1 つ前の畳み込み層でストライドを使用するという手もあります。また、最大値プーリングの代わりに**平均値プーリング**（average pooling）

を使用することもできます。平均値プーリングでは、入力の各局所パッチを変換するにあたって、局所パッチに対する各チャネルの（最大値ではなく）平均値を求めます。しかし、そうした代替策よりも最大値プーリングのほうがうまくいく傾向にあります。というのも、特徴量は特徴マップのさまざまなタイルにわたって何らかのパターン（概念）の空間的な有無（空間的プレゼンス）をエンコードする傾向にあるからです。だから**特徴マップ**と呼ばれるわけです。そして、さまざまな特徴量の**平均プレゼンス**を調べるよりも、**最大プレゼンス**を調べるほうが、情報利得があります。したがって、最も合理的なサブサンプリング戦略は次のようになります。まず、（ストライドなしの畳み込みを通じて）特徴量の密なマップを生成します。次に、小さなパッチに対して特徴量の最大活性化を調べます。（ストライドされた畳み込みを通じて）入力の疎なウィンドウを調べたり、入力パッチの平均を求めたりすると、特徴量の有無に関する情報を見逃したり弱めたりするおそれがあります。

この時点で、CNN の基本的な要素（特徴マップ、畳み込み、最大値プーリング）と、MNIST の数字の分類といった単純な問題を解決するために小さな CNN を構築する方法が理解できたと思います。次節では、より有益で実践的なアプリケーションに取り組みます。

5.2 小さなデータセットで CNN を一から訓練する

ごく少量のデータを使って画像分類モデルを訓練するのはよくあることです。職務としてコンピュータビジョンに携わる機会があれば、いずれ実際に体験することになるでしょう。「少量」のサンプルは、数百枚の画像を意味することもあれば、数万枚の画像を意味することもあります。実践的な例として、犬と猫の 4,000 枚の画像（2,000 枚の犬画像と 2,000 枚の猫画像）が含まれたデータセットで、画像を犬と猫に分類してみましょう。ここでは、訓練に 2,000 枚、検証に 1,000 枚、テストに 1,000 枚の画像を使用することにします。

本節では、この問題に取り組むにあたって基本的な手法を 1 つ確認します。つまり、手持ちの小さなデータセットを使って新しいモデルを一から訓練します。まず、2,000 個の訓練サンプルを使って小さな CNN を（正則化を行わずに）単純に訓練することで、ベースラインを設定します。これにより、71% の分類正解率が得られます。その時点で、過学習が主な課題となります。そこで、コンピュータビジョンにおいて過学習の抑制に効果がある**データ拡張**（data augmentation）を行います。データ拡張により、CNN の正解率は 82% に改善されます。

次節では、小さなデータセットにディープラーニングを適用するための基本的な手法をさらに 2 つ確認します。1 つは**学習済みのモデルによる特徴抽出**であり、これにより、正解率が 90% から 96% に改善されます。もう 1 つは、**学習済みのモデルのファインチューニング**であり、これにより、最終的な正解率は 97% になります。これら 3 つの戦略 —— 小さなモデルを一から訓練、学習済みモデルを使った特徴抽出、学習済みモデルのファインチューニング —— は、小さなデータセットを使って画像分類の問題に取り組むときの小道具の 1 つになるでしょう。

5.2.1　小さなデータセットとディープラーニング

「ディープラーニングがうまくいくのはデータが大量にある場合だけである」というのを耳にすることがあるかもしれません。ディープラーニングの基本的な特徴の1つは、特徴エンジニアリングを手作業で行わなくても、訓練データからその興味深い特徴量を見つけ出せることです。それが可能となるのは訓練サンプルが大量にある場合だけであることを考えると、先の主張には一理あります。画像のように非常に高い次元の入力サンプルを扱う問題となれば、言わずもがなです。

しかし、そうしたサンプルの量がどれくらいになるかは状況によります。何よりもまず、訓練しようとしているCNNのサイズと深さに関連しています。複雑な問題を解決するために数十個ほどのサンプルでCNNを訓練することには無理があります。ですが、モデルが小さく、よく正則化されていて、タスクが単純であるとすれば、ひょっとしたら数百個のサンプルで十分かもしれません。CNNが学習するのは、移動不変の局所的な特徴量です。このため、知覚問題においてCNNは非常にデータ効率のよいモデルです。非常に小さな画像データセットを使ってCNNを一から訓練している場合、カスタム特徴エンジニアリングを使用しなかったとしても、比較的少ないデータでもそれなりの結果が得られるでしょう。この点については、後ほど実際に確認することにします。

さらに、ディープラーニングのモデルはそもそも別の目的に使用できる可能性が非常に高いモデルです。たとえば、大規模なデータセットで訓練した画像分類モデルや音声テキスト変換モデルをほんの少し変更するだけで、大きく異なる問題に再利用することが可能です。具体的に言うと、コンピュータビジョンの場合、多くの学習済みモデル（通常はImageNetのデータセットで訓練）がダウンロード可能な状態で一般に提供されています。そうしたモデルを利用すれば、ほんのわずかなデータで強力なコンピュータビジョンモデルを立ち上げることができます。次項では、これを実際に行います。さっそく、データの準備に取りかかりましょう。

5.2.2　データのダウンロード

ここで使用するDogs vs. Catsデータセットは、Kerasではパッケージ化されていません。このデータセットは、Kaggleの2013年後半のコンピュータビジョンコンペで提供されたものです。当時、CNNは主流のモデルではありませんでした。元のデータセットはKaggleのWebページ[1]からダウンロードできます。

犬と猫の写真は標準的な解像度のカラーのJPEGファイルです。図5-8は、その一部を示しています。サンプルのサイズや体裁（見た目）などはまちまちです。

---

[1]　https://www.kaggle.com/c/dogs-vs-cats/data
　　Kaggleのアカウントをまだ持っていない場合は作成する必要がある。ただし、手続きは簡単である。

図 5-8：Dogs vs. Cats データセットのサイズ未修正のサンプル

驚くにはあたりませんが、Kaggle の 2013 年の Dogs vs. Cats コンペを制したのは、CNN を使っていた参加者でした。最も成績がよかった参加者の正解率は 95% でした。次節では、この正解率に迫ります。ただし、モデルの訓練に使用するのは、コンペの参加者に提供されたデータの 10% にも満たないデータです。

このデータセットは、犬と猫の 25,000 個（クラスごとに 12,500 個）の画像で構成されており、サイズは（圧縮された状態で）543MB です。このデータセットをダウンロードして展開した後、訓練データセット、検証データセット、テストデータセットの 3 つのサブセットからなる新しいデータセットを作成します。訓練データセットはクラスごとに 1,000 個のサンプルで構成されており、検証データセットとテストデータセットはクラスごとに 500 個のサンプルで構成されています。

ここまでのコードは、リスト 5-4 のようになります。

リスト 5-4：画像を train、validation、test ディレクトリにコピー

```
import os, shutil

# 元のデータセットを展開したディレクトリへのパス
original_dataset_dir = '/Users/fchollet/Downloads/kaggle_original_data'

# より小さなデータセットを格納するディレクトリへのパス
base_dir = '/Users/fchollet/Downloads/cats_and_dogs_small'
os.mkdir(base_dir)

# 訓練データセット、検証データセット、テストデータセットを配置するディレクトリ
train_dir = os.path.join(base_dir, 'train')
os.mkdir(train_dir)
validation_dir = os.path.join(base_dir, 'validation')
```

5.2 小さなデータセットで CNN を一から訓練する

```python
os.mkdir(validation_dir)
test_dir = os.path.join(base_dir, 'test')
os.mkdir(test_dir)

# 訓練用の猫の画像を配置するディレクトリ
train_cats_dir = os.path.join(train_dir, 'cats')
os.mkdir(train_cats_dir)

# 訓練用の犬の画像を配置するディレクトリ
train_dogs_dir = os.path.join(train_dir, 'dogs')
os.mkdir(train_dogs_dir)

# 検証用の猫の画像を配置するディレクトリ
validation_cats_dir = os.path.join(validation_dir, 'cats')
os.mkdir(validation_cats_dir)

# 検証用の犬の画像を配置するディレクトリ
validation_dogs_dir = os.path.join(validation_dir, 'dogs')
os.mkdir(validation_dogs_dir)

# テスト用の猫の画像を配置するディレクトリ
test_cats_dir = os.path.join(test_dir, 'cats')
os.mkdir(test_cats_dir)

# テスト用の犬の画像を配置するディレクトリ
test_dogs_dir = os.path.join(test_dir, 'dogs')
os.mkdir(test_dogs_dir)

# 最初の1,000個の猫画像をtrain_cats_dirにコピー
fnames = ['cat.{}.jpg'.format(i) for i in range(1000)]
for fname in fnames:
    src = os.path.join(original_dataset_dir, fname)
    dst = os.path.join(train_cats_dir, fname)
    shutil.copyfile(src, dst)

# 次の500個の猫画像をvalidation_cats_dirにコピー
fnames = ['cat.{}.jpg'.format(i) for i in range(1000, 1500)]
for fname in fnames:
    src = os.path.join(original_dataset_dir, fname)
    dst = os.path.join(validation_cats_dir, fname)
    shutil.copyfile(src, dst)

# 次の500個の猫画像をtest_cats_dirにコピー
fnames = ['cat.{}.jpg'.format(i) for i in range(1500, 2000)]
for fname in fnames:
    src = os.path.join(original_dataset_dir, fname)
    dst = os.path.join(test_cats_dir, fname)
    shutil.copyfile(src, dst)

# 最初の1,000個の犬画像をtrain_dogs_dirにコピー
fnames = ['dog.{}.jpg'.format(i) for i in range(1000)]
for fname in fnames:
    src = os.path.join(original_dataset_dir, fname)
    dst = os.path.join(train_dogs_dir, fname)
    shutil.copyfile(src, dst)
```

```
# 次の500個の犬画像をvalidation_dogs_dirにコピー
fnames = ['dog.{}.jpg'.format(i) for i in range(1000, 1500)]
for fname in fnames:
    src = os.path.join(original_dataset_dir, fname)
    dst = os.path.join(validation_dogs_dir, fname)
    shutil.copyfile(src, dst)

# 次の500個の犬画像を(test_dogs_dirにコピー
fnames = ['dog.{}.jpg'.format(i) for i in range(1500, 2000)]
for fname in fnames:
    src = os.path.join(original_dataset_dir, fname)
    dst = os.path.join(test_dogs_dir, fname)
    shutil.copyfile(src, dst)
```

　健全性チェックとして、各サブセット（訓練、検証、テスト）に画像がいくつ含まれているか数えてみましょう。

```
>>> print('total training cat images:', len(os.listdir(train_cats_dir)))
total training cat images: 1000
>>> print('total training dog images:', len(os.listdir(train_dogs_dir)))
total training dog images: 1000
>>> print('total validation cat images:',
          len(os.listdir(validation_cats_dir)))
total validation cat images: 500
>>> print('total validation dog images:',
          len(os.listdir(validation_dogs_dir)))
total validation dog images: 500
>>> print('total test cat images:', len(os.listdir(test_cats_dir)))
total test cat images: 500
>>> print('total test dog images:', len(os.listdir(test_dogs_dir)))
total test dog images: 500
```

　締めて、訓練画像が 2,000 個、検証画像が 1,000 個、テスト画像が 1,000 個です。各サブセットには、各クラスのサンプルが同じ数ずつ含まれています。つまり、これは均衡な二値分類問題であり、分類正解率は成功の指標として申し分ありません。

5.2.3　ネットワークの構築

　先の例では、MNIST データセット用に小さな CNN を構築しました。そろそろ、こうした CNN に慣れてきた頃合いです。この CNN でも全体的な構造は同じであり、Conv2D 層（活性化関数は relu）と MaxPooling2D 層が交互に含まれています。

　しかし、ここでは少し大きな画像を扱っており、問題もより複雑であるため、CNN もより大きくなり、Conv2D 層と MaxPooling2D 層がひと組み増えています。これには 2 つの理由があります。1 つは、ネットワークのキャパシティの増強です。もう 1 つは、Flatten 層に到達したときに特徴マップが大きくなりすぎないよう、特徴マップのサイズを削減することです。この場合、入力のサイズは 150×150 で始まり、特徴マップのサイズは Flatten 層に渡される前に 7×7 になります。なお、入力のサイズに特に根拠はありません。

5.2　小さなデータセットで CNN を一から訓練する　　139

> この CNN では、特徴マップの深さは徐々に（32 から 128 まで）増していきますが、特徴マップのサイズは（150×150 から 7×7 まで）減っていきます。これはほぼすべての CNN で見られるパターンです。

　ここで取り組んでいるのは二値分類問題であるため、終端のユニットが 1 つ（サイズ 1 の Dense 層）、活性化関数が sigmoid の CNN が作成されます。このユニットは、CNN がどちらか一方のクラスを見ている確率をエンコードします。

リスト 5-5：犬と猫を分類するための小さな CNN をインスタンス化

```python
from keras import layers
from keras import models

model = models.Sequential()
model.add(layers.Conv2D(32, (3, 3), activation='relu',
                        input_shape=(150, 150, 3)))

model.add(layers.MaxPooling2D((2, 2)))
model.add(layers.Conv2D(64, (3, 3), activation='relu'))
model.add(layers.MaxPooling2D((2, 2)))
model.add(layers.Conv2D(128, (3, 3), activation='relu'))
model.add(layers.MaxPooling2D((2, 2)))
model.add(layers.Conv2D(128, (3, 3), activation='relu'))
model.add(layers.MaxPooling2D((2, 2)))
model.add(layers.Flatten())
model.add(layers.Dense(512, activation='relu'))
model.add(layers.Dense(1, activation='sigmoid'))
```

　特徴マップの次元の変化を連続する層ごとに調べてみましょう。

```
>>> model.summary()
```

Layer (type)	Output Shape	Param #
conv2d_1 (Conv2D)	(None, 148, 148, 32)	896
maxpooling2d_1 (MaxPooling2D)	(None, 74, 74, 32)	0
conv2d_2 (Conv2D)	(None, 72, 72, 64)	18496
maxpooling2d_2 (MaxPooling2D)	(None, 36, 36, 64)	0
conv2d_3 (Conv2D)	(None, 34, 34, 128)	73856
maxpooling2d_3 (MaxPooling2D)	(None, 17, 17, 128)	0
conv2d_4 (Conv2D)	(None, 15, 15, 128)	147584
maxpooling2d_4 (MaxPooling2D)	(None, 7, 7, 128)	0

flatten_1 (Flatten)	(None, 6272)	0
dense_1 (Dense)	(None, 512)	3211776
dense_2 (Dense)	(None, 1)	513

```
=================================================================
Total params: 3,453,121
Trainable params: 3,453,121
Non-trainable params: 0
```

コンパイルステップでは、これまでと同様に RMSprop オプティマイザを使用します。この CNN では、出力層のユニットは 1 つ、活性化関数は sigmoid なので、損失関数として binary_crossentropy を使用します。なお、さまざまな状況でどの損失関数を使用するかについては、第 4 章の表 4-1 を参照してください。

リスト 5-6：モデルのコンパイル

```
from keras import optimizers

model.compile(loss='binary_crossentropy',
              optimizer=optimizers.RMSprop(lr=1e-4),
              metrics=['acc'])
```

5.2.4　データの前処理

データを CNN に供給するには、その前に、浮動小数点数型のテンソルとして適切に処理しておく必要があります。現時点では、データは JPEG ファイルとしてハードディスクに格納されています。このため、データを CNN に渡すための手順はだいたい次のようになります。

1. 画像ファイルを読み込む。
2. JPEG ファイルの内容を RGB のピクセルグリッドにデコードする。
3. これらのピクセルを浮動小数点数型のテンソルに変換する。
4. ピクセル値（0 〜 255）の尺度を取り直し、[0, 1] の範囲の値にする。

手順 **4** を行う理由は、ニューラルネットワークでは小さな入力値を扱うことが望ましいためです。

少し難しそうに思えるかもしれませんが、Keras には、これらの手順を自動的に処理するユーティリティが用意されています。Keras の keras.preprocessing.image モジュールには、画像処理ヘルパーツールが含まれています。その 1 つである ImageDataGenerator クラスを利用すれば、ディスク上の画像ファイルを前処理されたテンソルのバッチに自動的に変換できる Python ジェレータをすばやくセットアップできます（リスト 5-7）。

5.2 小さなデータセットで CNN を一から訓練する 141

リスト 5-7：ImageDataGenerator を使ってディレクトリから画像を読み込む

```
from keras.preprocessing.image import ImageDataGenerator

# すべての画像を1/255でスケーリング
train_datagen = ImageDataGenerator(rescale=1./255)
test_datagen = ImageDataGenerator(rescale=1./255)

train_generator = train_datagen.flow_from_directory(
    train_dir,                      # ターゲットディレクトリ
    target_size=(150, 150),         # すべての画像のサイズを150×150に変更
    batch_size=20,                  # バッチサイズ
    class_mode='binary')            # binary_crossentropyを使用するため、
                                    # 二値のラベルが必要
validation_generator = test_datagen.flow_from_directory(
    validation_dir,
    target_size=(150, 150),
    batch_size=20,
    class_mode='binary')
```

Python のジェネレータ

　Python のジェネレータは、イテレータとして機能するオブジェクトです。イテレータは、for ... in 演算子で使用できるオブジェクトです。ジェネレータを作成するには、yield 演算子を使用します。

　整数を生成するジェネレータの例を見てみましょう。

```
def generator():
    i = 0
    while True:
        i += 1
        yield i

for item in generator():
    print(item)
    if item > 4:
        break
```

　このコードの出力は次のようになります。

```
1
2
3
4
5
```

　これらのジェネレータの1つで出力を調べてみましょう。このジェネレータは、150 ×150 の RGB 画像からなるバッチ（形状は (20, 150, 150, 3)）と二値のラベル（形状は (20,)）を生成します。バッチごとに20 個のサンプルが存在します（バッチサイズ）。このジェネレータがそれらのバッチを際限なく生成することに注意してください。つ

まり、ターゲットディレクトリの画像は永遠にループ処理されます。このため、何らかのタイミングでループを break する必要があります。

```
>>> for data_batch, labels_batch in train_generator:
>>>     print('data batch shape:', data_batch.shape)
>>>     print('labels batch shape:', labels_batch.shape)
>>>     break
...
data batch shape: (20, 150, 150, 3)
labels batch shape: (20,)
```

　このジェネレータを使ってモデルをデータに適合させてみましょう。これには、fit_generator メソッドを使用します。このメソッドは、こうしたデータジェネレータにとって fit メソッドに相当します。fit_generator メソッドには、このジェネレータと同様に入力値と目的値からなるバッチを無限に生成する Python ジェネレータを第1引数として指定します。データは無限に生成されるため、Keras モデルがエポックの終了を宣言するには、ジェネレータに生成させるサンプルの数を知っていなければなりません。この役割を果たすのが steps_per_epoch パラメータです。ジェネレータから steps_per_epoch 個のバッチを抽出した後 ── つまり、勾配降下のステップを steps_per_epoch 回実行した後、学習プロセスは次のエポックに進みます。この場合、バッチは 20 サンプルであるため、ターゲットである 2,000 サンプルを取得するには 100 バッチが必要です。

　fit_generator メソッドを使用する際には、fit メソッドと同様に、validation_data パラメータに引数を指定できます。このパラメータには引数としてデータジェネレータを指定できますが、NumPy 配列のタプルでもよいことに注意してください。このパラメータにデータジェネレータを指定する場合、そのジェネレータは検証データのバッチを永遠に生成するものと期待されます。このため、validation_steps パラメータにも引数を指定することで、検証ジェネレータから評価用のバッチをいくつ抽出するのかを指定する必要があります（リスト 5-8）。

リスト 5-8：バッチジェネレータを使ってモデルを適合

```
history = model.fit_generator(train_generator,
                              steps_per_epoch=100,
                              epochs=30,
                              validation_data=validation_generator,
                              validation_steps=50)
```

　訓練の後は常にモデルを保存するのがよいプラクティスです（リスト 5-9）。

リスト 5-9：モデルを保存

```
model.save('cats_and_dogs_small_1.h5')
```

モデルを訓練したときの訓練データと検証データでの損失値と正解率をプロットしてみましょう（リスト 5-10）。

リスト 5-10：訓練時の損失値と正解率をプロット

```
import matplotlib.pyplot as plt

acc = history.history['acc']
val_acc = history.history['val_acc']
loss = history.history['loss']
val_loss = history.history['val_loss']

epochs = range(1, len(acc) + 1)

# 正解率をプロット
plt.plot(epochs, acc, 'bo', label='Training acc')
plt.plot(epochs, val_acc, 'b', label='Validation acc')
plt.title('Training and validation accuracy')
plt.legend()

plt.figure()

# 損失値をプロット
plt.plot(epochs, loss, 'bo', label='Training loss')
plt.plot(epochs, val_loss, 'b', label='Validation loss')
plt.title('Training and validation loss')
plt.legend()

plt.show()
```

ここまでのコードを実行した結果は図 5-9、図 5-10 のようになります。なお、ドットは訓練データでの結果を表しており、折れ線は検証データの結果を表しています。

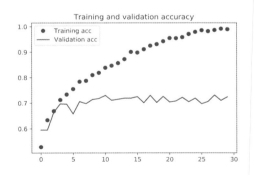

図 5-9：訓練データと検証データでの正解率

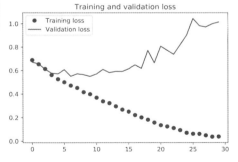

図 5-10：訓練データと検証データでの損失値

これらのプロットには過学習の兆候が見られます。訓練データでの正解率は100%近くに達するまでほぼ直線的に増えているのに対し、検証データでの正解率は70〜72%あたりで頭打ちとなっています。検証データでの損失値はたった5エポックで最小となり、その後は停滞していますが、訓練データでの損失値は0%近くに達するまで減少し続けています。

訓練サンプルの数（2,000）が比較的少ないことを考えると、最大の懸念材料は過学習ということになります。ドロップアウトや荷重減衰（L2 正則化）など、過学習の抑制に役立つ手法があることはすでにわかっています。ここでは、**データ拡張**（data augmentation）という新しい手法に取り組みます。データ拡張はコンピュータビジョンに特化した手法であり、「データの水増し」とも呼ばれます。ディープラーニングモデルによる画像処理では、データ拡張はほぼ例外なく利用されています。

5.2.5 データ拡張

過学習は、学習の対象となるサンプルの数が少なすぎることが原因で発生します。それにより、新しいデータにうまく汎化するようにモデルを訓練することは不可能になります。データが無限にあるとすれば、モデルはデータの分布をあらゆる角度から学習することになるため、過学習に陥ることはありません。データ拡張は、既存の訓練サンプルからさらに訓練データを生成するというアプローチをとります。ランダムな変換をいくつか実行していかにもそれっぽく見える画像を生成することで、サンプルを水増しするのです。ここで目標となるのは、モデルがまったく同じ画像を2回にわたって学習したりしないようにすることです。そうすれば、モデルがデータの性質をさらに学習し、うまく汎化するようになります。

これを Keras で実行するには、`ImageDataGenerator` クラスをインスタンス化するときにランダムな変換を設定します。それらの変換は、このインスタンスによって読み込まれる画像に適用されます。リスト 5-11 は、その例を示しています。

リスト 5-11：ImageDataGenerator を通じてデータ拡張を設定する

```
datagen = ImageDataGenerator(rotation_range=40,
                             width_shift_range=0.2,
                             height_shift_range=0.2,
                             shear_range=0.2,
                             zoom_range=0.2,
                             horizontal_flip=True,
                             fill_mode='nearest')
```

これらは利用可能なオプションのほんの一部です。他のオプションについては、Keras のドキュメントを参照してください。このコードを簡単に説明しておきます。

5.2 小さなデータセットで CNN を一から訓練する

- rotation_range … 画像をランダムに回転させる回転範囲 (0〜180)
- width_shift、height_shift … 画像を水平または垂直にランダムに平行移動させる範囲 (幅全体または高さ全体の割合)
- shear_range … 等積変形をランダムに適用
- zoom_range … 図形の内側をランダムにズーム
- horizontal_flip … 画像の半分を水平方向にランダムに反転 (実際の写真のように、水平方向の非対称性についての前提がない場合に重要となる)
- fill_mode … 新たに作成されたピクセルを埋めるための戦略 (これらのピクセルが見えるようになるのは回転または平行移動の後)

水増しされた画像を調べてみましょう (リスト 5-12)。

リスト 5-12：ランダムに水増しされた訓練画像の表示

```python
# 画像処理ユーティリティのモジュール
from keras.preprocessing import image

fnames = [os.path.join(train_cats_dir, fname)
          for fname in os.listdir(train_cats_dir)]

# 水増しする画像を選択
img_path = fnames[3]

# 画像を読み込み、サイズを変更
img = image.load_img(img_path, target_size=(150, 150))

# 形状が(150, 150, 3)のNumPy配列に変換
x = image.img_to_array(img)

# (1, 150, 150, 3)に変形
x = x.reshape((1,) + x.shape)

# ランダムに変換した画像のバッチを生成する
# 無限ループとなるため、何らかのタイミングでbreakする必要がある
i = 0
for batch in datagen.flow(x, batch_size=1):
    plt.figure(i)
    imgplot = plt.imshow(image.array_to_img(batch[0]))
    i += 1
    if i % 4 == 0:
        break

plt.show()
```

リスト 5-12 のコードを実行すると、図 5-11 の画像が表示されます。

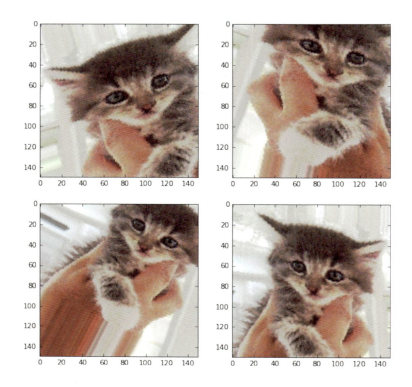

図 5-11:ランダムなデータ拡張によって生成された猫の画像

　このデータ拡張設定を使って新しい CNN を訓練する場合、その CNN が同じ入力を 2 回検出することはありません。しかし、CNN が学習する入力の相関性は高いままです。元の画像の数がそもそも少ないので、これは仕方ありません —— あくまでも既存の情報をリミックスできるだけで、新しい情報を作り出せるわけではないからです。このため、過学習を完全に取り除くのに十分ではないかもしれません。そこで、過学習をさらに抑制するために、全結合分類器の直前に Dropout 層も追加することにします（リスト 5-12）。

リスト 5-12:ドロップアウトが追加された新しい CNN を定義

```
model = models.Sequential()
model.add(layers.Conv2D(32, (3, 3), activation='relu',
                        input_shape=(150, 150, 3)))
model.add(layers.MaxPooling2D((2, 2)))
model.add(layers.Conv2D(64, (3, 3), activation='relu'))
model.add(layers.MaxPooling2D((2, 2)))
model.add(layers.Conv2D(128, (3, 3), activation='relu'))
model.add(layers.MaxPooling2D((2, 2)))
model.add(layers.Conv2D(128, (3, 3), activation='relu'))
model.add(layers.MaxPooling2D((2, 2)))
model.add(layers.Flatten())
```

5.2 小さなデータセットで CNN を一から訓練する   147

```python
model.add(layers.Dropout(0.5))
model.add(layers.Dense(512, activation='relu'))
model.add(layers.Dense(1, activation='sigmoid'))

model.compile(loss='binary_crossentropy',
              optimizer=optimizers.RMSprop(lr=1e-4),
              metrics=['acc'])
```

データ拡張とドロップアウトを使って CNN を訓練してみましょう（リスト 5-14）。

リスト 5-14：データ拡張ジェネレータを使って CNN を訓練

```python
train_datagen = ImageDataGenerator(
    rescale=1./255,
    rotation_range=40,
    width_shift_range=0.2,
    height_shift_range=0.2,
    shear_range=0.2,
    zoom_range=0.2,
    horizontal_flip=True,)

# 検証データは水増しすべきではないことに注意
test_datagen = ImageDataGenerator(rescale=1./255)

train_generator = train_datagen.flow_from_directory(
    train_dir,                   # ターゲットディレクトリ
    target_size=(150, 150),   # すべての画像を150×150に変更
    batch_size=32,               # バッチサイズ
    class_mode='binary')      # 損失関数としてbinary_crossentropyを使用するため、
                                 # 二値のラベルが必要

validation_generator = test_datagen.flow_from_directory(
    validation_dir,
    target_size=(150, 150),
    batch_size=32,
    class_mode='binary')

history = model.fit_generator(
    train_generator,
    steps_per_epoch=100,
    epochs=100,
    validation_data=validation_generator,
    validation_steps=50)
```

　このモデルは『5.4　CNN が学習した内容を可視化する』で使用するため、保存しておきます（リスト 5-15）。

リスト 5-15：モデルを保存

```python
model.save('cats_and_dogs_small_2.h5')
```

そして、このコードを実行した結果をプロットしたものが図 5-12、図 5-13 になります。ドットは訓練データでの結果を表しており、折れ線は検証データの結果を表しています。データ拡張とドロップアウトのおかげで、過学習に陥ることはなくなっており、学習曲線は検証曲線をほぼ追従しています。正解率は 82% に達しており、正則化されていないモデルと比較すると 15% も改善されています。

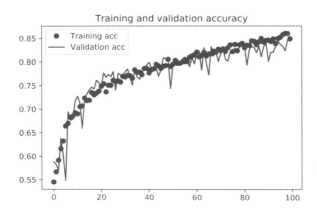

図 5-12：データ拡張を行った場合の訓練と検証の正解率

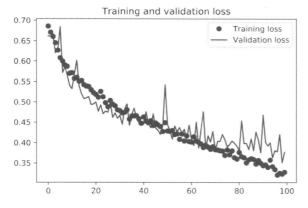

図 5-13：データ拡張を行った場合の訓練データと検証データでの損失値

　正則化の手法をさらに利用し、(畳み込み層のフィルタの数や CNN の層の数など) CNN のパラメータをチューニングすれば、正解率を 86〜87% 程度まで引き上げることも可能です。しかし、CNN を一から訓練するだけでは、さらに先へ進むのが難しいことはわかっています。なぜなら、利用できるデータが少なすぎるからです。この問題において正解率を改善するための次なるステップは、学習済みのモデルを使用することです。次の 2 つの節では、学習済みのモデルに焦点を合わせます。

5.3 学習済みの CNN を使用する

　小さな画像データセットを用いたディープラーニングに関して、よく知られている非常に効果的なアプローチがあります。それは、学習済みのネットワークを使用することです。**学習済みのネットワーク**とは、大規模なデータセットで訓練された後、保存されたネットワークのことであり、一般に大規模な画像分類タスクで作成されます。訓練に使用されたデータセットの大きさや汎用性が十分である場合、学習済みのネットワークによって学習された特徴量の空間階層は、事実上、視覚の世界の汎用モデルになるはずです。したがって、学習済みのネットワークの特徴量は、さまざまなコンピュータビジョン問題で役立つはずです。とはいうものの、そうした新しい問題では、元のタスクのものとはまったく異なるクラスが必要になるかもしれません。たとえば、ImageNet は主に動物や日常的なものを表すクラスで構成されています。ImageNet で訓練したネットワークを、画像から家具を識別するなど、かなりかけ離れた目的に使用するとしましょう。従来のさまざまなシャローラーニングアプローチに対するディープラーニングの主な利点の 1 つは、学習済みの特徴量にさまざまな問題への可搬性があることです。「データが少ない」という問題に対してディープラーニングが非常に効果的であるのも、そのためです。

　ImageNet のデータセット（140 万個のラベル付きの画像と 1,000 種類のクラス）で訓練した大規模な CNN について考えてみましょう。ImageNet には、犬や猫のさまざまな種を含め、多くの動物クラスが含まれています。このため、犬と猫の分類問題でもよい性能が得られることが期待できます。

　ここでは、2014 年に Karen Simonyan と Andrew Zisserman によって開発された VGG16 アーキテクチャ[2] を使用します。VGG16 は、ImageNet で広く使用されているシンプルな CNN アーキテクチャです。VGG16 は古いモデルで、最先端のモデルには遠くおよばず、最近の多くのモデルよりも少し重いのですが、それでも VGG16 を選んだのは、本書で説明してきたアーキテクチャと似ており、新しい概念を紹介しなくても理解しやすいためです。VGG、ResNet、Inception、Inception-ResNet、Xception など、いかにもそれらしい名前のモデルを見たのはこれが初めてかもしれませんが、そのうち慣れるでしょう。コンピュータビジョンでディープラーニングを使い続ければ、いやでもこうしたモデルに遭遇することになるからです。

　学習済みのネットワークを使用する方法には、**特徴抽出**（feature extraction）と**ファインチューニング**（fine-tuning）の 2 つがあります。まず、特徴抽出から見ていきましょう。

5.3.1 特徴抽出

　特徴抽出は、1 つ前のネットワークが学習した表現に基づいて、新しいサンプルから興味深い特徴量を抽出するという手法です。それらの特徴量は、新しい分類器（訓練を一から行う）によって学習されます。

---

[2]　Karen Simonyan and Andrew Zisserman, "Very Deep Convolutional Networks for Large-Scale Image Recognition," arXiv (2014), https://arxiv.org/abs/1409.1556

先ほど示したように、画像分類に使用されるCNNは2つの部分で構成されています。そうしたCNNは、一連のプーリング層と畳み込み層で始まり、全結合分類器で終わります。最初の部分は、モデルの**畳み込みベース**（convolutional base）と呼ばれます。CNNの特徴抽出は、学習済みネットワークの畳み込みベースで新しいデータを処理し、その出力に基づいて新しい分類器を訓練する、という手順で構成されます（図5-14）。

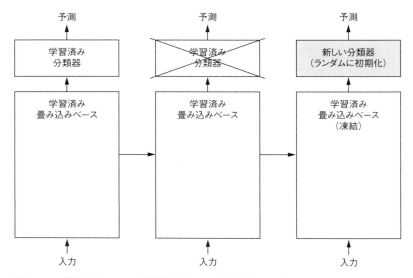

図 5-14：畳み込みベースは同じままで、分類器を入れ替える

　畳み込みベースのみを再利用するのはなぜでしょうか。全結合分類器も再利用できるのではないでしょうか。一般に、分類器の再利用は避けるべきです。というのも、畳み込みベースによって学習された表現のほうが汎用的で、再利用できる可能性が高いからです。畳み込み層の特徴マップは、画像に対する一般概念の存在マップであり、コンピュータビジョン問題がどのようなものであるかにかかわらず有益である可能性があります。これに対し、分類器によって学習された表現は、そのモデルが学習した一連のクラスに特化したものにならざるを得ません。そうした表現に含まれているのは、画像全体にあのクラスやこのクラスが存在している確率だけでしょう。それに加えて、全結合層で抽出された表現には、入力画像の「どこ」にオブジェクトが位置しているかに関する情報はもはや含まれていません。というのも、これらの層によって空間の概念が取り除かれてしまうためですが、畳み込み層の特徴マップには依然としてオブジェクトの位置が定義されています。オブジェクトの位置が重要となる問題では、全結合層の特徴量はあまり有益ではありません。

　特定の畳み込み層によって抽出された表現の汎用性（つまり再利用性）の度合いは、その層がモデルのどれくらい深いところにあるかに依存します。モデルの最初のほうにある層は、汎用性の高い局所的な特徴マップ（エッジ、色、テクスチャなど）を抽出しますが、モデルの最後のほうにある層は、より抽象的な概念（「猫の耳」、「犬の目」など）を抽出します。このため、元のモデルの訓練に使用されたデータセットと新し

いデータセットが大きく異なっている場合は、特徴抽出に畳み込みベース全体を使用するのではなく、モデルの最初のほうにあるいくつかの層だけを使用したほうがよいでしょう。

この場合、ImageNetには犬と猫のクラスが複数含まれているため、元のモデルの全結合層に含まれている情報を再利用することにメリットがありそうです。ですがここでは、より一般的なケースをカバーするために、全結合層の情報は再利用しないことにします。そうしたケースでは、新しい問題のクラスセットが元のモデルのクラスセットとオーバーラップすることはないからです。というわけで、実際に試してみましょう。ImageNetで訓練されたVGG16ネットワークの畳み込みベースを使って犬と猫の画像から興味深い特徴量を抽出した後、それらの特徴量に基づいてDogs vs. Cats分類器の訓練を行います。

VGG16モデルはKerasにすでにパッケージ化されており、keras.applicationsモジュールからインポートできます。このモジュールの一部として提供されている画像分類モデルは次のとおりです（すべてImageNetデータセットであらかじめ訓練されています）。

- Xception
- Inception V3
- ResNet50
- VGG16
- VGG19
- MobileNet

VGG16モデルをインスタンス化してみましょう（リスト5-16）。

リスト5-16：VGG16モデルの畳み込みベースのインスタンス化

```
from keras.applications import VGG16

conv_base = VGG16(weights='imagenet',
                  include_top=False,
                  input_shape=(150, 150, 3))
```

コンストラクタには、次の3つの引数が渡されています。

- weights
  このモデルを初期化するための重みのチェックポイントを指定します。
- include_top
  ネットワークの出力側にある全結合分類器を含めるかどうか。デフォルトでは、この分類器はImageNetの1,000個のクラスに対応しています。ここでは、新しい分類器（クラスはcatとdogの2つだけ）を使用するため、この分類器を含める必要はありません。

152   第 5 章　コンピュータビジョンのためのディープラーニング

- input_shape
  ネットワークに供給する画像テンソルの形状。この引数は完全にオプションです。この引数を指定しない場合、ネットワークは任意のサイズの入力を処理できることになります。

　VGG16 の畳み込みベース（conv_base）のアーキテクチャは次のようになります。すでに説明した単純な CNN に似ていることがわかります。

```
>>> conv_base.summary()
```

Layer (type)	Output Shape	Param #
input_1 (InputLayer)	(None, 150, 150, 3)	0
block1_conv1 (Convolution2D)	(None, 150, 150, 64)	1792
block1_conv2 (Convolution2D)	(None, 150, 150, 64)	36928
block1_pool (MaxPooling2D)	(None, 75, 75, 64)	0
block2_conv1 (Convolution2D)	(None, 75, 75, 128)	73856
block2_conv2 (Convolution2D)	(None, 75, 75, 128)	147584
block2_pool (MaxPooling2D)	(None, 37, 37, 128)	0
block3_conv1 (Convolution2D)	(None, 37, 37, 256)	295168
block3_conv2 (Convolution2D)	(None, 37, 37, 256)	590080
block3_conv3 (Convolution2D)	(None, 37, 37, 256)	590080
block3_pool (MaxPooling2D)	(None, 18, 18, 256)	0
block4_conv1 (Convolution2D)	(None, 18, 18, 512)	1180160
block4_conv2 (Convolution2D)	(None, 18, 18, 512)	2359808
block4_conv3 (Convolution2D)	(None, 18, 18, 512)	2359808
block4_pool (MaxPooling2D)	(None, 9, 9, 512)	0
block5_conv1 (Convolution2D)	(None, 9, 9, 512)	2359808
block5_conv2 (Convolution2D)	(None, 9, 9, 512)	2359808
block5_conv3 (Convolution2D)	(None, 9, 9, 512)	2359808
block5_pool (MaxPooling2D)	(None, 4, 4, 512)	0

```
Total params: 14,714,688
Trainable params: 14,714,688
Non-trainable params: 0
```

5.3 学習済みの CNN を使用する

最終的な特徴マップの形状は (4, 4, 512) です。これが、全結合分類器が学習する特徴量になります。

ここから先へ進む方法は 2 つあります。

- **新しいデータセットで畳み込みベースを実行し、その出力をディスク上の NumPy 配列に書き込み、このデータをスタンドアロンの全結合分類器の入力として使用**
  本書の Part 1 で説明した方法と同じです。入力画像ごとに畳み込みベースを 1 回実行するだけでよいこと、そして、このパイプラインにおいて最もコストのかかる部分は畳み込みベースであることから、最も高速で安価な手法です。ですが、同じ理由により、データ拡張を行うことはできなくなります。
- **最後に Dense 層を追加することでモデル (conv_base) を拡張し、最初から最後までのすべての処理を入力データで実行**
  モデルに供給された入力画像は 1 つ残らず畳み込みベースを通過することになるため、データ拡張が可能です。ですが、同じ理由により、1 つ目の手法よりもはるかに高価な手法でもあります。

ここでは、両方の手法を取り上げます。まず、1 つ目の手法をセットアップするのに必要なコードを見てみましょう。この手法では、新しいデータで畳み込みベース (conv_base) を実行し、その出力を新しいモデルの入力として使用します。

データ拡張を行わない高速な特徴抽出

まず、画像とそれらのラベルを NumPy 配列として抽出するために、先ほど紹介した ImageDataGenerator のインスタンスを実行します。これらの画像から特徴量を抽出するには、conv_base モデルの predict メソッドを呼び出します (リスト 5-17)。

リスト 5-17：学習済みの畳み込みベースを使って特徴量を抽出

```
import os
import numpy as np
from keras.preprocessing.image import ImageDataGenerator

# 5.2.2項でsmallデータセットを格納したディレクトリへのパスであることに注意
base_dir = '/Users/fchollet/Downloads/cats_and_dogs_small'

train_dir = os.path.join(base_dir, 'train')
validation_dir = os.path.join(base_dir, 'validation')
test_dir = os.path.join(base_dir, 'test')

datagen = ImageDataGenerator(rescale=1./255)
batch_size = 20

def extract_features(directory, sample_count):
    features = np.zeros(shape=(sample_count, 4, 4, 512))
    labels = np.zeros(shape=(sample_count))
    generator = datagen.flow_from_directory(directory,
                                            target_size=(150, 150),
```

```
                                                batch_size=batch_size,
                                                class_mode='binary')
    i = 0
    for inputs_batch, labels_batch in generator:
        features_batch = conv_base.predict(inputs_batch)
        features[i * batch_size : (i + 1) * batch_size] = features_batch
        labels[i * batch_size : (i + 1) * batch_size] = labels_batch
        i += 1
        if i * batch_size >= sample_count:
            # ジェネレータはデータを無限ループで生成するため、
            # 画像をひととおり処理したらbreakしなければならない
            break

    return features, labels

train_features, train_labels = extract_features(train_dir, 2000)
validation_features, validation_labels = extract_features(validation_dir,
                                                          1000)
test_features, test_labels = extract_features(test_dir, 1000)
```

　抽出された特徴量の現時点の形状は (samples, 4, 4, 512) です。これらの特徴量は全結合分類器に供給されることになるため、(samples, 8192) に平坦化しておく必要があります。

```
train_features = np.reshape(train_features, (2000, 4 * 4 * 512))
validation_features = np.reshape(validation_features, (1000, 4 * 4 * 512))
test_features = np.reshape(test_features, (1000, 4 * 4 * 512))
```

　この時点で、新しい全結合分類器を定義し（正則化としてドロップアウトを使用することに注意）、リスト 5-17 で記録しておいたデータとラベルを使って訓練を行います（リスト 5-18）。

リスト 5-18：全結合分類器の定義と訓練

```
from keras import models
from keras import layers
from keras import optimizers

model = models.Sequential()
model.add(layers.Dense(256, activation='relu', input_dim=4 * 4 * 512))
model.add(layers.Dropout(0.5))
model.add(layers.Dense(1, activation='sigmoid'))

model.compile(optimizer=optimizers.RMSprop(lr=2e-5),
              loss='binary_crossentropy',
              metrics=['acc'])

history = model.fit(train_features, train_labels,
                    epochs=30,
                    batch_size=20,
                    validation_data=(validation_features, validation_labels))
```

5.3 学習済みの CNN を使用する

ここで扱わなければならないのは 2 つの Dense 層だけなので、訓練は非常に高速です。CPU で実行した場合でも、エポック 1 つに 1 秒もかかりません。

訓練データでの正解率と損失値を調べてみましょう（リスト 5-19）。

リスト 5-19：結果をプロット

```python
import matplotlib.pyplot as plt

acc = history.history['acc']
val_acc = history.history['val_acc']
loss = history.history['loss']
val_loss = history.history['val_loss']

epochs = range(len(acc))

# 正解率をプロット
plt.plot(epochs, acc, 'bo', label='Training acc')
plt.plot(epochs, val_acc, 'b', label='Validation acc')
plt.title('Training and validation accuracy')
plt.legend()

plt.figure()

# 損失値をプロット
plt.plot(epochs, loss, 'bo', label='Training loss')
plt.plot(epochs, val_loss, 'b', label='Validation loss')
plt.title('Training and validation loss')
plt.legend()

plt.show()
```

このコードを実行した結果は図 5-15、図 5-16 のようになります。ドットは訓練データでの結果を表しており、折れ線は検証データの結果を表しています。

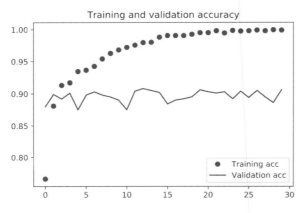

図 5-15：単純な特徴抽出での訓練データと検証データでの正解率

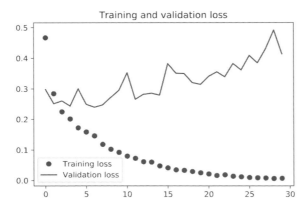

図 5-16：単純な特徴抽出での訓練データと検証データでの損失値

　検証データセットでの正解率はほぼ 90% に達しており、前節で小さなモデルを一から訓練したときの正解率を大幅に上回っています。しかし、これらのプロットは——ドロップアウトをかなり大きな割合で使用したにもかかわらず——ほぼ最初から過学習に陥っていることも示しています。原因は、この手法がデータ拡張を使用しないことにあります。小さな画像データセットでの過学習を回避するにあたって、データ拡張は不可欠です。

データ拡張を行う特徴抽出

　次に、特徴抽出の 2 つ目の手法を見てみましょう。この手法のほうがずっと低速でコストもかかりますが、訓練の際にデータ拡張を利用できます。この手法では、conv_base モデルを拡張し、最初から最後までのすべての処理を入力データで実行します。

> この手法は計算負荷が高く、CPU ではまったく手に負えないため、GPU を利用できる場合にのみ試してください。コードを GPU で実行できない場合は、1 つ目の手法がベストな選択です。

　これらのモデルは層のように動作するため、層を追加するときと同じように（conv_base などのモデルを）Sequential モデルに追加できます（リスト 5-20）。

リスト 5-20：畳み込みベースに全結合分類器を追加

```
from keras import models
from keras import layers

model = models.Sequential()
model.add(conv_base)
model.add(layers.Flatten())
model.add(layers.Dense(256, activation='relu'))
model.add(layers.Dense(1, activation='sigmoid'))
```

5.3 学習済みの CNN を使用する　　　157

このモデルのアーキテクチャは次のようになります。

```
>>> model.summary()
```

Layer (type)	Output Shape	Param #
vgg16 (Model)	(None, 4, 4, 512)	14714688
flatten_1 (Flatten)	(None, 8192)	0
dense_1 (Dense)	(None, 256)	2097408
dense_2 (Dense)	(None, 1)	257

```
Total params: 16,812,353
Trainable params: 16,812,353
Non-trainable params: 0
```

VGG16 の畳み込みベースのパラメータが 14,714,688 個もあることがわかります。これはかなりの数です。モデルに追加している分類器には、200 万個のパラメータがあります。

このモデルのコンパイルと訓練を行う前に、畳み込みベースを凍結することが非常に重要となります。1 つの層、または一連の層の**凍結** (freezing) は、それらの層の重みが訓練中に更新されなくなることを意味します。層を凍結しない場合、畳み込みベースによって学習された表現は訓練中に変更されてしまいます。モデルに追加された Dense 層はランダムに初期化されるため、非常に大きな重みの更新がネットワークに伝播されれば、学習済みの表現は実質的に破壊されてしまいます。

Keras でネットワークを凍結するには、ネットワークの trainable 属性を False にします。

```
>>> print('This is the number of trainable weights '
...       'before freezing the conv base:', len(model.trainable_weights))
This is the number of trainable weights before freezing the conv base: 30
>>> conv_base.trainable = False
>>> print('This is the number of trainable weights '
...       'after freezing the conv base:', len(model.trainable_weights))
This is the number of trainable weights after freezing the conv base: 4
```

この設定では、訓練の対象となるのは、ここで追加した 2 つの Dense 層の重みだけです。つまり、層につき 2 つ (メインの重み行列とバイアスベクトル)、合計で 4 つの重みテンソルです。これらの変更を有効にするには、まずモデルをコンパイルする必要があります。コンパイルの後に重みの trainable を変更する場合は、モデルを再びコンパイルするようにしてください。そうしないと、それらの変更は無視されてしまいます。

これで、先の例と同じデータ拡張設定を使ってモデルの訓練を開始できます (リスト 5-21)。

第5章　コンピュータビジョンのためのディープラーニング

> **リスト 5-21：凍結された畳み込みベースを使ってモデル全体を訓練**

```python
from keras.preprocessing.image import ImageDataGenerator

train_datagen = ImageDataGenerator(
    rescale=1./255,
    rotation_range=40,
    width_shift_range=0.2,
    height_shift_range=0.2,
    shear_range=0.2,
    zoom_range=0.2,
    horizontal_flip=True,
    fill_mode='nearest')

# 検証データは水増しすべきではないことに注意
test_datagen = ImageDataGenerator(rescale=1./255)

train_generator = train_datagen.flow_from_directory(
    train_dir,                   # ターゲットディレクトリ
    target_size=(150, 150),      # すべての画像を150×150に変更
    batch_size=20,               # バッチサイズ
    class_mode='binary')         # 損失関数としてbinary_crossentropyを使用するため、
                                 # 二値のラベルが必要

validation_generator = test_datagen.flow_from_directory(
    validation_dir,
    target_size=(150, 150),
    batch_size=20,
    class_mode='binary')

model.compile(loss='binary_crossentropy',
              optimizer=optimizers.RMSprop(lr=2e-5),
              metrics=['acc'])

history = model.fit_generator(train_generator,
                              steps_per_epoch=100,
                              epochs=30,
                              validation_data=validation_generator,
                              validation_steps=50,
                              verbose=2)
```

　ここでも結果をプロットしてみましょう（図5-17、図5-18）。ドットは訓練データでの結果を表しており、折れ線は検証データの結果を表しています。検証データでの正解率が約96%であることがわかります。一から訓練した小さなCNNの結果をはるかに上回っています。

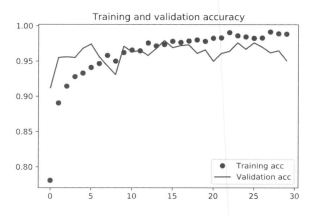

図 5-17：データ拡張を使った特徴抽出での訓練と検証の正解率

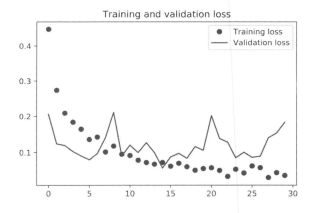

図 5-18：データ拡張を使った特徴抽出での訓練データと検証データでの損失値

5.3.2　ファインチューニング

　モデルを再利用するにあたって特徴抽出の補完に広く用いられているもう 1 つの手法は、**ファインチューニング**（fine-tuning）です。ファインチューニングは、特徴抽出に使用される凍結された畳み込みベースの出力側の層をいくつか解凍し、モデルの新しく追加された部分（この場合は全結合分類器）と解凍した層の両方で訓練を行う、という仕組みになっています（図 5-19）。この手法が「ファインチューニング」と呼ばれるのは、現在取り組んでいる問題への関連性を高めるために、再利用するモデルのより抽象的な表現を微調整するからです。

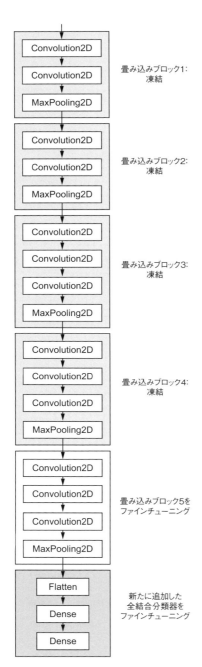

図 5-19：VGG16 ネットワークの最後の畳み込みブロックのファインチューニング

5.3 学習済みの CNN を使用する

先ほど述べたように、ランダムに初期化された分類器の訓練を可能にするには、VGG16 の畳み込みベースを凍結する必要があります。同じ理由により、畳み込みベースの出力側の層のファインチューニングが可能となるのは、その分類器の訓練がすでに完了している場合です。分類器の訓練がまだ完了していない場合は、訓練中にネットワークに伝播される誤分類信号が大きすぎて、ファインチューニングの対象となる層によって以前に学習された表現が破壊されてしまいます。したがって、ネットワークのファインチューニングの手順は次のようになります。

1. 訓練済みのベースネットワークの最後にカスタムネットワークを追加する。
2. ベースネットワークを凍結する。
3. 追加した部分の訓練を行う。
4. ベースネットワークの一部の層を解凍する。
5. 解凍した層と追加した部分の訓練を同時に行う。

最初の 3 つの手順は、特徴抽出を行ったときにすでに完了しています。そこで手順 4 に進み、畳み込みベース（conv_base）を解凍し、その中に含まれている層を個別に凍結します。

参考までに、畳み込みベースのアーキテクチャは次のようになります。

```
>>> conv_base.summary()
```

Layer (type)	Output Shape	Param #
input_1 (InputLayer)	(None, 150, 150, 3)	0
block1_conv1 (Convolution2D)	(None, 150, 150, 64)	1792
block1_conv2 (Convolution2D)	(None, 150, 150, 64)	36928
block1_pool (MaxPooling2D)	(None, 75, 75, 64)	0
block2_conv1 (Convolution2D)	(None, 75, 75, 128)	73856
block2_conv2 (Convolution2D)	(None, 75, 75, 128)	147584
block2_pool (MaxPooling2D)	(None, 37, 37, 128)	0
block3_conv1 (Convolution2D)	(None, 37, 37, 256)	295168
block3_conv2 (Convolution2D)	(None, 37, 37, 256)	590080
block3_conv3 (Convolution2D)	(None, 37, 37, 256)	590080
block3_pool (MaxPooling2D)	(None, 18, 18, 256)	0
block4_conv1 (Convolution2D)	(None, 18, 18, 512)	1180160
block4_conv2 (Convolution2D)	(None, 18, 18, 512)	2359808
block4_conv3 (Convolution2D)	(None, 18, 18, 512)	2359808

block4_pool (MaxPooling2D)	(None, 9, 9, 512)	0
block5_conv1 (Convolution2D)	(None, 9, 9, 512)	2359808
block5_conv2 (Convolution2D)	(None, 9, 9, 512)	2359808
block5_conv3 (Convolution2D)	(None, 9, 9, 512)	2359808
block5_pool (MaxPooling2D)	(None, 4, 4, 512)	0

```
==================================================================
Total params: 14,714,688
Trainable params: 0
Non-trainable params: 14,714,688
```

　ファインチューニングを行うのは最後の 3 つの畳み込み層です。つまり、block4_pool までの層はすべて凍結され、block5_conv1、block5_conv2、block5_conv3 の 3 つの層が訓練可能になるはずです。

　他の層をファインチューニングしないのはなぜでしょうか。畳み込みベース全体をファインチューニングすればよいのでは？ そうすることもできますが、次の点を考慮する必要があります。

- 畳み込みベースの入力側の層は、より汎用的で再利用可能な特徴量をエンコードしている。これに対し、出力側の層は、より具体的な特徴量をエンコードしている。新しい問題での再利用に必要なのは、より具体的な特徴量であるため、そうした特徴量をファインチューニングするほうが有益である。入力側の層をファインチューニングすれば、収穫逓減が早まるだろう。
- 訓練の対象となるパラメータの数が増えれば増えるほど、過学習のリスクは高くなる。畳み込みベースのパラメータの数は 1,500 万個であるため、小さなデータセットで訓練を試みるのは危険な賭けである。

　したがって、この状況では、畳み込みベースの最後の 2 つか 3 つの層だけでファインチューニングを行うのがよい戦略です。先の例の続きとして、ファインチューニングを設定してみましょう（リスト 5-22）。

リスト 5-22：最初から特定の層までをすべて凍結

```python
conv_base.trainable = True

set_trainable = False
for layer in conv_base.layers:
    if layer.name == 'block5_conv1':
        set_trainable = True
    if set_trainable:
        layer.trainable = True
    else:
        layer.trainable = False
```

5.3 学習済みの CNN を使用する

　これで、ネットワークのファインチューニングを開始できます。このファインチューニングでは、RMSprop オプティマイザとかなり低い学習率を使用します。低い学習率を使用するのは、ファインチューニングを行う 3 つの層の表現に対する変更の大きさを制限したいからです。更新値が大きすぎると、これらの表現を傷つけてしまう可能性があります（リスト 5-23）。

リスト 5-23：モデルのファインチューニング

```
model.compile(loss='binary_crossentropy',
              optimizer=optimizers.RMSprop(lr=1e-5),
              metrics=['acc'])

history = model.fit_generator(train_generator,
                              steps_per_epoch=100,
                              epochs=100,
                              validation_data=validation_generator,
                              validation_steps=50)
```

　ここまでと同じコードを使って結果をプロットしてみましょう（図 5-20、図 5-21）。ドットは訓練データでの結果を表しており、折れ線は検証データの結果を表しています。

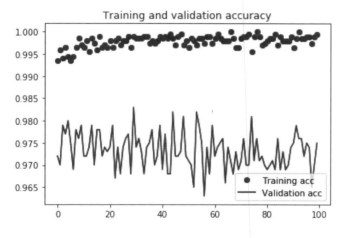

図 5-20：ファインチューニングを行った場合の正解率

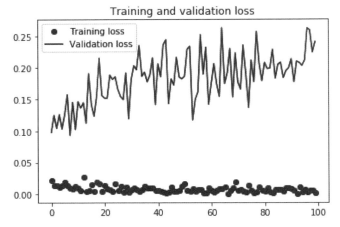

図 5-21：ファインチューニングを
行った場合の損失値

これらの曲線はノイズだらけに見えます。もう少し読みやすくするには、各データ点をその手前にあるデータ点の指数移動平均に置き換えることで、なめらかな曲線が描かれるようにするとよいでしょう。そのための簡単なユーティリティ関数はリスト5-24のようになります。

リスト 5-24：プロットのスムージング

```
def smooth_curve(points, factor=0.8):
    smoothed_points = []
    for point in points:
        if smoothed_points:
            previous = smoothed_points[-1]
            smoothed_points.append(previous * factor + point * (1 - factor))
        else:
            smoothed_points.append(point)
    return smoothed_points

plt.plot(epochs, smooth_curve(acc), 'bo',
        label='Smoothed training acc')
plt.plot(epochs, smooth_curve(val_acc), 'b',
        label='Smoothed validation acc')
plt.title('Training and validation accuracy')
plt.legend()

plt.figure()

plt.plot(epochs, smooth_curve(loss), 'bo',
        label='Smoothed training loss')
plt.plot(epochs, smooth_curve(val_loss), 'b',
        label='Smoothed validation loss')
plt.title('Training and validation loss')
plt.legend()

plt.show()
```

リスト 5-24 のコードを実行した結果は図 5-22、図 5-23 のようになります。ドットは訓練データでの結果を表しており、折れ線は検証データの結果を表しています。

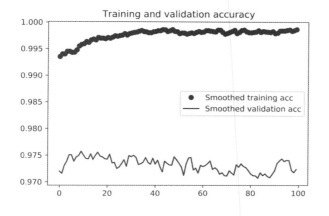

図 5-22：ファインチューニングを行った場合の正解率（スムージング後）

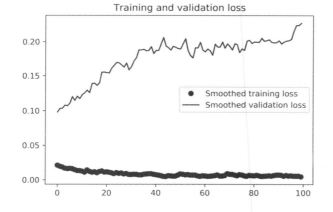

図 5-23：ファインチューニングを行った場合の損失値（スムージング後）

　検証データでの正解率がかなり見やすくなったおかげで、正解率がちょうど 1% 改善され、96% から 97% になったことがわかります。

　損失値に関しては、実質的な改善が見られないことに注意してください（それどころか悪化しています）。損失率が低下しているなら、正解率が安定したり改善したりするはずがないのでは、と考えているかもしれませんね。答えは単純です——あなたが見ているのはデータ点ごとの損失値の平均ですが、正解率にとって重要なのは（損失値の平均ではなく）損失値の分布です。なぜなら、正解率はモデルによって予測されたクラス確率をしきい値で二値化した結果だからです。損失値の平均に反映されていなくても、モデルを改善する余地がまだあるかもしれません。

　最後に、このモデルをテストデータで評価します。

166　　第5章　コンピュータビジョンのためのディープラーニング

```
>>> test_generator = test_datagen.flow_from_directory(
...     test_dir,
...     target_size=(150, 150),
...     batch_size=20,
...     class_mode='binary')
>>>
>>> test_loss, test_acc = model.evaluate_generator(test_generator, steps=50)
>>> print('test acc:', test_acc)
Found 1000 images belonging to 2 classes.
test acc: 0.967999992371
```

　テストデータでの正解率は97%です。このデータセットを使ったKaggleのコンペでは、トップクラスの1つに相当する結果です。ですがこれは、最近のディープラーニング手法を利用することで、利用可能な訓練データのほんの一部（約10%）を使って達成された結果です。20,000サンプルでの訓練と2,000サンプルでの訓練とでは、大きな違いがあります。

5.3.3　まとめ

　次に、この2つの節の実習から学んだことをまとめておきます。

- CNNは、コンピュータビジョンのタスクに最適な機械学習モデルである。データセットが非常に小さい場合でもモデルを一から訓練することが可能であり、よい結果を得ることができる。
- データセットが小さい場合の主な課題は過学習である。データ拡張は、画像データを処理するときに過学習に対抗するための強力な手段である。
- 特徴抽出を利用すれば、既存のCNNを新しいデータセットで簡単に再利用できる。特徴抽出は小さな画像データセットを処理するための有益な手法である。
- 特徴抽出の補完にはファインチューニングを利用できる。ファインチューニングは、既存のモデルによって学習された表現の一部を新しい問題に適合させる。これにより、性能がさらに改善される。

　これで、画像分類問題、特にデータセットが小さい場合に対処するためのツールが揃いました。

5.4　CNNが学習した内容を可視化する

　ディープラーニングモデルはよく「ブラックボックス」であると言われます。というのも、人が読める形式で抽出したり表示したりするのが難しい表現を学習するからです。ディープラーニングのモデルの種類によってはそう言えなくもありませんが、CNNにはまったく当てはまりません。CNNによって学習された表現は、可視化に非常に適しています。というのも、それらは「視覚概念の表現」だからです。2013年以降、そうした表現を可視化/解釈するための手法が幅広く開発されています。ここでは、それらをすべて調べるのではなく、最も利用しやすく有益なものを3つ取り上げることにします。

5.4 CNN が学習した内容を可視化する

- **CNN の中間出力（中間層の活性化）の可視化**
  CNN の一連の層によって入力がどのように変換されるのかを理解し、CNN の個々のフィルタの意味を把握するのに役立ちます。
- **CNN のフィルタの可視化**
  CNN の各フィルタが受け入れる視覚パターンや視覚概念がどのようなものであるかを正確に理解するのに役立ちます。
- **画像におけるクラス活性化のヒートマップの可視化**
  画像のどの部分が特定のクラスに属していると見なされたのかを理解するのに役立ちます。それにより、画像内のオブジェクトを局所化できるようになります。

　最初の手法（活性化の可視化）では、『5.2　小さなデータセットで CNN を一から訓練する』の犬と猫の分類問題で訓練した小さな CNN を使用します。2 つ目と 3 つ目の手法では、『5.3　学習済みの CNN を使用する』で取り上げた VGG16 モデルを使用します。

5.4.1　中間層の出力を可視化する

　中間層の活性化を可視化するには、特定の入力をもとに、CNN のさまざまな畳み込み層とプーリング層によって出力される特徴マップを表示します。これにより、CNN によって学習されたさまざまなフィルタに入力がどのようにして分解されるのかが見えてきます。層の出力はよく層の**活性化**（activation）と呼ばれます。活性化は活性化関数の出力です。ここでは、特徴マップを幅、高さ、深さ（チャネル）の 3 つの次元で可視化します。各チャネルがエンコードする特徴量は比較的独立しているため、これらの特徴マップを可視化する正しい方法は、各チャネルの内容を 2 次元画像として個別にプロットすることです。まず、5.2 節で保存したモデルを読み込んでみましょう。

```
>>> from keras.models import load_model
>>> model = load_model('cats_and_dogs_small_2.h5')
>>> model.summary()   # 参考までに出力
```

Layer (type)	Output Shape	Param #
conv2d_5 (Conv2D)	(None, 148, 148, 32)	896
maxpooling2d_5 (MaxPooling2D)	(None, 74, 74, 32)	0
conv2d_6 (Conv2D)	(None, 72, 72, 64)	18496
maxpooling2d_6 (MaxPooling2D)	(None, 36, 36, 64)	0
conv2d_7 (Conv2D)	(None, 34, 34, 128)	73856
maxpooling2d_7 (MaxPooling2D)	(None, 17, 17, 128)	0
conv2d_8 (Conv2D)	(None, 15, 15, 128)	147584
maxpooling2d_8 (MaxPooling2D)	(None, 7, 7, 128)	0

第5章　コンピュータビジョンのためのディープラーニング

```
flatten_2 (Flatten)          (None, 6272)          0
_____
dropout_1 (Dropout)          (None, 6272)          0
_____
dense_3 (Dense)              (None, 512)           3211776
_____
dense_4 (Dense)              (None, 1)             513
=================================================================
Total params: 3,453,121
Trainable params: 3,453,121
Non-trainable params: 0
```

　次に、入力画像を取得します。入力画像は（この CNN が学習していない）猫の画像です（リスト 5-25）。

リスト 5-25：単一の画像を前処理

```python
# 5.2.2項でsmallデータセットを格納したディレクトリへのパスであることに注意
img_path = \
    '/Users/fchollet/Downloads/cats_and_dogs_small/test/cats/cat.1700.jpg'

# この画像を4次元テンソルとして前処理
from keras.preprocessing import image
import numpy as np

img = image.load_img(img_path, target_size=(150, 150))
img_tensor = image.img_to_array(img)
img_tensor = np.expand_dims(img_tensor, axis=0)

# このモデルの訓練に使用された入力が次の方法で前処理されていることに注意
img_tensor /= 255.

# 形状は(1, 150, 150, 3)
print(img_tensor.shape)
```

　この画像を表示してみましょう（リスト 5-26）。

リスト 5-26：テスト画像を表示

```python
import matplotlib.pyplot as plt

plt.imshow(img_tensor[0])
plt.show()
```

　このコードを実行した結果は図 5-24 のようになります。

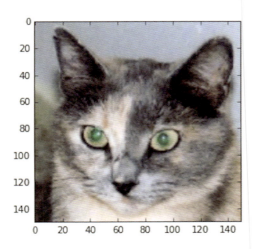

図 5-24：テスト画像

　ここで調べようと考えている特徴マップを抽出するには、Keras モデルを作成します。このモデルは、入力として画像のバッチを受け取り、出力としてすべての畳み込み層とプーリング層の活性化を返します。モデルとして使用するのは、Keras の Model クラスです。このモデルをインスタンス化するには、入力テンソル（または入力テンソルのリスト）と出力テンソル（または出力テンソルのリスト）の2つの引数を指定します。結果として得られるクラスは、おなじみの Sequential モデルと同様の Keras モデルであり、特定の入力を特定の出力にマッピングします。Model クラスの違いは、Sequential とは異なり、複数の出力を持つモデルを作成できることです。Model クラスについては、第 7 章の『7.1　Sequential モデルを超えて：Keras Functional API』で詳しく説明します。

リスト 5-27：入力テンソルと出力テンソルのリストに基づいてモデルをインスタンス化

```
from keras import models

# 出力側の8つの層から出力を抽出
layer_outputs = [layer.output for layer in model.layers[:8]]

# 特定の入力をもとに、これらの出力を返すモデルを作成
activation_model = models.Model(inputs=model.input, outputs=layer_outputs)
```

　このモデルに入力画像を与えると、元のモデルにおける層の活性化の値が返されます（リスト 5-28）。本書では、出力が複数のモデルはこれが初めてです。ここまで見てきたモデルの入力と出力はそれぞれ 1 つだけでした。一般的には、モデルの入力と出力はいくつでもかまいません。このモデルの入力は 1 つ、出力は 8 つ（層の活性化ごとに 1 つ）です。

リスト 5-28：モデルを予測モードで実行

```
# 5つのNumPy配列 (層の活性化ごとに1つ) のリストを返す
activations = activation_model.predict(img_tensor)
```

たとえば、猫の入力画像に対する最初の畳み込み層の活性化は次のようになります。

```
>>> first_layer_activation = activations[0]
>>> print(first_layer_activation.shape)
(1, 148, 148, 32)
```

148×148 の 32 チャネルの特徴マップであることがわかります。元のモデルの最初の層で、活性化の 3 番目のチャネルをプロットしてみましょう（リスト 5-29）。

リスト 5-29：3 番目のチャネルを可視化

```
import matplotlib.pyplot as plt
plt.matshow(first_layer_activation[0, :, :, 3], cmap='viridis')
plt.show()
```

リスト 5-29 のコードを実行した結果は図 5-25 のようになります。

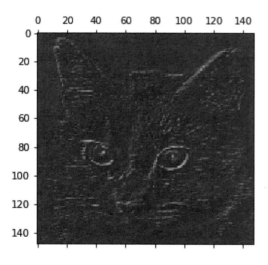

図 5-25：テストネコ画像に対する最初の層の活性化の 3 番目のチャネル

このチャネルがエンコードしているのは、対角エッジ検出器のようです。次に、30番目のチャネルをプロットしてみましょう（リスト 5-30）。ただし、畳み込み層が学習するフィルタは決定的ではないため、チャネルにばらつきがあることに注意してください。

リスト 5-30：30 番目のチャネルを可視化

```
plt.matshow(first_layer_activation[0, :, :, 30], cmap='viridis')
plt.show()
```

リスト 5-30 のコードを実行した結果は図 5-26 のようになります。

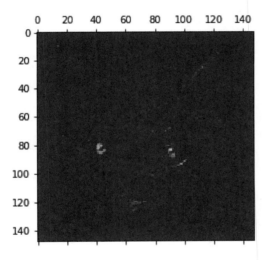

図 5-26：テスト猫画像に対する最初の層の活性化の 30 番目のチャネル

このチャネルは「明るい緑のドット」検出器のように思えます。ここで、すべての中間層の活性化を完全に可視化してみましょう。8 つの活性化マップごとにすべてのチャネルを抽出してプロットし、結果を 1 つの大きな画像テンソルにまとめて、チャネルを順番に積み上げていきます（リスト 5-31）。

172　第 5 章　コンピュータビジョンのためのディープラーニング

リスト 5-31：中間層の活性化ごとにすべてのチャネルを可視化

```python
# プロットの一部として使用する層の名前
layer_names = []
for layer in model.layers[:8]:
    layer_names.append(layer.name)

images_per_row = 16

# 特徴マップを表示
for layer_name, layer_activation in zip(layer_names, activations):
    # 特徴マップに含まれている特徴量の数
    n_features = layer_activation.shape[-1]

    # 特徴マップの形状(1, size, size, n_features)
    size = layer_activation.shape[1]

    # この行列で活性化のチャネルをタイル表示
    n_cols = n_features // images_per_row
    display_grid = np.zeros((size * n_cols, images_per_row * size))

    # 各フィルタを1つの大きな水平グリッドでタイル表示
    for col in range(n_cols):
        for row in range(images_per_row):
            channel_image = layer_activation[0, :, :,
                                             col * images_per_row + row]
            # 特徴量の見た目をよくするための後処理
            channel_image -= channel_image.mean()
            channel_image /= channel_image.std()
            channel_image *= 64
            channel_image += 128
            channel_image = np.clip(channel_image, 0, 255).astype('uint8')
            display_grid[col * size : (col + 1) * size,
                         row * size : (row + 1) * size] = channel_image

    # グリッドを表示
    scale = 1. / size
    plt.figure(figsize=(scale * display_grid.shape[1],
                        scale * display_grid.shape[0]))
    plt.title(layer_name)
    plt.grid(False)
    plt.imshow(display_grid, aspect='auto', cmap='viridis')

plt.show()
```

リスト 5-31 のコードを実行した結果は図 5-27 のようになります。

5.4 CNNが学習した内容を可視化する

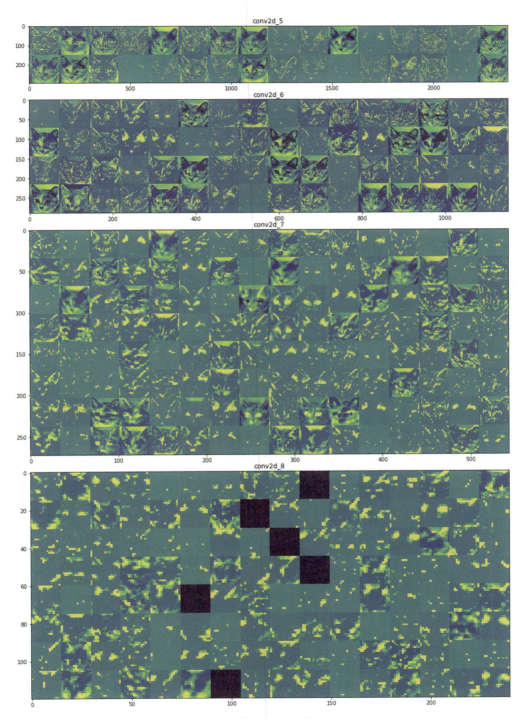

図 5-27：テスト猫画像での、すべての層の活性化の各チャネル

ここで注意すべき点が3つあります。

- 最初の層は、さまざまなエッジ検出器のコレクションの役割を果たす。この段階では、元の画像に存在している情報のほぼすべてが活性化に含まれている。
- 層から層へ進むに従い、活性化は徐々に抽象化されていき、視覚的な解釈可能性は低下していく。それらの活性化は、「猫の耳」や「猫の目」といった高レベルな概念をエンコードするようになる。表現が抽象的になればなるほど、画像の視覚的な内容に関する情報は減っていき、画像のクラスに関連する情報が増えていく。
- 活性化の疎性は、層が深くなるほど高くなる。最初の層では、すべてのフィルタが入力画像によって活性化される。しかし、その後の層では、空のフィルタが増えていく。フィルタが空であることは、そのフィルタにエンコードされているパターンが入力画像から検出されないことを意味する。

　ディープニューラルネットワークによって学習される表現の重要かつ普遍的な特徴が明らかになっています —— 層によって抽出される特徴量は、層が深くなるほど抽象的になっていきます。層の活性化に含まれる入力値に関する情報は先へ進むほど減っていき、目的値（この場合は画像のクラス：猫または犬）に関する情報が増えていきます。ディープニューラルネットワークは、事実上、**情報蒸留パイプライン**として機能します —— 生のデータ（この場合はRGB画像）が入力されるたびに、繰り返し変換を行うことで無関係な情報（画像の特定の外観など）が取り除かれ、有益な情報（画像のクラスなど）が誇張され、整えられていきます。

　これは人や動物が世界を認識する方法に似ています。人は、あたりの様子を数秒ほど観察すれば、抽象的なオブジェクト（自転車、木）の存在を記憶できますが、それらのオブジェクトの外観までは記憶できません。ためしに、記憶を頼りに自転車の絵を描いてみてください。たぶん似ても似つかないものになるでしょう。これまでに何千台もの自転車を見てきてもそうなのです（図5-28）。うそだと思うなら試してみてください。絶対にそうなりますから。人の脳は視覚的な入力を完全に抽象化するようになっています —— 視覚的な入力を高レベルの視覚概念に変換する一方で、無関係な視覚的詳細は取り除いてしまいます。まわりにある物の外観を覚えておくのが途方もなく難しいのもうなずけます。

図 5-28：記憶を頼りに描いてみた自転車（左）と図面上の自転車（右）

5.4.2 CNN のフィルタを可視化する

　CNN が学習したフィルタを調べる簡単な方法の 1 つは、各フィルタが応答することになっている視覚パターンを表示してみることです。この場合は、入力空間で**勾配上昇法**（gradient ascent）を使用できます。つまり、空の入力画像から始めて、CNN の入力画像の値に**勾配降下法**を適用することで、特定のフィルタの応答を**最大化**します。結果として得られる入力画像は、選択されたフィルタの応答性が最も高いものになります。

　そのための手続きは単純です。特定の畳み込み層で特定のフィルタの値を最大化する損失関数を組み立てた後、確率的勾配降下法を使って入力画像の値を調整することで、この活性化の値を最大化します。たとえば VGG16 ネットワーク（ImageNet で学習済み）の場合、block3_conv1 層のフィルタ 0 の活性化に対する損失関数は、リスト 5-32 のようになります。

リスト 5-32：フィルタを可視化するための損失テンソルの定義

```
from keras.applications import VGG16
from keras import backend as K

model = VGG16(weights='imagenet', include_top=False)

layer_name = 'block3_conv1'
filter_index = 0

layer_output = model.get_layer(layer_name).output
loss = K.mean(layer_output[:, :, :, filter_index])
```

　勾配降下法を実装するには、この損失関数の勾配をモデルの入力に基づいて計算する必要があります。これには、Keras の `backend` モジュールに含まれている `gradients` 関数を使用します（リスト 5-33）。

第5章　コンピュータビジョンのためのディープラーニング

リスト 5-33：入力に関する損失関数の勾配を取得

```
# gradientsの呼び出しはテンソル (この場合はサイズ1) のリストを返す
# このため、最初の要素 (テンソル) だけを保持する
grads = K.gradients(loss, model.input)[0]
```

少しわかりにくいものの、勾配降下法のプロセスを滞りなく進めるのに役立つトリックが1つあります。勾配テンソルをその L2 ノルムで割るという方法で正規化するのです (テンソルの値の二乗の平均の平方根)。これにより、入力画像に対して実行される更新の大きさが常に同じ範囲に収まるようになります (リスト 5-34)。

リスト 5-34：勾配の正規化

```
# 除算の前に1e-5を足すことで、0による除算を回避
grads /= (K.sqrt(K.mean(K.square(grads))) + 1e-5)
```

次に、入力画像に基づいて損失テンソルと勾配テンソルの値を計算する方法が必要です。そこで、この計算を行う Keras バックエンド関数を定義します。iterate は、入力として NumPy テンソル (サイズ 1 のテンソルのリスト) を受け取り、出力として 2 つの NumPy テンソル (損失値と勾配値) のリストを返す関数です (リスト 5-35)。

リスト 5-35：入力値を NumPy 配列で受け取り、出力値を NumPy 配列で返す関数

```
iterate = K.function([model.input], [loss, grads])

# さっそくテストしてみる
import numpy as np
loss_value, grads_value = iterate([np.zeros((1, 150, 150, 3))])
```

この時点で、確率的勾配降下法を実行する Python ループを定義できます (リスト 5-36)。

リスト 5-36：確率的勾配降下法を使って損失値を最大化

```
# 最初はノイズが含まれたグレースケール画像を使用
input_img_data = np.random.random((1, 150, 150, 3)) * 20 + 128.

# 勾配上昇法を40ステップ実行
step = 1.    # 各勾配の更新の大きさ
for i in range(40):
    # 損失値と勾配値を計算
    loss_value, grads_value = iterate([input_img_data])
    # 損失が最大になる方向に入力画像を調整
    input_img_data += grads_value * step
```

5.4 CNN が学習した内容を可視化する　　　177

　結果として得られる画像テンソルは、形状が (1, 150, 150, 3) の浮動小数点数型の
テンソルです。このテンソルに含まれている値は、[0, 255] の範囲の整数ではない可能
性があります。このため、このテンソルの後処理を行うことで、表示可能な画像に変
換する必要があります。この作業には、リスト 5-37 に示す簡単なユーティリティ関数
を使用します。

リスト 5-37：テンソルを有効な画像に変換するユーティリティ関数

```python
def deprocess_image(x):

    # テンソルを正規化：中心を0、標準偏差を0.1にする
    x -= x.mean()
    x /= (x.std() + 1e-5)
    x *= 0.1

    # [0, 1]でクリッピング
    x += 0.5
    x = np.clip(x, 0, 1)

    # RGB配列に変換
    x *= 255
    x = np.clip(x, 0, 255).astype('uint8')
    return x
```

　すべてのピースが揃ったところで、これらの要素を Python 関数にまとめてみまし
ょう（リスト 5-38）。この関数は、入力として層の名前とフィルタのインデックスを受
け取り、出力として有効な画像テンソルを返します。この画像テンソルは、指定され
たフィルタの活性化を最大化するパターンを表します。

リスト 5-38：フィルタを可視化するための関数

```python
def generate_pattern(layer_name, filter_index, size=150):

    # ターゲット層のn番目のフィルタの活性化を最大化する損失関数を構築
    layer_output = model.get_layer(layer_name).output
    loss = K.mean(layer_output[:, :, :, filter_index])

    # この損失関数を使って入力画像の勾配を計算
    grads = K.gradients(loss, model.input)[0]

    # 正規化トリック：勾配を正規化
    grads /= (K.sqrt(K.mean(K.square(grads))) + 1e-5)

    # 入力画像に基づいて損失値と勾配値を返す関数
    iterate = K.function([model.input], [loss, grads])

    # 最初はノイズが含まれたグレースケール画像を使用
    input_img_data = np.random.random((1, size, size, 3)) * 20 + 128.

    # 勾配上昇法を40ステップ実行
    step = 1.
```

```
    for i in range(40):
        loss_value, grads_value = iterate([input_img_data])
        input_img_data += grads_value * step

    img = input_img_data[0]
    return deprocess_image(img)
```

さっそく試してみましょう。

```
>>> plt.imshow(generate_pattern('block3_conv1', 0))
>>> plt.show()
```

結果は図 5-29 のようになります。

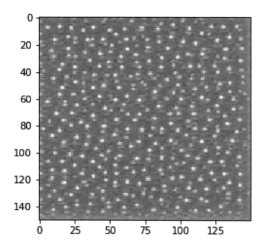

図 5-29：層 block3_conv1 の 0 番目のチャネルの応答を最大化するパターン

　層 block3_conv1 のフィルタ 0 は、水玉模様のパターンに応答しているように見えます。おもしろくなるのはここからです —— すべての層のすべてのフィルタを可視化してみることができます。ここでは単純に、各層の最初から 64 個のフィルタだけを調べることにします。また、ここでは 4 つの畳み込みブロックの最初の層（block1_conv1、block2_conv1、block3_conv1、block4_conv1）だけを調べます。出力は、64×64 のフィルタパターンからなる 8×8 グリッドにまとめ、各フィルタパターンを黒で縁取りします（リスト 5-39）。

リスト 5-39：層の各フィルタの応答パターンで構成されたグリッドの生成

```
layers = ['block1_conv1', 'block2_conv1', 'block3_conv1', 'block4_conv1']
for layer_name in layers:
    size = 64
    margin = 5

    # 結果を格納する空（黒）の画像
```

```
results = np.zeros((8 * size + 7 * margin, 8 * size + 7 * margin, 3))

for i in range(8):    # resultsグリッドの行を順番に処理
    for j in range(8):    # resultsグリッドの列を順番に処理

        # layer_nameのフィルタi + (j * 8)のパターンを生成
        filter_img = generate_pattern(layer_name, i + (j * 8), size=size)

        # resultsグリッドの矩形(i, j)に結果を配置
        horizontal_start = i * size + i * margin
        horizontal_end = horizontal_start + size
        vertical_start = j * size + j * margin
        vertical_end = vertical_start + size
        results[horizontal_start: horizontal_end,
                vertical_start: vertical_end, :] = filter_img

# resultsグリッドを表示
plt.figure(figsize=(20, 20))
plt.imshow(results)
plt.show()
```

このコードを実行した結果は図 5-30〜図 5-33 のようになります。

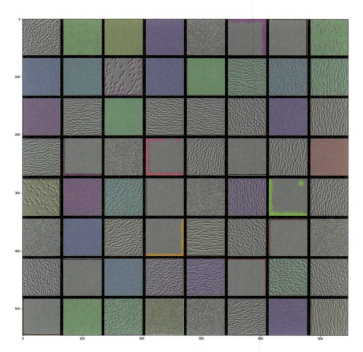

図 5-30：block1_conv1 層のフィルタパターン

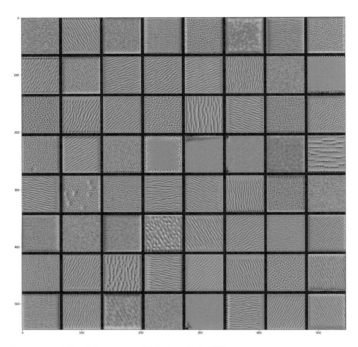

図 5-31：**block2_conv1** 層のフィルタパターン

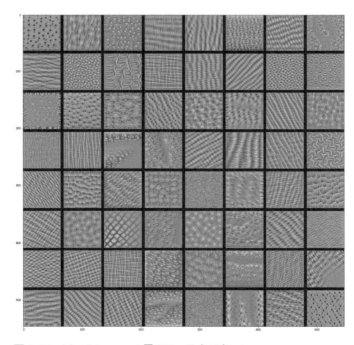

図 5-32：**block3_conv1** 層のフィルタパターン

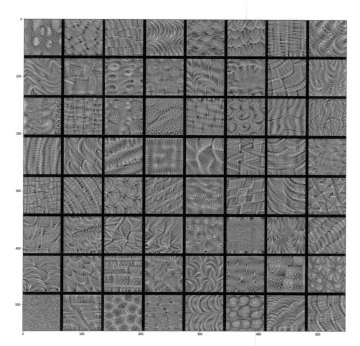

図 5-33：`block4_conv1` 層のフィルタパターン

　これらのフィルタの可視化から、畳み込み層が世界をどのように捉えているのかについて多くのことがわかります。CNN の各層は、一連のフィルタを学習することで、入力をそれらのフィルタの組み合わせとして表現できるようにします。仕組みとしては、フーリエ変換によって信号が一連のコサイン関数に分解されるのと同じです。こうした CNN フィルタバンクのフィルタは、モデルの出力側に進むにつれて徐々に複雑で精緻なものになっていきます。

- モデルの最初の層（`block1_conv1`）のフィルタは、単純な有向エッジと色（場合によってはカラーエッジ）をエンコードする。
- `block2_conv1` のフィルタは、エッジと色の組み合わせによって作成された単純なテクスチャをエンコードする。
- 出力側の層のフィルタは、自然な画像から抽出されたテクスチャ（羽、目、葉など）を再現し始める。

5.4.3 クラスの活性化をヒートマップとして可視化する

　ここでは、可視化の手法をもう1つ紹介します。この手法は、画像のどの部分がCNNの最終的な分類の決め手になったのかを理解するのに役立ちます。また、特に誤分類が発生した場合に、CNNの意思決定プロセスをデバッグするのに役立つほか、画像から特定のオブジェクト（物体）を識別することも可能になります。

　これは **CAM**（Class Activation Map）と総称される可視化手法であり、入力画像からクラス活性化のヒートマップを生成します。クラス活性化のヒートマップは、特定の出力クラスに関連付けられたスコアからなる2次元グリッドです。それらのスコアは、入力画像の位置ごとに計算され、目的のクラスにとってそれぞれの位置がどれくらい重要であるかを表します。たとえば、犬と猫を分類するCNNに画像を与えた場合は、画像のさまざまな部分の「猫らしさ」を表す「猫」クラスのヒートマップと、画像のさまざまな部分の「犬らしさ」を表す「犬」クラスのヒートマップを生成できます。

　ここで使用する実装は、「Grad-CAM: Visual Explanations from Deep Networks via Gradient-based Localization」[3] という論文で解説されているものです。この実装はとても単純で、畳み込み層の出力特徴マップと入力画像をもとに、その特徴マップの各チャネルを重み付けします。この重み付けは、そのチャネルに関するクラスの勾配に基づいて行われます。このトリックを理解する方法の1つは、次のように考えてみることです――「入力画像によってさまざまなチャネルがどれくらい強く活性化されるか」を表す空間マップを、「そのクラスにとって各チャネルがどれくらい重要か」を表す値で重み付けすると、「入力画像によってそのクラスがどれくらい強く活性化されるか」を表す空間マップが得られます。

　ここでも学習済みのVGG16ネットワークを用いて、この手法を実際に試してみましょう（リスト5-40）。

リスト 5-40：VGG16 ネットワークと学習済みの重みを読み込む

```
from keras.applications.vgg16 import VGG16

# 出力側に全結合分類器が含まれていることに注意
# ここまでのケースでは、この分類器を削除している
model = VGG16(weights='imagenet')
```

　図5-34に示すアフリカゾウの画像について考えてみましょう。どうやらサバンナを移動するゾウの親子のようです。この画像をVGG16モデルで読み込めるように変換してみましょう。このモデルはサイズが224×224の画像で訓練されており、いくつかのルールに従って前処理され、`keras.applications.vgg16.preprocess_input`というユーティリティ関数としてパッケージ化されています。したがって、この画像を読み込み、サイズを224×224に変更し、`float32`型のNumPyテンソルに変換し、それらの前処理ルールを適用する必要があります（リスト5-41）。

---

[3]　Ramprasaath R. Selvaraju et al., arXiv (2017), https://arxiv.org/abs/1610.02391

5.4 CNNが学習した内容を可視化する

※ Creative Commons ライセンスの素材

図 5-34:アフリカゾウの
テスト画像

リスト 5-41:VGG16 モデルに合わせて入力画像を前処理

```
from keras.preprocessing import image
from keras.applications.vgg16 import preprocess_input, decode_predictions
import numpy as np

# ターゲット画像へのローカルパス
img_path = '/Users/fchollet/Downloads/creative_commons_elephant.jpg'

# ターゲット画像を読み込む:imgはサイズが224×224のPIL画像
img = image.load_img(img_path, target_size=(224, 224))

# xは形状が(224, 224, 3)のfloat32型のNumPy配列
x = image.img_to_array(img)

# この配列をサイズが(1, 224, 224, 3)のバッチに変換するために次元を追加
x = np.expand_dims(x, axis=0)

# バッチの前処理(チャネルごとに色を正規化)
x = preprocess_input(x)
```

次に、この画像に学習済みのネットワークを適用し、予測ベクトルを人が読めるフォーマットにデコードします。

```
>>> preds = model.predict(x)
>>> print('Predicted:', decode_predictions(preds, top=3)[0])
Predicted: [('n02504458', 'African_elephant', 0.90942144),
            ('n01871265', 'tusker', 0.08618243),
            ('n02504013', 'Indian_elephant', 0.0043545929)]
```

この画像に対して予測された上位3つのクラスは次のとおりです。

第 5 章　コンピュータビジョンのためのディープラーニング

- アフリカゾウ（確率は 92.5%）
- 牙を持つ動物（確率は 7%）
- インドゾウ（確率は 0.4%）

　VGG16 ネットワークは、この画像を不特定数のアフリカゾウを含んだ画像として認識しています。この予測ベクトルにおいて最も活性化されたエントリは、インデックス 386 の「アフリカゾウ」に対応しているエントリです。

```
>>> np.argmax(preds[0])
386
```

　この画像において最も「アフリカゾウ」のように見える部分を可視化するために、Grad-CAM プロセスを設定してみましょう（リスト 5-42）。

リスト 5-42：Grad-CAM アルゴリズムの設定

```
# 予測ベクトルの「アフリカゾウ」エントリ
african_elephant_output = model.output[:, 386]

# VGG16の最後の畳み込み層であるblock5_conv3の出力特徴マップ
last_conv_layer = model.get_layer('block5_conv3')

# block5_conv3の出力特徴マップでの「アフリカゾウ」クラスの勾配
grads = K.gradients(african_elephant_output, last_conv_layer.output)[0]

# 形状が(512,)のベクトル:
# 各エントリは特定の特徴マップチャネルの勾配の平均強度
pooled_grads = K.mean(grads, axis=(0, 1, 2))

# 2頭のアフリカゾウのサンプル画像に基づいて、pooled_gradsと
# block5_conv3の出力特徴マップの値にアクセスするための関数
iterate = K.function([model.input],
                     [pooled_grads, last_conv_layer.output[0]])

# これら2つの値をNumPy配列として取得
pooled_grads_value, conv_layer_output_value = iterate([x])

# 「アフリカゾウ」クラスに関する「このチャネルの重要度」を
# 特徴マップ配列の各チャネルに掛ける
for i in range(512):
    conv_layer_output_value[:, :, i] *= pooled_grads_value[i]

# 最終的な特徴マップのチャネルごとの平均値が
# クラスの活性化のヒートマップ
heatmap = np.mean(conv_layer_output_value, axis=-1)
```

　また、可視化に合わせて、ヒートマップを 0〜1 で正規化します（リスト 5-43）。

5.4 CNN が学習した内容を可視化する

リスト 5-43：ヒートマップの後処理

```
heatmap = np.maximum(heatmap, 0)
heatmap /= np.max(heatmap)
plt.matshow(heatmap)
```

このコードを実行した結果は図 5-35 のようになります。

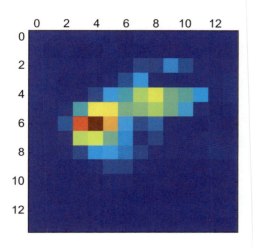

図 5-35：テスト画像でのアフリカゾウクラスの活性化ヒートマップ

最後に、OpenCV を使って、このヒートマップを元の画像にスーパーインポーズします（リスト 5-44）。

リスト 5-44：ヒートマップを元の画像にスーパーインポーズ

```
import cv2

# cv2を使って元の画像を読み込む
img = cv2.imread(img_path)

# 元の画像と同じサイズになるようにヒートマップのサイズを変更
heatmap = cv2.resize(heatmap, (img.shape[1], img.shape[0]))

# ヒートマップをRGBに変換
heatmap = np.uint8(255 * heatmap)

# ヒートマップを元の画像に適用
heatmap = cv2.applyColorMap(heatmap, cv2.COLORMAP_JET)

# 0.4はヒートマップの強度係数
superimposed_img = heatmap * 0.4 + img

# 画像をディスクに保存
cv2.imwrite('/Users/fchollet/Downloads/elephant_cam.jpg', superimposed_img)
```

結果として得られた画像は図 5-36 のようになります。

図 5-36：クラス活性化ヒートマップを元の画像にスーパーインポーズ

この可視化手法は、次の 2 つの重要な質問に答えています。

- この画像にアフリカゾウが含まれているとネットワークが考えた理由は何か
- アフリカゾウは画像のどの部分に含まれているか

特に興味深いのは、子ゾウの耳の部分が強く活性化されていることです。これはおそらく、このネットワークがアフリカゾウとインドゾウの違いをそのようにして見分けるためでしょう。

本章のまとめ
- CNN は視覚的な分類問題に取り組むにあたって最適なツールである。
- CNN は、視覚の世界を表すモジュール化されたパターンや概念からなる階層を学習するという仕組みになっている。
- CNN が学習する表現は解釈しやすい。CNN はブラックボックスとは正反対である。
- 画像分類問題を解決するための CNN を一から訓練することができる。
- 過学習を克服するには、視覚データのデータ拡張を利用する。
- 学習済みの CNN を使って特徴抽出とファインチューニングを実行できる。
- CNN によって学習されたフィルタを可視化し、クラス活性化ヒートマップを生成することができる。

テキストとシーケンスのための ディープラーニング

6

本章で取り上げる内容

- テキストデータを有益な表現にするための前処理
- リカレントニューラルネットワーク（RNN）の操作
- 1次元の畳み込みニューラルネットワーク（CNN）を使ったシーケンス処理

本章では、テキスト、時系列データ、そしてシーケンスデータ全般を処理できるディープラーニングモデルを取り上げます。ここで言う「テキスト」は、単語または文字のシーケンスと解釈されます。シーケンスを処理するための基本的なディープラーニングアルゴリズムは、**リカレントニューラルネットワーク（RNN）** と **1次元の畳み込みニューラルネットワーク（CNN）** の2つです。1次元の CNN は、ここまでの章で取り上げてきた2次元の CNN の1次元バージョンです。本章では、これら2つのアプローチについて説明します。

これらのアルゴリズムは次のような目的に応用されています。

- 記事のトピックや書籍の著者を識別するといった文書の分類と時系列データの分類
- 2つの文書や2つの株式指標がどれくらい深く関連しているかを推定するといった時系列データの比較
- 英語の文章をフランス語に翻訳するといった Sequence-to-Sequence 学習

- ツイートや映画レビューの感情を肯定的または否定的として分類するといった感情分析
- 最近の気象データに基づいて特定の場所の天気を予測するといった時系列予測

　本章の例は、IMDb データセットでの感情分析と、気温の予測という 2 つのタスクに焦点を合わせています。IMDb データセットでの感情分析については、本書ですでに取り上げています。ただし、これら 2 つのタスクで紹介する手法は、上記のすべての応用例はもちろん、その他多くの目的にも関連しています。

6.1　テキストデータの操作

　テキストは、最も広く使用されているシーケンスデータの 1 つです。テキストについては、文字または単語のシーケンスとして解釈できますが、単語のレベルで操作するほうが一般的です。本章で紹介するシーケンス処理のディープラーニングモデルは、テキストを使って基本的な自然言語理解 (Natural-Language Understanding、以下 NLU) を生成できます。この NLU は、文書分類、感情分析、著者識別、さらには (限定的なコンテキストでの) QA などへの応用も十分に可能です。当然ながら、本章を読むときには、これらのディープラーニングモデルが人と同じようにテキストを理解するわけではないことを頭に入れておいてください。こうしたモデルによって可能となるのは、多くの単純なテキスト処理タスクを解決するのに十分なレベルで、文語の統計的な構造をマッピングすることです。自然言語処理 (Natural-Language Processing、以下 NLP) のためのディープラーニングは、コンピュータビジョンがピクセルに適用されるパターン認識であるのと同様に、単語、文章、段落に適用されるパターン認識です。

　他のニューラルネットワークと同様に、ディープラーニングモデルは入力としてテキストをそのまま受け取るわけではありません。これらのモデルが処理できるのは数値テンソルだけです。テキストを数値テンソルに変換するプロセスは、テキストの**ベクトル化** (vectorizing) と呼ばれます。テキストのベクトル化は複数の方法で行うことができます。

- テキストを単語に分割し、各単語をベクトルに変換する。
- テキストを文字に分割し、各文字をベクトルに変換する。
- N グラムの単語または文字を抽出し、各 N グラムをベクトルに変換する。次ページのコラムで説明するように、**N グラム** (n-gram) とは、複数の連続する単語または文字のオーバーラップしたグループのことである。

　まとめると、テキストの分割に使用できるさまざまな単位 (単語、文字、N グラム) のことを**トークン** (token) と呼び、テキストをそうしたトークンに分割することを**トークン化** (tokenization) と呼びます。テキストをベクトル化するプロセスはすべて、何らかのトークン化手法を適用し、生成されたトークンを数値ベクトルに関連付ける、という手順で構成されます。これらのベクトルは、シーケンステンソルにまとめられた上で、ディープニューラルネットワークに供給されます。ベクトルにトークンを関

連付ける方法は何種類かあります。ここでは、主な方法であるトークンの **one-hot エンコーディング**（one-hot encoding）と**トークン埋め込み**（token embedding）の 2 つを紹介します。一般に、トークン埋め込みは単語でのみ使用されるため、**単語埋め込み**（word embedding）とも呼ばれます。ここでは、これらの手法を説明し、それらの手法を使ってテキストを NumPy テンソルに変換し、Keras ネットワークに送信できるようにする方法を示します（図 6-1）。

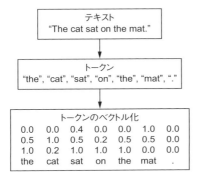

図 6-1：テキスト→トークン→ベクトルの変換

N グラムと BoW（Bag-of-Words）

N グラムは、文章から抽出できる N 個（またはそれ以下）の連続する単語のグループです。この概念は、単語ではなく文字に適用されることもあります。

簡単な例として、"The cat sat on the mat" という文章について考えてみましょう。この文章は次に示す 2 グラムの集まりに分解できます。

```
{"The", "The cat", "cat", "cat sat", "sat",
 "sat on", "on", "on the", "the", "the mat", "mat"}
```

また、次に示す 3 グラムの集まりにも分解できます。

```
{"The", "The cat", "cat", "cat sat", "The cat sat",
 "sat", "sat on", "on", "cat sat on", "on the", "the",
 "sat on the", "the mat", "mat", "on the mat"}
```

こうした集まりはそれぞれ「2 グラムのバッグ」、「3 グラムのバッグ」と呼ばれます。「バッグ」という用語は、リストやシーケンスではなくトークンの集まりを扱っていることを表します。トークンには、特定の順序はありません。これらのトークン化手法をまとめて **BoW**（Bag-of-Words）と呼びます。

BoW は順序を維持するトークン化手法ではありません。生成されたトークンはシーケンスではなく集合と見なされ、文章の全体的な構造は失われます。このため、BoW はディープラーニングではなくシャローラーニングの言語処理モデルで使用される傾向にあります。N グラムの抽出は、一種の特徴エンジニアリングです。この種の融通が利かない上に脆いアプローチを取り除き、階層的な特徴エンジニアリングに置き換

えるのがディープラーニングです。本章で後ほど紹介する1次元の畳み込みニューラルネットワーク（CNN）とリカレントニューラルネットワーク（RNN）は、連続する単語や文字のシーケンスを調べることで、単語や文字のグループの表現を学習することができます（そうしたグループの存在を明示的に教えてやる必要はありません）。このため、本書ではこれ以上 N グラムを取り上げません。ただし、ロジスティック回帰やランダムフォレストなど、シャローラーニングの軽量なテキスト処理モデルを使用するときには、N グラムが避けて通れない強力な特徴エンジニアリングツールであることを覚えておいてください。

6.1.1　単語と文字の one-hot エンコーディング

　one-hot エンコーディングは、トークンをベクトルに変換するための最も一般的で最も基本的な手法です。第3章の IMDb と Reuters の例では、one-hot エンコーディングを実際に見ています（そのときは単語に適用しました）。one-hot エンコーディングは、各単語に一意な整数のインデックスを割り当て、この整数のインデックス i をサイズ N の二値ベクトルに変換する、という手順で構成されます。この場合の N は、語彙のサイズを表します。また、このベクトルは i 番目のエントリが1である以外はすべて0に設定されます。

　もちろん、one-hot エンコーディングは文字レベルでも実行できます。one-hot エンコーディングがどのようなものであり、どのように実装するのかを明確に理解するために、簡単な例を2つ見てみましょう。リスト 6-1 は単語レベルでの単純な one-hot エンコーディング、リスト 6-2 は文字レベルでの単純な one-hot エンコーディングを示しています。

リスト 6-1：単語レベルでの単純な one-hot エンコーディング

```
import numpy as np

# 初期データ：サンプルごとにエントリが1つ含まれている
# （この単純な例では、サンプルは単なる1つの文章だが、文書全体でもよい）
samples = ['The cat sat on the mat.', 'The dog ate my homework.']

# データに含まれているすべてのトークンのインデックスを構築
token_index = {}
for sample in samples:
    # ここでは単にsplitメソッドを使ってサンプルをトークン化する
    # 実際には、サンプルから句読点と特殊な文字を取り除くことになる
    for word in sample.split():
        if word not in token_index:
            # 一意な単語にそれぞれ一意なインデックスを割り当てする
            # インデックス0をどの単語にも割り当てないことに注意
            token_index[word] = len(token_index) + 1

# 次に、サンプルをベクトル化する：サンプルごとに最初のmax_length個の単語だけを考慮
max_length = 10
```

6.1 テキストデータの操作　191

```python
# 結果の格納場所
results = np.zeros((len(samples),
                    max_length,
                    max(token_index.values()) + 1))
for i, sample in enumerate(samples):
    for j, word in list(enumerate(sample.split()))[:max_length]:
        index = token_index.get(word)
        results[i, j, index] = 1.
```

リスト 6-2：文字レベルでの単純な one-hot エンコーディング

```python
import string

samples = ['The cat sat on the mat.', 'The dog ate my homework.']
characters = string.printable  # すべて印字可能なASCII文字
token_index = dict(zip(characters, range(1, len(characters) + 1)))

max_length = 50
results = np.zeros((len(samples),
                    max_length,
                    max(token_index.values()) + 1))
for i, sample in enumerate(samples):
    for j, character in enumerate(sample[:max_length]):
        index = token_index.get(character)
        results[i, j, index] = 1.
```

　なお、Keras には、生のテキストデータに単語または文字レベルで one-hot エンコーディングを適用するためのユーティリティが組み込まれているため、それらのユーティリティを使用するようにしてください（リスト 6-3）。というのも、それらのユーティリティは、文字列から特殊な文字を取り除き、データセットにおいて最も出現頻度が高い N 個の単語のみを考慮に入れるなど、いくつかの重要な機能（非常に大きな入力ベクトル空間を扱わずに済むようにするための一般的な制約）を自動的に実行するからです。

リスト 6-3：Keras を使った単語レベルでの one-hot エンコーディング

```python
from keras.preprocessing.text import Tokenizer

samples = ['The cat sat on the mat.', 'The dog ate my homework.']

# 出現頻度が最も高い1,000個の単語だけを処理するように設定された
# トークナイザを作成
tokenizer = Tokenizer(num_words=1000)

# 単語のインデックスを構築
tokenizer.fit_on_texts(samples)

# 文字列を整数のインデックスのリストに変換
sequences = tokenizer.texts_to_sequences(samples)
```

第 6 章　テキストとシーケンスのためのディープラーニング

```
# 二値のone-hotエンコーディング表現を直接取得することも可能
# one-hotエンコーディング以外のベクトル化モードもサポートされている
one_hot_results = tokenizer.texts_to_matrix(samples, mode='binary')

# 計算された単語のインデックスを復元する方法
word_index = tokenizer.word_index
print('Found %s unique tokens.' % len(word_index))
```

　one-hot エンコーディングの一種に、**one-hot ハッシュトリック**（one-hot hashing trick）と呼ばれるものがあります。この手法が役立つのは、語彙に含まれている一意なトークンの数がそのまま処理するには多すぎる場合です。各単語にインデックスを明示的に割り当て、それらのインデックスをディクショナリで参照する代わりに、単語を固定サイズのベクトルにハッシュ化できます。通常、この作業は非常に軽量なハッシュ関数を使って行われます。この手法の主な利点は、単語のインデックスを明示的に保持するのをやめることで、メモリを節約し、データのオンラインエンコーディングを可能にすることです。これにより、利用可能なデータがすべて揃う前に、トークンベクトルを生成できるようになります。欠点の 1 つは、**ハッシュ衝突**（hash collision）のおそれがあることです。つまり、2 つの異なる単語のハッシュが同じになってしまい、これらのハッシュを調べる機械学習モデルがそれらの単語の違いを区別できなくなる可能性があります。ハッシュ衝突の可能性が低くなるのは、ハッシュ化の対象となる一意なトークンの総数よりもハッシュ空間の次元数のほうがはるかに大きい場合です（リスト 6-4）。

> **リスト 6-4：ハッシュトリックを用いた単語レベルの単純な one-hot エンコーディング**

```
samples = ['The cat sat on the mat.', 'The dog ate my homework.']

# 単語をサイズが1,000のベクトルとして格納
# 単語の数が1,000個に近い（またはそれ以上である）場合は、
# ハッシュ衝突が頻発し、このエンコーディング手法の精度が低下することに注意
dimensionality = 1000
max_length = 10

results = np.zeros((len(samples), max_length, dimensionality))
for i, sample in enumerate(samples):
    for j, word in list(enumerate(sample.split()))[:max_length]:
        # 単語をハッシュ化し、0〜1000のランダムな整数に変換
        index = abs(hash(word)) % dimensionality
        results[i, j, index] = 1.
```

6.1.2　単語埋め込み

　単語をベクトルに関連付けるもう 1 つの強力な手法としてよく知られているのは、密な**単語ベクトル**の使用です。この手法は**単語埋め込み**（word embedding）とも呼ばれます。one-hot エンコーディングを通じて得られるベクトルは、かなり高い次元の二値の疎ベクトルです。次元の数は語彙の単語の数と同じで、ほとんどのエントリには 0

が設定されています。これに対し、単語埋め込みを通じて得られるのは、浮動小数点数型の低次元のベクトルです。つまり、疎ベクトルではなく密ベクトルです。図 6-2 を見てください。one-hot エンコーディングで得られる単語ベクトルとは異なり、単語埋め込みはデータから学習されます。非常に大きな語彙を扱うときの一般的な単語埋め込みは、256 次元、512 次元、あるいは 1,024 次元になります。これに対し、one-hot エンコーディングでは、単語は一般に 20,000 次元以上のベクトルに変換されます（この場合は、20,000 個のトークンからなる語彙が捕捉されます）。したがって、単語埋め込みのほうがはるかに少ない次元数でより多くの情報を格納します。

one-hotエンコーディングの単語ベクトル
- 疎
- 高次元
- ハードコーディング

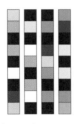
単語埋め込み
- 密
- 低次元
- データから学習

図 6-2：one-hot エンコーディングやハッシュトリックによって得られる単語表現は高次元の疎ベクトルで、ハードコーディングされるのに対し、単語埋め込みによって得られる単語表現は比較的低次元の密ベクトルで、データから学習される

単語埋め込みを取得する方法は 2 つあります。

- **メインのタスク（文書分類や感情予測など）と同時に単語埋め込みを学習する**
  この設定では、ランダムな単語ベクトルから始めて、ニューラルネットワークの重みを学習するときと同じように単語ベクトルを学習します。
- **別の機械学習タスクを使って計算された単語埋め込みをモデルに読み込む**
  メインの機械学習タスクとは別のタスクで学習された単語埋め込みを使用する方法であり、**学習済みの単語埋め込み**（pretrained word embedding）と呼ばれます。

この 2 つの方法を調べてみましょう。

埋め込み層を使った単語埋め込みの学習

単語を密ベクトルに関連付ける最も単純な方法は、ベクトルをランダムに選択することです。このアプローチの問題点は、結果として得られる埋め込み空間が構造的ではないことです。たとえば、ほとんどの文章では、単語 "accurate" と "exact" を同じ意味で使用できるにもかかわらず、それらの埋め込みはまったく異なるものになるで

しょう。ディープニューラルネットワークにとって、そうしたノイズだらけの構造化されていない埋め込み空間を理解するのは困難です。

もう少しかいつまんで説明すると、単語ベクトルどうしの幾何学的な関係は、それらの単語の意味的な関係を反映したものでなければなりません。単語埋め込みは、人間の言語を幾何学的な空間へ写像（マッピング）するためのものです。たとえば、合理的な埋め込み空間では、同義語は同じような単語ベクトルに埋め込まれるものと期待されます。そして一般的には、2つの単語ベクトルの幾何学的な距離（L2距離など）は、関連する2つの単語の意味的な距離に関連しているものと期待されます——2つの単語の意味が異なる場合、それらは互いに離れた点に埋め込まれますが、意味的に関連している単語は互いの近くに埋め込まれます。距離に加えて、埋め込み空間の**向き**に意味を持たせるのはどうでしょうか。この点を明確にするために、具体的な例を見てみましょう。

図6-3では、"cat"、"dog"、"wolf"、"tiger"の4つの単語が2次元平面に埋め込まれています。ここで選択したベクトル表現では、これらの単語どうしの意味的な関係を幾何学変換としてエンコードできます。たとえば、"cat"から"tiger"への移動と、"dog"から"wolf"への移動は、同じベクトルによって可能となります。このベクトルについては、「ペットから野生動物へのベクトル」として解釈できます。同様に、"dog"から"cat"への移動と、"wolf"から"tiger"への移動に使用できるベクトルもあります。このベクトルについては、「イヌ科からネコ科へのベクトル」として解釈できます。

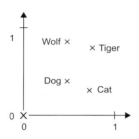

図6-3：単語埋め込み空間の単純な例

現実の単語埋め込み空間において意味を持つ幾何学変換としては、「gender（性別）」ベクトルや「plural（複数形）」ベクトルが挙げられます。たとえば、「female（女性）」ベクトルを「king（王）」ベクトルに追加すると「queen（女王）」ベクトルになり、「plural」ベクトルを追加すると「kings」ベクトルになります。単語埋め込み空間には、そうした解釈可能で潜在的に有益なベクトルが数千ほど存在します。

人間の言語を完全にマッピングし、自然言語処理のあらゆるタスクに利用できるような、理想的な単語埋め込み空間というものは存在するのでしょうか。その可能性は十分にありますが、まだそのようなものは計算されていません。また、「人間の言語」なるものも存在しません——言語はそれこそさまざまです。言語は特定の文化やコンテキストを反映したものであり、それらは同じ体をなしていません。しかし、もう少し現実的な見方をすれば、単語埋め込み空間の良し悪しはタスクに大きく依存します。英語の映画レビューの感情分析モデルにとって申し分のない単語埋め込み空間は、英語の法的文書の分類モデルにとって申し分のない単語埋め込み空間とは違って見えるかもしれません。なぜなら、意味的な関係の重要性はタスクごとに異なっているから

です。

　新しいタスクごとに新しい埋め込み空間を学習することが理にかなっているのはそのためです。ありがたいことに、この作業はバックプロパゲーション（誤差逆伝播法）によって容易になり、Kerasによってさらに容易になります。リスト6-5に示すように、そのために学習するのは埋め込み（Embedding）層の重みです。

リスト6-5：Embedding層をインスタンス化

```
from keras.layers import Embedding

# Embedding層の引数は少なくとも2つ：
#    有効なトークンの数：この場合は1,000（1＋単語のインデックスの最大値）
#    埋め込みの次元の数：この場合は64
embedding_layer = Embedding(1000, 64)
```

　Embedding層については、（特定の単語を表す）整数のインデックスを密ベクトルにマッピングするディクショナリとして考えてみるのが一番です。この層は、入力として整数を受け取り、それらの整数を内部のディクショナリで検索し、それらの整数に関連付けられているベクトルを返します。実質的には、ディクショナリの検索です（図6-4）。

単語のインデックス　———▶　埋め込み層　———▶　対応する単語ベクトル

図6-4：Embedding層

　Embedding層の入力は、形状が (samples, sequence_length) の整数型の2次元テンソルです。このテンソルの各エントリは整数のシーケンスです。Embedding層には、長さがまちまちのシーケンスを埋め込むことが可能です。たとえば、リスト6-5のEmbedding層には、形状が (32, 10) のバッチ（長さが10の32個のシーケンスからなるバッチ）や、形状が (64, 15) のバッチ（長さが15の64個のシーケンスからなるバッチ）を渡すことができます。ただし、同じバッチに含まれているシーケンスは1つのテンソルにまとめる必要があるため、それらのシーケンスはすべて同じ長さでなければなりません。したがって、他のシーケンスよりも短いシーケンスは0でパディングし、他のシーケンスよりも長いシーケンスは切り詰める必要があります。

　Embedding層から返されるのは、形状が (samples, sequence_length, embedding_dimensionality) の浮動小数点数型の3次元テンソルです。そうした3次元テンソルは、後ほど取り上げるRNNの層か、1次元CNNの層で処理できます。

　Embedding層をインスタンス化する際には、他の層と同様に、層の重み（トークンベクトルの内部ディクショナリ）がランダムに初期化されます。訓練の際には、これらの単語ベクトルがバックプロパゲーションを通じて少しずつ調整され、下流のモデルで利用可能な空間が形作られていきます。訓練が完了した時点で、埋め込み空間は（訓練のそもそもの目的である問題に特化した）かなり構造化された空間になるはずです。

第6章　テキストとシーケンスのためのディープラーニング

　この概念をすでにおなじみの IMDb 映画レビューデータセットの感情予測タスクに
当てはめてみましょう。まず、データをすばやく準備します。このデータセットを最
初に使用したときと同様に、出現頻度が最も高い 10,000 個の単語に映画レビューを
絞り込み、20 個の単語を残して映画レビューを切り捨てます。このネットワークは、
10,000 個の単語ごとに 8 次元の埋め込みを学習し、入力である整数シーケンス（整数
型の 2 次元テンソル）を埋め込みシーケンス（浮動小数点数型の 3 次元テンソル）に変
換し、テンソルを 2 次元に平坦化します。最後に、Dense 層を 1 つ追加して、分類の
ために訓練します（リスト 6-7）。

リスト 6-6：Embedding 層で使用する IMDb データを読み込む

```python
from keras.datasets import imdb
from keras import preprocessing

# 特徴量として考慮する単語の数
max_features = 10000

# max_features個の最も出現頻度の高い単語のうち、
# この数の単語を残してテキストをカット
max_len = 20

# データを整数のリストとして読み込む
(x_train, y_train), (x_test, y_test) = \
    imdb.load_data(num_words=max_features)

# 整数のリストを形状が(samples, max_len)の整数型の2次元テンソルに変換
x_train = preprocessing.sequence.pad_sequences(x_train, maxlen=max_len)
x_test = preprocessing.sequence.pad_sequences(x_test, maxlen=max_len)
```

リスト 6-7：IMDb データで Embedding 層と分類器を使用

```python
from keras.models import Sequential
from keras.layers import Flatten, Dense, Embedding

model = Sequential()

# あとから埋め込み入力を平坦化できるよう、
# Embedding層に入力の長さとしてmax_lenを指定
# Embedding層の後、活性化の形状は(samples, max_len, 8)になる
model.add(Embedding(10000, 8, input_length=max_len))

# 埋め込みの3次元テンソルを形状が(samples, max_len * 8)の2次元テンソルに変換
model.add(Flatten())

# 最後に分類器を追加
model.add(Dense(1, activation='sigmoid'))
model.compile(optimizer='rmsprop',
              loss='binary_crossentropy',
              metrics=['acc'])
model.summary()
```

```
history = model.fit(x_train, y_train,
                    epochs=10,
                    batch_size=32,
                    validation_split=0.2)
```

検証データでの正解率は最大で 76% です。各レビューの最初から 20 個の単語だけ
を調べていることを考えれば、悪くない数字です。しかし、埋め込みシーケンスを平
坦化し、最後に Dense 層を 1 つ追加して適合させているだけであることに注意してく
ださい。このため、最終的なモデルは、入力シーケンスの各単語をばらばらに処理し、
単語どうしの関係や意味的な構造を考慮に入れません。たとえば、このモデルでは、
"this movie is a bomb" (この映画は大失敗) と "this movie is the bomb" (この映画
は最高) がどちらも否定的なレビューとして扱われる可能性があります。それよりも
はるかによいのは、埋め込みシーケンスの最後にリカレント層か 1 次元の畳み込み層
を追加して、各シーケンスを全体的に考慮する特徴量を学習することです。ここから
は、この点に照準を合わせることにします。

学習済みの単語埋め込みの使用

場合によっては、利用可能な訓練データが少ないために、手持ちのデータだけでは
タスクに適した語彙の埋め込みを学習できないことがあります。そのような場合はど
うすればよいでしょうか。

そのような場合は、問題を解きながら単語埋め込みを学習するのではなく、うまく
構造化されていて、有益な特性を持っていることがわかっている —— つまり、言語
構造の汎用的な特性を捕捉している学習済みの埋め込み空間から埋め込みベクトルを
読み込むことができます。自然言語処理 (NLP) において学習済みの単語埋め込みを使
用する根拠は、画像分類において学習済みの畳み込みニューラルネットワーク (CNN)
を使用する場合とほぼ同じです。つまり、紛れもなく強力な特徴量を学習するだけの
十分なデータはないものの、あなたが必要であると考えている特徴量がかなり汎用的
なもので、一般的な視覚的特徴量か意味的特徴量である場合です。この場合は、異な
る問題で学習された特徴量を再利用するのが得策です。

そうした単語埋め込みは、単語の出現頻度 (文章または文書での単語の共起関係の
観測) に基づいて計算するのが一般的です。そのための手法はさまざまですが、ニュ
ーラルネットワークを含んでいるものもあれば、含んでいないものもあります。教師
なしの手法で学習された、低次元の密な単語埋め込み空間という概念が最初に登場し
たのは、2000 年代の初めでした [1]。しかし、単語埋め込みの研究にはずみがつき、産業
界で応用されるようになったのはそのずっと後のことで、2013 年に Google の Tomas
Mikolov によって Word2vec アルゴリズム [2] がリリースされたことがきっかけでした。
Word2vec は、最もよく知られていて、最も成功した単語埋め込み手法の 1 つです。
Word2vec の次元は、性別といった意味的な特性を捕捉します。

---

[1] Yoshua Bengio et al., "Neural Probabilistic Language Models", Springer, 2003, http://www.jmlr.org/papers/
     volume3/bengio03a/bengio03a.pdf

[2] https://code.google.com/archive/p/word2vec

第6章　テキストとシーケンスのためのディープラーニング

　単語埋め込みに関しては、学習済みの単語埋め込みのデータベースがいろいろ提供されています。それらをダウンロードすれば、Keras の Embedding 層で利用できます。Word2vec はそのうちの 1 つです。また、2014 年にスタンフォード大学の研究者によって開発された Global Vectors for Word Representation（GloVe）[3] というアルゴリズムもよく知られています。この埋め込みアルゴリズムは、単語の共起関係からなる行列の因数分解に基づいています。GloVe の開発者は、Wikipedia や Common Crawl のデータから取得した数百万規模の英語のトークンをもとに、学習済みの埋め込みを提供しています。

　Keras のモデルで GloVe の埋め込みを利用する方法を見てみましょう。この方法は、Word2vec の埋め込みや他の単語埋め込みデータベースでも有効です。次項では、テキストをトークン化するところからひととおり見ていくため、この例に取り組みながら、本章で紹介したテキストのトークン化の手法を復習してもよいでしょう。

6.1.3　テキストのトークン化から単語埋め込みまで

　ここでは、先ほど見たものと同じようなモデルを使用します —— 文章をベクトルのシーケンスに埋め込み、平坦化し、最後に Dense 層を追加して訓練します。ただし、ここで使用するのは学習済みの単語埋め込みです。そして、Keras にパッケージ化されているトークン化された IMDb データを使用する代わりに、元のテキストデータをダウンロードしてテキストをトークン化するところから始めます。

IMDb データをテキストとしてダウンロードする

　まず、IMDb データセットを元の状態でダウンロードし[4]、展開します。

　次に、訓練に使用する個々の映画レビューを文字列のリストにまとめます。このリスト（texts）には、レビューごとに文字列が 1 つ含まれています。さらに、映画レビューのラベル（肯定的 / 否定的）を labels リストにまとめます（リスト 6-8）。

リスト 6-8：元の IMDb データセットのラベルを処理

```python
import os

# IMDbデータセットが置かれているディレクトリ
imdb_dir = '/Users/fchollet/Downloads/aclImdb'

train_dir = os.path.join(imdb_dir, 'train')
labels = []
texts = []

for label_type in ['neg', 'pos']:
    dir_name = os.path.join(train_dir, label_type)
    for fname in os.listdir(dir_name):
        if fname[-4:] == '.txt':
            f = open(os.path.join(dir_name, fname))
            texts.append(f.read())
            f.close()
```

[3]　https://nlp.stanford.edu/projects/glove
[4]　http://mng.bz/0tlo

　　　　　　　　　　　6.1　テキストデータの操作　　　　　　　　　　　199

```
        if label_type == 'neg':
            labels.append(0)
        else:
            labels.append(1)
```

データのトークン化

　本節で説明した概念をもとに、このテキストをベクトル化し、訓練データセットと
検証データセットに分割します。学習済みの単語埋め込みが特に役立つのは、利用可
能な訓練データの量が少ない場合です（そうでない場合は、タスクに特化した埋め込
みを使用するほうが、性能がよい可能性があります）。そこであえて、訓練データを最
初の 200 個のサンプルに絞り込みます。したがって、サンプルを 200 個だけ調べた後、
映画レビューを分類するための学習を行うことになります（リスト 6-9）。

リスト 6-9：IMDb データのテキストをトークン化

```python
from keras.preprocessing.text import Tokenizer
from keras.preprocessing.sequence import pad_sequences
import numpy as np

max_len = 100              # 映画レビューを100ワードでカット
training_samples = 200     # 200個のサンプルで訓練
validation_samples = 10000 # 10,000個のサンプルで検証
max_words = 10000          # データセットの最初から10,000ワードのみを考慮

tokenizer = Tokenizer(num_words=max_words)
tokenizer.fit_on_texts(texts)
sequences = tokenizer.texts_to_sequences(texts)

word_index = tokenizer.word_index
print('Found %s unique tokens.' % len(word_index))

data = pad_sequences(sequences, maxlen=max_len)

labels = np.asarray(labels)
print('Shape of data tensor:', data.shape)
print('Shape of label tensor:', labels.shape)

# データを訓練データセットと検証データセットに分割:
# ただし、サンプルが順番に並んでいる（否定的なレビューの後に肯定的なレビューが
# 配置されている）状態のデータを使用するため、最初にデータをシャッフル
indices = np.arange(data.shape[0])
np.random.shuffle(indices)
data = data[indices]
labels = labels[indices]

x_train = data[:training_samples]
y_train = labels[:training_samples]
x_val = data[training_samples: training_samples + validation_samples]
y_val = labels[training_samples: training_samples + validation_samples]
```

GloVe の単語埋め込みをダウンロードする

GloVe プロジェクトの Web サイト[5] にアクセスし、2014 年の英語の Wikipedia のデータを使って学習した埋め込みをダウンロードします。ファイル名は glove.6B.zip で、サイズは約 822MB であり、40 万個の単語（または単語以外のトークン）を対象とした 100 次元の埋め込みベクトルが含まれています。ダウンロードしたファイルは展開しておいてください。

埋め込みの前処理

展開したファイル（.txt）を解析し、単語（文字列）をベクトル表現（数値ベクトル）にマッピングするインデックスを構築します（リスト 6-10）。

リスト 6-10：GloVe の単語埋め込みファイルを解析

```
# GloVeの埋め込みファイルが置かれているディレクトリ
glove_dir = '/Users/fchollet/Downloads/glove.6B'

embeddings_index = {}
f = open(os.path.join(glove_dir, 'glove.6B.100d.txt'))
for line in f:
    values = line.split()
    word = values[0]
    coefs = np.asarray(values[1:], dtype='float32')
    embeddings_index[word] = coefs
f.close()

print('Found %s word vectors.' % len(embeddings_index))
```

次に、Embedding 層に読み込むことができる埋め込み行列を作成します（リスト 6-11）。この行列の形状は (max_words, embedding_dim) でなければなりません。この行列の各エントリ i には、（トークン化の過程で構築された）インデックス i の単語に対応する embedding_dim 次元のベクトルが含まれています。なお、インデックス 0 はプレースホルダであり、単語やトークンを表さないことに注意してください。

リスト 6-11：GloVe の単語埋め込み行列の準備

```
embedding_dim = 100

embedding_matrix = np.zeros((max_words, embedding_dim))
for word, i in word_index.items():
    embedding_vector = embeddings_index.get(word)
    if i < max_words:
        if embedding_vector is not None:
            # 埋め込みインデックスで見つからない単語は0で埋める
            embedding_matrix[i] = embedding_vector
```

---

[5] https://nlp.stanford.edu/projects/glove

モデルの定義

このモデルのアーキテクチャは以前と同じです（リスト 6-12）。

リスト 6-12：モデルの定義

```
from keras.models import Sequential
from keras.layers import Embedding, Flatten, Dense

model = Sequential()
model.add(Embedding(max_words, embedding_dim, input_length=max_len))
model.add(Flatten())
model.add(Dense(32, activation='relu'))
model.add(Dense(1, activation='sigmoid'))
model.summary()
```

GloVe の埋め込みをモデルに読み込む

Embedding 層の重み行列は 1 つだけです。この重み行列は浮動小数点数型の 2 次元行列であり、各エントリ i はインデックス i に関連付けられる単語ベクトルです。いたって単純です。GloVe 行列の準備ができたら、このモデルの最初の層である Embedding 層に読み込みます（リスト 6-13）。

リスト 6-13：準備した単語埋め込みを Embedding に読み込む

```
model.layers[0].set_weights([embedding_matrix])
model.layers[0].trainable = False
```

さらに、Embedding の trainable 属性を False に設定することで、Embedding 層を凍結します[6]。Embedding 層を凍結する理由は、学習済みの CNN の特徴量を扱ったときと同じです。（この Embedding 層のように）モデルの一部が学習済みで、（この分類器のように）ランダムに初期化される場合、せっかく覚えたことを忘れてしまわないようにするには、学習済みの部分を訓練中に更新すべきではないからです。ランダムに初期化された層によって勾配の大きな更新が伝播されれば、学習済みの特徴量は破壊されてしまいます。

モデルの訓練と評価

次に、このモデルをコンパイルし、訓練します（リスト 6-14）。

リスト 6-14：訓練と評価

```
model.compile(optimizer='rmsprop',
              loss='binary_crossentropy',
              metrics=['acc'])
```

---

[6] ［訳注］凍結については、5.3.1 項を参照。

```
history = model.fit(x_train, y_train,
                    epochs=10,
                    batch_size=32,
                    validation_data=(x_val, y_val))
model.save_weights('pre_trained_glove_model.h5')
```

続いて、このモデルの性能をプロットします（リスト6-15）。

リスト6-15：結果をプロット

```
import matplotlib.pyplot as plt

acc = history.history['acc']
val_acc = history.history['val_acc']
loss = history.history['loss']
val_loss = history.history['val_loss']

epochs = range(1, len(acc) + 1)

# 正解率をプロット
plt.plot(epochs, acc, 'bo', label='Training acc')
plt.plot(epochs, val_acc, 'b', label='Validation acc')
plt.title('Training and validation accuracy')
plt.legend()

plt.figure()

# 損失値をプロット
plt.plot(epochs, loss, 'bo', label='Training loss')
plt.plot(epochs, val_loss, 'b', label='Validation loss')
plt.title('Training and validation loss')
plt.legend()

plt.show()
```

結果は図6-5のようになります。ドットは訓練データでの結果を表しており、折れ線は検証データでの結果を表しています。

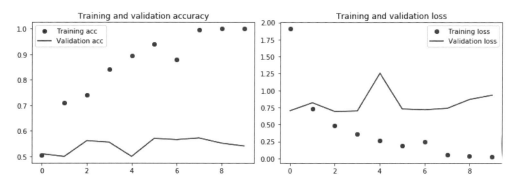

図6-5：学習済みの単語埋め込みを使用した場合の正解率（左）と損失値（右）

6.1 テキストデータの操作　　203

　このモデルはすぐに過学習に陥っています。訓練に使用したサンプルの数が少ないことを考えれば、これは意外なことではありません。検証データでの正解率も同じ理由で高いバリアンスを示しているものの、50%台の後半に乗せてきているようです。

　訓練に使用したサンプルの数はかなり少ないため、200個のサンプルとしてどれを選択するかによって性能は大きく変化します。そして、この場合はそれらのサンプルをランダムに選択しています。十分な性能が得られない場合は、練習がてら、別のサンプルを200個選択してみてください（現実には、訓練データを選択することはありません）。

　また、学習済みの単語埋め込みを読み込んだり、埋め込み層を凍結したりせずに、同じモデルを訓練してみることもできます。その場合は、入力トークンからタスクに特化した埋め込みを学習することになります。利用可能なデータが十分にある場合は、学習済みの単語埋め込みを使用するよりも一般によい性能が得られます。ですがこの場合、訓練サンプルは200個しかありません。この状態で試してみましょう（リスト6-16）。

リスト6-16：学習済みの単語埋め込みを使用せずに同じモデルを訓練

```python
from keras.models import Sequential
from keras.layers import Embedding, Flatten, Dense

model = Sequential()
model.add(Embedding(max_words, embedding_dim, input_length=max_len))
model.add(Flatten())
model.add(Dense(32, activation='relu'))
model.add(Dense(1, activation='sigmoid'))
model.summary()

model.compile(optimizer='rmsprop',
              loss='binary_crossentropy',
              metrics=['acc'])
history = model.fit(x_train, y_train,
                    epochs=10,
                    batch_size=32,
                    validation_data=(x_val, y_val))
```

　このモデルの性能をプロットした結果は図6-6のようになります。ドットは訓練データでの結果を表しており、折れ線は検証データでの結果を表しています。

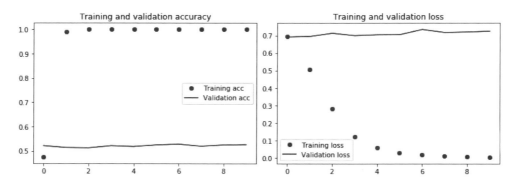

図 6-6：学習済みの単語埋め込みを使用しない場合の正解率（左）と損失値（右）

　検証データでの正解率は 50% 台の前半にとどまっています。したがって、この場合は、単語埋め込みの学習を同時に行うよりも、学習済みの単語埋め込みを使用するほうが性能がよくなります。訓練に使用するサンプルの数を増やせば、この状況はすぐに終わるでしょう。ぜひ実際に試してみてください。
　最後に、このモデルをテストデータで評価してみましょう。まず、テストデータをトークン化する必要があります（リスト 6-17）。

リスト 6-17：テストデータセットのデータをトークン化

```
test_dir = os.path.join(imdb_dir, 'test')

labels = []
texts = []

for label_type in ['neg', 'pos']:
    dir_name = os.path.join(test_dir, label_type)
    for fname in sorted(os.listdir(dir_name)):
        if fname[-4:] == '.txt':
            f = open(os.path.join(dir_name, fname))
            texts.append(f.read())
            f.close()
            if label_type == 'neg':
                labels.append(0)
            else:
                labels.append(1)

sequences = tokenizer.texts_to_sequences(texts)
x_test = pad_sequences(sequences, maxlen=max_len)
y_test = np.asarray(labels)
```

　次に、最初のモデルを読み込んで評価します（リスト 6-18）。

6.2 リカレントニューラルネットワークを理解する　　205

リスト 6-18：モデルをテストデータセットで評価

```
model.load_weights('pre_trained_glove_model.h5')
model.evaluate(x_test, y_test)
```

テストデータでの正解率はなんと約 54% です。訓練に使用するサンプルの数が少ないと、なかなかうまくいきませんね。

6.1.4　まとめ

次に、本節で理解した内容をまとめておきます。

- テキストをニューラルネットワークで処理できるものに変換する。
- Keras モデルの Embedding 層を使って、タスクに特化したトークン埋め込みを学習する。
- 学習済みの単語埋め込みを使って、簡単な自然言語処理問題での性能をさらに向上させる。

6.2　リカレントニューラルネットワークを理解する

　全結合ネットワークや畳み込みニューラルネットワーク（CNN）など、ここまで見てきたすべてのニューラルネットワークに共通する主な特徴の 1 つは、記憶を持っていないことです。これらのネットワークに渡される入力はそれぞれ個別に処理され、それらの入力にまたがって状態が維持されることはありません。そうしたネットワークでシーケンスや時系列データを処理するには、シーケンス全体を一度にネットワークに提供することで、単一のデータ点として扱われるようにする必要があります。たとえば、これはさまに IMDb の例で行ったことです。その際には、映画レビュー全体を 1 つの大きなベクトルに変換し、一度に処理しました。このようなネットワークは**フィードフォワードネットワーク**（feedforward network）と呼ばれます。

　対照的に、人が文章を読むときには、単語を目で追いながら、見たものを記憶していきます。これにより、その文章の意味が流れるように表現されます。生物知能は、情報を漸進的に処理しながら、処理しているものの内部モデルを維持します。このモデルは過去の情報から構築され、新しい情報が与えられるたびに更新されます。

　リカレントニューラルネットワーク（RNN）も、非常に単純化されてはいるものの、原理は同じです。この場合、シーケンスの処理は、シーケンスの要素を反復的に処理するという方法で行われます。そして、その過程で検出されたものに関連する情報は**状態**として維持されます。実質的には、RNN は内部ループを持つニューラルネットワークの一種です（図 6-7）。RNN の状態は、（2 つの異なる IMDb レビューを処理するなど）別のシーケンスを処理するときにリセットされるため、シーケンスはやはり単一のデータ点（ネットワークへの単一の入力）と見なされます。RNN の違いは、このデータ点を処理するステップがもはや 1 つだけではないことです。RNN は、シーケンスの要素を内部ループで処理します。

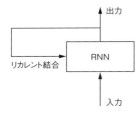

図 6-7：RNN はループを持つネットワーク

　ループと**状態**の概念を明確にするために、単純な RNN のフォワードパスを NumPy で実装してみましょう。この RNN の入力は、ベクトルのシーケンスです。このシーケンスは、形状が (timesteps, input_features) の 2 次元テンソルとしてエンコードされます。この RNN は、時間刻み (timesteps) をループで処理し、時間刻みごとに時間 t での現在の状態と時間 t での入力 (input_features) を調べ、時間 t での出力を得るためにそれらを結合します。続いて、次のステップの状態として、この 1 つ前の出力を設定します。最初の時間刻みでは、1 つ前の出力は定義されていないため、現在の状態はありません。そこで、すべて 0 のベクトルとして状態を初期化します。これをネットワークの**初期状態** (initial state) と呼びます。

　この RNN の擬似コードはリスト 6-19 のようになります。

リスト 6-19：擬似コードでの RNN

```
state_t = 0                              # 時間tでの状態
for input_t in input_sequence:           # シーケンスの要素をループで処理
    output_t = f(input_t, state_t)       # この1つ前の出力が
    state_t = output_t                   # 次のイテレーションの状態になる
```

　関数 f の詳細を詰めることもできます。入力と状態を出力に変換する部分は、2 つの行列 W、U とバイアスベクトル b によってパラメータ化されます。フィードフォワードネットワークの全結合層で実行される変換と同様です (リスト 6-20)。

リスト 6-20：RNN のより詳細な擬似コード

```
state_t = 0
for input_t in input_sequence:
    output_t = activation(dot(W, input_t) + dot(U, state_t) + b)
    state_t = output_t
```

　これらの概念を完全に明確なものにするために、単純な RNN のフォワードパスを NumPy でざっと実装してみましょう (リスト 6-21)。

6.2 リカレントニューラルネットワークを理解する

リスト 6-21：単純な RNN の NumPy 実装

```python
import numpy as np

timesteps = 100        # 入力シーケンスの時間刻みの数
input_features = 32    # 入力特徴空間の次元の数
output_features = 64   # 出力特徴空間の次元の数

# 入力データ：ランダムにノイズを挿入
inputs = np.random.random((timesteps, input_features))

# 初期状態：すべて0のベクトル
state_t = np.zeros((output_features,))

# ランダムな重み行列を作成
W = np.random.random((output_features, input_features))
U = np.random.random((output_features, output_features))
b = np.random.random((output_features,))

successive_outputs = []

# input_tは形状が(input_features,)のベクトル
for input_t in inputs:
    # 入力と現在の状態（1つ前の出力）を結合して現在の出力を取得
    output_t = np.tanh(np.dot(W, input_t) + np.dot(U, state_t) + b)
    # この出力をリストに格納
    successive_outputs.append(output_t)
    # 次の時間刻みのためにRNNの状態を更新
    state_t = output_t

# 最終的な出力は形状が(timesteps, output_features)の2次元テンソル
final_output_sequence = np.stack(successive_outputs, axis=0)
```

　簡単ですね。言ってしまえば、RNN はループの 1 つ前のイテレーションで計算された数値を再利用する for ループです。もちろん、この定義に基づいて構築できる RNN はそれこそさまざまです。ここで示したのは、最も単純な形式の RNN の 1 つです。RNN の特徴は、次に示すようなステップ関数にあります。

```python
output_t = np.tanh(np.dot(W, input_t) + np.dot(U, state_t) + b)
```

　この単純な RNN の処理の流れを図解すると、図 6-8 のようになります。

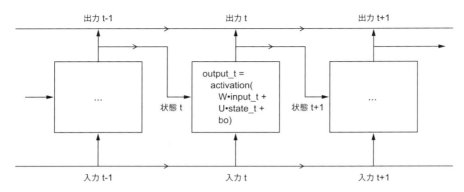

図 6-8：単純な RNN を時間の流れに沿って展開

> この例では、最終的な出力は形状が (timesteps, output_features) の 2 次元テンソルです。各時間刻みは時間 t でのループの出力です。出力テンソルの時間刻み t にはそれぞれ、入力シーケンスでの時間刻み 0 から t に関する情報（過去全体の情報）が含まれています。このため、多くの場合、この出力の完全なシーケンスは必要ありません。シーケンス全体の情報はすでに含まれているため、最後の出力（ループの最後の output_t）があれば十分です。

6.2.1 Keras でのリカレント層

　NumPy で単純に実装した RNN のフォワードパスは、Keras の実際の層、具体的には、SimpleRNN に相当します。

```
from keras.layers import SimpleRNN
```

　ただし、小さな違いが 1 つあります。NumPy の実装で処理するシーケンスは 1 つだけですが、SimpleRNN は（Keras の他の層と同様に）シーケンスのバッチを処理します。つまり、SimpleRNN の入力の形状は、(timesteps, input_features) ではなく、(batch_size, timesteps, input_features) です。
　Keras のすべてのリカレント層と同様に、SimpleRNN も 2 種類のモードで実行できます。一方のモードでは、各時間刻みの出力が順番に含まれた完全なシーケンスを返します。もう一方のモードでは、各入力シーケンスの最後の出力だけを返します。前者は形状が (batch_size, timesteps, output_features) の 3 次元テンソルであり、後者は形状が (batch_size, output_features) の 2 次元テンソルです。これら 2 つのモードは、コンストラクタの return_sequences パラメータによって制御されます。SimpleRNN を使って最後の時間刻みの出力だけを返す例を見てみましょう

6.2 リカレントニューラルネットワークを理解する 209

```
>>> from keras.models import Sequential
>>> from keras.layers import Embedding, SimpleRNN
>>> model = Sequential()
>>> model.add(Embedding(10000, 32))
>>> model.add(SimpleRNN(32))
>>> model.summary()
```

Layer (type)	Output Shape	Param #
embedding_1 (Embedding)	(None, None, 32)	320000
simplernn_1 (SimpleRNN)	(None, 32)	2080

```
Total params: 322,080
Trainable params: 322,080
Non-trainable params: 0
```

次の例では、完全な状態を表すシーケンスが返されます。

```
>>> model = Sequential()
>>> model.add(Embedding(10000, 32))
>>> model.add(SimpleRNN(32, return_sequences=True))
>>> model.summary()
```

Layer (type)	Output Shape	Param #
embedding_2 (Embedding)	(None, None, 32)	320000
simplernn_2 (SimpleRNN)	(None, None, 32)	2080

```
Total params: 322,080
Trainable params: 322,080
Non-trainable params: 0
```

　場合によっては、複数のリカレント層を順番に積み重ねていくと、ネットワークの表現力を高めるのに役立つことがあります。このような設定で完全な出力シーケンスを取得するには、中間の層の出力をすべて取得する必要があります。

```
>>> model = Sequential()
>>> model.add(Embedding(10000, 32))
>>> model.add(SimpleRNN(32, return_sequences=True))
>>> model.add(SimpleRNN(32, return_sequences=True))
>>> model.add(SimpleRNN(32, return_sequences=True))
>>> model.add(SimpleRNN(32))   # 最後の層は最後の出力を返すだけ
>>> model.summary()
```

Layer (type)	Output Shape	Param #
embedding_3 (Embedding)	(None, None, 32)	320000
simplernn_3 (SimpleRNN)	(None, None, 32)	2080
simplernn_4 (SimpleRNN)	(None, None, 32)	2080

simplernn_5 (SimpleRNN)	(None, None, 32)	2080
simplernn_6 (SimpleRNN)	(None, 32)	2080

```
=================================================================
Total params: 328,320
Trainable params: 328,320
Non-trainable params: 0
```

　次に、このモデルを IMDb 映画レビュー分類問題に適用してみましょう。まず、データの前処理を行います（リスト 6-22）。

> **リスト 6-22：IMDb データの前処理**

```python
from keras.datasets import imdb
from keras.preprocessing import sequence

max_features = 10000   # 特徴量として考慮する単語の数
max_len = 500          # この数の単語を残してテキストをカット
batch_size = 32

print('Loading data...')
(input_train, y_train), (input_test, y_test) = \
    imdb.load_data(num_words=max_features)
print(len(input_train), 'train sequences')
print(len(input_test), 'test sequences')

print('Pad sequences (samples x time)')
input_train = sequence.pad_sequences(input_train, maxlen=max_len)
input_test = sequence.pad_sequences(input_test, maxlen=max_len)
print('input_train shape:', input_train.shape)
print('input_test shape:', input_test.shape)
```

　Embedding 層と SimpleRNN 層を使って単純な RNN を訓練してみましょう（リスト 6-23）。

> **リスト 6-23：Embedding 層と SimpleRNN 層を使ってモデルを訓練**

```python
from keras.models import Sequential
from keras.layers import Embedding, SimpleRNN, Dense

model = Sequential()
model.add(Embedding(max_features, 32))
model.add(SimpleRNN(32))
model.add(Dense(1, activation='sigmoid'))

model.compile(optimizer='rmsprop',
              loss='binary_crossentropy',
              metrics=['acc'])
history = model.fit(input_train, y_train,
                    epochs=10, batch_size=128, validation_split=0.2)
```

6.2 リカレントニューラルネットワークを理解する

次に、訓練データと検証データでの正解率と損失値をプロットします（リスト 6-24）。

リスト 6-24：結果をプロット

```
import matplotlib.pyplot as plt

acc = history.history['acc']
val_acc = history.history['val_acc']
loss = history.history['loss']
val_loss = history.history['val_loss']

epochs = range(len(acc))

# 正解率をプロット
plt.plot(epochs, acc, 'bo', label='Training acc')
plt.plot(epochs, val_acc, 'b', label='Validation acc')
plt.title('Training and validation accuracy')
plt.legend()

plt.figure()

# 損失値をプロット
plt.plot(epochs, loss, 'bo', label='Training loss')
plt.plot(epochs, val_loss, 'b', label='Validation loss')
plt.title('Training and validation loss')
plt.legend()

plt.show()
```

結果は図 6-9 のようになります。ドットは訓練データでの結果を表しており、折れ線は検証データでの結果を表しています。

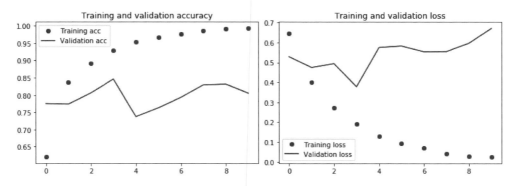

図 6-9：IMDb で SimpleRNN を使用した場合の正解率（左）と損失値（右）

第6章　テキストとシーケンスのためのディープラーニング

参考までに、第3章で取り上げた IMDb データセットに対する最初の単純なアプローチでは、テストデータでの正解率は 88% でした。残念ながら、この小さな RNN の検証データでの正解率は 85% であり、このベースラインに届いていません。問題の一部は、入力がシーケンス全体ではなく最初の 500 個の単語だけであるために、この RNN がアクセスできる情報が第3章のベースラインモデルよりも少ないことにあります。問題の残りの部分は、SimpleRNN がテキストのような長いシーケンスの処理に適していないことであり、他の種類のリカレント層を使用するほうがはるかによい性能が得られます。SimpleRNN よりも高度なリカレント層をいくつか見てみましょう。

6.2.2　LSTM 層と GRU 層

Keras のリカレント層は SimpleRNN だけではありません。Keras には、さらに LSTM と GRU の2つのリカレント層があります。SimpleRNN は、実際に使用するには単純すぎるきらいがあり、常に LSTM か GRU のどちらかを使用することになるでしょう。SimpleRNN には、大きな課題があります —— 理論的には、過去の多くの時間刻みで検出された入力に関する情報を時間 t で維持できるはずが、実際には、そうした長期間の依存関係を学習することは不可能なのです。その原因となっているのは、**勾配消失問題**（vanishing gradient problem）です。勾配消失問題は、多くの層で構成された非リカレントネットワーク（フィードフォワードネットワーク）で観測されるものと同様の問題です。つまり、ネットワークに層を追加し続けていくと、最終的にそのネットワークは訓練不可能になります。この問題の理論的根拠は、1990 年代の前半に Hochreiter、Schmidhuber、Bengio によって明らかにされています[7]。LSTM 層と GRU 層は、この問題を解決することを目的として設計されたものです。

LSTM 層について考えてみましょう。この層のもとになっている**長短期記憶**（Long Short-Term Memory、以下 LSTM）アルゴリズムは、勾配消失問題に関する研究の集大成として、Hochreiter と Schmidhuber によって 1997 年に開発されました[8]。

LSTM 層は、すでにおなじみの SimpleRNN 層の一種であり、時間刻みにまたがって情報を運ぶ手段が追加されています。処理しているシーケンスと平行して流れるベルトコンベアーを思い浮かべてください。シーケンスからの情報は何らかの時点でベルトコンベアーに載せられて先の時間刻みへ送られ、必要になったときにそのままの状態でベルトコンベアーから降ろされます。これが LSTM の基本的な仕組みです。あとで利用するために情報を保存しておくことで、古い信号が処理の途中で少しずつ失われていくのを防ぐのです。

LSTM の仕組みを具体的に理解するために、SimpleRNN セルから見ていきましょう（図 6-10）。重み行列の数が多いので、SimpleRNN セルの行列 W と U に出力（output）を表す文字 o を付けて（Wo、Uo）区別することにします。

---

[7]　Yoshua Bengio, Patrice Simard, and Paolo Frasconi, "Learning Long-Term Dependencies with Gradient Descent Is Difficult," IEEE Transactions on Neural Networks 5, no. 2 (1994) などを参照。

[8]　Sepp Hochreiter and Jürgen Schmidhuber, "Long Short-Term Memory," Neural Computation 9, no. 8 (1997).

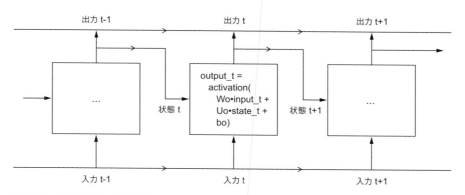

図6-10：LSTM層の出発点はSimpleRNNセル

　時間刻みにまたがって情報を運ぶ（carry）ためのデータフローを図6-10に追加してみましょう。さまざまな時間刻みでの値は `Ct` と呼ぶことにします（Cはcarryを表します）。この情報は、（全結合変換を通じて）入力結合とリカレント結合に組み合わされ、（活性化関数と乗法演算を通じて）次の時間刻みに送信される状態に影響を与えることになります。全結合変換では、重み行列の内積にバイアスを足し、活性化関数を適用します。概念的には、このデータフロー（キャリートラック）は次の出力と次の状態を調整する手段となります（図6-11）。ここまでは単純です。

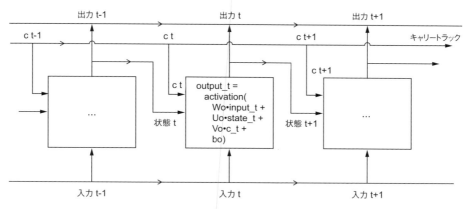

図6-11：SimpleRNNにキャリートラックを追加したものがLSTM

　ここで注意しなければならないのは、キャリートラックの次の値を計算する方法です。この計算には、3つの異なる変換が必要です。これらの変換はすべて `SimpleRNN` セルの形式をとります。

```
y = activation(dot(state_t, U) + dot(input_t, W) + b)
```

しかし、これら3つの変換ごとに重み行列が別々に存在するため、文字i、f、kを付けて区別することにします。ここまでの部分を擬似コードで表すと、リスト6-25のようになります（少し恣意的に見えるかもしれませんが、ついてきてください）。

リスト 6-25：LSTM アーキテクチャの擬似コード（1/2）

```
output_t = activation(dot(state_t, Uo) + dot(input_t, Wo)
                     + dot(C_t, Vo) + bo)

i_t = activation(dot(state_t, Ui) + dot(input_t, Wi) + bi)
f_t = activation(dot(state_t, Uf) + dot(input_t, Wf) + bf)
k_t = activation(dot(state_t, Uk) + dot(input_t, Wk) + bk)
```

i_t、f_t、k_t を組み合わせると、新しいキャリー状態（次の c_t）が得られます（リスト6-26）。

リスト 6-26：LSTM アーキテクチャの擬似コード（2/2）

```
c_t+1 = i_t * k_t + c_t * f_t
```

これを図6-12のように追加します。それで完了です。ほんの少しだけ複雑ですが、理解できないほどではありません。

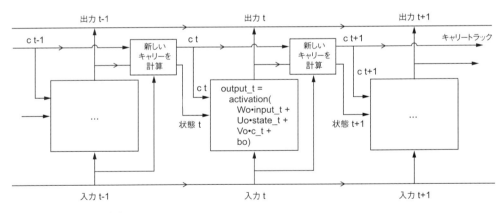

図 6-12：LSTM の構造

きちんと理解したい、という場合は、これらの演算がそれぞれ何をするものかについて考えてみるとよいでしょう。たとえば、c_t と f_t の乗算は、キャリートラックの無関係な情報を意図的に忘れてしまうための手段であると言えます。一方で、i_t と k_t は現在に関する情報を提供し、キャリートラックを新しい情報で更新します。ですが結局のところ、これらの解釈はたいして意味を持ちません。というのも、これらの演算が実際に何を行うかは、それらをパラメータ化する重みの内容によって決まるからです。そして、それらの重みはエンドツーエンド方式で学習され、訓練ループのイ

テレーションごとに仕切り直されます。このため、これらの演算を特定の目的に結び付けることは不可能です。RNN セルの仕様によって仮説空間 (訓練の際にモデルの適切な設定を見つけ出すための空間) が決まることは確かですが、そのセルが何を行うかまで決まるわけではありません。それを決めるのはセルの重みです。同じセルでもさまざまな重みによって何を行うかが大きく異なることがあります。このため、RNN セルを構成している演算の組み合わせについては、工学的な意味での「設計」ではなく、モデルの適切な設定を見つけ出すときの「制約」の集まりとして考えたほうがよいでしょう。

研究者から見て、そうした制約の選択 (RNN のセルの実装方法という問題) は、エンジニアが行うよりも、(遺伝的アルゴリズムや強化学習プロセスといった) 最適化アルゴリズムに任せたほうがよいように思えます。そして将来的には、それがネットワークを構築する方法になるでしょう。要するに、LSTM セルのアーキテクチャを何もかも理解する必要はありません。それは人が理解すべきことではありません。「LSTM セルが何をするものなのか」だけ覚えておいてください。LSTM セルは、過去の情報をあとから再注入できるようにすることで、勾配消失問題に対処します。

6.2.3　Keras での LSTM の具体的な例

ここでは、もう少し実践的な課題に目を向けることにしましょう。次の例では、LSTM 層を使ってモデルを構築し、IMDb のデータで訓練します。このネットワークは、先ほどの SimpleRNN を使ったネットワークと同様ですが、LSTM 層の出力の次元の数だけを指定し、他の (多くの) パラメータの値は Keras のデフォルト設定のままにします。Keras のデフォルトはうまく設定されており、パラメータのチューニングに時間を割かなくても、たいていの場合はうまくいきます (リスト 6-27)。

> **リスト 6-27：Keras での LSTM 層の使用**

```
from keras.layers import LSTM

model = Sequential()
model.add(Embedding(max_features, 32))
model.add(LSTM(32))
model.add(Dense(1, activation='sigmoid'))

model.compile(optimizer='rmsprop',
              loss='binary_crossentropy',
              metrics=['acc'])
history = model.fit(input_train, y_train,
                    epochs=10,
                    batch_size=128,
                    validation_split=0.2)
```

結果をプロットすると、図 6-13 のようになります。ドットは訓練データでの結果を表しており、折れ線は検証データでの結果を表しています。

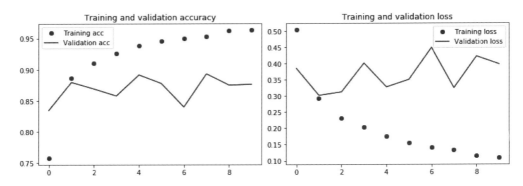

図6-13：IMDb で LSTM を使用した場合の正解率（左）と損失値（右）

　今回は、検証データでの正解率は 89% に達しています。SimpleRNN を使ったネットワークよりもはるかによい数字であることは間違いありません。これは主に、LSTM が勾配消失問題にあまり悩まされないためです。また、第 3 章の全結合アプローチよりも学習に使用したデータが少ないにもかかわらず、結果が少し改善されています。第 3 章ではシーケンス全体を処理しましたが、ここではシーケンスを 500 語で切り詰めています。

　しかし、このような計算負荷の高いアプローチでは、目を見張るような結果であるとは言えません。なぜ LSTM の性能はよくならないのでしょうか。理由の 1 つは、埋め込みの次元数や LSTM の出力の次元数といったハイパーパラメータのチューニングを行っていないことです。また、正則化を行っていないことも理由の 1 つかもしれません。ですが正直に言えば、最大の理由は、(LSTM が得意とする) 映画レビューの大域的かつ長期的な構造の分析が、感情分析問題では役に立たないことにあります。そうした基本的な問題は、最初の全結合アプローチのように、各レビューに出現する単語とその頻度を調べることによってうまく解決されます。しかし、自然言語処理 (NLP) の分野には、はるかに難しい問題が存在します。LSTM の能力が明らかになるのは、そうした質問応答や機械翻訳といった問題に適用した場合です。

6.2.4　まとめ

　次に、本節で理解した内容をまとめておきます。

- RNN はどのようなものか、どのような仕組みになっているか
- LSTM はどのようなものか、長いシーケンスを単純な RNN よりもうまく処理するのはなぜか
- シーケンスデータを処理するために Keras の RNN 層をどのように使用するか

　次節では、シーケンス処理のためのディープラーニングモデルを最大限に活用するのに役立つ、RNN のより高度な機能を見ていきます。

6.3 リカレントニューラルネットワークの高度な使い方

ここでは、リカレントニューラルネットワーク（RNN）の性能と汎化力を向上させる高度な手法を 3 つ紹介します。本節を最後まで読めば、Keras で RNN を使用するにあたって知っておきたいことのほとんどがわかるでしょう。ここでは、気温を予測する問題を例に、これら 3 つの手法を具体的に見ていきます。この問題では、建物の屋上に取り付けられたセンサーから送られてくる気温、気圧、湿度といった時系列データにアクセスします。それらのデータをもとに、最後のデータ点から 24 時間後の気温を予測します。これは難易度の高い問題であり、時系列データを扱うときに苦労する部分が実際に明らかになります。

ここで取り上げるのは、次の 3 つの手法です。

- **リカレントドロップアウト**
  リカレント層でドロップアウトを使って過学習に対抗するための組み込みの手法
- **リカレント層のスタッキング**
  （計算負荷が高くなることと引き換えに）ネットワークの表現力を高める手法
- **双方向のリカレント層**
  同じ情報をさまざまな方法で RNN に提供することで、正解率を向上させ、忘却の問題に対処する手法

6.3.1 気温予測問題

ここまで取り上げてきたシーケンスデータは、IMDb データセットや Reuters データセットといったテキストデータだけでした。しかし、シーケンスデータは言語処理だけでなく、さまざまな問題で使用されています。本節の例では、ドイツのイエナにある Max Planck Institute for Biogeochemistry の観測所で記録された気象時系列データセット[9] を使用します。

このデータセットは、14 種類の数値（気温、気圧、湿度、風向など）を 10 分おきに記録した数年分のデータで構成されています。最も古いデータは 2003 年のものですが、ここでは 2009 年から 2016 年のデータのみを使用します。このデータセットは数値の時系列データの操作を理解するのに申し分ありません。このデータセットを使用して、最近のデータ（数日分のデータ点）を入力として受け取り、24 時間後の気温を予測するモデルを構築します。

まず、データセットをダウンロードし、展開しておきます。

```
cd ~/Downloads
mkdir jena_climate
cd jena_climate
wget https://s3.amazonaws.com/keras-datasets/jena_climate_2009_2016.csv.zip
unzip jena_climate_2009_2016.csv.zip
```

---

[9]　Olaf Kolle, https://www.bgc-jena.mpg.de/wetter/

第6章　テキストとシーケンスのためのディープラーニング

さっそくデータを調べてみましょう（リスト6-28）。

リスト 6-28：気象データセットのデータの調査

```
import os

# データセットが置かれているディレクトリ
data_dir = '/Users/fchollet/Downloads/jena_climate'
fname = os.path.join(data_dir, 'jena_climate_2009_2016.csv')

f = open(fname)
data = f.read()
f.close()

lines = data.split('\n')
header = lines[0].split(',')
lines = lines[1:]

print(header)
print(len(lines))
```

　リスト6-28のコードを実行すると、データが全部で420,551行であることを示す値（各行は時間刻み：1日分のレコードと14種類の気象関連の値）に加えて、次の見出しが出力されます。

```
["Date Time",
 "p (mbar)",
 "T (degC)",
 "Tpot (K)",
 "Tdew (degC)",
 "rh (%)",
 "VPmax (mbar)",
 "VPact (mbar)",
 "VPdef (mbar)",
 "sh (g/kg)",
 "H2OC (mmol/mol)",
 "rho (g/m**3)",
 "wv (m/s)",
 "max. wv (m/s)",
 "wd (deg)"]
```

　次に、この420,551行のデータをNumPy配列に変換します（リスト6-29）。

リスト 6-29：データの解析

```
import numpy as np

float_data = np.zeros((len(lines), len(header) - 1))
for i, line in enumerate(lines):
    values = [float(x) for x in line.split(',')[1:]]
    float_data[i, :] = values
```

例として、気温（摂氏）の変化をプロットしてみましょう（リスト 6-30）。

リスト 6-30：気温の時系列データのプロット

```
from matplotlib import pyplot as plt

temp = float_data[:, 1]                    # 気温（摂氏）
plt.plot(range(len(temp)), temp)
plt.show()
```

図 6-14 のプロットにより、気温に年単位の周期性があることがわかります。

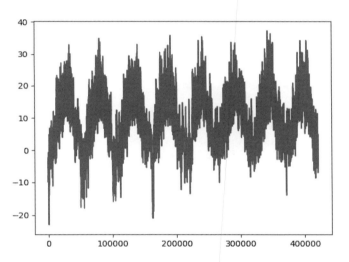

図 6-14：データセットの記録期間全体の気温

範囲を少し絞って、最初の 10 日間の気温データをプロットしてみましょう（リスト 6-31）。このデータは 10 分おきに記録されるため、1 日あたりのデータ点は 144 個です。

リスト 6-31：最初の 10 日間の気温データをプロット

```
plt.plot(range(1440), temp[:1440])
plt.show()
```

リスト 6-31 のコードを実行した結果は図 6-15 のようになります。

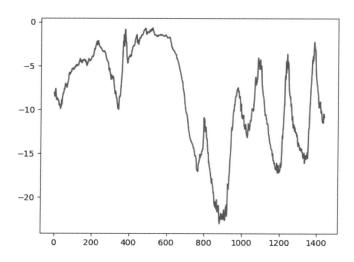

図 6-15：最初の 10 日間の気温（摂氏）

特に最後の 4 日間については、24 時間単位の周期性が見られます。また、この 10 日間のデータは冬のかなり寒い時期のものに違いありません。

このデータに年単位の周期性があることは間違いなさそうなので、数か月分のデータに基づいて次の月の平均気温を予測しようとしていたとしたら、この問題は簡単だったでしょう。しかし、数日間のデータを調べてみると、気温の変化がかなり激しいことがわかります。この時系列データを 24 時間（1 日）単位で予測することは可能なのでしょうか。さっそく調べてみましょう。

6.3.2 データの準備

この問題を完全に定式化すると、次のようになります。`lookback` 時間刻み（1 つの時間刻みは 10 分）にさかのぼるデータがあり、`steps` 時間刻みごとにサンプリングを行うとすれば、`delay` 時間刻みの気温を予測することは可能でしょうか。これらのパラメータには、次の値を使用します。

- `lookback = 720` … 過去 5 日分の観測データ
- `steps = 6` … 観測データは 1 時間あたり 1 データ点の割合でサンプリングされる
- `delay = 144` … 目的値は 24 時間後の気温

そのための準備として、次の 2 つの作業を行う必要があります。

- データの前処理を行い、ニューラルネットワークに読み込めるフォーマットにする
  この作業は簡単です。データはすでに数値であるため、ベクトル化を行う必要はありません。しかし、このデータでは、時系列の尺度はそれぞれ異なってい

6.3 リカレントニューラルネットワークの高度な使い方　　　221

ます。たとえば、気温は一般に –20 から +30 の値ですが、気圧はミリバール単位であり、1,000 前後の値になります。そこで、各時系列を個別に正規化し、すべての時系列が同じような尺度の小さな値になるようにします。

▪ **Python ジェネレータを記述する**

　このジェネレータは、浮動小数点数型のデータからなる現在の配列を受け取り、最近のデータと目的値 (将来の気温) からなるバッチを生成します。このデータセットのサンプルはかなり冗長であるため (サンプル N とサンプル $N+1$ の時間刻みのほとんどは共通)、各サンプルを明示的に確保しておくと無駄になります。そこで代わりに、元のデータを使ってサンプルをその場で生成します。

　データの前処理として、データから各時系列の平均を引き、標準偏差で割ります。訓練データとして使用するのは最初の 20 万個の時間刻みなので、この部分のデータでのみ平均と標準偏差を計算します (リスト 6-32)。

リスト 6-32：データの正規化

```
mean = float_data[:200000].mean(axis=0)
float_data -= mean
std = float_data[:200000].std(axis=0)
float_data /= std
```

　データジェネレータはリスト 6-33 のようになります。このジェネレータが生成するのは、タプル (samples, targets) です。samples は入力データの 1 つのバッチであり、targets はその入力データに対応する目的値 (気温) からなる配列です。このジェネレータは、次の 8 つの引数を受け取ります。

- data … 元の浮動小数点数型のデータからなる配列 (リスト 6-32 で正規化)。
- lookback … 入力データの時間刻みをいくつさかのぼるか。
- delay … 目的値の時間刻みをいくつ進めるか。
- min_index、max_index … 抽出する時間刻みの上限と下限を表す data 配列のインデックス。データの一部を検証とテストのために取っておくのに役立つ。
- shuffle … サンプルをシャッフルするのか、それとも時間の順序で抽出するのか。
- batch_size … バッチ 1 つあたりのサンプルの数。
- step … データをサンプリングするときの期間 (単位は時間刻み)。データ点を 1 時間ごとに 1 つ抽出するために 6 に設定する。

リスト 6-33：時系列サンプルとそれらの目的値を生成するジェネレータ

```
def generator(data, lookback, delay, min_index, max_index,
              shuffle=False, batch_size=128, step=6):
    if max_index is None:
        max_index = len(data) - delay - 1
    i = min_index + lookback
```

第6章　テキストとシーケンスのためのディープラーニング

```python
    while 1:
        if shuffle:
            rows = np.random.randint(min_index + lookback, max_index,
                                     size=batch_size)
        else:
            if i + batch_size >= max_index:
                i = min_index + lookback
            rows = np.arange(i, min(i + batch_size, max_index))
            i += len(rows)

        samples = np.zeros((len(rows),
                            lookback // step,
                            data.shape[-1]))
        targets = np.zeros((len(rows),))
        for j, row in enumerate(rows):
            indices = range(rows[j] - lookback, rows[j], step)
            samples[j] = data[indices]
            targets[j] = data[rows[j] + delay][1]
        yield samples, targets
```

　次に、この抽象的な generator 関数を使用して、それぞれ訓練、検証、テストに使用する3つのジェネレータをインスタンス化します。これらのジェネレータはそれぞれ、元のデータの時間的に異なる部分を扱います。訓練ジェネレータは最初の20万個の時間刻みを調べます。検証ジェネレータは次の10万個の時間刻み、テストジェネレータは残りの時間刻みを調べます（リスト6-34）。

> **リスト 6-34：訓練、検証、テストに使用するジェネレータの準備**

```python
lookback = 1440
step = 6
delay = 144
batch_size = 128

# 訓練ジェネレータ
train_gen = generator(float_data,
                      lookback=lookback,
                      delay=delay,
                      min_index=0,
                      max_index=200000,
                      shuffle=True,
                      step=step,
                      batch_size=batch_size)
# 検証ジェネレータ
val_gen = generator(float_data,
                    lookback=lookback,
                    delay=delay,
                    min_index=200001,
                    max_index=300000,
                    step=step,
                    batch_size=batch_size)
# テストジェネレータ
test_gen = generator(float_data,
                     lookback=lookback,
```

6.3 リカレントニューラルネットワークの高度な使い方　　223

```
                    delay=delay,
                    min_index=300001,
                    max_index=None,
                    step=step,
                    batch_size=batch_size)

# 検証データセット全体を調べるためにval_genから抽出する時間刻みの数
val_steps = (300000 - 200001 - lookback) // batch_size

# テストデータセット全体を調べるためにtest_genから抽出する時間刻みの数
test_steps = (len(float_data) - 300001 - lookback) // batch_size
```

6.3.3　機械学習とは別の、常識的なベースライン

　ディープラーニングモデルというブラックボックスを使って気温予測問題を解いていく前に、単純な常識的アプローチを試してみましょう。このアプローチは健全性チェックの役割を果たすもので、より高度な機械学習モデルの有益性を実証するにあたってクリアしなければならないベースラインを設定します。そうした常識的なベースラインが役立つのは、既知の解決策が（まだ）存在しない新しい問題に取り組んでいる場合です。典型的な例は、不均衡な分類タスクです。そうした分類タスクには、一部のクラスの共通性が異常に高い、という特徴があります。クラス A のインスタンスがデータセットの 90% を占めていて、残りの 10% がクラス B のインスタンスである場合、この分類タスクに対する常識的なアプローチは、新しいサンプルが提供されたときに常に「A」を予測することです。そうした分類器の全体的な正解率は 90% です。このため、機械学習ベースのアプローチが有益であることを実証するには、この「90% の正解率」というベースラインをクリアしなければなりません。このどうということのないベースラインをクリアするのに、意外に手こずることがあります。

　この場合は、気温の時系列データに連続性があり（明日の気温は今日の気温に近いものになる可能性があります）、24 時間単位の周期性があると想定しても安全でしょう。このため、常識的なアプローチでは、常に、24 時間後の気温が現在と同じ気温になると予測します。平均絶対誤差（MAE）を指標として、このアプローチを評価してみましょう。

```
np.mean(np.abs(preds - targets))
```

　評価ループはリスト 6-35 のようになります。

リスト 6-35：常識的なベースラインの MAE を計算

```
def evaluate_naive_method():
    batch_maes = []
    for step in range(val_steps):
        samples, targets = next(val_gen)
        preds = samples[:, -1, 1]
        mae = np.mean(np.abs(preds - targets))
        batch_maes.append(mae)
    print(np.mean(batch_maes))
```

この関数は MAE を 0.29 と算出します。

```
>>> evaluate_naive_method()
0.289735972991
```

気温データは正規化されており、中心は 0、標準偏差は 1 であるため、この値を見ても何のことかピンときません。この値を変換すると、平均絶対誤差 0.29×temperature_std ＝ 2.57℃になります（リスト 6-36）。

リスト 6-36：平均絶対誤差（MAE）を摂氏の誤差に変換

```
celsius_mae = 0.29 * std[1]
```

平均絶対誤差としてはかなり大きな値です。次は、ディープラーニングの知識を活かしてもっとよい結果を出す番です。

6.3.4 機械学習の基本的なアプローチ

機械学習のアプローチを試す前に、常識的なベースラインを設定してみるのが有益であることがわかりました。同様に、RNN などの複雑で計算負荷の高い機械学習モデルを調べる際には、その前に、単純で計算負荷の低いモデル（小さな全結合ネットワークなど）を試してみるとよいでしょう。複雑なモデルを導入することに理論的な根拠があり、実際にメリットがあることを確認するには、これが最善の方法です。

リスト 6-37 は、全結合モデルを示しています。このモデルは、データを平坦化した上で、2 つの Dense 層で処理します。なお、2 つ目の Dense 層には活性化関数が指定されていませんが、回帰問題ではこれが一般的です。損失関数には平均絶対誤差（MAE）を使用します。評価に使用するデータと指標は常識的なアプローチのときとまったく同じであるため、結果を直接比較できるはずです。

リスト 6-37：全結合モデルの訓練と評価

```python
from keras.models import Sequential
from keras import layers
from keras.optimizers import RMSprop

model = Sequential()
model.add(layers.Flatten(input_shape=(lookback // step,
                                       float_data.shape[-1])))
model.add(layers.Dense(32, activation='relu'))
model.add(layers.Dense(1))

model.compile(optimizer=RMSprop(), loss='mae')
history = model.fit_generator(train_gen,
                              steps_per_epoch=500,
                              epochs=20,
                              validation_data=val_gen,
                              validation_steps=val_steps)
```

検証データと訓練データでの損失曲線をプロットしてみましょう（リスト 6-38）。

リスト 6-38：結果をプロット

```
import matplotlib.pyplot as plt

loss = history.history['loss']
val_loss = history.history['val_loss']

epochs = range(len(loss))

plt.figure()

plt.plot(epochs, loss, 'bo', label='Training loss')
plt.plot(epochs, val_loss, 'b', label='Validation loss')
plt.title('Training and validation loss')
plt.legend()

plt.show()
```

結果は図 6-16 のようになります。ドットは訓練データでの結果を表しており、折れ線は検証データでの結果を表しています。

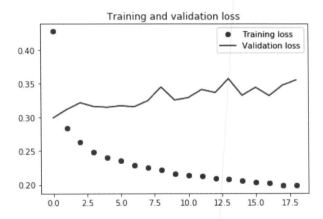

図 6-16：気温予測タスクで単純な全結合ネットワークを使用した場合の損失値

　検証データでの損失値の一部は常識的なアプローチのベースラインに近づいているものの、確実ではありません。どうやら、このベースラインを超えるのはそう簡単ではないようです —— このベースラインを最初に設定しておいたかいがあったというものです。あなたの常識には、機械学習モデルには手の届かない貴重な情報が山ほど含まれているのです。
　データから目的値（常識的なベースライン）を推測する単純で性能のよいモデルが存在しているなら、訓練しているモデルにそれを探し出させてさらに改善しないのはなぜだろうか、と考えているかもしれませんね。なぜなら、この単純な解決策は、あなたの訓練設定が探し求めているものではないからです。あなたが解決策を模索してい

第6章　テキストとシーケンスのためのディープラーニング

るモデルの空間（仮説空間）は、あなたが定義した設定を持つありとあらゆる2層ネットワークで構成されています。それらのネットワークはすでにかなり複雑です。複雑なモデルの仮説空間で解決策を探している場合、単純で性能のよいベースラインを学習するのは、それが厳密にはその仮説空間の一部であったとしても、不可能かもしれません。これは機械学習全体のかなり大きな制限です。学習アルゴリズムが特定の単純なモデルを探すようにハードコーディングされていない限り、パラメータの学習では、単純な問題に対する単純な解決策を見つけ出すのに失敗することがあります。

6.3.5　最初のリカレントベースライン

　最初の全結合アプローチはうまくいきませんでしたが、だからといって、この問題に機械学習を適用できないわけではありません。先のアプローチでは、まず時系列データを平坦化することで、入力データから時間の概念を取り除きました。ここでは代わりに、データをそのままの状態で（シーケンスとして）調べてみることにします。シーケンスでは、因果関係と順序が重要となります。ここで試してみるのは、リカレント / シーケンス処理モデルです。最初のアプローチとは異なり、このモデルはまさにデータ点の時間的な順序を利用するため、そうしたシーケンスデータに申し分なく適合するはずです。

　ここでは、前節で紹介した LSTM 層の代わりに、2014 年に Chung 他によって開発された **GRU**（Gated Recurrent Unit）層を使用します[10]。GRU 層は、LSTM と同じ原理に基づいていますが、少し効率化されているため、LSTM ほど実行コストがかかりません（ただし、LSTM ほど表現力がないことがあります）。このような計算コストと表現力のトレードオフは、機械学習にはつきものです。

リスト 6-39：GRU ベースのモデルの訓練と評価

```
from keras.models import Sequential
from keras import layers
from keras.optimizers import RMSprop

model = Sequential()
model.add(layers.GRU(32, input_shape=(None, float_data.shape[-1])))
model.add(layers.Dense(1))

model.compile(optimizer=RMSprop(), loss='mae')
history = model.fit_generator(train_gen,
                              steps_per_epoch=500,
                              epochs=20,
                              validation_data=val_gen,
                              validation_steps=val_steps)
```

---

[10]　Junyoung Chung et al., "Empirical Evaluation of Gated Recurrent Neural Networks on Sequence Modeling," Conference on Neural Information Processing Systems (2014), https://arxiv.org/abs/1412.3555

結果をプロットすると、図 6-17 のようになります（ドットは訓練データでの結果を表しており、折れ線は検証データでの結果を表しています）。結果は見違えるようです。常識的なベースラインを大きくクリアすることで、機械学習の価値が実証されたただけでなく、この種のタスクではシーケンスを平坦化する全結合ネットワークよりも RNN のほうが圧倒的に優れていることも実証できています。

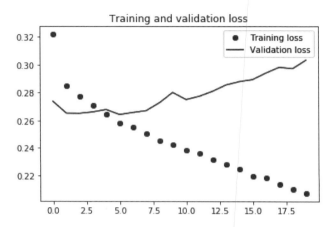

図 6-17：気温予測タスクで GRU モデルを使用した場合の損失値

検証データでの新しい平均絶対誤差（MAE）は、（深刻な過学習に陥る前は）最大で 0.265 であり、非正規化の後の MAE は 2.35℃であると解釈されます。最初の MAE である 2.57℃からすると着実に前進していますが、まだ若干改善の余地がありそうです。

6.3.6　リカレントドロップアウトを使って過学習を抑制する

訓練データと検証データでの損失曲線から、このモデルが過学習に陥っていることは明らかです。訓練データと検証データの損失曲線は、数エポック後には大きく枝分かれしています。この現象に対処するための従来の手法は、おなじみのドロップアウトです。ドロップアウトでは、層に供給される訓練データの偶発的な相関関係を破壊するために、層の入力ユニットをランダムに取り除きます。しかし、RNN にドロップアウトを正しく適用する方法は、簡単な問題ではありません。かねてより、リカレント層の前にドロップアウトを適用すると、正則化に役立つどころか、学習の妨げになってしまうことがわかっています。RNN でドロップアウトを使用するための正しい方法が特定されたのは、Yarin Gal が 2015 年に発表したベイズディープラーニングに関する博士論文[11]でした。その方法とは、時間刻みごとにドロップアウトマスクをランダムに変化させるのではなく、すべての時間刻みで同じドロップアウトマスクを適用することで、ドロップされるユニットのパターンを同じにすべきである、というものでした。それだけでなく、GRU や LSTM といった層のリカレントゲートによって形成さ

---

[11]　Yarin Gal, "Uncertainty in Deep Learning (PhD Thesis)," October 13, 2016, http://mlg.eng.cam.ac.uk/yarin/blog_2248.html

れる表現を正則化するには、時間的に一定のドロップアウトマスクを層の内部のリカレント活性化に適用する必要があります（リカレントドロップアウトマスク）。すべての時間刻みで同じドロップアウトマスクを使用すると、ネットワークが時間の流れに沿って学習誤差を正しく伝播できるようになります。時間的にランダムなドロップアウトマスクは、この誤差信号を破壊してしまうため、学習プロセスにとって有害です。

　Yarin Gal は自身の研究に Keras を使用しており、このメカニズムを Keras のリカレント層に組み込むのに協力してくれました。Keras のすべてのリカレント層には、ドロップアウト関連のパラメータが 2 つ定義されています。1 つは dropout であり、その層の入力ユニットのドロップアウト率を浮動小数点数で指定します。もう 1 つは recurrent_dropout であり、リカレントユニットのドロップアウト率を指定します。ドロップアウトとリカレントドロップアウトを GRU 層に追加して、過学習にどのような影響を与えるのか確認してみましょう。ドロップアウトを使ってネットワークを正則化する場合は、常に、完全に収束するのにより時間がかかるようになります。このため、ネットワークを訓練するときのエポック数を 2 倍にします。

リスト 6-40：ドロップアウトで正則化した GRU ベースのモデルの訓練と評価

```python
from keras.models import Sequential
from keras import layers
from keras.optimizers import RMSprop

model = Sequential()
model.add(layers.GRU(32,
                     dropout=0.2,
                     recurrent_dropout=0.2,
                     input_shape=(None, float_data.shape[-1])))
model.add(layers.Dense(1))

model.compile(optimizer=RMSprop(), loss='mae')
history = model.fit_generator(train_gen,
                              steps_per_epoch=500,
                              epochs=40,
                              validation_data=val_gen,
                              validation_steps=val_steps)
```

　結果をプロットすると、図 6-18 のようになります（ドットは訓練データでの結果を表しており、折れ線は検証データでの結果を表しています）。うまくいったようです！最初の 30 エポックでは、もう過学習は発生していません。評価のスコアはこれまでよりも安定しているものの、ベストスコアは以前ほど低くありません。

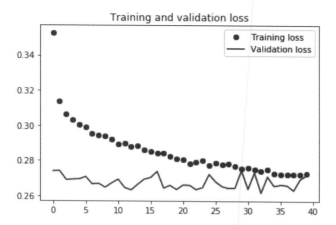

図6-18：ドロップアウトで正則化されたGPUモデルを気温予測タスクで使用した場合の損失値

6.3.7 リカレント層のスタッキング

過学習に陥ることはなくなりましたが、性能にボトルネックがあるようです。このため、ネットワークのキャパシティを増やすことを検討すべきです。機械学習の一般的なワークフローに関する説明を思い出してください。過学習が主な障害物として立ちはだかるようになるまでネットワークのキャパシティを増やしてみるのは、通常はよい考えです。ただし、ドロップアウトを使用するなど、過学習を抑制するための基本的な手続きがすでに取られていることが前提となります。過学習がそれほどひどくない限り、キャパシティは不足している可能性があります。

一般に、ネットワークのキャパシティを増やすには、層のユニットの数を増やすか、層をさらに追加します。リカレント層のスタッキングは、より強力なRNNを構築するための典型的な方法です。たとえば、現在Google Translateアルゴリズムのエンジンとなっているのは、7つの大きなLSTM層のスタックです —— それもかなりの大きさです。

Kerasで複数のリカレント層をスタックとして積み上げるには、すべての中間層が（最後の時間刻みの出力ではなく）完全な出力シーケンス（3次元テンソル）を返さなければなりません。これを可能にするには、リスト6-41に示すように、return_sequences=True を指定します。

リスト6-41：ドロップアウトで正則化されたスタッキングGRUモデルでの訓練と評価

```
from keras.models import Sequential
from keras import layers
from keras.optimizers import RMSprop

model = Sequential()
model.add(layers.GRU(32,
                     dropout=0.1,
                     recurrent_dropout=0.5,
```

```
                            return_sequences=True,
                            input_shape=(None, float_data.shape[-1])))
model.add(layers.GRU(64, activation='relu',
                          dropout=0.1,
                          recurrent_dropout=0.5))
model.add(layers.Dense(1))

model.compile(optimizer=RMSprop(), loss='mae')
history = model.fit_generator(train_gen,
                              steps_per_epoch=500,
                              epochs=40,
                              validation_data=val_gen,
                              validation_steps=val_steps)
```

結果をプロットすると、図 6-19 のようになります（ドットは訓練データでの結果を表しており、折れ線は検証データでの結果を表しています）。

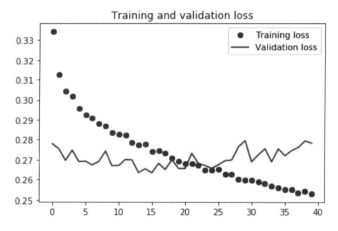

図 6-19：気温予測タスクでスタッキング GRU モデルを使用した場合の損失値

層を追加したことによって結果が少し改善したことがわかりますが、それほど大きな改善ではありません。このことから次の結論が導き出されます。

- まだ過学習はそれほどひどくないため、検証データでの損失値の改善を目指して、層のサイズを大きくしても安全であることが考えられる。ただし、その計算コストは無視できるほど小さなものではない。
- 層を追加しても大幅な改善には至らなかったため、このポイントをネットワークのキャパシティを増やすことによる収穫逓減と見なすこともできる。

6.3.8　双方向のリカレントニューラルネットワーク

本節で最後に紹介する手法は、**双方向 RNN**（bidirectional RNN）です。双方向 RNN は一般的な RNN の 1 つであり、特定のタスクにおいて通常の RNN よりもよい性能が

得られます。この RNN は自然言語処理 (NLP) でよく使用されます。双方向 RNN については、NLP のためのスイスアーミーナイフのように万能なディープラーニングと考えてみるとよいでしょう。

　RNN の特徴は、順序 (時間) に依存することです —— RNN は入力シーケンスの時間刻みを順番に処理します。それらの時間刻みをシャッフルしたり逆の順序にしたりすると、RNN がシーケンスから抽出する表現がすっかり変わってしまうことがあります。気温予測問題のように、順序が意味を持つ問題で RNN がうまくいくのは、まさにそれが理由です。双方向 RNN は、RNN の順序に敏感な性質を利用します。この RNN は、すでにおなじみの GRU や LSTM など、2 つの標準的な RNN 層で構成されます。これらの層はそれぞれ入力シーケンスを一方向で (時間の古い順および新しい順に) 処理し、続いてそれぞれの表現をマージします。シーケンスを双方向で処理することにより、双方向 RNN は一方向の RNN では見落とされるかもしれないパターンを捕捉することができます。

　注目すべきは、本節の RNN 層がシーケンスを時間の順序で (時間刻みの古いものから順に) 処理していることに論理的な必然性があったとは限らないことです。少なくともこれまでは、この決定を疑問に思うことはありませんでした。仮に、入力シーケンスを新しい時間刻みから順に処理していたとしても、それらの RNN の性能は十分なものだったでしょうか。これを実際に試して、どうなるか見てみましょう。そのために必要なのは、リスト 6-33 の最後の行を `yield samples[:, ::-1, :], targets` に置き換えることで、入力シーケンスが時間の次元に沿って逆向きになるデータジェネレータを作成することだけです。本節の最初の実習で使用したのと同じ GRU 層が 1 つだけのネットワークを訓練した結果は、図 6-20 のようになります (ドットは訓練データでの結果を表しており、折れ線は検証データでの結果を表しています)。

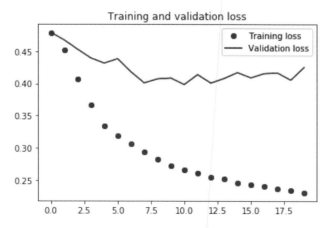

図 6-20：逆向きのシーケンスで訓練した GRU モデルを気温予測タスクで使用した場合の損失値

　この GRU の性能はかなり悪く、常識的なベースラインすらクリアできていません。つまり、このアプローチを成功させるには、時間の順序で処理を行うことが重要となります。これは完全に筋が通っています。GRU 層は一般に (遠い過去のことよりも) 最近のことを覚えるほうが得意です。そして当然ながら、この問題の説明変数としては、

過去の気象データ点よりも最近の気象データ点のほうが重要です（だからこそ、常識的なベースラインがものを言うわけです）。つまり、時間の順序で処理を行う GRU 層が、逆の順序で処理を行う GRU 層よりも性能がよいのはあたりまえのことなのです。ここで重要となるのは、このことが自然言語処理（NLP）といった他の問題にも当てはまるわけではないことです。直観的にわかるように、文章を解釈するときの単語の重要度は、通常は文章内での位置に依存しません。前節の LSTM に基づく IMDb の例で同じトリックを試してみましょう（リスト 6-42）。

リスト 6-42：逆向きのシーケンスを用いた LSTM での訓練と評価

```python
from keras.datasets import imdb
from keras.preprocessing import sequence
from keras import layers
from keras.models import Sequential

# 特徴量として考慮する単語の数
max_features = 10000

# max_features個の最も出現頻度の高い単語のうち、
# この数の単語を残してテキストをカット
max_len = 500

# データを読み込む
(x_train, y_train), (x_test, y_test) = \
    imdb.load_data(num_words=max_features)

# シーケンスを逆向きにする
x_train = [x[::-1] for x in x_train]
x_test = [x[::-1] for x in x_test]

# シーケンスをパディングする
x_train = sequence.pad_sequences(x_train, maxlen=max_len)
x_test = sequence.pad_sequences(x_test, maxlen=max_len)

model = Sequential()
model.add(layers.Embedding(max_features, 128))
model.add(layers.LSTM(32))
model.add(layers.Dense(1, activation='sigmoid'))

model.compile(optimizer='rmsprop',
              loss='binary_crossentropy',
              metrics=['acc'])
history = model.fit(x_train, y_train,
                    epochs=10,
                    batch_size=128,
                    validation_split=0.2)
```

　この場合は、時間の順序で処理を行う LSTM にほぼ匹敵する性能が得られます。特筆すべきは、こうしたテキストのデータセットでは、時間の順序での処理と逆の順序での処理とで性能がほぼ同じであることです。このことから、「単語の順序は言語を理解するにあたって確かに重要であるものの、どちらの順序を使用するかはそれほど重

要ではない」という仮説が裏付けられます。重要なのは、現実の世界で時間が逆行した場合の思考モデルが異なるのと同じように、逆向きのシーケンスで訓練されたRNNが、元のシーケンスで訓練されたRNNとは異なる表現を学習することです――最初の日に死んで、最後の日に生まれる人生を送るようなものです。機械学習では、「たとえ違っていても有益である表現」には常に利用価値があり、しかも違っていればいるほど利用価値は高くなります。それらの表現は、データを新しい角度から調べて、他のアプローチでは見落とされていたデータの性質を捕捉する機会をもたらします。このため、タスクにおける性能の向上に役立つ可能性があります。この**アンサンブル**（ensembling）という概念については、第7章で詳しく取り上げます。

　双方向RNNは、この概念を利用することで、時間の順序で処理を行うRNNの性能を向上させます。双方向RNNは、入力シーケンスを双方向で調べることで（図6-21）、より豊かな表現を学習し、時間の順序で処理を行うRNNだけでは見逃されていたかもしれないパターンを捕捉します。

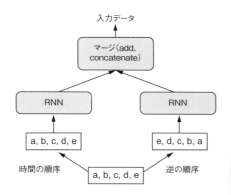

図6-21：双方向RNNの仕組み

　Kerasで双方向RNNをインスタンス化するには、Bidirectional層を使用します。この層は、最初の引数としてリカレント層のインスタンスを受け取ります。Bidirectional層は、このリカレント層の2つ目のインスタンスを新たに作成します。そして、入力シーケンスを時間の順序で処理するために一方のインスタンスを使用し、入力シーケンスを逆の順序で処理するためにもう一方のインスタンスを使用します。双方向RNNをIMDbの感情分析タスクで試してみましょう（リスト6-43）。

リスト6-43：LSTMベースの双方向RNNの訓練と評価

```
model = Sequential()
model.add(layers.Embedding(max_features, 32))
model.add(layers.Bidirectional(layers.LSTM(32)))
model.add(layers.Dense(1, activation='sigmoid'))

model.compile(optimizer='rmsprop',
              loss='binary_crossentropy',
              metrics=['acc'])
history = model.fit(x_train, y_train,
                    epochs=10, batch_size=128, validation_split=0.2)
```

第 6 章　テキストとシーケンスのためのディープラーニング

　検証データでの正解率は 89% 前後であり、前節で試した標準的な LSTM 層の性能を少し上回っています。また、このモデルのほうが過学習に陥るのが少し早いようですが、これは意外なことではありません。というのも、Bidirectional 層のパラメータの数は時間の順序で処理を行う LSTM 層の 2 倍だからです。このタスクでは、双方向アプローチの性能は正則化によって大幅に改善される可能性があります。
　次に、同じアプローチを気温予測タスクで試してみましょう（リスト 6-44）。

リスト 6-44：GRU ベースの双方向 RNN の訓練と評価

```python
from keras.models import Sequential
from keras import layers
from keras.optimizers import RMSprop

model = Sequential()
model.add(layers.Bidirectional(layers.GRU(32),
                               input_shape=(None, float_data.shape[-1])))
model.add(layers.Dense(1))

model.compile(optimizer=RMSprop(), loss='mae')
history = model.fit_generator(train_gen,
                              steps_per_epoch=500,
                              epochs=40,
                              validation_data=val_gen,
                              validation_steps=val_steps)
```

　標準的な GRU 層と性能はほぼ同じです。その理由はすぐに察しがつきます。予測のキャパシティはすべて、時間の順序で処理を行うリカレント層のものに違いないからです。というのも、このタスクでは、逆の順序で処理を行うリカレント層の性能はかなり悪いことがわかっているからです（この場合も、遠い過去のことよりも最近のことのほうがずっと重要だからです）。

6.3.9　さらに先へ進むために

気温予測問題の性能を向上させるためにできることは他にもいろいろあります。

- スタッキング設定において各リカレント層のユニットの数を調整する。現在の選択は根拠に乏しく、おそらく最適ではない。
- RMSprop オプティマイザが使用する学習率を調整する。
- GRU 層の代わりに LSTM 層を試してみる。
- リカレント層の出力側でより大きな全結合回帰器を使用する。つまり、より大きな Dense 層か、Dense 層のスタックを試してみる。
- 最後に（検証データセットでの平均絶対誤差の観点から）最も性能のよいモデルをテストデータセットで実行することを忘れてはならない。そうしないと、検証データセットを過学習しているアーキテクチャを開発することになる。

ディープラーニングはやはり科学というよりも選択術です。特定の問題でうまくいく可能性があるものやうまくいかない可能性があるものについてガイドラインを提供することは可能ですが、結局のところ、1つとして同じ問題はないわけで、さまざまな戦略を実験に基づいて評価しなければなりません。現時点において、問題を最もうまく解決するために具体的に何をすべきかが事前に明らかになるような理論は存在しません。とにかく実践あるのみです。

6.3.10 まとめ

次に、本節で理解した内容をまとめておきます。

- 第4章で最初に説明したように、新しい問題に取り組むときには、選択の目安として常識的なベースラインを設定するのが効果的である。クリアすべきベースラインが定まっていなければ、実際に進展があったかどうかを判断することはできない。
- 複雑なモデルの計算コストを正当化するために、先に単純なモデルを試してみる。単純なモデルが最善の選択であることが判明することもある。
- 時間の順序が重要となるデータを使用するときには、RNN がうってつけである。RNN は、最初に時間データを平坦化するモデルの性能を簡単に凌駕する。
- RNN でドロップアウトを使用する際には、時間的に一定のドロップアウトマスクと、リカレントドロップアウトマスクを使用すべきである。これらのドロップアウトマスクは Keras のリカレント層に組み込まれており、リカレント層の dropout パラメータと recurrent_dropout パラメータに引数を指定するだけでよい。
- スタッキング RNN は単層 RNN よりも表現力が高い。スタッキング RNN はその分コストがかかるため、必ずしも有益ではない。スタッキング RNN の利用価値は、機械翻訳といった複雑な問題では明らかだが、より小さく単純な問題には必ずしも適していない。
- シーケンスを双方向で処理する双方向 RNN は、自然言語処理（NLP）の問題において有益である。しかし、最近のデータのほうがはるかに情報利得の高いシーケンスデータでは、あまり性能がよくない。

ここで詳しく取り上げていない重要な概念に、**リカレントアテンション**（recurrent attention）と**シーケンスマスキング**（sequence masking）の2つがあります。どちらの概念も自然言語処理（NLP）との関連が深く、気温予想問題には特に当てはまりません。これらの概念に興味がある場合は、ぜひ調べてみてください。

株式市場と機械学習

　ここで紹介した手法を株式市場の将来の株価（または為替レートなど）を予測する問題で試してみたい、と考える読者もいるでしょう。株式市場の統計的な性質は、気象パターンといった自然現象のものとはまったく異なっています。一般に公開されているデータにしかアクセスできないとしたら、機械学習を使って株式市場の勝者になるのは難しい試みです。何の成果も見られないまま時間やリソースを無駄にすることになるでしょう。

　こと株式市場に関しては、過去の成績は将来のリターンのよい指標ではないことを常に覚えておいてください。バックミラーを見ながら運転するのはいただけません。機械学習を適用できるのは、過去が未来のよい指標となるデータセットです。

6.4 畳み込みニューラルネットワークでのシーケンス処理

　第5章では、畳み込みニューラルネットワーク（CNN）を取り上げ、CNN が特にコンピュータビジョンの問題でうまくいくことを説明しました。というのも、CNN は畳み込み演算を実行することで、局所的な入力パッチから特徴量を抽出し、表現のモジュール化とデータの効率化を可能にするからです。CNN をコンピュータビジョンに適したものにしている特性は、シーケンス処理にも大きく関連しています。2次元画像の幅や高さと同様に、時間は空間次元として扱うことができます。

　そうした1次元 CNN は、特定のシーケンス処理問題において RNN の好敵手となります。しかも、通常は CNN のほうがずっと計算コストもかかりません。最近では、1次元 CNN（一般に膨張カーネルとの組み合わせで使用される）のほうが、音声生成や機械翻訳で大きな成功を収めています。こうした特定分野での成功に加えて、テキスト分類や時系列予測といった単純なタスクでも、小さな1次元 CNN が RNN の高速な代替手段になり得ることがすでに知られています。

6.4.1 シーケンスデータでの1次元 CNN

　すでに説明した畳み込み層は、2次元の畳み込みであり、画像テンソルから2次元のパッチを抽出し、各パッチにまったく同じ変換を適用します。同様に、1次元 CNNでは、図6-22 に示すように、シーケンスから局所的な1次元パッチ（サブシーケンス）を抽出できます。

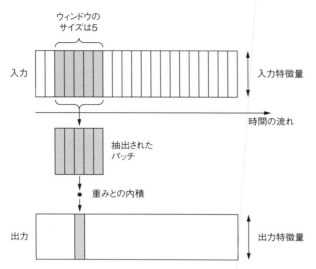

図 6-22：1 次元 CNN では、入力シーケンスの時間的なパッチから出力として時間刻みが取得される

　こうした 1 次元の畳み込み層では、シーケンスから局所的なパターンを認識できます。どのパッチでも同じ入力変換が実行されるため、シーケンスの特定の位置から学習したパターンをあとから別の位置で認識することが可能です。このため、1 次元 CNN が学習するパターンは（時間移動に関して）移動不変となります。たとえば、文字シーケンスを処理する 1 次元 CNN が畳み込みウィンドウのサイズとして 5 を使用している場合は、長さが 5 以下の単語または単語の一部を学習できるはずであり、コンテキストを問わず、これらの単語を入力シーケンスで認識できるはずです。したがって、文字レベルの 1 次元 CNN は単語の形態を学習できます。

6.4.2　シーケンスデータの 1 次元プーリング

　2 次元の平均値プーリングや最大値プーリングなど、画像テンソルを空間的にダウンサンプリングするために CNN で使用される 2 次元プーリング演算については、すでに説明したとおりです。1 次元の CNN にも、2 次元のプーリング演算に相当するプーリング演算があり、入力から 1 次元パッチ（サブシーケンス）を抽出し、最大値（最大値プーリング）または平均値（平均値プーリング）を出力します。2 次元の CNN と同様に、この演算は 1 次元の入力の長さを削減（サブサンプリング）するために使用されます。

6.4.3　1 次元 CNN の実装

　Keras で 1 次元 CNN を実装するには、`Conv1D` 層を使用します。この層のインターフェイスは、`Conv2D` のものと同様です。`Conv1D` 層は、入力として形状が (samples, time, features) の 3 次元テンソルを受け取り、出力として同様の形状の 3 次元テンソルを返します。畳み込みウィンドウは、時間軸（入力テンソルの軸 1）の 1 次元ウィンドウです。

第6章　テキストとシーケンスのためのディープラーニング

　単純な2層の1次元 CNN を構築し、すでにおなじみの IMDb の感情分析タスクに
適用してみましょう。データの取得と前処理を行うコードは、リスト 6-45 のように定
義されていました。

リスト 6-45：IMDb データの準備

```
from keras.datasets import imdb
from keras.preprocessing import sequence

max_features = 10000   # 特徴量として考慮する単語の数
max_len = 500          # この数の単語を残してテキストをカット

print('Loading data...')
(x_train, y_train), (x_test, y_test) = \
    imdb.load_data(num_words=max_features)
print(len(x_train), 'train sequences')
print(len(x_test), 'test sequences')

print('Pad sequences (samples x time)')
x_train = sequence.pad_sequences(x_train, maxlen=max_len)
x_test = sequence.pad_sequences(x_test, maxlen=max_len)
print('x_train shape:', x_train.shape)
print('x_test shape:', x_test.shape)
```

　1次元 CNN の構造は、第5章で使用した2次元 CNN と同じです。具体的には、
Conv1D 層と MaxPooling1D 層のスタックで構成されており、最後に3次元の出力を2次
元の出力に変換するグローバルプーリング層か Flatten 層があります。このため、分
類や回帰のための Dense 層を1つ以上追加できます。
　ただし、1次元 CNN の違いの1つは、より大きな畳み込みウィンドウを使用できる
余裕があることです。2次元の畳み込み層では、3×3 の畳み込みウィンドウに 3×3 ＝
9個の特徴ベクトルが含まれています。これに対し、1次元の畳み込み層では、サイ
ズが3の畳み込みウィンドウに含まれている特徴ベクトルは3つだけです。このため、
サイズが7や9の畳み込みウィンドウを使用する余裕があります。
　IMDb データセットに適用する1次元 CNN は、リスト 6-46 のようになります。

リスト 6-46：IMDb データセットでの単純な1次元 CNN の訓練と評価

```
from keras.models import Sequential
from keras import layers
from keras.optimizers import RMSprop

model = Sequential()
model.add(layers.Embedding(max_features, 128, input_length=max_len))
model.add(layers.Conv1D(32, 7, activation='relu'))
model.add(layers.MaxPooling1D(5))
model.add(layers.Conv1D(32, 7, activation='relu'))
model.add(layers.GlobalMaxPooling1D())
model.add(layers.Dense(1))
```

```
model.summary()

model.compile(optimizer=RMSprop(lr=1e-4),
              loss='binary_crossentropy',
              metrics=['acc'])
history = model.fit(x_train, y_train,
                    epochs=10,
                    batch_size=128,
                    validation_split=0.2)
```

訓練と検証の結果は図 6-23 のようになります（ドットは訓練データでの結果を表しており、折れ線は検証データでの結果を表しています）。検証データでの正解率は LSTM よりも若干低いものの、実行時間は CPU でも GPU でもより高速です（厳密にどれくらい速くなるかは、実際の構成に応じて大きく異なります）。この時点で、このモデルを正しいエポック数 (4) で再び訓練し、テストデータセットで評価できます。単語レベルの感情分類タスクでは、1 次元 CNN が RNN に代わる高速で安価なアプローチになり得ることが実証されています。

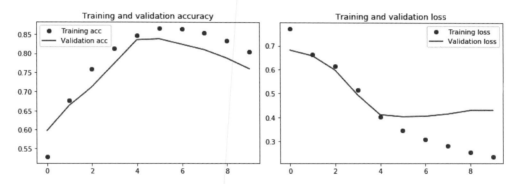

図 6-23：IMDb で単純な 1 次元 CNN を使用した場合の正解率（左）と損失値（右）

6.4.4　CNN と RNN を組み合わせて長いシーケンスを処理する

1 次元 CNN は入力パッチを個別に処理するため、RNN とは異なり、（局所的な尺度、つまり畳み込みウィンドウのサイズを超える）時間刻みの順序に敏感ではありません。もちろん、長期的なパターンを認識するために多くの畳み込み層とプーリング層を積み重ねれば、出力側の層が元の長い入力シーケンスを参照できるようになります。しかし、順序への敏感さをなくすための方法としては、かなり弱いものであることは否めません。この弱さを明らかにする方法の 1 つは、気温予測問題で 1 次元 CNN を試してみることです。この場合、よい予測値を生成するための鍵は、順序への敏感さにあります。次の例（リスト 6-47）では、前節で定義した変数 float_data、train_gen、val_gen、val_steps を再利用します。

リスト 6-47：気象データセットでの単純な 1 次元 CNN の訓練と評価

```
from keras.models import Sequential
from keras import layers
from keras.optimizers import RMSprop

model = Sequential()
model.add(layers.Conv1D(32, 5, activation='relu',
                        input_shape=(None, float_data.shape[-1])))
model.add(layers.MaxPooling1D(3))
model.add(layers.Conv1D(32, 5, activation='relu'))
model.add(layers.MaxPooling1D(3))
model.add(layers.Conv1D(32, 5, activation='relu'))
model.add(layers.GlobalMaxPooling1D())
model.add(layers.Dense(1))

model.compile(optimizer=RMSprop(), loss='mae')
history = model.fit_generator(train_gen,
                              steps_per_epoch=500,
                              epochs=20,
                              validation_data=val_gen,
                              validation_steps=val_steps)
```

訓練データと検証データでの平均絶対誤差（MAE）は図 6-24 のようになります（ドットは訓練データでの結果を表しており、折れ線は検証データでの結果を表しています）。

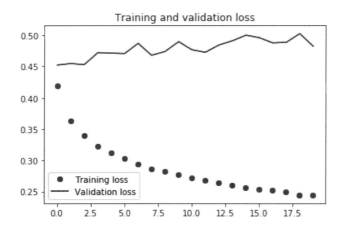

図 6-24：気温予測タスクで単純な 1 次元 CNN を使用した場合の損失値

検証データでの平均絶対誤差（MAE）は 0.40 台であり、この小さな CNN では、常識的なベースラインすらクリアできていません。原因はやはり、この CNN が入力時系列データの至るところでパターンを検索し、(先頭に向かって、末尾に向かって、といった) パターンの時間的な位置に関する知識を持っていないことにあります。この気温予測問題では、最近のデータ点と過去のデータ点では解釈が異なるはずなので、この CNN は意味のある結果を生成することに失敗します。この CNN の制限は、IMDb データでは問題になりません。というのも、肯定的な感情や否定的な感情に関連付けられたキーワードのパターンは、それらが入力シーケンスのどこで検出されたとしても、情報利得を持つからです。

　CNN の軽快さを RNN の順序への敏感さと組み合わせる手法の 1 つは、1 次元 CNN を RNN の前処理ステップとして使用することです (図 6-25)。これが特に役立つのは、数千もの時間刻みからなるシーケンスなど、RNN で処理するのが現実的ではないほど長いシーケンスを扱っている場合です。CNN により、この長い入力シーケンスは、より高レベルな特徴量からなるはるかに短い (ダウンサンプリングされた) シーケンスに変換されます。そして、この抽出された特徴量のシーケンスがネットワークの RNN 部分の入力になります。

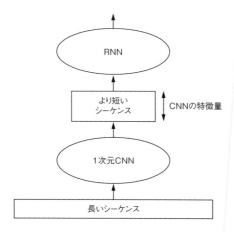

図 6-25：長いシーケンスを処理するための
1 次元 CNN と RNN の組み合わせ

　この手法は研究論文や実際の応用例ではあまり見かけませんが、おそらくよく知られていないためでしょう。この手法は効果的であり、今後はより一般的な手法になるはずです。この手法を気温予測問題で試してみましょう。この手法では、かなり長いシーケンスを操作できるようになるため、データをかなりさかのぼって調べたり、分解能の高い時系列データを調べたりすることが可能です。前者の場合は、データジェネレータの `lookback` パラメータの値を大きくします。後者の場合は、データジェネレータの `step` パラメータの値を小さくします。試しに、`step` の値を半分にし、時系列データの長さを倍にしてみましょう。この場合、気温データは 30 分間に 1 データ点の割合でサンプリングされます。リスト 6-48 に示すように、前節で定義した `generator` 関数を再利用します。

第6章　テキストとシーケンスのためのディープラーニング

リスト 6-48：Jena データセット用のより分解能の高いデータジェネレータの準備

```
step = 3          # 前回は6（1時間に1データ点）、今回は3（30分に1データ点）
lookback = 720   # 変更なし
delay = 144       # 変更なし

train_gen = generator(float_data,
                      lookback=lookback,
                      delay=delay,
                      min_index=0,
                      max_index=200000,
                      shuffle=True,
                      step=step)
val_gen = generator(float_data,
                    lookback=lookback,
                    delay=delay,
                    min_index=200001,
                    max_index=300000,
                    step=step)
test_gen = generator(float_data,
                     lookback=lookback,
                     delay=delay,
                     min_index=300001,
                     max_index=None,
                     step=step)
val_steps = (300000 - 200001 - lookback) // 128
test_steps = (len(float_data) - 300001 - lookback) // 128
```

このモデルは、2 つの Conv1D 層とそれに続く GRU 層で構成されます（リスト 6-49）。

リスト 6-49：1 次元畳み込みベースと GRU 層で構成されたモデル

```
from keras.models import Sequential
from keras import layers
from keras.optimizers import RMSprop

model = Sequential()
model.add(layers.Conv1D(32, 5, activation='relu',
                        input_shape=(None, float_data.shape[-1])))
model.add(layers.MaxPooling1D(3))
model.add(layers.Conv1D(32, 5, activation='relu'))
model.add(layers.GRU(32, dropout=0.1, recurrent_dropout=0.5))
model.add(layers.Dense(1))

model.summary()

model.compile(optimizer=RMSprop(), loss='mae')
history = model.fit_generator(train_gen,
                              steps_per_epoch=500,
                              epochs=20,
                              validation_data=val_gen,
                              validation_steps=val_steps)
```

結果は図 6-26 のようになります（ドットは訓練データでの結果を表しており、折れ線は検証データでの結果を表しています）。

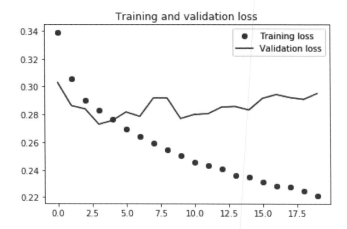

図 6-26：気温予測問題で 1 次元 CNN と GRU を使用した場合の損失値

検証データでの損失値から判断すると、この設定は正則化した GRU ベースのモデルほどよくありませんが、かなり改善されています。データは 2 倍になっており、この場合は大きな助けにはなっていないようですが、他のデータセットでは重要となるかもしれません。

6.4.5 まとめ

次に、本節で理解した内容をまとめておきます。

- 2 次元 CNN が 2 次元空間での視覚パターンの処理に適しているのと同様に、1 次元 CNN は時間的なパターンの処理に適している。自然言語処理（NLP）のタスクでは特にそうだが、問題によっては、1 次元 CNN は RNN よりも高速なアプローチとなる。
- 一般に、1 次元 CNN の構造は、コンピュータビジョン分野の 2 次元 CNN とほぼ同じである。1 次元 CNN は、`Conv1D` 層と `MaxPooling1D` 層のスタックで構成され、最後にグローバルプーリング演算か平坦化演算がある。
- 非常に長いシーケンスを RNN で処理するとかなりコストがかかるが、1 次元 CNN ではそれほどコストがかからない。このため、1 次元 CNN を RNN の前処理ステップとして使用することで、RNN で処理するための有益な表現を抽出するのが得策である。

本章のまとめ

- 本章では、次の手法について説明した。これらの手法は、テキストから時系列データまで、あらゆるシーケンスデータセットに広く応用できる。
  - テキストをトークン化する方法
  - 単語埋め込みとそれらを使用する方法
  - RNN とそれらを使用する方法
  - RNN の層のスタッキングと、双方向 RNN を使ってより高性能なシーケンス処理モデルを構築する方法
  - シーケンス処理に 1 次元 CNN を使用する方法
  - 長いシーケンスを処理するために 1 次元 CNN と RNN を組み合わせる方法
- 時系列回帰 (未来の予測)、時系列分類、時系列での異常検知、シーケンスのラベル付け (文章での名前や日付の識別など) には、RNN を使用できる。
- 同様に、機械翻訳 (SliceNet[12] のような Sequence-to-Sequence 畳み込みモデル)、文書分類、スペル修正には、1 次元 CNN を使用できる。
- シーケンスデータにおいて全体的な順序が重要である場合、その処理には RNN を使用することが望ましい。多くの場合、これに該当するのは、遠い過去のデータよりも最近のデータのほうに情報利得があると思われる時系列データである。
- 全体的な順序が基本的に無意味である場合は、1 次元 CNN でも同じようにうまくいき、しかもコストがかからない。多くの場合、これに該当するのはテキストデータである。この場合、文章の先頭で検出されたキーワードと末尾で検出されたキーワードの重要度は同じである。

---

[12]　https://arxiv.org/abs/1706.03059

高度なディープラーニングの
ベストプラクティス

本章で取り上げる内容
- Keras Functional API
- Keras のコールバックの使用
- TensorBoard の操作
- 最先端のモデルを開発するための重要なベストプラクティス

　本章では、「さまざまな問題で最先端のモデルを開発できるようになる」という目標に近づくための強力なツールをいくつか紹介します。Keras Functional API を利用すれば、グラフ形式のモデルを構築し、さまざまな入力にまたがって層を共有し、Pythonの関数と同じように Keras のモデルを使用できるようになります。Keras のコールバックと、ブラウザベースの可視化ツールである TensorBoard を利用すれば、訓練中のモデルを監視できるようになります。また、バッチ正規化、残差接続、ハイパーパラメータの最適化、モデルのアンサンブルなど、他のベストプラクティスも取り上げます。

7.1 Sequentialモデルを超えて：Keras Functional API

本書でここまで紹介してきたニューラルネットワークはすべて、Sequentialモデルを使って実装されていました。Sequentialモデルは、ネットワークの入力と出力がそれぞれ1つだけであることを前提として、層の線形スタックで構成されます（図7-1）。

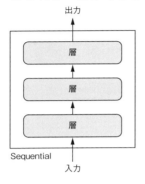

図7-1：Sequentialモデルは層の線形スタック

これは一般的に有効な前提です。この構成は非常に一般的であり、ここまで説明してきたさまざまなトピックや実際の応用例をSequentialモデルクラスだけでカバーできるほどです。ですが場合によっては、こうした前提には柔軟性がなさすぎます。複数の独立した入力を要求するネットワークもあれば、複数の出力を要求するネットワークもあります。さらに、層の間で分岐していて、層の線形スタックというよりも**グラフ**のように見えるネットワークもあります。

たとえば、タスクによっては**マルチモーダル入力**（multimodal input）が必要になります。そうしたタスクでは、さまざまな入力ソースからのデータをマージし、さまざまな種類のニューラルネットワークを使って各種のデータを処理します。たとえば、古着の市場価格を予想するディープラーニングモデルを思い浮かべてみてください。このモデルの入力は、ユーザーが提供するメタデータ（商品のブランドや何年前のものかなど）、ユーザーが提供するテキストの説明、そして商品の写真です。メタデータだけが提供されている場合は、そのメタデータでone-hotエンコーディングを実行し、全結合ネットワークを使って価格を予測しようと思えばできないことはありません。同様に、テキストの説明だけが提供されている場合は、リカレントニューラルネットワーク（RNN）か1次元の畳み込みニューラルネットワーク（CNN）を利用できます。写真だけが提供されている場合は、2次元のCNNを利用できます。しかし、これら3つを同時に使用するにはどうすればよいでしょうか。単純なアプローチは、3つのモデルを別々に訓練し、それらの予測値の荷重平均を求めることです。しかし、これは最適な方法ではないかもしれません。なぜなら、それらのモデルによって抽出された情報は重複している可能性があるからです。それよりもよい方法は、利用可能なモーダル入力をすべて同時に参照できるモデルを使って、データからより性能のよいモデルを**同時に**学習することです。このモデルは、図7-2に示すような、3つの分岐を持つモデルになります。

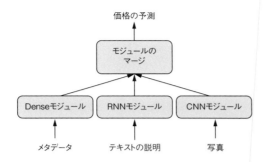

図7-2：多入力モデル

　同様に、タスクによっては、入力データから複数の目的属性を予測しなければならないことがあります。長編小説や短編小説のテキストがあるとしましょう。この小説をジャンル別（ロマンス、スリラーなど）に自動的に分類したいのですが、その小説がいつ頃執筆されたものであるかも予測したいと考えています。この場合はもちろん、2つの異なるモデルを訓練するという手があります。一方のモデルはジャンルを予測し、もう一方のモデルは執筆時期を予測します。しかし、これらの属性は統計的に独立しているわけではないため、ジャンルと執筆時期を同時に予測するための学習を行えば、より高性能なモデルを構築できるはずです。そうした同時モデルは、2つの出力（ヘッド）を持つことになります（図7-3）。ジャンルと執筆時期の間には相関関係があるため、小説の執筆時期がわかれば、ジャンル空間のより正確で豊かな表現をモデルが学習するのに役立つはずです。逆に、小説のジャンルがわかれば、執筆時期空間の表現を学習するのに役立つはずです。

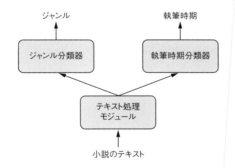

図7-3：多出力（マルチヘッド）モデル

　それに加えて、最近開発されている多くのニューラルアーキテクチャは、非線形のネットワークトポロジを要求します。つまり、有向非巡回グラフとして構造化されたネットワークです。たとえば、GoogleのSzegedy他[1]によって開発されたInceptionファミリのネットワークは、**Inceptionモジュール**に依存しています。これらのモジュールの入力は、複数の並列畳み込み分岐によって処理されます。そして、それらの分岐の出力は1つのテンソルにマージされます（図7-4）。また、最近の傾向は、モ

---

[1] Christian Szegedy et al., "Going Deeper with Convolutions," Conference on Computer Vision and Pattern Recognition (2014), https://arxiv.org/abs/1409.4842

デルに**残差接続**（residual connection）を追加することです。その先駆けとなったのは、Microsoftの He 他によって開発された ResNet ファミリーのネットワークです[2]。残差接続は、過去の出力テンソルを新しい出力テンソルに追加することにより、以前の表現を下流のデータに再注入することで、データ処理の過程で情報が失われるのを防ぎます（図7-5）。そうしたグラフ形式のネットワークの例は他にもいろいろあります。

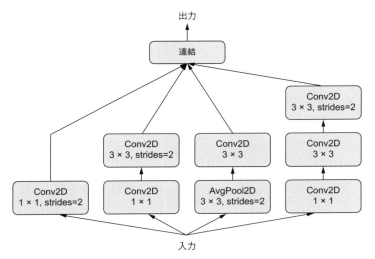

図7-4：Inception モジュールは複数の並列畳み込み分岐を持つ層からなるサブグラフで構成される

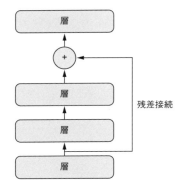

図7-5：残差接続は特徴マップの加算を通じて過去の情報を下流のデータに再注入する

多入力モデル、多出力モデル、グラフ形式のモデルという3つの重要なユースケースは、Kerasで Sequential モデルクラスだけを使用する場合には不可能です。しかし、Kerasを使用するためのはるかに一般的で柔軟な方法がもう1つあります。それは **Functional API** です。ここでは、Functional API とは何か、Functional API で何ができるか、Functional API はどのように使用するかについて詳しく見ていきます。

---

[2] Kaiming He et al., "Deep Residual Learning for Image Recognition," Conference on Computer Vision and Pattern Recognition (2015), https://arxiv.org/abs/1512.03385

7.1.1 速習：Keras Functional API

Functional API では、テンソルを直接操作し、テンソルを受け取ってテンソルを返す**関数**（function）として層を使用します。「Functional API」と呼ばれるのは、そのためです。

```
from keras import Input, layers

# テンソル
input_tensor = Input(shape=(32,))

# 層は関数
dense = layers.Dense(32, activation='relu')

# テンソルで呼び出された層はテンソルを返す
output_tensor = dense(input_tensor)
```

まず、簡単な例を使って、単純な Sequential モデルと、Functional API でそれに相当するものを比較してみましょう。

```
from keras.models import Sequential, Model
from keras import layers
from keras import Input

# すでにおなじみのSequentialモデル
seq_model = Sequential()
seq_model.add(layers.Dense(32, activation='relu', input_shape=(64,)))
seq_model.add(layers.Dense(32, activation='relu'))
seq_model.add(layers.Dense(10, activation='softmax'))

# Functional APIでそれに相当するもの
input_tensor = Input(shape=(64,))
x = layers.Dense(32, activation='relu')(input_tensor)
x = layers.Dense(32, activation='relu')(x)
output_tensor = layers.Dense(10, activation='softmax')(x)

# Modelクラスは入力テンソルと出力テンソルをモデルに変換する
model = Model(input_tensor, output_tensor)

# このモデルのアーキテクチャを確認
model.summary()
```

model.summary() 呼び出しの出力は次のようになります。

Layer (type)	Output Shape	Param #
input_1 (InputLayer)	(None, 64)	0
dense_4 (Dense)	(None, 32)	2080
dense_5 (Dense)	(None, 32)	1056

```
dense_6 (Dense)                   (None, 10)                    330
=================================================================
Total params: 3,466
Trainable params: 3,466
Non-trainable params: 0
```

　この時点で少し不思議に思える部分は、入力テンソルと出力テンソルだけを使って
Model オブジェクトをインスタンス化することかもしれません。Keras の内部の仕組み
について説明しましょう。Keras は、input_tensor から output_tensor までの間にあ
る層をすべて取得し、それらをグラフ形式のデータ構造、つまり Model にまとめます。
もちろん、これがうまくいくのは、output_tensor が input_tensor を繰り返し変換す
ることによって取得されたものだからです。無関係な入力と出力からモデルを構築し
ようとした場合は、RuntimeError になります。

```
>>> unrelated_input = Input(shape=(32,))
>>> bad_model = model = Model(unrelated_input, output_tensor)
RuntimeError: Graph disconnected: cannot obtain value for tensor
Tensor("input_1:0", shape=(?, 64), dtype=float32) at layer "input_1".
```

　このエラーからわかるのは、要するに、Keras が指定された出力テンソルから input_1
にアクセスできなかった、ということです。
　Model のそうしたインスタンスのコンパイル、訓練、または評価に関しては、Functional
API は Sequential モデルと同じです。

```
# モデルをコンパイル
model.compile(optimizer='rmsprop', loss='categorical_crossentropy')

# 訓練に使用するダミーのNumPyデータを生成
import numpy as np
x_train = np.random.random((1000, 64))
y_train = np.random.random((1000, 10))

# モデルを10エポックで訓練
model.fit(x_train, y_train, epochs=10, batch_size=128)

# モデルを評価
score = model.evaluate(x_train, y_train)
```

7.1.2　多入力モデル

　Functional API では、複数の入力を持つモデルの構築が可能です。一般に、そうし
たモデルは何らかの時点でさまざまな入力分岐をマージします。これには、テンソル
の加算や連結など、複数のテンソルを結合できる層が使用されます。通常、この作業
は keras.layers.add や keras.layers.concatenate といった Keras のマージ演算を使
って実行されます。多入力モデルの非常に単純な例として、質問応答モデルを見てみ
ましょう。

一般的な質問応答モデルには、自然言語での質問と、その質問に答えるための情報を提供するテキスト（ニュース記事など）という2つの入力があります。このモデルはそれらの入力をもとに答えを生成しなければなりません。最も単純なシナリオでは、1つの単語が答えになります（図7-6）。この答えは、あらかじめ定義された語彙にソフトマックス関数（次の答えの確率分布）を適用することによって取得されます。

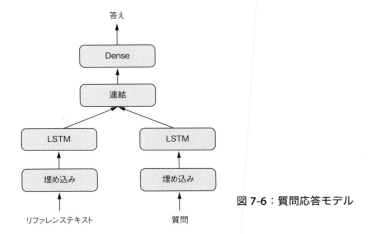

図7-6：質問応答モデル

リスト7-1は、Functional APIを使ってそうしたモデルを構築する例を示しています。まず、2つの独立した分岐を設定し、テキスト入力と質問入力を表現ベクトルとしてエンコードします。続いて、それらのベクトルを連結し、最後に、連結された表現の後にソフトマックス分類器を追加します。

リスト7-1：2つの入力を持つ質問応答モデルのFunctional API実装

```
from keras.models import Model
from keras import layers
from keras import Input

text_vocabulary_size = 10000
question_vocabulary_size = 10000
answer_vocabulary_size = 500

# テキスト入力は整数の可変長のシーケンス
# なお、必要であれば、入力に名前を付けることもできる
text_input = Input(shape=(None,), dtype='int32', name='text')

# 入力をサイズが64のベクトルシーケンスに埋め込む
embedded_text = layers.Embedding(
    text_vocabulary_size)(text_input, 64)

# LSTMを通じてこれらのベクトルを単一のベクトルにエンコード
encoded_text = layers.LSTM(32)(embedded_text)
```

第7章 高度なディープラーニングのベストプラクティス

```python
# 質問入力でも（異なる層のインスタンスを使って）同じプロセスを繰り返す
question_input = Input(shape=(None,), dtype='int32', name='question')
embedded_question = layers.Embedding(
    question_vocabulary_size, 32)(question_input)
encoded_question = layers.LSTM(16)(embedded_question)

# エンコードされたテキストと質問を連結
concatenated = layers.concatenate([encoded_text, encoded_question],
                                  axis=-1)

# ソフトマックス分類器を追加
answer = layers.Dense(
    answer_vocabulary_size, activation='softmax')(concatenated)

# モデルをインスタンス化するときには、2つの入力と1つの出力を指定
model = Model([text_input, question_input], answer)
model.compile(optimizer='rmsprop',
              loss='categorical_crossentropy',
              metrics=['acc'])
```

　次に、この2つの入力を持つモデルを訓練するにはどうすればよいでしょうか。そのためのAPIは2つあります。モデルに入力としてNumPy配列のリストを供給できるAPIと、入力の名前をNumPy配列にマッピングするディクショナリを供給できるAPIです。当然ながら、後者のAPIを利用できるのは、入力に名前を付ける場合だけです（リスト7-2）。

リスト 7-2：多入力モデルへのデータの供給

```python
import numpy as np
num_samples = 1000
max_length = 100

# ダミーのNumPyデータを生成
text = np.random.randint(1, text_vocabulary_size,
                         size=(num_samples, max_length))
question = np.random.randint(1, question_vocabulary_size,
                             size=(num_samples, max_length))

# 答えに（整数ではなく）one-hotエンコーディングを適用
answers = np.zeros(shape=(num_samples, answer_vocabulary_size))
indices = np.random.randint(0, answer_vocabulary_size, size=num_samples)
for i, x in enumerate(answers):
    x[indices[i]] = 1

# 入力リストを使った適合
model.fit([text, question], answers, epochs=10, batch_size=128)

# 入力ディクショナリを使った適合（入力に名前を付ける場合のみ）
model.fit({'text': text, 'question': question}, answers,
          epochs=10, batch_size=128)
```

7.1.3 多出力モデル

同じ要領で、Functional API を使って複数の出力（ヘッド）を持つモデルを構築できます。単純な例は、データのさまざまな特性を同時に予測しようとするネットワークです。たとえば、同一の匿名ユーザーによるソーシャルメディアへの一連の投稿を入力として、そのユーザーの年齢、性別、所得水準といった複数の属性を予測しようとするネットワークが考えられます（図7-7）。

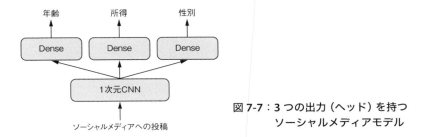

図 7-7：3 つの出力（ヘッド）を持つ
ソーシャルメディアモデル

Functional API を使った実装はリスト 7-3 のようになります。

リスト 7-3：3 つの出力を持つモデルの Functional API 実装

```
from keras import layers
from keras import Input
from keras.models import Model

vocabulary_size = 50000
num_income_groups = 10

posts_input = Input(shape=(None,), dtype='int32', name='posts')
embedded_posts = layers.Embedding(256, vocabulary_size)(posts_input)
x = layers.Conv1D(128, 5, activation='relu')(embedded_posts)
x = layers.MaxPooling1D(5)(x)
x = layers.Conv1D(256, 5, activation='relu')(x)
x = layers.Conv1D(256, 5, activation='relu')(x)
x = layers.MaxPooling1D(5)(x)
x = layers.Conv1D(256, 5, activation='relu')(x)
x = layers.Conv1D(256, 5, activation='relu')(x)
x = layers.GlobalMaxPooling1D()(x)
x = layers.Dense(128, activation='relu')(x)

# 出力層に名前が付いていることに注意
age_prediction = layers.Dense(1, name='age')(x)
income_prediction = layers.Dense(num_income_groups,
                                 activation='softmax',
                                 name='income')(x)
gender_prediction = layers.Dense(1, activation='sigmoid', name='gender')(x)
model = Model(posts_input,
              [age_prediction, income_prediction, gender_prediction])
```

第 7 章　高度なディープラーニングのベストプラクティス

　ここで重要となるのは、そうしたモデルを訓練するにあたって、ネットワークのさまざまなヘッドに対して異なる損失関数を指定できなければならないことです。たとえば、年齢の予測はスカラー回帰タスクですが、性別の予測は二値分類タスクであり、異なる訓練手続きが要求されます。しかし、勾配降下法では**スカラー**の最小化が要求されるため、モデルを訓練するには、これらの損失値を 1 つの値にまとめなければなりません。さまざまな損失値をまとめる最も単純な方法は、それらの損失値の総和を求めることです。Keras では、compile で損失値のリストまたはディクショナリを使用することで、出力ごとに異なるオブジェクトを指定できます。結果として得られる損失値は、訓練中に最小化される全損失として合計されます（リスト 7-4）。

リスト 7-4：多出力モデルのコンパイルオプション（複数の損失）

```
model.compile(optimizer='rmsprop',
              loss=['mse',
                    'categorical_crossentropy',
                    'binary_crossentropy'])

# 上記と同じ（出力層に名前を付けている場合にのみ可能）
model.compile(optimizer='rmsprop',
              loss={'age': 'mse',
                    'income': 'categorical_crossentropy',
                    'gender': 'binary_crossentropy'})
```

　損失値の貢献度がかなり不均衡である場合、モデルの表現は、（他のタスクを犠牲にして）最も大きな損失値を持つタスクを優先する形で最適化されることになります。この問題を是正するには、損失値に対して、最終的な損失値にどれくらい貢献するのかを表す重要度を割り当てます。これが特に役立つのは、損失値の尺度が異なる場合です。たとえば、年齢回帰タスクに使用される平均二乗誤差（MSE）は一般に 3 ～ 5 の値をとります。これに対し、性別分類タスクに使用される交差エントロピーの値は最低で 0.1 になることがあります。そうした状況では、さまざまな損失値の重要度のバランスをとるために、交差エントロピーに 10 の重みを割り当て、平均二乗誤差に 0.25 の重みを割り当てることができます（リスト 7-5）。

リスト 7-5：多出力モデルのコンパイルオプション（損失の重み付け）

```
model.compile(optimizer='rmsprop',
              loss=['mse', 'categorical_crossentropy',
                    'binary_crossentropy'],
              loss_weights=[0.25, 1., 10.])

# 上記と同じ（出力層に名前を付けている場合にのみ可能）
model.compile(optimizer='rmsprop',
              loss={'age': 'mse',
                    'income': 'categorical_crossentropy',
                    'gender': 'binary_crossentropy'},
              loss_weights={'age': 0.25, 'income': 1., 'gender': 10.})
```

7.1 Sequential モデルを超えて：Keras Functional API

多入力モデルの場合と同様に、訓練のための **NumPy** データは、配列のリストか配列のディクショナリとして渡すことができます（リスト 7-6）。

リスト 7-6：多出力モデルへのデータの供給

```
# age_targets、income_targets、gender_targetsはNumPy配列と仮定
model.fit(posts, [age_targets, income_targets, gender_targets],
          epochs=10, batch_size=64)

# 上記と同じ（出力層に名前を付けている場合にのみ可能）
model.fit(posts, {'age': age_targets,
                  'income': income_targets,
                  'gender': gender_targets},
          epochs=10, batch_size=64)
```

7.1.4　層の有向非巡回グラフ

Functional API では、複数の入力と複数の出力を持つモデルを構築できるだけでなく、複雑な内部トポロジを持つネットワークも実装できます。Keras では、ニューラルネットワークを層の**有向非巡回グラフ**（directed acyclic graph）にすることができます。この「非巡回」という形容詞は重要です —— これらのグラフはサイクルを持つことができません。つまり、テンソル x を生成した層のいずれかの入力として x を使用することは不可能です。唯一許可されている処理ループ（リカレント結合）は、リカレント層の内部のものです。

ニューラルネットワークに共通する構成要素の一部は、グラフとして実装されています。代表的な例は、Inception モジュールと残差接続です。ここでは、Functional API を使って層のグラフを構築する方法をよく理解できるよう、Inception モジュールと残差接続を Keras で実装する方法について説明します。

Inception モジュール

Inception[3] は、畳み込みニューラルネットワーク（CNN）用のよく知られているネットワークアーキテクチャです。このアーキテクチャは、先行する **Network-in-Network** アーキテクチャ[4] にヒントを得て、**Christian Szegedy** をはじめとする **Google** の開発者によって 2013 年から 2014 年にかけて開発されました。Inception はモジュールのスタックで構成されています。それらのモジュールは小さな独立したネットワークのようなものであり、複数の並列分岐に分かれています。最も基本的な形式の Inception モジュールは、最初に 1×1 の畳み込み、続いて 3×3 の畳み込み、最後に特徴量の連結といった、3〜4 個の分岐で構成されています。この設定は、ネットワークが空間特徴量とチャネルごとの特徴量を別々に学習するのに役立ちます。これらの特徴量を別々に学習するほうが、同時に学習するよりも効率的です。より複雑な形式の Inception モジュールも可能であり、一般に、プーリング演算、さまざまなサイズの空間畳み込み

---

[3] https://arxiv.org/abs/1409.4842
[4] Min Lin, Qiang Chen, and Shuicheng Yan, "Network in Network," International Conference on Learning Representations (2013), https://arxiv.org/abs/1312.4400

（分岐によっては3×3ではなく5×5であるなど）、空間畳み込みのない分岐（1×1の畳み込みのみ）で構成されます。図7-8は、Inception V3のそうしたモジュールの例を示しています。

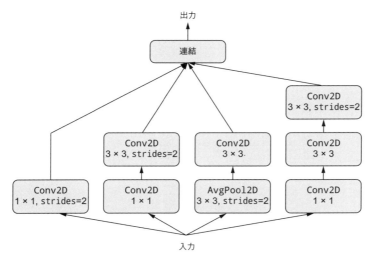

図7-8：Inception モジュール

> **1×1の畳み込みの目的**
>
> すでに説明したように、畳み込みでは、入力テンソルのすべてのタイルのまわりで空間パッチが抽出され、すべてのパッチに同じ変換が適用されます。エッジケースは、抽出されたパッチがたった1つのタイルで構成されている場合です。その場合、畳み込み演算はDense層を通じて各タイルベクトルを実行することに等しくなります。つまり、入力テンソルの各チャネルの情報を混ぜ合わせた特徴量を計算することになりますが、（一度に調べるタイルは1つだけなので）空間にまたがって情報を混ぜ合わせることはありません。Inceptionモジュールでは、そうした1×1の畳み込みが挿入され、チャネルごとの表現学習と空間ごとの表現学習の因数分解に貢献します。1×1の畳み込みは、**pw 畳み込み**（pointwise convolution）とも呼ばれます。このオプションは、各チャネルが空間をまたいで強い自己相関関係にある場合には合理的なのですが、チャネルによっては相互の関連性が低いことも考えられます。

7.1 Sequential モデルを超えて：Keras Functional API

　Functional API を使って図 7-8 のモジュールを実装する方法は次のようになります。この例では、4 次元の入力テンソル x が存在することを前提とします。

```python
from keras import layers

# 各分岐のストライドの値は同じ (2) :
# すべての分岐の出力を同じサイズに保って連結可能にするために必要
branch_a = layers.Conv2D(128, 1, activation='relu', strides=2)(x)

# この分析では、空間畳み込み層でストライドが発生する
branch_b = layers.Conv2D(128, 1, activation='relu')(x)
branch_b = layers.Conv2D(128, 3, activation='relu', strides=2)(branch_b)

# この分岐では、平均値プーリング層でストライドが発生する
branch_c = layers.AveragePooling2D(3, strides=2)(x)
branch_c = layers.Conv2D(128, 3, activation='relu')(branch_c)

branch_d = layers.Conv2D(128, 1, activation='relu')(x)
branch_d = layers.Conv2D(128, 3, activation='relu')(branch_d)
branch_d = layers.Conv2D(128, 3, activation='relu', strides=2)(branch_d)

# モジュールの出力を取得するために分岐の出力を結合
output = layers.concatenate([branch_a, branch_b, branch_c, branch_d],
                            axis=-1)
```

　なお、Keras では、Inception V3 の完全なアーキテクチャが keras.applications. inception_v3.InceptionV3 として提供されていることに注意してください。これには、ImageNet データセットで学習済みの重みも含まれています。また、Keras の applications モジュールの一部として提供されている関連性の高いモデルの 1 つに、**Xception** があります[5]。Xception は「extreme inception」の略であり、Inception の系譜に連なる CNN アーキテクチャの 1 つです。Xception は、チャネルごとの表現学習と空間ごとの表現学習をその論理的な極限で分割するという発想に基づいており、Inception モジュールを深さごとの分離可能な畳み込み (dw 畳み込み)[6] に置き換えます。これらの畳み込みは、dw 畳み込み (各入力チャネルが別々に処理される空間畳み込み) と、それに続く pw 畳み込み (1×1 の畳み込み) で構成されます。実質的には、空間特徴量とチャネルごとの特徴量が完全に分離された、極端な形式の Inception モジュールです。Xception のパラメータの数は Inception V3 とほぼ同じですが、Xception のほうがモデルのパラメータをより効率よく使用するため、ImageNet や他の大規模なデータセットでの実行時の性能や正解率は Inception V3 を上回っています。

---

[5]　François Chollet, "Xception: Deep Learning with Depthwise Separable Convolutions," Conference on Computer Vision and Pattern Recognition (2017), https://arxiv.org/abs/1610.02357

[6]　[訳注] dw 畳み込みについては、7.3.1 項を参照。

残差接続

残差接続（residual connection）は、Xception を含め、2015 年以降のネットワークアーキテクチャでよく見られるようになったグラフ形式のネットワークコンポーネントです。残差接続が知られるようになったのは、2015 年の ILSVRC（ImageNet Large Scale Visual Recognition Challenge）で Microsoft の He 他が首位を獲得したことがきっかけでした[7]。残差接続は、大規模なディープラーニングモデルを苦しめている勾配消失問題と表現のボトルネックという 2 つの問題に対処します。一般に、残差接続の追加にメリットがあると思われるのは、層の数が 10 を超えるモデルです。

残差接続は、手前にある層の出力を後ろにある層の入力にすることで、事実上、逐次的なネットワークにショートカットを作成します。手前にある層の出力を後ろにある層の活性化に連結するのではなく、手前にある層の活性化と後ろにある層の活性化のサイズが同じであることを前提に、後ろにある層の活性化と合計します。それらのサイズが異なる場合は、線形変換を使って手前にある層の活性化の形状を目的の形状（たとえば、活性化を持たない Dense 層、あるいは畳み込み特徴マップの場合は、活性化を持たない 1×1 畳み込みなど）に変更できます。

Keras で残差接続を実装する方法は次のようになります。この例では、特徴マップのサイズは同じで、まったく同じ残差接続を使用します。また、この例では、4 次元テンソル x が存在していることを前提とします。

```python
from keras import layers

x = ...

# xに変換を適用
y = layers.Conv2D(128, 3, activation='relu', padding='same')(x)
y = layers.Conv2D(128, 3, activation='relu', padding='same')(y)
y = layers.Conv2D(128, 3, activation='relu', padding='same')(y)

# 元のxを出力特徴量に追加
y = layers.add([y, x])
```

また、特徴マップのサイズが異なっている場合に、線形残差接続を使用する実装は次のようになります。この場合も、4 次元テンソル x の存在を前提とします。

```python
x = ...
y = layers.Conv2D(128, 3, activation='relu', padding='same')(x)
y = layers.Conv2D(128, 3, activation='relu', padding='same')(y)
y = layers.MaxPooling2D(2, strides=2)(y)

# 元のテンソルxをyと同じ形状にするための1×1の畳み込みを使った線形ダウンサンプリング
residual = layers.Conv2D(128, 1, strides=2, padding='same')(x)

# 残差テンソルを出力特徴量に追加
y = layers.add([y, residual])
```

---

[7] He et al., "Deep Residual Learning for Image Recognition," https://arxiv.org/abs/1512.03385

ディープラーニングでの表現のボトルネック

Sequential モデルでは、連続する表現層はそれぞれ前の層の上に構築されます。つまり、その層からアクセスできる情報は、前の層の活性化に含まれているものだけです。1つの層が小さすぎる場合（特徴量の次元の数が少なすぎるなど）、モデルはその層の活性化に詰め込むことができる情報の量によって制限されることになります。

この概念を理解するために、信号処理について考えてみましょう。一連の演算で構成された音声処理のパイプラインがあり、それぞれの演算の入力は1つ前の演算の出力です。ある演算が信号を低周波域（0～15kHzなど）にクロッピングした場合、下流の演算は削除された周波数を復元できなくなります。情報の損失はすべて恒久的です。残差接続は、上流の情報を下流に再注入することで、ディープラーニングモデルのこの問題を部分的に解決します。

ディープラーニングでの勾配消失問題

バックプロパゲーション（誤差逆伝播法）は、ディープニューラルネットワークの訓練に使用されるマスターアルゴリズムです。このアルゴリズムは、出力側の損失関数からのフィードバック信号を入力側の層へ伝播するという仕組みになっています。このフィードバック信号を伝播させる層が深いスタックになっている場合、フィードバック信号が弱められたり完全に失われたりして、ネットワークを訓練できなくなる可能性があります。この問題は**勾配消失**（vanishing gradient）と呼ばれます。

この問題が発生するのは、ディープニューラルネットワーク（DNN）と、非常に長いシーケンスを処理するリカレントニューラルネットワーク（RNN）です。どちらの場合も、フィードバック信号は演算の長い連鎖にわたって伝播されなければなりません。すでに説明したように、RNNでは、**LSTM**を使ってこの問題に対処します。それにより、メインの処理トラックに情報を同時に運び込む**キャリートラック**が追加されます。フィードフォワードDNNでは、残差接続が同じような役割を果たしますが、この場合はさらに単純です。残差接続により、スタックの深さに関係なく勾配を伝播させるのに役立つ、完全に線形のキャリートラックが追加されるからです。

7.1.5 層の重みの共有

Functional APIのより重要な特徴の1つは、層のインスタンスを繰り返し再利用できることです。層のインスタンスを2回目に呼び出すときには、新しいインスタンスを作成するのではなく、同じ重みを再利用することになります。これにより、複数の分岐を共有するモデルを構築できるようになります。それらの分岐はすべて同じ知識を共有し、同じ演算を実行します。つまり、それらのモデルは同じ表現を共有し、さまざまな入力に基づいてそれらの表現を同時に学習します。

たとえば、2つの文章の意味的な類似性を評価するモデルがあるとしましょう。このモデルは、入力として（比較の対象となる）2つの文章を受け取り、出力として0～1のスコアを返します。この場合、0のスコアはそれらの文章に関連性がないことを意

第7章　高度なディープラーニングのベストプラクティス

味し、1のスコアはそれらの文章がまったく同じであるか、同じ文章の組み換えであることを意味します。そうしたモデルは、対話システムにおいて自然言語での質問から重複する情報を取り除くなど、多くのアプリケーションで役立つ可能性があります。

この設定では、2つの入力文章は交換可能です。というのも、意味的な類似性は対称的な関係を表すものだからです。AのBに対する類似性は、BのAに対する類似性と同じです。このため、2つの入力文章を処理するために2つのモデルを別々に学習するのは合理的ではありません。それよりも、単一のLSTM層で両方の入力を処理したほうがよさそうです。このLSTM層の表現（重み）は、両方の入力に基づいて同時に学習されます。このモデルは、私たちが**Siamese LSTM**または**共有 LSTM**（shared LSTM）と呼んでいるものです。

このようなモデルを、層の共有（再利用）に基づいてFunctional APIで実装する方法は次のようになります。

```python
from keras import layers
from keras import Input
from keras.models import Model

# 単一のLSTM層を一度だけインスタンス化
lstm = layers.LSTM(32)

# モデルの左側の分岐を構築：
# 入力はサイズが128のベクトルからなる可変長のシーケンス
left_input = Input(shape=(None, 128))
left_output = lstm(left_input)

# モデルの右側の分岐を構築：
# 既存の層のインスタンスを呼び出すと、その重みを再利用することになる
right_input = Input(shape=(None, 128))
right_output = lstm(right_input)

# 最後に分類器を構築
merged = layers.concatenate([left_output, right_output], axis=-1)
predictions = layers.Dense(1, activation='sigmoid')(merged)

# モデルのインスタンス化と訓練：
# このようなモデルを訓練するときには、
# LSTM層の重みが両方の入力に基づいて更新される
model = Model([left_input, right_input], predictions)
model.fit([left_data, right_data], targets)
```

当然ながら、層のインスタンスは複数回利用できます。何度でも呼び出すことが可能であり、そのつど同じ一連の重みが再利用されます。

7.1.6　層としてのモデル

Functional APIでは、層を使用するときと同じようにモデルを使用できます。この点は重要です。実質的には、モデルを「より大きな層」として考えることができるからです。この考え方は、Sequentialクラスと Modelクラスの両方に当てはまります。つまり、入力テンソルを使ってモデルを呼び出し、出力テンソルを取得することが可能です。

7.1 Sequential モデルを超えて：Keras Functional API

```
y = model(x)
```

　モデルの入力テンソルと出力テンソルが複数の場合は、テンソルのリストを使って呼び出す必要があります。

```
y1, y2 = model([x1, x2])
```

　モデルのインスタンスを呼び出すときには、そのモデルの重みを再利用することになります。層のインスタンスを呼び出すときとまったく同じです。インスタンスの呼び出しでは、それがモデルのインスタンスなのか層のインスタンスなのかにかかわらず、常に、そのインスタンスが学習した表現を再利用することになります。
　モデルのインスタンスを再利用することによって何が構築できるかを示す実践的な例の1つは、入力としてデュアルカメラを使用するビジョンモデルです。この場合は、2台のパラレルカメラが数センチメートル（1インチ）離して置かれています。このようなモデルは深さを認識できるため、さまざまなアプリケーションで役立つ可能性があります。2つのフィードをマージする前に左のカメラと右のカメラから視覚特徴量を抽出する2つのモデルを構築する必要はないはずです。そうした低レベルの処理は、2つの入力の間で共有できます —— つまり、同じ重みを使用し、ひいては同じ表現を共有する層を通じて処理できます。Siamese ビジョンモデル（共有畳み込みベース）をKeras で実装する方法は次のようになります。

```
from keras import layers
from keras import applications
from keras import Input

# ベースとなる画像処理モデルはXceptionネットワーク（畳み込みベースのみ）
xception_base = applications.Xception(weights=None, include_top=False)

# 入力は250×250のRGB画像
left_input = Input(shape=(250, 250, 3))
right_input = Input(shape=(250, 250, 3))

# 同じビジョンモデルを2回呼び出す
left_features = xception_base(left_input)
right_input = xception_base(right_input)

# マージ後の特徴量には、右の視覚フィードと左の視覚フィードの情報が含まれている
merged_features = layers.concatenate([left_features, right_input], axis=-1)
```

7.1.7　まとめ

　Keras Functional API の紹介は以上です。Functional API は、高度なディープニューラルネットワークアーキテクチャを構築するのに欠かせないツールです。次に、本節で理解したことをまとめておきます。

第7章　高度なディープラーニングのベストプラクティス

- 層の線形スタック以外のものが必要な場合に、Sequential API から離れる方法。
- 複数の入力、複数の出力、複雑な内部ネットワークトポロジを持つ Keras モデルを Keras Functional API で構築する方法。
- 同じ層またはモデルのインスタンスを複数回呼び出すことで、さまざまな処理分岐にまたがって層やモデルの重みを再利用する方法。

7.2 Keras のコールバックと TensorBoard を使ったディープラーニングモデルの調査と監視

　ここでは、訓練中にモデルの内部で起きていることをより詳しく確認し、制御するための方法を紹介します。model.fit() や model.fit_generator() を使って大規模なデータセットの訓練を数十エポックにわたって実行するのは、ある意味、紙飛行機を飛ばすようなものです。勢いよく飛んでいるうちはよいのですが、その軌道や着陸地点を制御することはいっさいできません。不幸な結末（そして壊れた紙飛行機）を回避したい場合は、紙飛行機を飛ばすのではなく、ドローンを飛ばすほうが賢明です。ドローンなら、環境を感知してオペレータにデータを送信することが可能であり、現在の状態に基づいて機体を自動的に制御できます。ここで紹介する手法は、紙飛行機からの model.fit() 呼び出しを、自律飛行が可能な、高性能な全自動ドローンに置き換えるものです。

7.2.1　訓練中にコールバックを使ってモデルを制御する

　モデルを訓練する際には、最初から予測しておくことが不可能なことがいろいろあります。たとえば、検証データでの損失値を最適化するためにエポックがいくつ必要になるかは、事前にはわかりません。ここまでの例では、「過学習に陥るのに十分なエポック数で訓練を行う」という戦略をとってきました。つまり、最初の訓練で適切なエポック数を割り出し、このエポック数を使って新しい訓練を一から実行してきました。言うまでもなく、これは無駄なアプローチです。

　この状況に対処するためのはるかによい方法は、検証データでの損失値の改善が認められなくなった時点で訓練を中止することです。これを可能にするのが、Keras のコールバックです。**コールバック**（callback）とは、fit 呼び出しを通じてモデルに渡され、訓練中にさまざまなタイミングでモデルから呼び出されるオブジェクト（特定のメソッドを実装しているクラスのインスタンス）のことです。このオブジェクトは、モデルの状態やその性能に関する利用可能なデータのすべてにアクセスし、訓練の中止、モデルの保存、異なる重みの読み込み、あるいはモデルの状態の変更といった措置を講じることができます。

　次に、コールバックの使用例をいくつか挙げておきます。

- **モデルのチェックポイント化**
  訓練中のさまざまな時点でモデルの現在の重みを保存します。
- **訓練の中止**
  検証データでの損失値がそれ以上改善しなくなったところで、訓練を中止します（そしてもちろん、訓練全体で最善のモデルを保存します）。

7.2 Keras のコールバックと TensorBoard を使ったディープラーニング　　　263

- **特定のパラメータの動的な調整**
  訓練中にオプティマイザの学習率といったパラメータの値を動的に調整します。
- **訓練と検証の指標を記録**
  訓練と検証の指標をログに記録するか、モデルによって学習された表現をそれらの更新に応じて可視化します。おなじみの Keras のプログレスバーはコールバックです。

　keras.callbacks モジュールには、組み込みのコールバックが含まれています。次に、その一部を示します。

```
keras.callbacks.ModelCheckpoint
keras.callbacks.EarlyStopping
keras.callbacks.LearningRateScheduler
keras.callbacks.ReduceLROnPlateau
keras.callbacks.CSVLogger
```

　これらのコールバックの使用法を理解するために、ModelCheckpoint、EarlyStopping、ReduceLROnPlateau の 3 つを詳しく見てみましょう。

ModelCheckpoint コールバックと EarlyStopping コールバック

　監視している成果指標が一定のエポック数にわたって改善されなかった場合は、EarlyStopping コールバックを使って訓練を中止できます。たとえば、過学習が始まったらすぐに訓練を中止できるため、エポック数を減らした上でモデルを再び訓練する必要がなくなります。通常、このコールバックは ModelCheckpoint コールバックとの組み合わせで使用されます。ModelCheckpoint コールバックでは、訓練中にモデルを繰り返し保存できます（必要であれば、その時点で最善のモデル、つまり、1 つのエポックを終了した時点で最もよい性能を達成したモデルだけを保存できます）。

```python
import keras

# コールバックはfitのcallbacksパラメータを通じてモデルに渡される
# このパラメータは引数としてコールバックのリストを受け取る
# コールバックはいくつ指定してもよい
callbacks_list = [
    # 改善が止まったら訓練を中止
    keras.callbacks.EarlyStopping(
        monitor='val_acc',         # 検証データでのモデルの正解率を監視
        patience=1,                # 2エポック以上にわたって正解率が
    ),                             # 改善しなければ訓練を中止
    # エポックごとに現在の重みを保存
    keras.callbacks.ModelCheckpoint(
        filepath='my_model.h5',    # モデルの保存先となるファイルへのパス
        monitor='val_loss',        # これら2つの引数は、val_lossが改善した場合
        save_best_only=True,       # を除いてモデルファイルを上書きしないこと
    )                              # を意味する；改善した場合は、訓練全体
]                                  # で最もよいモデルを保存できる

# この場合は正解率を監視するため、
# 正解率はモデルの指標の一部でなければならない
```

```
model.compile(optimizer='rmsprop',
              loss='binary_crossentropy',
              metrics=['acc'])

# このコールバックはval_lossとval_accを監視するため、
# fit呼び出しにvalidation_dataを指定する必要がある
model.fit(x, y,
          epochs=10,
          batch_size=32,
          callbacks=callbacks_list,
          validation_data=(x_val, y_val))
```

ReduceLROnPlateau コールバック

　検証データでの損失値がそれ以上改善しなくなった場合は、このコールバックを使って学習率を引き下げることができます。損失値の改善が頭打ちになった場合に学習率を引き上げたり引き下げたりするのは、訓練中に極小値から抜け出すための効果的な戦略です。次に示すのは、ReduceLROnPlateau コールバックを使用する例です。

```
callbacks_list = [
    keras.callbacks.ReduceLROnPlateau(
        monitor='val_loss'    # モデルの検証データセットでの損失値を監視
        factor=0.1,           # コールバックが起動したら学習率を10で割る
        patience=10,          # 検証データでの損失値が10エポックにわたって
    )                         # 改善しなかった場合はコールバックを起動
]

# このコールバックはval_lossを監視するため、
# fit呼び出しにvalidation_dataを指定する必要がある
model.fit(x, y,
          epochs=10,
          batch_size=32,
          callbacks=callbacks_list,
          validation_data=(x_val, y_val))
```

カスタムコールバックの作成

　組み込みのコールバックによってカバーされていないアクションを訓練中に実行する必要がある場合は、カスタムコールバックを作成できます。カスタムコールバックを実装するには、keras.callbacks.Callback クラスのサブクラスを作成します。その後は、訓練中にさまざまなタイミングで呼び出される次のメソッドをどれでも実装できます。これらのメソッドには、どこで呼び出されるかがひと目でわかる名前が付いています。

```
on_epoch_begin     # 各エポックの最初に呼び出される
on_epoch_end       # 各エポックの最後に呼び出される

on_batch_begin     # 各バッチを処理する直前に呼び出される
on_batch_end       # 各バッチを処理した直後に呼び出される

on_train_begin     # 訓練の最初に呼び出される
on_train_end       # 訓練の最後に呼び出される
```

7.2　Keras のコールバックと TensorBoard を使ったディープラーニング　　265

　　これらのメソッドの呼び出しには常に logs 引数が渡されます。この引数の値は、1
つ前のバッチ、エポック、または訓練に関する情報 (訓練と検証の指標など) を含んだ
ディクショナリです。さらに、コールバックは次の属性にアクセスします。

- self.model … このコールバックが呼び出されるモデルのインスタンス
- self.validation_data … fit メソッドに検証データとして渡された値

　　単純なカスタムコールバックの例を見てみましょう。このコールバックは、各エポックの最後にモデルの各層の活性化を (NumPy 配列として) ディスクに保存します。これらの活性化は検証データセットの最初のサンプルで計算されます。

```python
import keras
import numpy as np

class ActivationLogger(keras.callbacks.Callback):
    def set_model(self, model):

        # 訓練の前に親モデルによって呼び出され
        # 呼び出し元のモデルをコールバックに通知
        self.model = model

        layer_outputs = [layer.output for layer in model.layers]

        # 各層の活性化を返すモデルインスタンス
        self.activations_model = keras.models.Model(model.input,
                                                    layer_outputs)

    def on_epoch_end(self, epoch, logs=None):
        if self.validation_data is None:
            raise RuntimeError('Requires validation_data.')

            # 検証データの最初の入力サンプルを取得
            validation_sample = self.validation_data[0][0:1]
            activations = self.activations_model.predict(validation_sample)

            # 配列をディスクに保存
            f = open('activations_at_epoch_' + str(epoch) + '.npz', 'w')
            np.savez(f, activations)
            f.close()
```

　　コールバックについて知っておかなければならないことは、これですべてです。残りの部分は技術的な詳細であり、簡単に調べることができます。これで、訓練中に Keras モデルの情報をログに記録したり、Keras モデルをプログラムから制御したりするための準備が整いました。

7.2.2　TensorBoard：TensorFlow の可視化フレームワーク

　　よい調査を行ったりよいモデルを開発したりするには、実験中にモデルの内部で何が起きているのかに関する詳細なフィードバックを頻繁に取得する必要があります。実験を行うときのポイントは、モデルの性能がどれくらいよいかに関する情報を (できるだけ多く) 取得することにあります。進捗は反復的なプロセス (ループ) です。アイデ

アを思いついたら、そのアイデアを、その有効性を検証するための実験として表現します。その実験を実行し、実験中に生成された情報を処理します。これが次のアイデアのヒントとなります。実行できるイテレーション（ループ）の数が多ければ多いほど、それらのアイデアは洗練され、より強力なものになっていきます。Keras は、できるだけ時間をかけずにアイデアを実験に変えるのに役立ちます。そして、高速な GPU は実験の結果をできるだけすばやく取得するのに役立つ可能性があります。しかし、実験の結果を処理するにはどうすればよいでしょうか。ここで登場するのが、TensorBoard です（図 7-9）。

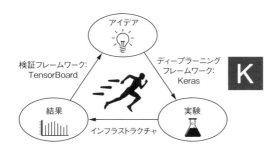

図 7-9：進捗のループ

ここでは TensorBoard を紹介します。TensorBoard は、TensorFlow に含まれているブラウザベースの可視化ツールです。なお、TensorBoard を利用できるのは、Keras のバックエンドとして TensorFlow を使用している場合に限られることに注意してください。

TensorBoard の主な目的は、訓練中にモデルの内部で起きていることをすべて視覚的に監視できるようにすることです。モデルの最終的な損失値以外の情報も監視している場合は、モデルが行っていることと行っていないことをより明確に見通せるようになり、よりすばやく前進できるようになります。TensorBoard には、すばらしい機能がいくつか搭載されており、どのブラウザからでもアクセスできます。

- 訓練中に指標を視覚的に監視
- モデルのアーキテクチャの可視化
- 活性化と勾配のヒストグラムの可視化
- 埋め込みを 3 次元で調査

単純な例を用いて、これらの機能を実際に試してみましょう。ここでは、IMDb の感情分析タスクで 1 次元の畳み込みニューラルネットワーク（CNN）を訓練します。

このモデルは、第 6 章の最後の節で見たものと同じです。リスト 7-7 では、IMDb データセットの語彙のうち最初の 2,000 語だけを考慮することで、単語埋め込みをより扱いやすい形で可視化します。

7.2 Keras のコールバックと TensorBoard を使ったディープラーニング 267

リスト 7-7：TensorBoard で使用するためのテキスト分類モデル

```python
import keras
from keras import layers
from keras.datasets import imdb
from keras.preprocessing import sequence

max_features = 2000   # 特徴量として考慮する単語の数
max_len = 500         # この数の単語を残してテキストをカット

(x_train, y_train), (x_test, y_test) =\
    imdb.load_data(num_words=max_features)
x_train = sequence.pad_sequences(x_train, maxlen=max_len)
x_test = sequence.pad_sequences(x_test, maxlen=max_len)

model = keras.models.Sequential()
model.add(layers.Embedding(max_features, 128,
          input_length=max_len,
          name='embed'))

model.add(layers.Conv1D(32, 7, activation='relu'))
model.add(layers.MaxPooling1D(5))
model.add(layers.Conv1D(32, 7, activation='relu'))
model.add(layers.GlobalMaxPooling1D())
model.add(layers.Dense(1))
model.summary()
model.compile(optimizer='rmsprop',
              loss='binary_crossentropy',
              metrics=['acc'])
```

　TensorBoard を使用する前に、TensorBoard が生成するログファイルを格納するディレクトリを作成しておく必要があります[8]。

```
$ mkdir my_log_dir
```

　次に、TensorBoard コールバックのインスタンスを使って訓練を開始します。このコールバックは、指定されたディレクトリにログイベントを書き込みます（リスト 7-8）。

リスト 7-8：TensorBoard コールバックを使ってモデルを訓練

```python
callbacks = [
    keras.callbacks.TensorBoard(
        log_dir='my_log_dir',   # ログファイルはこの場所に書き込まれる
        histogram_freq=1,       # 1エポックごとに活性化ヒストグラムを記録
        embeddings_freq=1       # 1エポックごとに埋め込みデータを記録
    )
]

history = model.fit(x_train, y_train,
                    epochs=20,
```

---
[8]　[訳注] 指定されたディレクトリが存在しない場合、環境によっては自動的に作成されることがある。

```
                      batch_size=128,
                      validation_split=0.2,
                      callbacks=callbacks)
```

　続いて、コマンドラインから TensorBoard サーバーを立ち上げ、コールバックが書き込んでいるログを読み取らせることができます。tensorboard ユーティリティは、(pip などを使って) TensorFlow をインストールしたときに自動的にインストールされているはずです。

```
$ tensorboard --logdir=my_log_dir
```

　続いて、ブラウザから http://localhost:6006 にアクセスし、モデルの訓練の様子を調べることができます (図 7-10)。

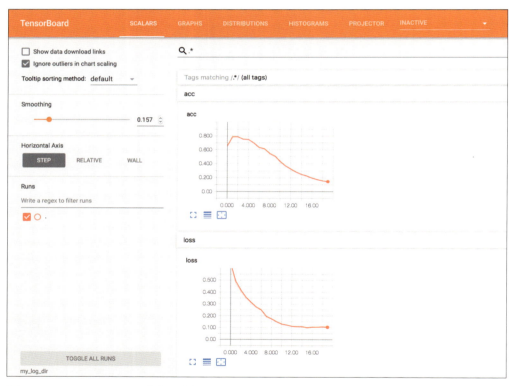

図 7-10：TensorBoard での指標の監視

訓練と検証の指標をその場でグラフ化できることに加えて、[HISTOGRAMS]タブにもアクセスできます。このタブには、層の活性化の値がきれいなヒストグラムとして表示されます（図7-11）。

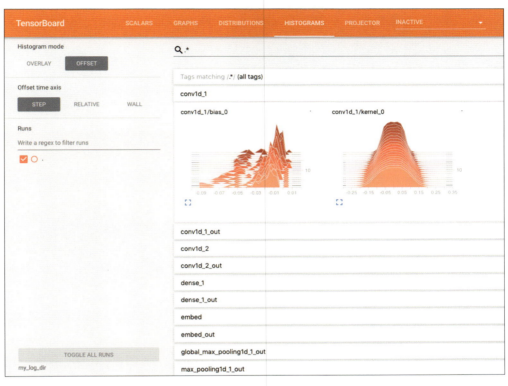

図7-11：TensorBoardでの活性化のヒストグラム

［PROJECTOR］タブでは、最初の Embedding 層によって学習された入力データ（語彙）の 10,000 語の埋め込み位置と空間的な関係を調べることができます。埋め込み空間は 128 次元であるため、あなたが選択した次元削減アルゴリズムに基づき、TensorBoard によって自動的に 2 次元または 3 次元に削減されます。次元削減アルゴリズムには、主成分分析（PCA）か t-SNE（Stochastic Neighbor Embedding）が使用されます。図 7-12 に示されている点群では、肯定的な意味合いを持つ単語と否定的な意味合いを持つ単語という 2 つのクラスタが確認できます。特定の目的に基づいて同時に訓練された埋め込みにより、このタスクに完全に特化したモデルが得られていることがひと目でわかります。このため、学習済みの汎用的な単語埋め込みを使用するのは、あまりよい考えではありません。

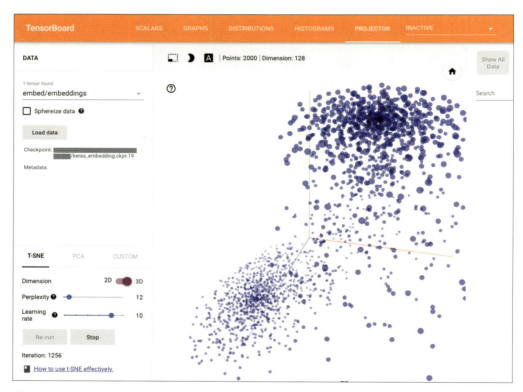

図 7-12：TensorBoard でのインタラクティブな 3 次元の単語埋め込みの可視化

［GRAPHS］タブでは、KerasモデルのベースとなっているTensorFlowの低レベル演算のグラフをインタラクティブに可視化できます（図7-13）。思った以上に多くの処理が行われていることがわかります。先ほど構築したモデルは、Kerasで定義しているときは単純（基本的な層からなる小さなスタック）に見えるかもしれません。ですが、モデルをうまく動作させるためには、その内部できわめて複雑なグラフ構造を組み立てなければなりません。その多くは勾配降下法のプロセスに関連しています。TensorFlowを直接操作してすべてを一から定義するのではなく、モデルを構築する手段としてKerasを使用する主な動機は、この見えているものと操作しているものとの複雑な相違にあります。Kerasにより、あなたのワークフローは飛躍的に単純なものになります。

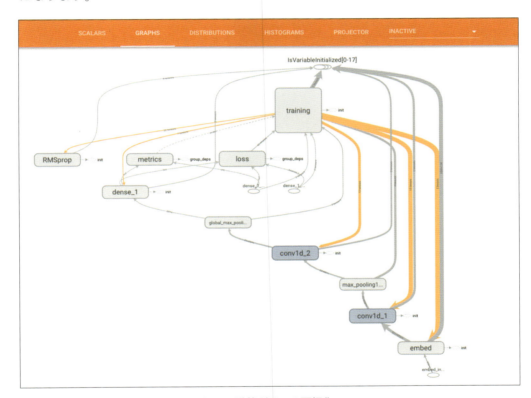

図7-13：TensorBoardでのTensorFlowの計算グラフの可視化

Kerasには、モデルをTensorFlowの演算のグラフとしてプロットするのではなく、層のグラフとして明示的にプロットする手段が用意されています。それはkeras.utils.plot_modelユーティリティです。このユーティリティを使用するには、Pythonのpydotライブラリとpydot-ngライブラリに加えて、graphvizライブラリがインストールされている必要があります。ざっと見てみましょう。

```
from keras.utils import plot_model
plot_model(model, to_file='model.png')
```

これにより、図7-14に示すPNG画像が作成されます。

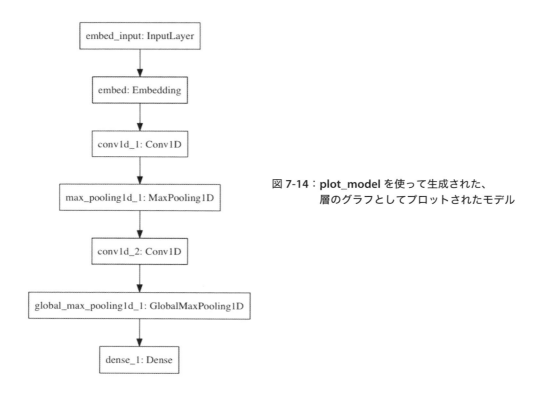

図7-14：**plot_model**を使って生成された、層のグラフとしてプロットされたモデル

また、形状に関する情報を層のグラフとして表示することもできます。次の例では、plot_modelとshow_shapesオプションを使ってモデルのトポロジを可視化します。

```
rom keras.utils import plot_model
plot_model(model, show_shapes=True, to_file='model.png')
```

これにより、図7-15に示すPNG画像が作成されます。

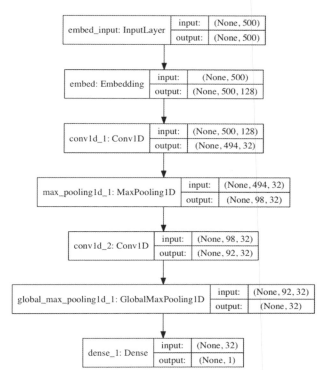

図 7-15：形状に関する情報が含まれた
モデルのプロット

7.2.3 まとめ

- Kerasのコールバックは、訓練中のモデルを監視し、モデルの状態に基づいて自動的にアクションを実行するための単純な手段となる。
- TensorFlowを使用している場合、TensorBoardはモデルの状態をブラウザで可視化するための優れた手段となる。KerasのモデルでTensorBoardを使用するには、TensorBoardコールバックを使用する。

7.3 モデルを最大限に活用するために

とりあえず動くものがあればそれでよいという場合は、アーキテクチャをやみくもに試してもそれなりにうまくいくでしょう。本書が目指しているのは、「うまくいくこと」にあまんじるのではなく、「機械学習コンペに勝つほどうまくいくこと」です。ここでは、最先端の機械学習モデルを構築するためにどうしても知っておかなければならない手法を簡単に紹介します。

7.3.1 高度なアーキテクチャパターン

本章の最初の節では、重要な設計パターンの1つである残差接続を詳しく取り上げました。知っておかなければならない設計パターンはさらに2つあります。それらは、「正規化」と「dw畳み込み」です。これらのパターンが特に重要となるのは、高性能な

第7章　高度なディープラーニングのベストプラクティス

ディープ畳み込みニューラルネットワーク（DCNN）を構築している場合ですが、他の多くのアーキテクチャでもよく使用されています。

バッチ正規化

正規化（normalization）とは、機械学習モデルが学習するさまざまなサンプルの類似度を高めることで、モデルが新しいデータを学習したときにうまく汎化できるようにすることを目的とした、幅広い手法のことです。本書では、最も一般的な形式の正規化をすでに何度か見ています。データからデータの平均値を引き、標準偏差で割ると、データの中心が0になり、標準偏差が1になります。実質的には、データが正規（ガウス）分布に従っていることを前提として、中心が0、分散が1になるように尺度を調整します。

```
normalized_data = (data - np.mean(data, axis=...)) / np.std(data, axis=...)
```

先ほどの例では、データを正規化してからモデルに供給していました。しかし、ネットワークで変換が実行される場合は、そのつどデータの正規化について検討すべきです。Dense ネットワークや Conv2D ネットワークに入力として渡されるデータの平均が0、分散が1であったとしても、出力されるデータにもそれが当てはまると期待する根拠はありません。

バッチ正規化は、2015年に Ioffe と Szegedy によって提唱された層の一種[9]（Keras では BatchNormalization）です。この層では、訓練中に平均と分散が変化するとしても、データを適応的に正規化できます。バッチ正規化は、バッチごとのデータの平均と分散の指数移動平均を内部で維持する、という仕組みになっています。バッチ正規化の主な効果は、（残差接続と同様に）勾配の伝播を手助けすることです。それにより、さらに深いネットワークが可能となります。非常に深いネットワークの訓練が可能となるのは、BatchNormalization 層が複数含まれている場合だけです。たとえば、ResNet50、Inception V3、Xception など、Keras に含まれている高度な CNN アーキテクチャの多くで、BatchNormalization がふんだんに使用されています。

一般的には、BatchNormalization 層は畳み込み層か全結合層の後に使用されます。

```
# 畳み込み層の後
conv_model.add(layers.Conv2D(32, 3, activation='relu'))
conv_model.add(layers.BatchNormalization())

# 全結合層の後
dense_model.add(layers.Dense(32, activation='relu'))
dense_model.add(layers.BatchNormalization())
```

---

[9]　Sergey Ioffe and Christian Szegedy, "Batch Normalization: Accelerating Deep Network Training by Reducing Internal Covariate Shift," Proceedings of the 32nd International Conference on Machine Learning (2015), https://arxiv.org/abs/1502.03167

BatchNormalization 層には、axis パラメータがあります。このパラメータは、正規化の対象とすべき特徴軸を指定します。このパラメータのデフォルト値は –1 であり、入力テンソルの最後の軸を表します。data_format が "channels_last" に設定された Dense 層、Conv1D 層、RNN 層、Conv2D 層を使用する場合は、これが正しい値となります。ただし、data_format が "channels_first" に設定された Conv2D 層というまれなケースでは、特徴軸は軸 1 であるため、BatchNormalization の axis パラメータに引数として 1 を設定すべきです。

バッチ再正規化

標準のバッチ正規化は、2017 年に Ioffe によって**バッチ再正規化**（batch renormalization）として改善されています[10]。バッチ再正規化には、バッチ正規化にはない明らかなメリットがいくつかあり、目に見えるコストもありません。本書の執筆時点では、バッチ正規化に取って代わるかどうかはまだわかりませんが、その可能性はあると考えています。さらに最近になって、Klambauer 他が**自己正規化ニューラルネットワーク**（self-normalizing neural network）を提唱しています[11]。このネットワークは、特定の活性化関数（selu）とイニシャライザ（lecun_normal）を使用することで、Dense 層を通過したデータを正規化された状態に保ちます。この手法は非常に興味深いものの、現時点では全結合ネットワークに限定されており、その有益性はまだ広く再現されるには至っていません。

---

dw 畳み込み

Conv2D 層と置き換えるだけでそのまま使用できる層があると言ったらどうしますか。その層に置き換えるとモデルがより軽量になり（訓練可能な重みパラメータの数が少なくなり）、より高速になり（浮動小数点演算の数が少なくなり）、そのタスクでの性能が数パーセントほどよくなるとしたら？ それはまさに **dw 畳み込み層**（depthwise separable convolution layer）のことです。Keras では、dw 畳み込み層は SeparableConv2D として実装されています。この層は、入力の各チャネルで空間畳み込み演算を別々に実行した後、pw 畳み込み（1×1 畳み込み）演算を通じて出力チャネルを連結します（図 7-16）。この処理は、空間特徴量の学習とチャネルごとの特徴量の学習を切り離すことに相当します。この処理が意味を持つのは、「入力の空間的な位置どうしは高い相関関係にあるものの、異なるチャネルどうしはほぼ独立している」と想定される場合です。必要なパラメータの数や計算量が大幅に少なくなるため、結果として、より小さく高速なモデルが得られます。また、畳み込みを実行するためのより表現力の高い方法でもあるため、データが少なくてもより効果的な表現を学習する傾向にあり、結果として、より性能のよいモデルが得られます。

---

[10] Sergey Ioffe, "Batch Renormalization: Towards Reducing Minibatch Dependence in Batch-Normalized Models" (2017), https://arxiv.org/abs/1702.03275

[11] Günter Klambauer et al., "Self-Normalizing Neural Networks," Conference on Neural Information Processing Systems (2017), https://arxiv.org/abs/1706.02515

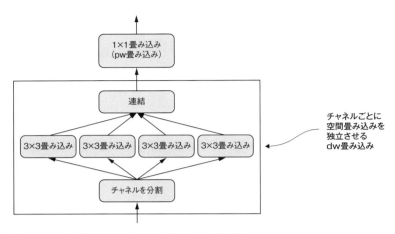

図 7-16：dw 畳み込みとそれに続く pw 畳み込み

　こうした利点が特に重要となるのは、限られた量のデータで小さなモデルを一から訓練する場合です。次の例では、小さなデータセットに基づいて、画像分類タスク（カテゴリ値によるソフトマックス分類）のための軽量な dw 畳み込みネットワークを構築します。

```
from keras.models import Sequential, Model
from keras import layers

height = 64
width = 64
channels = 3
num_classes = 10

model = Sequential()
model.add(layers.SeparableConv2D(32, 3, activation='relu',
                                 input_shape=(height, width, channels,)))
model.add(layers.SeparableConv2D(64, 3, activation='relu'))
model.add(layers.MaxPooling2D(2))

model.add(layers.SeparableConv2D(64, 3, activation='relu'))
model.add(layers.SeparableConv2D(128, 3, activation='relu'))
model.add(layers.MaxPooling2D(2))

model.add(layers.SeparableConv2D(64, 3, activation='relu'))
model.add(layers.SeparableConv2D(128, 3, activation='relu'))
model.add(layers.GlobalAveragePooling2D())

model.add(layers.Dense(32, activation='relu'))
model.add(layers.Dense(num_classes, activation='softmax'))

model.compile(optimizer='rmsprop', loss='categorical_crossentropy')
```

　大規模なモデルに関しては、dw 畳み込みは Xception アーキテクチャのベースとなっています。Xception は Keras にパッケージ化されている高性能な CNN です。dw 畳

込みと Xception の理論的根拠については、筆者の論文「Xception: Deep Learning with Depthwise Separable Convolutions」[12] を参照してください。

7.3.2　ハイパーパラメータの最適化

　ディープラーニングモデルを構築するときには、個人の裁量にも思えるさまざまな決定を下さなければなりません。スタックの層の数はいくつにすればよいでしょうか。各層のユニットやフィルタの数はいくつにすればよいでしょうか。活性化関数として relu を使用すべきでしょうか。それとも、別の関数にすべきでしょうか。特定の層の後に BatchNormalization を使用すべきでしょうか。ドロップアウトはどれくらい使用すればよいでしょうか —— 例を挙げればきりがありません。こうしたアーキテクチャレベルのパラメータは、バックプロパゲーション（誤差逆伝播法）を通じて訓練されるモデルのパラメータと区別するために、**ハイパーパラメータ**（hyperparameter）と呼ばれます。

　実際には、経験豊富な機械学習のエンジニアや研究者は、これらの選択を迫られたときに、何がうまくいき、何がうまくいかないのかについて直観を養っていきます。彼らはそのようにしてハイパーパラメータチューニングのスキルを身につけます。しかし、正式なルールはありません。人は過ちを犯すものであり、特定のタスクで達成できる性能の限界に少しでも近づきたければ、人が勝手に選択したものでよしとするわけにはいきません。どれだけ勘が鋭くでも、最初から最もよい決断を下すことはまずありません。選択したものを手作業で調整してはモデルを再び訓練するという作業を繰り返しながら、少しずつ選択の腕を上げていけばよいのです。機械学習のエンジニアや研究者は、ほとんどの時間をこの作業に費やします。しかし、ハイパーパラメータを調整する作業に人を1日中張り付かせるわけにはいきません。その作業は機械に任せるのが得策です。

　このため、選択肢として考えられるものを理にかなった方法で体系的に調べる必要があります。アーキテクチャ空間を探索し、最も性能がよいものを実験的に見つけ出す必要があります。これがハイパーパラメータの自動的な最適化という分野の目的です。ハイパーパラメータの最適化はそれ自体が1つの研究分野であり、しかも重要な研究分野です。

　一般に、ハイパーパラメータを最適化するプロセスは次のようになります。

1. ハイパーパラメータの集まりを（自動的に）選択する。
2. 対応するモデルを構築する。
3. モデルに訓練データを学習させ、検証データで最終的な性能を測定する。
4. 次に試すハイパーパラメータの集まりを（自動的に）選択する。
5. 手順 **2〜3** を繰り返す。
6. 最後に、テストデータでモデルの性能を測定する。

---

[12]　François Chollet, "Xception: Deep Learning with Depthwise Separable Convolutions," Conference on Computer Vision and Pattern Recognition (2017), https://arxiv.org/abs/1610.02357

このプロセスのポイントは、この検証データでの性能履歴をもとに、次に評価するハイパーパラメータの集まりを選択するアルゴリズムにあります。ベイズ最適化、遺伝的アルゴリズム、単純なランダムサーチなど、さまざまな手法が考えられます。

モデルの重みの訓練は比較的簡単です。データのミニバッチで損失関数を計算し、バックプロパゲーションアルゴリズム（誤差逆伝播法）を使って重みを正しい方向へ移動させます。これに対し、ハイパーパラメータの更新はかなり難題です。次の点について考えてみてください。

- **フィードバックの計算がかなり高くつく可能性がある**
  フィードバック（このハイパーパラメータの集まりは高性能なモデルにつながるか？）を計算するには、新しいモデルを作成し、データセットで一から訓練する必要があります。
- **ハイパーパラメータ空間は一般に離散的な決定で構成されており、連続的でも微分可能でもない**
  したがって、通常は、ハイパーパラメータ空間で勾配降下法を実行することはできず、代わりに、勾配に依存しない最適化手法を利用しなければなりません。当然ながら、そうした手法は勾配降下法よりもはるかに非効率的です。

これらは難しい課題であり、この分野はまだ始まったばかりです。このため、現時点では、モデルを最適化するために利用できるツールはごく限られています。多くの場合は、最も単純ではあるものの、最も効果的な解決策がランダムサーチであることがわかります。ランダムサーチは、評価するハイパーパラメータを繰り返しランダムに選択します。しかし、ランダムサーチよりも信頼性が高いと筆者が考えているツールの1つは、Hyperopt[13] です。Hyperopt は、ハイパーパラメータを最適化するための Python ライブラリであり、Parzen 評価器の決定木を使ってうまくいきそうなハイパーパラメータセットを予測します。また、Keras のモデルで使用するために Hyperopt を統合した Hyperas[14] というライブラリもあるので、ぜひチェックしてみてください。

> ハイパーパラメータの自動的な最適化を大規模に行うときに覚えておかなければならない重要な課題が1つあります。それは、検証データセットでの過学習です。ハイパーパラメータは検証データを使って計算されたフィードバックに基づいて更新されるため、実質的には、ハイパーパラメータを検証データで訓練することになります。このため、すぐに検証データの過学習に陥るでしょう。このことを常に覚えておいてください。

---

[13] https://github.com/hyperopt/hyperopt
[14] https://github.com/maxpumperla/hyperas

7.3 モデルを最大限に活用するために

全体的に見て、ハイパーパラメータ最適化は強力な手法であり、あらゆるタスクで最先端のモデルを取得するための、あるいは機械学習コンペで勝利を収めるための絶対条件です。次のように考えてみてください —— かつて、人々はシャロー機械学習モデルに渡される特徴量を手作りしていました。そうした特徴量は決して最適なものではありませんでした。今では、ディープラーニングによって階層的特徴エンジニアリングは自動化されるようになり、特徴量は（手動で調整されるのではなく）フィードバックに基づいて学習されるようになっています。そして、そうあるべきです。同じように、モデルのアーキテクチャも手動で調整するのではなく、理にかなった方法で最適化すべきです。本書の執筆時点では、ディープラーニング自体が数年前までそうであったように、ハイパーパラメータの自動的な最適化という分野はまだ始まったばかりで成熟していませんが、次の数年間にブームになると期待しています。

7.3.3 モデルのアンサンブル

最善の結果を得るための強力な手法がもう1つあります。それは**モデルのアンサンブル**（model ensembling）です。アンサンブルは、よりよい予測値を生成するために、さまざまなモデルの予測値をプーリングする、というものです。Kaggle などの機械学習コンペを調べてみると、勝者が複数のモデルからなる非常に大きなアンサンブルを使用していて、たった1つのモデルでは（それがどれだけよいモデルであるとしても）まったく勝ち目がないことがわかります。

アンサンブルでは、別々に訓練されたモデルが（異なる理由で）それぞれによいモデルであると考えられることが前提となります。これらのモデルはそれぞれ、予測値を生成するためにデータを少し異なる角度から捉えることで、「真の値」の一部を取得します。「群盲象を評す」という寓話を知っているでしょうか。生まれて初めてゾウをさわった数人の盲人がゾウとは何かを理解しようとします。彼らはゾウの鼻や足などどこか1か所だけをさわります。ある者は「まるでヘビのようだ」と言い、別の者は「まるで柱や木のようだ」と言います。これらの盲人は、多種多様な訓練データを理解しようとする機械学習のモデルそのものです。（モデルのアーキテクチャが一意で、重みが乱数で初期化されるとすれば）それらのモデルは独自の仮定に基づき、データをそれぞれの視点から捉えます。各モデルが認識するのはデータの真実の一部であり、全部ではありません。それらのモデルが認識したものをまとめれば、データをはるかに正確に説明できるようになります。ゾウの体にはさまざまな部分があり、1人の盲人だけではその正体をつかめなくても、それぞれの言い分をまとめて聞いてみれば、かなり正確な説明になるはずです。

例として、分類について考えてみましょう。（分類器のアンサンブルを作成するために）一連の分類器の予測値をプーリングする最も簡単な方法は、それらの分類器の予測値を推論時間で平均化することです。

第 7 章　高度なディープラーニングのベストプラクティス

```
# 4種類のモデルを使って最初の予測値を計算
pred_a = model_a.predict(x_val)
pred_b = model_b.predict(x_val)
pred_c = model_c.predict(x_val)
pred_d = model_d.predict(x_val)

# この新しい予想配列は最初の予測値よりも正確なはず
final_pred = 0.25 * (pred_a + pred_b + pred_c + pred_d)
```

　この方法がうまくいくのは、分類器の性能が似通っている場合だけでしょう。その中に飛び抜けて性能の悪いモデルが含まれている場合、性能が似通っているモデルのグループほどよい結果は得られないかもしれません。

　分類器のアンサンブルを作成するよりスマートな方法は、荷重平均を求めることです。その場合、重みは検証データから学習されます。一般に、分類器の性能がよいほど重みの値は大きくなり、分類器の性能が悪いほど重みの値は小さくなります。アンサンブルをうまく作成するには、ランダムサーチを使用するか、Nelder-Mead といった単純な最適化アルゴリズムを使用するとよいでしょう。

```
pred_a = model_a.predict(x_val)
pred_b = model_b.predict(x_val)
pred_c = model_c.predict(x_val)
pred_d = model_d.predict(x_val)

# これらの重み (0.5、0.25、0.1、0.15) は実験的に学習されたものとする
final_pred = 0.5 * pred_a + 0.25 * pred_b + 0.1 * pred_c + 0.15 * pred_d
```

　たとえば、予測値の指数平均を求めるなど、さまざまな方法が考えられます。一般に、検証データで最適化された重みに基づく単純な荷重平均は、非常に強力なベースラインとなります。

　アンサンブルを成功させる鍵は、一連の分類器の**多様性**にあります。多様性は強みです。どの盲人もゾウの鼻にしかさわっていないとしたら、「ゾウはヘビみたいだ」ということで意見が一致し、ゾウの正体を知ることは永遠にないでしょう。多様性こそが、アンサンブルを成功させるのです。機械学習に関しては、すべてのモデルが同じように偏っていると、アンサンブルも同じように偏ったものになります。偏り方がモデルによって異なっている場合、それらの偏りは相殺され、より堅牢で正確なアンサンブルになるはずです。

　このため、アンサンブルを構成するモデルは、「できるだけよいモデル」であると同時に、「できるだけ異なるモデル」でなければなりません。一般的には、非常に異なるアーキテクチャを使用しているか、異なる種類の機械学習アプローチを使用していることを意味します。たいてい実行する価値のない手法の 1 つは、そのつど異なる乱数を使って初期化され、別個に訓練された同じモデルを使用することです。それらのモデルの違いが乱数による初期化と訓練データに適用された順番だけである場合、そのアンサンブルは多様性に乏しいものとなります。このため、どれか 1 つのモデルを使用した場合と比べて、アンサンブルによる改善はわずかなものにとどまるでしょう。

　実際にうまくいく —— ただし、すべての問題領域に対して一般化されるわけではない —— と筆者が考えている手法の 1 つは、ランダムフォレストや勾配ブースティング

木といった決定木ベースの手法とディープニューラルネットワークのアンサンブルです。筆者とパートナーである Andrei Kolev は、2014 年に Kaggle で開催された Higgs Boson Machine Learning Challenge [15] で、さまざまな決定木モデルとディープニューラルネットワークのアンサンブルを使って 4 位に入りました。特筆すべきは、このアンサンブルのモデルの 1 つが、他のモデルとは異なる手法に基づいていて、他のモデルよりも正解率がかなり低かったことです。このモデルは RGF (Regularized Greedy Forest) に基づくものでした。当然ながら、このアンサンブルにおいてそのモデルが割り当てた重みは小さなものでした。ですが驚いたのは、そのモデルが他のどのモデルとも違っていたことが、アンサンブル全体の改善に大きく貢献したことでした。そのモデルが提供した情報は、他のモデルがアクセスできない情報でした。アンサンブルのポイントはまさにそこにあります。アンサンブルにおいて肝心なのは、モデル候補の性能がどれくらいよいかではなく、その多様性なのです。

このところ、実際に大きな成功を収めているアンサンブルの基本スタイルの 1 つは、ディープラーニングとシャローラーニングを融合した **Wide and Deep** カテゴリのモデルです。そうしたモデルでは、ディープニューラルネットワークと大きな線形モデルの訓練が同時に行われます。多様なモデルの同時学習は、モデルのアンサンブルを作成するためのさらにもう 1 つのオプションです。

7.3.4　まとめ

- 高性能なディープ畳み込みニューラルネットワーク（DCNN）を構築するときには、残差接続、バッチ正規化、dw 畳み込みを使用する必要がある。将来的には、1 次元、2 次元、3 次元のどれで適用されるかにかかわらず、より表現力の高い dw 畳み込みが通常の畳み込みに完全に取って代わる可能性がある。

- ディープニューラルネットワークを構築するには、ハイパーパラメータやアーキテクチャに関する小さな選択をいくつも行わなければならない。それらをどのように組み合わせるかが、モデルがどれくらいよいものになるかを決定付ける。直観や思いつきに任せてそれらを選択するのではなく、最適な選択を行うためにハイパーパラメータ空間を体系的に探索するほうが効果的である。現時点では、これはコストのかかるプロセスであり、そのためのツールの性能はあまりよくない。しかし、Hyperopt ライブラリや Hyperas ライブラリが助けになるかもしれない。ハイパーパラメータを最適化するときには、検証データセットでの過学習に注意しよう。

- 機械学習コンペで勝利する、あるいはタスクにおいて最もよい成果を上げるには、モデルの大きなアンサンブルを作成するしかない可能性がある。通常は、うまく最適化された荷重平均に基づいてアンサンブルを作成すれば十分である。多様性が強みであることを忘れてはならない。似通ったモデルからアンサンブルを作成してもたいてい無意味である。最善のアンサンブルは、（当然ながらできるだけ高い予測性能を持つ）できるだけ似ていないモデルを集めることである。

---

[15]　https://www.kaggle.com/c/higgs-boson

本章のまとめ

本章では、次の内容を理解しました。

- 層のグラフ、層の再利用（層の重みの共有）、Python の関数としてのモデルの使用に基づき、モデルを構築する方法。
- Keras のコールバックを使って訓練中のモデルを監視し、モデルの状態に基づいてアクションを実行できること。
- TensorBoard を利用することで、成果指標、活性化のヒストグラム、さらには埋め込み空間まで可視化できること。
- バッチ正規化、dw 畳み込み、残差接続とは何か。
- ハイパーパラメータの最適化とモデルのアンサンブルを使用すべきなのはなぜか。

こうした新しいツールにより、現実の世界でディープラーニングを使用し、競争力の高いディープラーニングモデルの構築に取りかかる準備がさらに整いました。

8 ジェネレーティブ ディープラーニング

本章で取り上げる内容

- LSTM を使ったテキスト生成
- DeepDream の実装
- ニューラルネットワークによるスタイル変換
- 変分オートエンコーダ
- 敵対的生成ネットワーク

　人間の思考プロセスをエミュレートする人工知能 (AI) の潜在能力は、物体認識といった受動的なタスクや、車の運転といった大部分が能動的なタスクの域を超え、創造的な活動にまでおよんでいます。「それほど遠くない将来、私たちが消費している文化的なコンテンツの大部分の作成に AI が大きく貢献するようになるだろう」と筆者が最初に主張したときには、長年にわたって機械学習を実務に使用している人からも、まったく相手にされませんでした。それは 2014 年のことでした。それから 3 年の月日があっという間に過ぎる中で、この不信感は払拭されていきました —— それも信じられないスピードで。2015 年の夏には、画像をサイケデリックな犬の目やパレイドリックな作品に変えてしまう Google の DeepDream アルゴリズムが話題になりました。2016 年には、写真をさまざまなスタイルの絵画に加工する Prisma アプリケーションが登場しました。2016 年の夏には、長短期記憶 (LSTM) アルゴリズムによって書かれた (完全なセリフ付きの) 脚本に基づいて『Sunspring』という短編映画が制作されました。最近では、ニューラルネットワークによって試験的に作曲された音楽を聴いた人もいる

でしょう。

　私たちがこれまでに見てきた AI による芸術作品は、お世辞にも完成度の高いものとは言えません。本物の脚本家、画家、作曲家には、AI はまるでかないません。ですが、そもそもの間違いは、人の代わりに何かをさせようとしたことです —— AI の目的は、人間の知能を別の何かに置き換えることではなく、私たちの生活や仕事をよりインテリジェントなものにすること、つまり、私たちの生活や仕事にさまざまな種類の知能を持ち込むことにあるからです。多くの分野、といっても特に創造的な分野では、AI は**人工**（artificial）知能というよりも**拡張**（augmented）知能であり、人間の能力を補うツールとして使用されるようになるでしょう。

　芸術作品の大部分は、単純なパターン認識と技術力から生み出されます。そして、それはまさに、多くの人にとって魅力的でもなければ、なくても困らないような部分です。そういうときこそ AI です。私たちの知覚様式、言語、芸術作品はどれも統計的な構造を持っています。こうした構造の学習を得意とするのがディープラーニングのアルゴリズムです。機械学習のモデルでは、画像、音楽、物語の統計的な**潜在空間**（latent space）を学習することが可能です。そして、この空間から**サンプル**を抽出することで、モデルが訓練データから学習したものと同様の特徴を持つ新しい芸術作品を生み出すことができます。言うまでもなく、そうしたサンプリング自体は創作活動ではなく、数学的な演算にすぎません。人間の生活、感情、あるいは外界での経験に関する基礎知識は、アルゴリズムにはありません。アルゴリズムが学習する経験には、私たちの経験との共通点はほとんどありません。モデルが生成したものに意味を与えるのは、その目撃者である私たち人間の解釈だけです。しかし、優れたアーティストの手にかかれば、アルゴリズムによって生成されたものが意味を持つようになり、美しいと感じるものになることがあります。潜在空間のサンプリングはアーティストの創造力を引き出すブラシとなり、創造のアフォーダンスを補い、想像力の空間を広げます。さらに、技術力や修練の必要性をなくすことで、芸術創作をより手の届きやすいものにすることが可能であり、芸術を工芸から切り離す新しい純粋な表現手段が確立されます。

　電子音楽アルゴリズムのパイオニアである Iannis Xenakis は、作曲を自動的に行うテクノロジーを例に、1960 年代にまったく同じことを美しく表現しています[1]。

　　煩わしい計算から解放された作曲家は、新しい形態の音楽がもたらす一般的な問題に没頭し、入力データの値を変更しながらこの新しい形態を心ゆくまで調べ上げることができる。たとえば、ソリストから室内管弦楽団、オーケストラまで、あらゆる楽器編成をテストしてみるのもよいだろう。コンピュータを携えた作曲家はパイロットになるようなものである。これまでは遠く夢見ることしかかなわなかった音の星座や銀河をまたにかけ、さまざまなボタンを押して座標を設定し、音の宇宙を航行する宇宙船の指揮を執るのである。

---

[1]　Iannis Xenakis, "Musiques formelles: nouveaux principes formels de composition musicale," special issue of La Revue musicale, nos. 253 -254 (1963).

8.1 LSTM によるテキスト生成　　285

　本章では、芸術創作を後押しするディープラーニングの潜在能力をさまざまな角度から見ていきます。具体的には、シーケンス（系列）データの生成、DeepDream、そして変分オートエンコーダと敵対的生成ネットワークを使った画像生成を詳しく取り上げます。シーケンスデータの生成は、テキストや音楽の生成に利用できます。ここでは、まだ見たことのないコンテンツをコンピュータに描き出させます。そしてあなたも、テクノロジーとアートが交わる場所にある途方もない可能性に思いを巡らすようになるかもしれません。さっそく始めましょう。

8.1　LSTM によるテキスト生成

　まず、リカレントニューラルネットワーク（RNN）を使ってシーケンス（系列）データを生成する方法から見ていきましょう。ここではテキスト生成を例に話を進めますが、まったく同じ手法を用いてあらゆる種類のシーケンスデータを生成することが可能です。たとえば、新しい音楽を生成するための音符列や、（アーティストが iPad で描いたものを記録するなど）絵画を一筆ずつ生成するための筆跡データの時系列などへの応用が可能です。

　シーケンスデータの生成は、決して芸術的なコンテンツの生成に限られません。シーケンスデータの生成に関しては、チャットボットでの音声合成や対話生成での応用実績があります。Google が 2016 年にリリースした Smart Reply 機能[2] は、同様の手法に基づいています。

8.1.1　ジェネレーティブリカレントネットワークの略史

　2014 年が終わる頃、「LSTM」という頭字語を見たことがある人は、機械学習のコミュニティでさえほとんどいませんでした。RNN を使ったシーケンスデータの生成にはずみがついたのは、2016 年になってからのことです。しかし、これらの手法にはかなり長い歴史があります。長短期記憶（LSTM）アルゴリズムが開発されたのは 1997 年です[3]。この新しいアルゴリズムは、当初はテキストを文字ごとに生成するために使用されていました。

　2002 年、当時スイスの Dalle Molle Institute for Artificial Intelligence で Schmidhuber の研究室に在籍していた Douglas Eck は、初めて音楽の生成に LSTM を適用しました。その結果は期待できるものでした。現在、Google Brain の研究者である Eck は、2016 年に Magenta という新しい研究グループを立ち上げています。Magenta では、ディープラーニングの手法を応用して人を惹きつける音楽を生成することに取り組んでいます。よいアイデアが形になるまでに 15 年を要することがあるのです。

　2000 年代の終わりから 2010 年代の初めにかけて、Alex Graves は RNN を使ったシーケンスデータの生成において重要かつ先駆的な成果を上げています。Graves が 2013 年に取り組んでいた手書き風の文字を生成するための RMDN（Recurrent Mixture Density

---

[2]　電子メールや携帯メールへの応答を自動的にすばやく生成できる機能。
[3]　Sepp Hochreiter and Jürgen Schmidhuber, "Long Short-Term Memory," Neural Computation 9, no. 8 (1997).

Network)[4] の応用は、一部の人々の間でターニングポイントと目されています[5]。手書き風の文字の生成には、ペンの位置からなる時系列データが使用されていました。筆者の頭の中に**夢を見る機械** (machines that dream) というイメージが浮かんだのは、ニューラルネットワークがこのように応用されるのを見たまさにその瞬間でした。Keras の開発に取りかかっていた筆者にとって、それは大きな刺激となりました。Graves も、arXiv[6] にアップロードされた 2013 年の LaTeX ファイルに同じような見解を（コメントにして）忍ばせています。「逐次的なデータの生成はコンピュータに夢を見させることに最も近い」。あれから数年が経ち、今でこそ私たちはこうした開発をあたりまえのように行っていますが、当時は、Graves のデモを見て、その可能性に畏敬の念を抱かずにはいられませんでした。

それ以来、RNN は音楽生成、対話生成、画像生成、音声合成、分子設計に使用され、成功を収めています。さらには、映画の脚本の生成や俳優のキャスティングにも利用されています。

8.1.2　シーケンスデータを生成する方法

ディープラーニングにおいてシーケンスデータを生成するための普遍的な方法は、以前のトークンを入力としてシーケンスの次のトークンや次の数個のトークンを予測するためにネットワークを訓練することです。このネットワークは、通常はリカレントニューラルネットワーク（RNN）か畳み込みニューラルネットワーク（CNN）になります。たとえば、入力が "the cat is on the ma" であるとすれば、ネットワークは次の文字 't' を予測するために訓練されます。テキストデータを扱うときは常にそうですが、**トークン** (token) は一般に単語か文字になります。そして、以前のトークンに基づいて次のトークンの確率を予測できるモデルは、**言語モデル** (language model) と呼ばれます。言語モデルは、言語の統計的な構造である**潜在空間** (latent space) を捕捉します。

言語モデルの学習が完了した後は、サンプリング（新しいシーケンスの生成）を行うことができます。つまり、「入力として最初のテキスト文字列を与え、次の文字または単語の生成を要求し（一度に複数のトークンを生成することも可能）、生成された出力を入力データに追加する」というプロセスを何度も繰り返します。このプロセスを図解すると、図 8-1 のようになります。この繰り返しにより、モデルの学習に使用されたデータの構造を反映した、任意の長さのシーケンスを生成できるようになります。それらのシーケンスは、人が書いたシーケンスとそっくりなものになります。なお、最初のテキスト文字列は、**コンディショニングデータ** (conditioning data) と呼ばれます。本節の例では、テキストコーパスから抽出された N 個の文字からなる文字列を LSTM 層に与えることで、$N+1$ 個の文字を予測させます。このモデルの出力（次の文字の確率分布）は、すべての文字候補にソフトマックス関数を適用することによっ

---

[4]　[訳注] RNN を使って入力特徴量から隠れた表現を抽出し、RNN の出力を MDN (Mixture Density Network) のモデルパラメータとして用いることで目的値の分散を表現する、RNN ベースの MDN。

[5]　Alex Graves, "Generating Sequences With Recurrent Neural Networks," arXiv (2013), https://arxiv.org/abs/1308.0850

[6]　プレプリント（学術誌に計算されることを目的に書かれた論文）をはじめとする論文が保存 / 公開されているサーバー。

て生成されます。この LSTM 層を**文字レベルのニューラル言語モデル**（character-level neural language model）と呼びます。

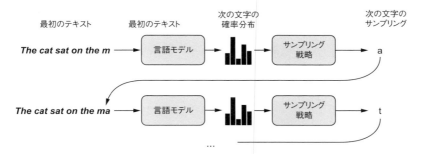

図 8-1：言語モデルを使った文字ごとのテキスト生成

8.1.3 サンプリング戦略の重要性

　テキストを生成するときには、次の文字を選択する方法がきわめて重要となります。単純なアプローチは**貪欲的サンプリング**（greedy sampling）であり、次の文字として最も有力なものが常に選択されます。しかし、そうしたアプローチでは、同じ文字列が繰り返し予測される結果になるため、意味の通る文章にならないかもしれません。それよりも興味深いアプローチは、少し意外な選択を行うことです。つまり、次の文字の確率分布からサンプリングを行うことで、サンプリングプロセスにランダム性を持たせるのです。これを**確率的サンプリング**（stochastic sampling）と呼びます。この分野では、「確率的であること」を「ランダム」と呼んでいることを思い出してください。そうした設定において、'e' が次の文字である確率が 0.3 であるとすれば、'e' が選択される可能性は 30% ということになります。貪欲的サンプリングも、確率分布からのサンプリングと考えることができます。その場合、特定の文字の確率は 1 であり、その他の文字の確率は 0 です。

　ソフトマックス関数の出力からの確率的サンプリングには、次のような利点があります。まず、有力な候補以外の文字をたまにサンプリングすることで、より興味深い文章を生成することができます。次に、訓練データには含まれていなかった本物そっくりの新しい単語を作り出すことで、創造力を発揮することもできます。しかし、この戦略には問題が 1 つあります。この戦略には、サンプリングプロセスに「ランダム性をどれくらい持たせるか」を制御する手段がないのです。

　その度合いはともかく、ランダム性が必要なのはなぜでしょうか。完全にランダムなサンプリングという極端なケースについて考えてみましょう。この場合、次の文字は一様確率分布から抽出され、どの文字も選択される確率は同じです。この手法では、ランダム性が最大になります。つまり、この確率分布のエントロピーは最大です。当然ながら、興味深いものは何も生成されないでしょう。貪欲的サンプリングはもう 1 つの極端なケースであり、興味深いものは何も生成されず、ランダム性はまったくありません。この場合、確率分布のエントロピーは最小です。これら 2 つの極端なケースの中間点となるのが、「本物」の確率分布、すなわち、モデルのソフトマックス関数の出力である確率分布からのサンプリングです。しかし、エントロピーの大きさが異

なるさまざまな中間点が他にも存在しており、それらを調べてみるとよいかもしれません。エントロピーが小さいほど、生成されるシーケンスはより予測可能な構造を持つようになるため、より現実的に見える可能性があります。これに対し、エントロピーが大きいほど、より意外性と独創性に富んだシーケンスが生成されます。ジェネレーティブモデルからのサンプリングでは、生成プロセスにおいてランダム性のさまざまな度合いを調べてみるのは常によい考えです。生成されたデータがどれくらい興味深いものであるかを最終的に判断するのは私たち人間であるため、興味深さはきわめて主観的なものです。そして、最適なエントロピーがどれくらいであるかは事前にはわかりません。

サンプリングプロセスの確率性の度合いを制御するには、**ソフトマックスの温度**（softmax temperature）と呼ばれるパラメータを導入します。このパラメータは、サンプリングに使用される確率分布のエントロピーを特徴付けるものであり、次の文字の選択をどれくらい意外な（または予測可能な）ものにするのかを制御します。このパラメータを temperature とすれば、リスト 8-1 に示すように確率分布を再荷重することで、元の確率分布（モデルのソフトマックス関数の出力）から新しい確率分布を計算できます。

リスト 8-1：異なる温度での確率分布の再荷重

```python
import numpy as np

# original_distributionは確率値からなる1次元のNumPy配列
# 確率値の総和は1でなければならない
# temperatureは出力分布のエントロピーを定量化する係数
def reweight_distribution(original_distribution, temperature=0.5):
    distribution = np.log(original_distribution) / temperature
    distribution = np.exp(distribution)

    # 再荷重された元の確率分布を返す
    # 新しい確率分布の総和は1にならない可能性があるため、
    # 新しい分布を取得するために総和で割っている
    return distribution / np.sum(distribution)
```

温度（`temperature`）が高ければ高いほど、確率分布のサンプリングのエントロピーは大きくなり、より意外性の高い非構造化データが生成されます。逆に、温度が低ければ低いほど、ランダム性の低いはるかに予測可能なデータが生成されます（図 8-2）。

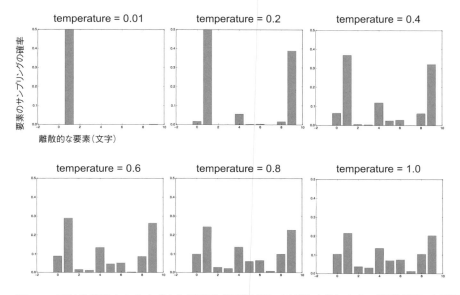

図 8-2：同じ確率分布のさまざまな再荷重（温度が低いほど決定的になり、温度が高いほどランダムになる）

8.1.4 LSTM による文字レベルのテキスト生成

これらのアイデアを実際に Keras で実装してみましょう。まず必要となるのは、言語モデルの学習に使用できる大量のテキストデータです。インターネットで公開されている Wikipedia や『The Lord of the Rings』のテキストなど、十分な大きさのテキストファイルを使用するか、いくつかのテキストファイルをまとめて使用することができます。この例では、英語に翻訳されたニーチェの著作を使用します。ニーチェは 19 世紀後半に活躍したドイツの哲学者です。したがって、ここで学習する言語モデルは、英語のより汎用的なモデルではなく、ニーチェの執筆スタイルや執筆テーマを学習するモデルになります。

データの準備

まず、コーパスをダウンロードして小文字に変換する作業を行います（リスト 8-2）。

リスト 8-2：最初のテキストファイルのダウンロードと解析

```
import keras
import numpy as np

path = keras.utils.get_file(
    'nietzsche.txt',
    origin='https://s3.amazonaws.com/text-datasets/nietzsche.txt')
text = open(path).read().lower()
print('Corpus length:', len(text))
```

次に、長さが maxlen の、部分的にオーバーラップしている文章を抽出し、one-hot エンコーディングを適用し、形状が (sequences, maxlen, unique_characters) の 3 次元の NumPy 配列 x にまとめます。それと同時に、対応する目的値を含んだ配列 y も準備します。これらの目的値は、抽出された文章の直後の文字であり、one-hot エンコーディングで表現されています（リスト 8-3）。

リスト 8-3：文字のシーケンスのベクトル化

```python
maxlen = 60        # 60文字のシーケンスを抽出
step = 3           # 3文字おきに新しいシーケンスをサンプリング
sentences = []     # 抽出されたシーケンスを保持
next_chars = []    # 目的値（次に来る文字）を保持

for i in range(0, len(text) - maxlen, step):
    sentences.append(text[i: i + maxlen])
    next_chars.append(text[i + maxlen])

print('Number of sequences:', len(sentences))

# コーパスの一意な文字のリスト
chars = sorted(list(set(text)))
print('Unique characters:', len(chars))

# これらの文字をリストcharsのインデックスにマッピングするディクショナリ
char_indices = dict((char, chars.index(char)) for char in chars)

print('Vectorization...')

# one-hotエンコーディングを適用して文字を二値の配列に格納
x = np.zeros((len(sentences), maxlen, len(chars)), dtype=np.bool)
y = np.zeros((len(sentences), len(chars)), dtype=np.bool)
for i, sentence in enumerate(sentences):
    for t, char in enumerate(sentence):
        x[i, t, char_indices[char]] = 1
    y[i, char_indices[next_chars[i]]] = 1
```

ネットワークの構築

このネットワークは、単一の LSTM 層、それに続く Dense 分類器、そしてすべての候補文字に対するソフトマックス関数で構成されています（リスト 8-4）。ただし、RNN だけがシーケンスデータを生成する方法ではないことに注意してください。最近では、このタスクは 1 次元の CNN でも非常にうまくいくことがわかっています。

リスト 8-4：次の文字を予測する単層 LSTM モデル

```python
from keras import layers

model = keras.models.Sequential()
model.add(layers.LSTM(128, input_shape=(maxlen, len(chars))))
```

8.1 LSTMによるテキスト生成

```python
model.add(layers.Dense(len(chars), activation='softmax'))
```

　目的値は one-hot エンコーディングで表現されているため、モデルを訓練するための損失関数として categorical_crossentropy を使用します（リスト 8-5）。

リスト 8-5：モデルのコンパイル設定

```python
optimizer = keras.optimizers.RMSprop(lr=0.01)
model.compile(loss='categorical_crossentropy', optimizer=optimizer)
```

言語モデルの訓練とサンプリング

　学習済みのモデルとテキストシードが揃った後は、次の作業を繰り返すことで、新しいテキストを生成できます。

1. それまでに生成されたテキストをもとに、モデルから次の文字の確率分布を抽出する。
2. この確率分布を特定の温度で再荷重する。
3. 再荷重された確率分布に従って、次の文字をサンプリングする。
4. それまでに生成されたテキストの最後に新しい文字を追加する。

　モデルから得られた最初の確率分布を再荷重し、そこから次の文字のインデックスを抽出するコード（サンプリング関数）は、リスト 8-6 のようになります。

リスト 8-6：モデルの予測に基づいて次の文字をサンプリングする関数

```python
def sample(preds, temperature=1.0):
    preds = np.asarray(preds).astype('float64')
    preds = np.log(preds) / temperature
    exp_preds = np.exp(preds)
    preds = exp_preds / np.sum(exp_preds)
    probas = np.random.multinomial(1, preds, 1)
    return np.argmax(probas)
```

　最後に、リスト 8-7 に示すループを使って訓練とテキストの生成を繰り返し行います。まず、各エポックの最後に、ある範囲内の異なる温度を使ってテキストを生成します。これにより、生成されたテキストが、モデルが収束する過程でどのように変化していくのかがわかります。また、そのサンプリング戦略に温度がどのような影響を与えるのかも明らかになります。

第8章　ジェネレーティブディープラーニング

リスト8-7：テキスト生成ループ

```python
import random
import sys

# モデルを60エポックで訓練
for epoch in range(1, 60):
    print('epoch', epoch)

    # 1エポックでデータを学習
    model.fit(x, y, batch_size=128, epochs=1)

    # テキストシードをランダムに選択
    start_index = random.randint(0, len(text) - maxlen - 1)
    generated_text = text[start_index: start_index + maxlen]
    print('--- Generating with seed: "' + generated_text + '"')

    # ある範囲内の異なるサンプリング温度を試してみる
    for temperature in [0.2, 0.5, 1.0, 1.2]:
        print('------ temperature:', temperature)
        sys.stdout.write(generated_text)

        # 400文字を生成
        for i in range(400):

            # これまでに生成された文字にone-hotエンコーディングを適用
            sampled = np.zeros((1, maxlen, len(chars)))
            for t, char in enumerate(generated_text):
                sampled[0, t, char_indices[char]] = 1.

            # 次の文字をサンプリング
            preds = model.predict(sampled, verbose=0)[0]
            next_index = sample(preds, temperature)
            next_char = chars[next_index]

            generated_text += next_char
            generated_text = generated_text[1:]

            sys.stdout.write(next_char)
            sys.stdout.flush()
```

　ここでは、ランダムテキストシードとして "new faculty, and the jubilation reached its climax when kant" を使用しています。temperature=0.2 の場合に、20エポックの時点で生成されるテキストは次のようになります。モデルが完全に収束するのはまだずっと先です。

```
new faculty, and the jubilation reached its climax when kant and such a man
in the same time the spirit of the surely and the such the such
as a man is the sunligh and subject the present to the superiority of the
special pain the most man and strange the subjection of the
special conscience the special and nature and such men the subjection of
the special men, the most surely the subjection of the special
intellect of the subjection of the same things and
```

8.1 LSTM によるテキスト生成

temperature=0.5 では次のようになります。

```
new faculty, and the jubilation reached its climax when kant in the eterned
and such man as it's also become himself the condition of the
experience of off the basis the superiory and the special morty of the
strength, in the langus, as which the same time life and "even who
discless the mankind, with a subject and fact all you have to be the stand
and lave no comes a troveration of the man and surely the
conscience the superiority, and when one must be w
```

temperature=1.0 では次のようになります。

```
new faculty, and the jubilation reached its climax when kant, as a
periliting of manner to all definites and transpects it it so
hicable and ont him artiar resull
too such as if ever the proping to makes as cnecience. to been juden,
all every could coldiciousnike hother aw passife, the plies like
which might thiod was account, indifferent germin, that everythery
certain destrution, intellect into the deteriorablen origin of moralian,
and a lessority o
```

60エポックの時点で、モデルがほぼ収束すると、かなり意味の通ったテキストに見えるようになります。temperature=0.2 での結果は次のようになります。

```
cheerfulness, friendliness and kindness of a heart are the sense of the
spirit is a man with the sense of the sense of the world of the
self-end and self-concerning the subjection of the strengthorixes--the
subjection of the subjection of the subjection of the
self-concerning the feelings in the superiority in the subjection of the
subjection of the spirit isn't to be a man of the sense of the
subjection and said to the strength of the sense of the
```

temperature=0.5 では次のようになります。

```
cheerfulness, friendliness and kindness of a heart are the part of the soul
who have been the art of the philosophers, and which the one
won't say, which is it the higher the and with religion of the frences.
the life of the spirit among the most continuess of the
strengther of the sense the conscience of men of precisely before enough
presumption, and can mankind, and something the conceptions, the
subjection of the sense and suffering and the
```

temperature=1.0 では次のようになります。

```
cheerfulness, friendliness and kindness of a heart are spiritual by the
ciuture for the entalled is, he astraged, or errors to our you
idstood--and it needs, to think by spars to whole the amvives of the
newoatly, prefectly raals! it was
name, for example but voludd atu-especity"--or rank onee, or even all
"solett increessic of the world and
implussional tragedy experience, transf, or insiderar,--must hast
if desires of the strubction is be stronges
```

このように、温度の値が小さいうちは繰り返しの多い予測可能なテキストが生成されますが、局所的な構造はかなり現実的です。たとえば、文字の局所的なパターンである「単語」はすべて本物の英単語です。温度の値が大きくなると、生成されるテキストはより興味深く意外なものとなり、独創性をも感じさせるようになります。場合によっては、'eterned' や 'troveration' など、もっともらしい響きを持つまったく新しい単語が編み出されることもあります。温度が高くなると、局所的な構造が崩壊し始め、ほとんどの単語が文字を適当にくっつけたものに見えるようになります。この設定では、テキスト生成にとって最も重要な温度が 0.5 であることは間違いないでしょう。実際に試してみるときには、常に、複数のサンプリング戦略を用いるようにしてください。生成されたテキストが興味深いものになるのは、学習された構造とランダム性とのバランスがうまくとれている場合です。

より大きなモデルを、より時間をかけて、より多くのデータで訓練すれば、これよりもはるかに意味の通った、本物そっくりのサンプルを生成できることに注意してください。ですがもちろん、意味のあるテキストが生成されると期待するのは禁物です。偶然にそうなることもありますが、ここで行っているのは、どの文字の後にどの文字が来るかに関する統計モデルからのサンプリングにすぎません。言語はコミュニケーションの手段であり、コミュニケーションが何であるかと、コミュニケーションがエンコードされるメッセージの統計的な構造は別物です。この違いを明らかにするために思考実験をしてみましょう。コンピュータがほとんどのデジタル通信を圧縮するのと同じように、人間の言語がコミュニケーションをうまく圧縮するとしたらどうでしょうか。言語の意義が失われることはないでしょうが、本来の統計的な構造は失われてしまうため、ここで行ったような言語モデルの学習は不可能になるでしょう。

8.1.5 まとめ

- 以前のトークンから次の (1 つ以上の) トークンを予測するモデルを訓練することで、離散的なシーケンスデータを生成できる。
- テキストの場合、そうしたモデルは**言語モデル**と呼ばれる。このモデルは単語または文字に基づくものとなる。
- 次のトークンをサンプリングするには、モデルが学習した内容とランダム性の導入との間でバランスをとる必要がある。
- この問題に対処する方法の 1 つは、ソフトマックスの温度である。正しい温度を割り出すために、常にさまざまな温度を使って実験する。

8.2 DeepDream

　DeepDream は、畳み込みニューラルネットワーク（CNN）によって学習された表現に基づく審美的な画像加工手法です。最初は、Caffe ディープラーニングライブラリを使って書かれた実装[7]として、2015 年の夏に Google によってリリースされました（これは TensorFlow の最初のバージョンが公式にリリースされる数か月前のことでした）。たとえば図 8-3 に示すように、アルゴリズムによるパレイドリックな加工が施された、鳥の羽や犬の目でいっぱいの悪夢のような画像を生成できるおかげで、DeepDream はすぐさまインターネットの話題をさらいました。この悪夢のような画像は、DeepDreamの CNN が ImageNet で訓練されたことによる副産物でした。ImageNet には、犬や鳥のさまざまな種の画像が大量に含まれているからです。

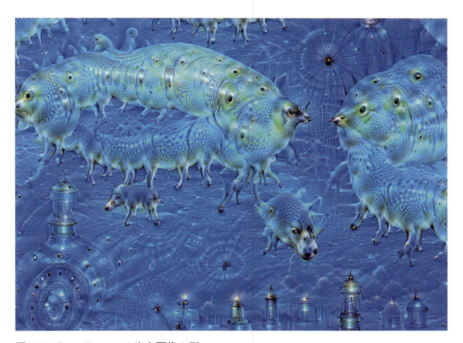

図 8-3：DeepDream の出力画像の例

　DeepDream アルゴリズムは、第 5 章で紹介した CNN のフィルタ可視化手法とほぼ同じです。この手法では、CNN を逆向きに実行します。つまり、CNN の出力側の層において特定のフィルタの活性化を最大にするために、CNN への入力に勾配上昇法を適用します。DeepDream も同じ発想に基づいていますが、単純な違いがいくつかあります。

---

[7]　Alexander Mordvintsev, Christopher Olah, and Mike Tyka, "DeepDream: A Code Example for Visualizing Neural Networks," Google Research Blog, July 1, 2015, http://mng.bz/xXlM

- DeepDreamでは、特定のフィルタではなく、層全体の活性化を最大化する。それにより、大量の特徴量が同時に可視化され、合成される。
- 出発点となるのは、ノイズが少し含まれた空の入力ではなく、既存の画像である。結果として、既存の視覚パターンを捕捉し、画像の要素をやや審美的な方法で変形させるという効果が得られる。
- 入力画像はさまざまな尺度（オクターブ）で処理される。それにより、可視化の品質が改善される。

さっそく試してみましょう。

8.2.1　DeepDreamをKerasで実装する

　ここでは、ImageNetであらかじめ訓練されたCNNを使用します。Kerasには、VGG16、VGG19、Xception、ResNet50など、そうしたCNNの多くが最初から含まれています。これらのCNNのいずれかを使ってDeepDreamを実装することは可能ですが、当然ながら、CNNの選択は可視化に影響を与えることになります。なぜなら、CNNのアーキテクチャが異なれば、学習する特徴量も違ってくるからです。最初にリリースされたDeepDreamで使用されていたCNNは、Inceptionモデルでした。実際には、Inceptionモデルは見た目のよいDeepDreamを生成することで知られているため、ここではKerasに含まれているInception V3モデルを使用することにします（リスト8-8）。

リスト8-8：学習済みのInception V3モデルを読み込む

```
from keras.applications import inception_v3
from keras import backend as K

# ここではモデルを訓練しないため、訓練関連の演算はすべて無効にする
K.set_learning_phase(0)

# InceptionV3ネットワークを畳み込みベースなしで構築する
# このモデルは学習済みのImageNetの重み付きで読み込まれる
model = inception_v3.InceptionV3(weights='imagenet', include_top=False)
```

　次に、**損失値**を計算します。勾配上昇法を実行する過程で最大化の対象となるのは、損失値です。第5章のフィルタ可視化では、特定の層で特定のフィルタの最大化を試みました。ここでは、いくつかの層ですべてのフィルタの活性化を同時に最大化します。つまり、出力側のいくつかの層で、活性化のL2ノルムの荷重和を最大化します。実際に選択する層（そして最終的な損失にそれらがどれくらい貢献するか）は、モデルが生成できる画像に大きな影響を与えます。このため、これらのパラメータを簡単に設定できるようにしておいたほうがよさそうです。選択する層が入力側に近いほど幾何学的なパターンが生成され、出力側に近いほどImageNetのクラス（鳥、犬など）が見分けられるような見た目になります。ここでは、出発点として4つの層をやや独断的に設定しますが（リスト8-9）、あとからさまざまな設定をぜひ調べてみてください。

8.2 DeepDream

リスト 8-9：DeepDream の構成

```
# 層の名前を係数にマッピングするディクショナリ。この係数は最大化の対象と
# なる損失値にその層の活性化がどれくらい貢献するのかを表す。これらの層の
# 名前は組み込みのInception V3アプリケーションにハードコーディングされて
# いることに注意。すべての層の名前はmodel.summary()を使って確認できる
layer_contributions = {
    'mixed2': 0.2,
    'mixed3': 3.,
    'mixed4': 2.,
    'mixed5': 1.5,
}
```

　次に、損失値を保持するテンソルを定義します。この損失値は、リスト 8-9 で指定されている層の活性化の L2 ノルムの荷重和です（リスト 8-10）。

リスト 8-10：最大化の対象となる損失値を定義

```
# 層の名前を層のインスタンスにマッピングするディクショリを作成
layer_dict = dict([(layer.name, layer) for layer in model.layers])

# 損失値を定義
loss = K.variable(0.)
for layer_name in layer_contributions:
    coeff = layer_contributions[layer_name]

    # 層の出力を取得
    activation = layer_dict[layer_name].output

    scaling = K.prod(K.cast(K.shape(activation), 'float32'))

    # 層の特徴量のL2ノルムをlossに加算
    # 非境界ピクセルのみをlossに適用することで、周辺効果を回避
    loss += coeff * K.sum(K.square(activation[:, 2: -2, 2: -2, :])) / scaling
```

　次に、勾配上昇法のプロセスを設定します（リスト 8-11）。

リスト 8-11：勾配上昇法のプロセス

```
# 生成された画像（ドリーム）を保持するテンソル
dream = model.input

# ドリームの損失関数の勾配を計算
grads = K.gradients(loss, dream)[0]

# 勾配を正規化（重要）
grads /= K.maximum(K.mean(K.abs(grads)), 1e-7)

# 入力画像に基づいて損失と勾配の値を取得するKeras関数を設定
outputs = [loss, grads]
fetch_loss_and_grads = K.function([dream], outputs)
```

```
def eval_loss_and_grads(x):
    outs = fetch_loss_and_grads([x])
    loss_value = outs[0]
    grad_values = outs[1]
    return loss_value, grad_values

# 勾配上昇法を指定された回数にわたって実行する関数
def gradient_ascent(x, iterations, step, max_loss=None):
    for i in range(iterations):
        loss_value, grad_values = eval_loss_and_grads(x)
        if max_loss is not None and loss_value > max_loss:
            break
        print('...Loss value at', i, ':', loss_value)
        x += step * grad_values
    return x
```

最後に、実際のDeepDreamアルゴリズムを定義します。まず、画像を処理する**尺度**のリストを定義します。これらの尺度は**オクターブ**（octave）とも呼ばれます。尺度はそれぞれ1つ前の尺度よりも1.4倍（40%）ずつ大きくなります。最初は小さな画像を処理することから始めて、徐々に拡大していきます（図8-4）。

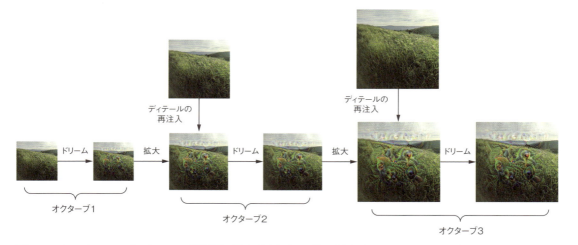

図8-4：DeepDreamプロセスの空間処理の尺度（オクターブ）と拡大時のディテールの再注入

　最も小さなものから最も大きなものに向かってオクターブを上げていくたびに、1つ前のオクターブで定義された損失値を最大化するために勾配上昇法を実行します。勾配上昇法を実行した後は、結果として得られた画像を40%拡大します。
　画像を拡大するたびに多くのディテールが失われる（結果として画像がぼやけたり画素化したりする）のを避けるための単純なトリックがあります。画像を拡大するたびに、失われたディテールを画像に再注入するのです。このような再注入が可能なのは、元の画像を大きくしたらどのような見た目になるかがわかっているためです。小さな画像のサイズをS、大きな画像のサイズをLとすれば、元の画像のサイズをLに

8.2 DeepDream

変更する場合と S に変更する場合との差分を計算できます。この差分が、S から L へ拡大していくときに失われるディテールの量となります（リスト 8-12）。

リスト 8-12：異なる尺度にわたって勾配上昇法を実行

```python
import numpy as np

# これらのハイパーパラメータでいろいろな値を試してみることでも、
# 新しい効果が得られる

step = 0.01          # 勾配上昇法のステップサイズ
num_octave = 3       # 勾配上昇法を実行する尺度の数
octave_scale = 1.4   # 尺度間の拡大率
iterations = 20      # 尺度ごとの上昇ステップの数

# 損失値が10を超えた場合は見た目が醜くなるのを避けるために勾配上昇法を中止
max_loss = 10.

# 使用したい画像へのパスに置き換える
base_image_path = '/home/ubuntu/data/original_photo_deep_dream.jpg'

# ベースとなる画像をNumPy配列に読み込む（リスト8-13の関数を使用）
img = preprocess_image(base_image_path)

# 勾配上昇法を実行するさまざまな尺度を定義する形状タプルのリストを準備
original_shape = img.shape[1:3]
successive_shapes = [original_shape]
for i in range(1, num_octave):
    shape = tuple([int(dim / (octave_scale ** i))
                   for dim in original_shape])
    successive_shapes.append(shape)

# 形状リストを逆にして昇順になるようにする
successive_shapes = successive_shapes[::-1]

# 画像のNumPy配列のサイズを最も小さな尺度に変換
original_img = np.copy(img)
shrunk_original_img = resize_img(img, successive_shapes[0])

for shape in successive_shapes:
    print('Processing image shape', shape)
    # ドリーム画像を拡大
    img = resize_img(img, shape)
    # 勾配上昇法を実行してドリーム画像を加工
    img = gradient_ascent(img,
                          iterations=iterations,
                          step=step,
                          max_loss=max_loss)
    # 元の画像を縮小したものを拡大：画像が画素化される
    upscaled_shrunk_original_img = resize_img(shrunk_original_img, shape)
    # このサイズでの元の画像の高品質バージョンを計算
    same_size_original = resize_img(original_img, shape)
    # これらの2つの差分が、拡大時に失われるディテールの量
    lost_detail = same_size_original - upscaled_shrunk_original_img
    # 失われたディテールをドリーム画像に再注入
```

8
章

```
        img += lost_detail
        shrunk_original_img = resize_img(original_img, shape)
        save_img(img, fname='dream_at_scale_' + str(shape) + '.png')

save_img(img, fname='final_dream.png')
```

　なお、リスト 8-12 のコードは、リスト 8-13 に示す NumPy ベースの簡単な補助関数を使用しています。これらの関数の目的はその名前に示されているとおりです。これらの関数を使用するには、SciPy がインストールされている必要があります。

リスト 8-13：補助関数

```
import scipy
from keras.preprocessing import image

# 画像のサイズを変更
def resize_img(img, size):
    img = np.copy(img)
    factors = (1,
               float(size[0]) / img.shape[1],
               float(size[1]) / img.shape[2],
               1)
    return scipy.ndimage.zoom(img, factors, order=1)

# 画像を保存
def save_img(img, fname):
    pil_img = deprocess_image(np.copy(img))
    scipy.misc.imsave(fname, pil_img)

# 画像を開いてサイズを変更し、Inception V3が処理できるテンソルに変換
def preprocess_image(image_path):
    img = image.load_img(image_path)
    img = image.img_to_array(img)
    img = np.expand_dims(img, axis=0)
    img = inception_v3.preprocess_input(img)
    return img

# テンソルを有効な画像に変換
def deprocess_image(x):
    if K.image_data_format() == 'channels_first':
        x = x.reshape((3, x.shape[2], x.shape[3]))
        x = x.transpose((1, 2, 0))
    else:
        # inception_v3.preprocess_inputによって実行された前処理を元に戻す
        x = x.reshape((x.shape[1], x.shape[2], 3))
    x /= 2.
    x += 0.5
    x *= 255.
    x = np.clip(x, 0, 255).astype('uint8')
    return x
```

> 元の Inception V3 ネットワークが 299×299 の画像から視覚概念を認識するように訓練
> されていることと、画像を合理的な倍率で縮小するプロセスとを考え合わせると、こ
> の DeepDream 実装からかなりよい結果が得られるのは、300×300〜400×400 の画像
> を使用した場合です。いずれにしても、このコードは任意のサイズの画像を使って任
> 意の比率で実行できます。

サンフランシスコ湾と Google キャンパスの間にある小さな丘陵地帯で撮った写真を使用したところ、図 8-5 に示す DeepDream が生成されました。

図 8-5：サンプル画像で DeepDream コードを実行した結果

ぜひ、損失値の計算に使用する層を調整しながら、どのようなことが可能になるのか調べてみてください。ネットワークの入力側に近い層は、より局所的で抽象性の低い表現を含んでおり、より幾何学的に見える視覚パターンを描き出します。ネットワークの出力側に近い層は、犬の目や鳥の羽など、ImageNet に含まれている最も一般的なオブジェクトに基づいて、より認識しやすい視覚パターンを描き出します。`layer_contributions` ディクショナリのパラメータの値をランダムに生成すれば、さまざまな層の組み合わせをすばやく試してみることができます。

図 8-6 は、自家製のパンの画像をもとに、異なる層の組み合わせを使って得られた結果を示しています。

図 8-6：サンプル画像でさまざまな DeepDream 設定を試した結果

8.2.2　まとめ

- DeepDream は、CNN を逆向きに実行することで、ネットワークが学習した表現に基づいて入力を生成するという仕組みになっている。
- 結果として、まるで幻覚を見ているかのようなおもしろい画像が生成される。
- このプロセスは、画像モデルはもちろん、CNN にも特化していない。音声や音楽でも同じプロセスを実行できる。

8.3 ニューラルネットワークによるスタイル変換

DeepDreamに加えて、ディープラーニングベースの画像加工における主な開発の1つに、2015年の夏にLeon Gatys他によって提唱された**ニューラルスタイル変換**（neural style transfer）があります[8]。最初に紹介されて以来、ニューラルスタイル変換アルゴリズムは、さまざまな調整を経てさまざまなバージョンを派生させており、多くのスマートフォン写真アプリに利用されています。ここでは話を単純にするために、元の論文で説明されている定式化に焦点を合わせます。

ニューラルスタイル変換は、ターゲット画像のコンテンツを維持した上で、リファレンス画像のスタイルをターゲット画像に適用するというものです。図8-7は、その例を示しています。

図8-7：ニューラルスタイル変換の例

この場合の**スタイル**は、基本的には、さまざまな空間規模での画像のテクスチャ、色、視覚パターンを意味します。そして**コンテンツ**は、画像の俯瞰的なマクロ構造を意味します。たとえば、図8-7の（ゴッホの『星月夜』を使った）青と黄の円を描くような筆遣いはスタイルと見なされ、ドイツのテュービンゲンで撮られた写真の街並みはコンテンツと見なされます。

スタイル変換自体は、ニューラルスタイル変換が2015年に開発されるずっと以前から画像処理コミュニティではおなじみの概念であり、テクスチャの生成と深く関わっています。しかし、従来のコンピュータビジョンの手法によって達成されていたものからすると、ディープラーニングベースのスタイル変換の実装によってもたらされる結果は比類なきものであり、コンピュータビジョンのクリエイティブな応用は新たな夜明けを迎えています。

スタイル変換を実装するときの主な考え方は、すべてのディープラーニングアルゴリズムの中心にある考え方と同じです。つまり、何を達成したいのかを指定するための損失関数を定義し、この損失関数を最小化します。何を達成したいかはわかっています —— 元の画像のコンテンツを維持した上で、リファレンス画像のスタイルを取り入れることです。**コンテンツ**と**スタイル**を数学的に定義することが可能である場合、最小化の対象にすべき損失関数は次のように定義されます。

```
loss = distance(style(reference_image) - style(generated_image)) +
       distance(content(original_image) - content(generated_image))
```

---

[8] Leon A. Gatys, Alexander S. Ecker, and Matthias Bethge, "A Neural Algorithm of Artistic Style," arXiv (2015), https://arxiv.org/abs/1508.06576

ここで distance は、L2 ノルムなどのノルム関数です。content は画像からその
コンテンツの表現を計算する関数であり、style は画像からそのスタイルの表現
を計算する関数です。この損失関数を最小化すると、style(generated_image) が
style(reference_image) に近づき、content(generated_image) が content(original_
image) に近づくため、定義したとおりのスタイル変換が実現されます。

Gatys らが基本的に明らかにしたのは、style 関数と content 関数を数学的に定義
する手段がディープ畳み込みニューラルネットワークによって提供されることでした。
その手段とはどのようなものでしょうか。

8.3.1　コンテンツの損失関数

ネットワークの入力側に近い層の活性化には、画像に関する「局所的な」情報が含ま
れていますが、出力側に近づくほど「大域的で抽象的な」情報が含まれるようになりま
す。CNN のさまざまな層の活性化を異なる方法で定式化すると、画像のコンテンツが
さまざまな空間規模にわたって分解されます。このため、CNN の出力側の層の表現は、
画像のコンテンツをより大域的かつ抽象的に捕捉したものになることが期待されます。

したがって、コンテンツの損失関数の候補として有力なのは、L2 ノルムです。この
L2 ノルムは、学習済みの CNN において（ターゲット画像で）計算された出力側の層
の活性化と、（生成された画像で）計算された同じ層の活性化との間の距離を表します。
これにより、CNN の出力側の層から見た場合に、生成された画像が元のターゲット画
像と同じように見えることが保証されます。CNN の出力側の層が見るものが実際には
入力画像のコンテンツであるとすれば、これは画像のコンテンツを維持するための手
段となります。

8.3.2　スタイルの損失関数

コンテンツの損失関数が使用するのは 1 つ後の層だけですが、Gatys らが定義したス
タイルの損失関数は CNN の複数の層を使用します。つまり、CNN によって（1 つだけ
ではなく）すべての空間規模でスタイルリファレンス画像の外観を捕捉することにな
ります。スタイルの損失関数に関しては、Gatys らは層の活性化の**グラム行列**（Gram
matrix）を使用しています。グラム行列は、与えられた層の特徴マップどうしの内積
です。この内積については、その層の特徴量どうしの相関関係を表すマップとして考
えることができます。こうした特徴量の相関関係には、特定の空間規模での統計的パ
ターンが反映されます。経験上、それらはこの空間規模で抽出されるテクスチャの外
観に対応しています。

したがって、スタイルの損失関数の目的は、スタイルリファレンス画像と生成され
た画像とで、さまざまな層の活性化に含まれる相関関係を同じに保つことにあります。
それにより、特定の空間規模で抽出されたテクスチャが、スタイルリファレンス画像
でも生成された画像でも同じように見えることが保証されます。

要するに、学習済みの CNN を使って次の処理を行う損失関数を定義できます。

- コンテンツのターゲット画像と生成された画像との間で出力側の層の活性化を
  同様に保つことで、コンテンツを維持する。CNN からは、ターゲット画像と生
  成された画像が同じものを含んでいるように「見える」はずである。

8.3 ニューラルネットワークによるスタイル変換　　305

- 入力側の層と出力側の層の両方で活性化の「相関関係」を同じに保つことで、スタイルを維持する。特徴量の相関関係は「テクスチャ」を捕捉する。スタイルリファレンス画像と生成された画像のテクスチャはさまざまな空間規模で同じになるはずである。

　ここでは、2015年に発表されたものと同じニューラルスタイル変換アルゴリズムをKerasで実装します。前節で実装したDeepDreamと多くの点で似ていることがわかるでしょう。

8.3.3　Kerasでのニューラルスタイル変換

　ニューラルスタイル変換の実装には、学習済みのCNNをどれでも使用できます。ここでは、Gatysらが使用したVGG19ネットワークを使用します。VGG19は、第5章で取り上げたVGG16に畳み込み層をさらに3つ追加したものです。
　全体的な流れは次のようになります。

1. スタイルリファレンス画像、ターゲット画像、生成された画像に対して、VGG19の層の活性化を同時に計算するネットワークを準備する。
2. これら3つの画像にわたって計算された層の活性化をもとに、先ほど説明した損失関数を定義する。スタイル変換を実現するには、この損失関数を最小化する。
3. この損失関数を最小化するための勾配降下法のプロセスを定義する。

　まず、スタイルリファレンス画像とターゲット画像へのパスを定義します。処理した画像が同じようなサイズになるよう（サイズが大きく違っているとスタイル変換が難しくなります）、それらの画像の高さをあとから400ピクセルに揃えます（リスト8-14）。

> **リスト8-14：変数の定義**

```python
from keras.preprocessing.image import load_img, img_to_array

# 変換したい画像へのパス
target_image_path = 'img/portrait.jpg'

# スタイル画像へのパス
style_reference_image_path = 'img/transfer_style_reference.jpg'

# 生成する画像のサイズ
width, height = load_img(target_image_path).size
img_height = 400
img_width = int(width * img_height / height)
```

　次に、VGG19ネットワークでやり取りされる画像の読み込み、前処理、後処理を行う補助関数が必要です（リスト8-15）。

第8章　ジェネレーティブディープラーニング

リスト 8-15：補助関数

```python
import numpy as np
from keras.applications import vgg19

def preprocess_image(image_path):
    img = load_img(image_path, target_size=(img_height, img_width))
    img = img_to_array(img)
    img = np.expand_dims(img, axis=0)
    img = vgg19.preprocess_input(img)
    return img

def deprocess_image(x):
    # ImageNetから平均ピクセル値を取り除くことにより、中心を0に設定
    # これにより、vgg19.preprocess_inputによって実行される変換が逆になる
    x[:, :, 0] += 103.939
    x[:, :, 1] += 116.779
    x[:, :, 2] += 123.68

    # 画像を'BGR'から'RGB'に変換
    # これもvgg19.preprocess_inputの変換を逆にするための措置
    x = x[:, :, ::-1]

    x = np.clip(x, 0, 255).astype('uint8')
    return x
```

　続いて、VGG19 ネットワークを定義します。このネットワークは、スタイルリファレンス画像、ターゲット画像、そして生成された画像を保持するプレースホルダの 3 つを入力として使用します。**プレースホルダ**（placeholder）とは記号的なテンソルのことであり、プレースホルダの値は NumPy 配列を通じて外部から提供されます。スタイルリファレンス画像とターゲット画像は静的な画像であるため、K.constant を使って定義します。対照的に、生成された画像のプレースホルダに含まれる値は徐々に変化します（リスト 8-16）。

リスト 8-16：学習済みの VGG19 ネットワークを読み込み、3 つの画像に適用

```python
from keras import backend as K

target_image = K.constant(preprocess_image(target_image_path))
style_reference_image = K.constant(preprocess_image(
    style_reference_image_path))

# 生成された画像を保持するプレースホルダ
combination_image = K.placeholder((1, img_height, img_width, 3))

# 3つの画像を1つのバッチにまとめる
input_tensor = K.concatenate([target_image, style_reference_image,
                              combination_image], axis=0)

# 3つの画像からなるバッチを入力として使用するVGG19モデルを構築
# このモデルには、学習済みのImageNetの重みが読み込まれる
```

8.3 ニューラルネットワークによるスタイル変換

```
model = vgg19.VGG19(input_tensor=input_tensor,
                    weights='imagenet',
                    include_top=False)
print('Model loaded.')
```

次に、コンテンツの損失関数を定義します（リスト 8-17）。この損失関数は、VGG19 ネットワークの最後の層が「見る」ターゲット画像と生成された画像が同じになるようにします。

リスト 8-17：コンテンツの損失関数

```
def content_loss(base, combination):
    return K.sum(K.square(combination - base))
```

次に、スタイルの損失関数を定義します（リスト 8-18）。この損失関数は、補助関数を使って入力行列のグラム行列（元の特徴行列から抽出された相関関係のマップ）を計算します。

リスト 8-18：スタイルの損失関数

```
def gram_matrix(x):
    features = K.batch_flatten(K.permute_dimensions(x, (2, 0, 1)))
    gram = K.dot(features, K.transpose(features))
    return gram

def style_loss(style, combination):
    S = gram_matrix(style)
    C = gram_matrix(combination)
    channels = 3
    size = img_height * img_width
    return K.sum(K.square(S - C)) / (4. * (channels ** 2) * (size ** 2))
```

これら 2 つの損失関数に加えて、3 つ目の損失関数として**全変動損失**（total variation loss）を定義します。この損失関数は、生成された画像のピクセルを操作して、生成された画像を空間的に連続させることで、過度の画素化を回避します。この損失関数については、正則化損失関数として考えるとよいでしょう（リスト 8-19）。

リスト 8-19：全変動損失関数

```
def total_variation_loss(x):
    a = K.square(x[:, :img_height - 1, :img_width - 1, :] -
                 x[:, 1:, :img_width - 1, :])
    b = K.square(x[:, :img_height - 1, :img_width - 1, :] -
                 x[:, :img_height - 1, 1:, :])
    return K.sum(K.pow(a + b, 1.25))
```

第8章　ジェネレーティブディープラーニング

　最小化の対象となるのは、これら3つの損失関数の荷重平均です。コンテンツの損失関数の計算では、出力側の層を1つだけ使用します（block5_conv2 層）。これに対し、スタイルの損失関数の計算では、入力側から出力側までの一連の層を使用します。そして最後に、全変動損失を追加します。

　スタイルリファレンス画像とコンテンツ画像に何を使用するかによっては、content_weight 係数の調整が必要になるでしょう。この係数は、コンテンツの損失関数が全損失にどれくらい貢献するのかを表します。この係数の値が大きいほど、生成された画像からコンテンツのターゲット画像を認識しやすくなります（リスト 8-20）。

リスト 8-20：最小化の対象となる最終的な損失関数を定義

```
# 層の名前を活性化テンソルにマッピングするディクショナリ
outputs_dict = dict([(layer.name, layer.output) for layer in model.layers])

content_layer = 'block5_conv2'      # コンテンツの損失関数に使用する層の名前

style_layers = ['block1_conv1',     # スタイルの損失関数に使用する層の名前
                'block2_conv1',
                'block3_conv1',
                'block4_conv1',
                'block5_conv1']

# 損失関数の荷重平均の重み
total_variation_weight = 1e-4
style_weight = 1.
content_weight = 0.025

# すべてのコンポーネントをこのスカラー変数に追加することで、損失関数を定義
loss = K.variable(0.)

# コンテンツの損失関数を追加
layer_features = outputs_dict[content_layer]
target_image_features = layer_features[0, :, :, :]
combination_features = layer_features[2, :, :, :]
loss += content_weight * content_loss(target_image_features,
                                      combination_features)

# 各ターゲット層のスタイルの損失関数を追加
for layer_name in style_layers:
    layer_features = outputs_dict[layer_name]
    style_reference_features = layer_features[1, :, :, :]
    combination_features = layer_features[2, :, :, :]
    sl = style_loss(style_reference_features, combination_features)
    loss += (style_weight / len(style_layers)) * sl

# 全変動損失関数を追加
loss += total_variation_weight * total_variation_loss(combination_image)
```

　最後に、勾配降下法のプロセスを定義します。Gatys らの論文では、最適化の実行

にL-BFGS（Limited-memory Broyden-Fletcher-Goldfarb-Shanno）アルゴリズムを使用しているため、ここでもこのアルゴリズムを使用することにします。この点が、前節のDeepDreamサンプルとの主な違いです。L-BFGSアルゴリズムはSciPyに組み込まれていますが、SciPyの実装にはちょっとした制限が2つあります。

- 損失関数と勾配の値を2つの別々の関数として渡さなければならない。
- 適用できるのは1次元ベクトルだけだが、ここでは3次元の画像配列を使用している。

損失関数の値と勾配の値を別々に計算するのは効率がよくありません。そのようにすると、これら2つの間で重複する計算をいくつも行うことになるからです。このプロセスにかかる時間は、それらを同時に実行する場合のほぼ2倍です。そこで、この問題を回避するために、EvaluatorというPythonクラスを定義します。このクラスは、損失関数の値と勾配の値を同時に計算し、最初に呼び出されたときには損失関数の値を返し、勾配の値は次に呼び出されるときまで取っておきます（リスト8-21）。

リスト8-21：勾配降下法のプロセスを定義

```python
# 損失関数をもとに、生成された画像の勾配を取得
grads = K.gradients(loss, combination_image)[0]

# 現在の損失関数の値と勾配の値を取得する関数
fetch_loss_and_grads = K.function([combination_image], [loss, grads])

# このクラスは、損失関数の値と勾配の値を2つのメソッド呼び出しを通じて取得で
# きるようにfetch_loss_and_gradsをラッピングする。この2つのメソッド呼び出し
# は、ここで使用するSciPyのオプティマイザによって要求される
class Evaluator(object):
    def __init__(self):
        self.loss_value = None
        self.grads_values = None

    def loss(self, x):
        assert self.loss_value is None
        x = x.reshape((1, img_height, img_width, 3))
        outs = fetch_loss_and_grads([x])
        loss_value = outs[0]
        grad_values = outs[1].flatten().astype('float64')
        self.loss_value = loss_value
        self.grad_values = grad_values
        return self.loss_value

    def grads(self, x):
        assert self.loss_value is not None
        grad_values = np.copy(self.grad_values)
        self.loss_value = None
        self.grad_values = None
        return grad_values

evaluator = Evaluator()
```

第8章　ジェネレーティブディープラーニング

　最後に、SciPy の L-BFGS アルゴリズムを使って勾配上昇法を実行し、イテレーショ
ンごとに生成された画像を保存します（リスト 8-22）。この場合、1つのイテレーショ
ンは勾配上昇法の 20 ステップに相当します。

リスト 8-22：スタイル変換ループ

```python
from scipy.optimize import fmin_l_bfgs_b
from scipy.misc import imsave
import time

result_prefix = 'style_transfer_result'
iterations = 20

# 初期状態：ターゲット画像
x = preprocess_image(target_image_path)

# 画像を平坦化：scipy.optimize.fmin_l_bfgs_bは1次元ベクトルしか処理しない
x = x.flatten()
for i in range(iterations):
    print('Start of iteration', i)
    start_time = time.time()
    # ニューラルスタイル変換の損失関数を最小化するために、
    # 生成された画像のピクセルにわたってL-BFGS最適化を実行
    # 損失関数を計算する関数と勾配を計算する関数を2つの別々の引数として
    # 渡さなければならないことに注意
    x, min_val, info = fmin_l_bfgs_b(evaluator.loss, x,
                                      fprime=evaluator.grads, maxfun=20)
    print('Current loss value:', min_val)
    # この時点の生成された画像を保存
    img = x.copy().reshape((img_height, img_width, 3))
    img = deprocess_image(img)
    fname = result_prefix + '_at_iteration_%d.png' % i
    imsave(fname, img)
    end_time = time.time()
    print('Image saved as', fname)
    print('Iteration %d completed in %ds' % (i, end_time - start_time))
```

　このコードを実行した結果は図 8-8 のようになります。この手法によって実現され
るのは、画像のリテクスチャリング（テクスチャ変換）にすぎないことを覚えておいて
ください。この手法が最もうまくいくのは、スタイルリファレンス画像のテクスチャ
が強く、自己相似が高いことに加えて、コンテンツのターゲット画像を認識するにあ
たってディテールがそれほど要求されない場合です。一般に、ある肖像画のスタイル
を別の肖像画に転写するといったかなり抽象的な技法は実現できません。このアルゴ
リズムは AI というよりも従来の信号処理に近いものであるため、魔法のような効果は
期待しないでください。

8.3　ニューラルネットワークによるスタイル変換　　　311

図 8-8：スタイル変換の結果

それに加えて、このスタイル変換アルゴリズムの実行には時間がかかることに注意してください。上記の設定によって実行される変換は、小さく高速なフィードフォワード CNN でも学習できるほど単純ですが、適切な訓練データが利用可能であることが前提となります。したがって、高速なスタイル変換を実現するには、まず、ここで説明した手法を用いて、固定のスタイルリファレンス画像の入出力訓練サンプルを生成する必要があります。この作業には、相当な量のコンピュートサイクルが費やされます。次に、このスタイル固有の変換を学習するために、単純な CNN の訓練を行います。訓練が完了したら、特定の画像をスタイル変換するのはあっという間です。スタイル変換は、この小さな CNN のフォワードパスの 1 つにすぎません。

8.3.4 まとめ

- スタイル変換とは、ターゲット画像のコンテンツを維持した上で、リファレンス画像のスタイルを取り入れた新しい画像を作成する、というものである。
- コンテンツは、CNN の出力側にある層の活性化に基づいて捕捉できる。
- スタイルは、CNN のさまざまな層の活性化に含まれている相関関係に基づいて捕捉できる。
- したがって、ディープラーニングでは、学習済みの CNN で定義された損失関数による最適化プロセスとしてスタイル変換を定式化できる。
- この基本的な発想をさまざまな方法で拡張することが可能である。

8.4 変分オートエンコーダによる画像の生成

現在、Creative AI の応用実績として最もよく知られているのは、まったく新しい画像の作成や既存の画像の編集を行うための、画像の潜在空間からのサンプリングです。本章の残りの部分では、画像生成に関連する高レベルな概念と、この問題領域における 2 つの主な手法である**変分オートエンコーダ**（variational autoencoder、以下 VAE）と**敵対的生成ネットワーク**（generative adversarial network、以下 GAN）に関連する実装上の詳細について見ていきます。ここで紹介する手法は画像に特化したものではありませんが（GAN と VAE は音声、音楽、さらにはテキストの潜在空間の開発にも使用できます）、実際のところ、ほとんどの興味深い結果は画像から得られています。そこで、ここでも画像に焦点を合わせることにします。

8.4.1 画像の潜在空間からのサンプリング

画像生成の鍵となるのは、「表現からなる低次元の**潜在空間**を開発する」という考えです。この空間は必然的にベクトル空間であり、すべての点をリアルな画像にマッピングできます。このマッピングを実現できるモジュールを（GAN の場合は）**ジェネレータ**または（VAE の場合は）**デコーダ**と呼びます。このモジュールは、入力として潜在空間の点を受け取り、出力として画像（ピクセルのグリッド）を返します。そうした潜在空間が開発された後は、その潜在空間から点を（意図的またはランダムに）サンプリングし、それらの点を画像空間にマッピングすることで、まだ誰も見たことがないような画像を生成できます（図 8-9）。

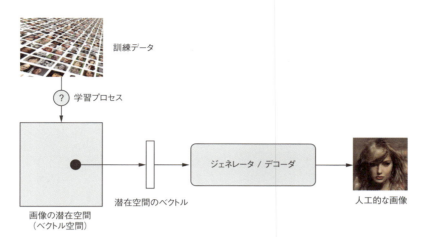

図 8-9：画像の潜在空間（ベクトル空間）を学習し、新しい画像のサンプリングに使用する

　GAN と VAE は、そうした画像表現の潜在空間を学習するための 2 つの異なる手法であり、それぞれに特徴があります。VAE が適しているのは、うまく構造化された潜在空間の学習です（図 8-10）。そうした潜在空間では、データの変動に意味を持たせる軸が特定の向きによって表されます。GAN が生成する画像はかなりリアルなものになる可能性がありますが、それらの画像がサンプリングされる潜在空間はそれほど構造化されているわけでも連続的でもないことがあります。

図 8-10：Tom White が VAE を使って生成した顔写真の連続的な空間

8.4.2　画像編集の概念ベクトル

　第 6 章で取り上げた単語埋め込みには、すでに**概念ベクトル**（concept vector）のヒ

ントが隠されていました。考え方はやはり同じです —— 表現の潜在空間、または埋め込み空間があるとすれば、元のデータの変動に関する興味深い軸が、その空間の特定の向きによって表されることがあります。たとえば、顔写真の潜在空間にスマイルベクトル s が存在しているとしましょう。潜在空間の点 z が特定の顔写真の埋め込み表現であるとすれば、潜在空間の点 z + s は同じ顔の笑っている写真の埋め込み表現です。そうしたベクトルが特定されている場合は、画像を潜在空間へ投影し、それらの表現を意味のある方法で移動させ、さらに画像空間に戻すことにより、画像を編集することが可能になります。基本的には、画像空間における変動の次元ごとに概念ベクトルが存在します。顔写真の場合は、サングラスをかける、サングラスを外す、あるいは男性の顔を女性の顔に変えるためのベクトルが見つかるかもしれません。図 8-11 は、スマイルベクトルの例を示しています。この概念ベクトルは、ニュージーランドのヴィクトリア大学デザイン学部の Tom White が、セレブの顔写真のデータセットで訓練した VAE を使って突き止めたものです。

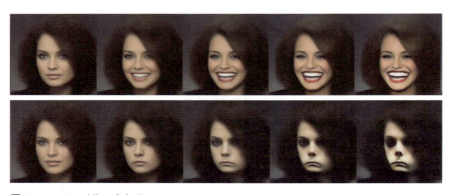

図 8-11：スマイルベクトル

8.4.3　変分オートエンコーダ

　変分オートエンコーダ (VAE) は、特に概念ベクトルを通じた画像編集タスクに適したジェネレーティブモデルの一種であり、Kingma、Welling (2013 年 12 月)[9] と Rezende、Mohamed、Wierstra (2014 年 1 月)[10] によってほぼ同時に発見されました。オートエンコーダは、入力を低次元の潜在空間にエンコードし、続いてデコードすることを目的としたネットワークです。VAE は、ディープラーニングにベイズ推定をミックスした現代的なオートエンコーダです。

　従来の画像オートエンコーダでは、入力画像がエンコーダモジュールを通じて潜在ベクトル空間へ写像され、デコーダモジュールを通じて元の画像と同じ次元の出力にデコードされます (図 8-12)。続いて、入力画像と**同じ画像**をターゲット画像として使用することにより、訓練が行われます。つまり、オートエンコーダは元の入力画像を

---

[9] Diederik P. Kingma and Max Welling, "Auto-Encoding Variational Bayes," arXiv (2013), https://arxiv.org/abs/1312.6114
[10] Danilo Jimenez Rezende, Shakir Mohamed, and Daan Wierstra, "Stochastic Backpropagation and Approximate Inference in Deep Generative Models," arXiv (2014), https://arxiv.org/abs/1401.4082

復元するために学習します。コード（エンコーダの出力）にさまざまな制約を課すことで、データの（多少なりとも）興味深い潜在表現をオートエンコーダに学習させることができます。最も一般的なのは、コードを低次元の疎な空間（ほとんど0）に制約することです。その場合、オートエンコーダは入力データを圧縮する手段となります。

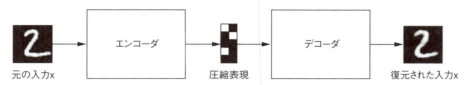

図 8-12：オートエンコーダは、入力 x を圧縮表現にマッピングし、さらに x' としてデコードする

　実際には、そうした従来のオートエンコーダによって生成される潜在空間は、特に有益でもなければ、うまく構造化されるわけでもありません。また、そうしたオートエンコーダは圧縮もそれほどうまくありません。このような理由により、そうしたオートエンコーダは概ね時代遅れとなっています。これに対し、VAE はオートエンコーダを統計の力で拡張することで、うまく構造化された連続的な潜在空間をオートエンコーダに学習させます。かくして、オートエンコーダは画像生成のための強力なツールに生まれ変わっています。

　VAE は、入力画像を潜在空間の固定のコードに圧縮するのではなく、統計分布のパラメータ（平均と分散）に変換します —— 基本的には、入力画像が統計的なプロセスによって生成されていると仮定し、エンコーディングとデコーディングの際に、このプロセスのランダム性を考慮に入れることになります。さらに、平均パラメータと分散パラメータを使ってこの分布から 1 つの要素をランダムに抽出し、その要素を元の入力にデコードします（図 8-13）。このプロセスの確率性により、堅牢性が改善され、潜在空間がどの場所でも意味を持つ表現をエンコードするようになります。つまり、潜在空間でサンプリングされた点はどれも有効な出力にデコードされます。

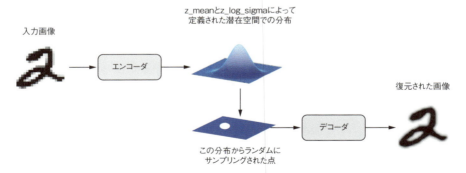

図 8-13：VAE は潜在空間の点のサンプリングに使用された 2 つのベクトル z_mean、z_log_sigma に画像を写像する（これらのベクトルは潜在空間の確率分布を定義する）

VAE の仕組みを技術的に説明すると、次のようになります。

1. エンコーダモジュールにより、入力画像 input_img が、表現の潜在空間の 2 つのパラメータ z_mean と z_log_variance に変換される。
2. 入力画像が z = z_mean + exp(z_log_variance) * epsilon で生成されると仮定し、潜在空間の正規分布から点 z をランダムに抽出する。epsilon は小さな値のランダムテンソルである。
3. デコーダモジュールにより、潜在空間のこの点が元の入力画像に写像される。

　epsilon は乱数であるため、このプロセスにより、input_img をエンコードした潜在空間に近い点 (z-mean) はすべて、input_img に似ている何かに確実にデコードできるようになります。必然的に、潜在空間は連続的で、意味を持つものになります。潜在空間において近くにある 2 つの点はすべて、類似性の高い画像にデコードされます。連続性と低次元の潜在空間の組み合わせにより、潜在空間のすべての向きがデータの変動に意味を持たせる軸をエンコードするようになります。それにより、潜在空間がうまく構造化されるようになり、概念ベクトルを通じた操作に非常に適したものになります。

　VAE のパラメータは、**復元損失** (reconstruction loss) と **正則化損失** (regularization loss) という 2 つの損失関数によって訓練されます。復元損失は、デコードされたサンプルを最初の入力と一致させます。正則化損失は、うまく構造化された潜在空間を学習し、訓練データの過学習を抑制するのに役立ちます。ここで、Keras の VAE 実装を簡単に見てみましょう。大まかな実装手順は次のようになります。

```
# 入力を平均パラメータと分散パラメータにエンコード
z_mean, z_log_variance = encoder(input_img)

# 小さい乱数値のepsilonを使って潜在空間の点zを抽出
z = z_mean + exp(z_log_variance) * epsilon

# zを画像にデコード
reconstructed_img = decoder(z)

# オートエンコーダモデルをインスタンス化:
# このモデルは入力画像をその復元された画像に写像する
model = Model(input_img, reconstructed_img)
```

　あとは、復元損失と正則化損失を使ってモデルを訓練すればよいわけです。

　使用するエンコーダネットワーク（モデル）はリスト 8-23 のようになります。このネットワークは、画像を潜在空間の確率分布のパラメータにマッピングします。このネットワークは単純な CNN であり、入力画像 x を 2 つのベクトル z_mean と z_log_var にマッピングします。

8.4 変分オートエンコーダによる画像の生成 317

リスト 8-23：VAE エンコーダネットワーク

```python
import keras
from keras import layers
from keras import backend as K
from keras.models import Model
import numpy as np

img_shape = (28, 28, 1)
batch_size = 16
latent_dim = 2     # 潜在空間の次元数：2次元平面

input_img = keras.Input(shape=img_shape)

x = layers.Conv2D(32, 3,
                  padding='same', activation='relu')(input_img)
x = layers.Conv2D(64, 3,
                  padding='same', activation='relu',
                  strides=(2, 2))(x)
x = layers.Conv2D(64, 3,
                  padding='same', activation='relu')(x)
x = layers.Conv2D(64, 3,
                  padding='same', activation='relu')(x)
shape_before_flattening = K.int_shape(x)

x = layers.Flatten()(x)
x = layers.Dense(32, activation='relu')(x)

# 入力画像はこれら2つのパラメータにエンコードされる
z_mean = layers.Dense(latent_dim)(x)
z_log_var = layers.Dense(latent_dim)(x)
```

input_img を生成したと仮定される統計分布のパラメータ z_mean、z_log_var を使用するコードは、リスト 8-24 のようになります。これらのパラメータは、潜在空間の点 z を生成するために使用されます。ここでは、（Keras のバックエンドプリミティブに基づく）任意のコードを Lambda 層にまとめます。Keras では、すべてのものが層でなければなりません。このため、組み込み層の一部ではないコードは Lambda（またはカスタム層）にまとめる必要があります。

リスト 8-24：潜在空間サンプリング関数

```python
def sampling(args):
    z_mean, z_log_var = args
    epsilon = K.random_normal(shape=(K.shape(z_mean)[0], latent_dim),
                              mean=0., stddev=1.)
    return z_mean + K.exp(z_log_var) * epsilon

z = layers.Lambda(sampling)([z_mean, z_log_var])
```

第8章　ジェネレーティブディープラーニング

　デコーダの実装はリスト 8-25 のようになります。画像の次元に合わせてベクトル z を変形させた後、畳み込み層を使って最終的な出力画像を生成します。最終的な出力の次元の数は元の入力画像と同じになります。

リスト 8-25：潜在空間の点を画像にマッピングする VAE デコーダネットワーク

```
# この入力でzを供給
decoder_input = layers.Input(K.int_shape(z)[1:])

# 入力を正しい数のユニットにアップサンプリング
x = layers.Dense(np.prod(shape_before_flattening[1:]),
                 activation='relu')(decoder_input)

# 最後のFlatten層の直前の特徴マップと同じ形状の特徴マップに変換
x = layers.Reshape(shape_before_flattening[1:])(x)

# Conv2DTranspose層とConv2D層を使って
# 元の入力画像と同じサイズの特徴マップに変換
x = layers.Conv2DTranspose(32, 3,
                           padding='same', activation='relu',
                           strides=(2, 2))(x)
x = layers.Conv2D(1, 3, padding='same', activation='sigmoid')(x)

# decoder_inputをデコードされた画像に変換するデコーダモデルをインスタンス化
decoder = Model(decoder_input, x)

# このモデルをzに適用してデコードされたzを復元
z_decoded = decoder(z)
```

　VAE の 2 つの損失関数は、loss(input, target) 形式のサンプルごとの関数という従来の期待に反しています。そこで、この損失関数を準備するためにカスタム層を作成します。このカスタム層は、層の組み込みメソッドである add_loss を使って任意の損失関数を作成します（リスト 8-26）。

リスト 8-26：VAE の損失関数を計算するためのカスタム層

```
class CustomVariationalLayer(keras.layers.Layer):
    def vae_loss(self, x, z_decoded):
        x = K.flatten(x)
        z_decoded = K.flatten(z_decoded)
        xent_loss = keras.metrics.binary_crossentropy(x, z_decoded)
        kl_loss = -5e-4 * K.mean(
            1 + z_log_var - K.square(z_mean) - K.exp(z_log_var), axis=-1)
        return K.mean(xent_loss + kl_loss)

    # カスタム層の実装ではcallメソッドを定義する
    def call(self, inputs):
        x = inputs[0]
        z_decoded = inputs[1]
        loss = self.vae_loss(x, z_decoded)
        self.add_loss(loss, inputs=inputs)
```

8.4 変分オートエンコーダによる画像の生成　　　319

```
      # この出力は使用しないが、層は何かを返さなければならない
      return x

# カスタム層を呼び出し、最終的なモデル出力を取得するための入力と
# デコードされた出力を渡す
y = CustomVariationalLayer()([input_img, z_decoded])
```

　これで、このモデルをインスタンス化して訓練する準備が整いました。損失関数は
カスタム層によって処理されるため、コンパイル時に外部の損失関数を指定する必要
はありません（loss=None）。つまり、訓練の際に目的値は渡しません。リスト 8-27 に
示すように、このモデルの fit メソッドに渡すのは x_train だけです。

リスト 8-27：VAE の訓練

```python
from keras.datasets import mnist

vae = Model(input_img, y)
vae.compile(optimizer='rmsprop', loss=None)
vae.summary()

# MNISTの手書きの数字でVAEを訓練
(x_train, _), (x_test, y_test) = mnist.load_data()

x_train = x_train.astype('float32') / 255.
x_train = x_train.reshape(x_train.shape + (1,))
x_test = x_test.astype('float32') / 255.
x_test = x_test.reshape(x_test.shape + (1,))

vae.fit(x=x_train, y=None,
        shuffle=True,
        epochs=10,
        batch_size=batch_size,
        validation_data=(x_test, None))
```

　モデルを（この場合は MNIST データセットで）訓練した後は、decoder ネットワー
クを使って任意の潜在空間のベクトルを画像に変換できます（リスト 8-28）。

リスト 8-28：2 次元の潜在空間から点のグリッドを抽出し、画像にデコード

```python
import matplotlib.pyplot as plt
from scipy.stats import norm

# 15×15の数字のグリッドを表示（数字は合計で255個）
n = 15
digit_size = 28
figure = np.zeros((digit_size * n, digit_size * n))

# SciPyのppf関数を使って線形空間座標を変換し、潜在変数zの値を生成
# （潜在空間の前はガウス分布であるため）
grid_x = norm.ppf(np.linspace(0.05, 0.95, n))
```

```
grid_y = norm.ppf(np.linspace(0.05, 0.95, n))

for i, yi in enumerate(grid_x):
    for j, xi in enumerate(grid_y):
        z_sample = np.array([[xi, yi]])
        # 完全なバッチを形成するためにzを複数回繰り返す
        z_sample = np.tile(z_sample, batch_size).reshape(batch_size, 2)
        # バッチを数字の画像にデコード
        x_decoded = decoder.predict(z_sample, batch_size=batch_size)
        # バッチの最初の数字を28×28×1から28×28に変形
        digit = x_decoded[0].reshape(digit_size, digit_size)
        figure[i * digit_size: (i + 1) * digit_size,
               j * digit_size: (j + 1) * digit_size] = digit

plt.figure(figsize=(10, 10))
plt.imshow(figure, cmap='Greys_r')
plt.show()
```

　サンプリングされた数字からなるグリッドは、さまざまな数字クラスの分布が完全に連続していることを示しています（図8-14）。潜在空間のパスをたどってみると、数字が別の数字にモーフィングしていることがわかります。この空間では、特定の向きが意味を持っています。たとえば、「4らしさを持つ」向きや「1らしさを持つ」向きが存在します。

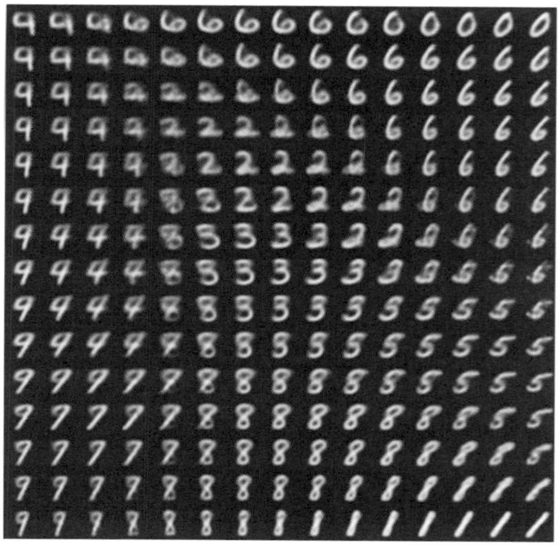

図 8-14：潜在空間からデコードされた数字のグリッド

　次節では、人工的な画像を生成するためのもう1つの主なツールである敵対的生成ネットワーク（GAN）を取り上げます。

8.4.4 まとめ

- ディープラーニングによる画像生成は、画像データセットの統計情報を捕捉する潜在空間を学習することによって行われる。この潜在空間からの点のサンプリングとデコーディングにより、まだ誰も見たことがないような画像を生成できる。そのための主なツールとして VAE と GAN の 2 つがある。
- VAE では、うまく構造化された連続的な潜在空間が得られる。このため、顔を入れ替えたり、不機嫌な顔を笑顔に変えたりするなど、あらゆる種類の画像編集を潜在空間で行うのに適している。また、潜在空間の断面に沿って移動するアニメーションや、ある画像から別の画像へのゆるやかで途切れのないモーフィングなど、潜在空間ベースのアニメーションにも非常に適している。
- GAN では、リアルなシングルフレーム画像の生成が可能だが、しっかりとした構造と高い連続を持つ潜在空間に結び付かないことがある。

画像に関しては VAE のほうが実績を上げているようですが、少なくとも 2016〜2017 年は、学術研究の世界では GAN が圧倒的な人気を誇っています。次節では、GAN の仕組みとその実装方法について説明します。

TIPS 画像生成をさらに試してみたい場合は、Large-scale Celeb Faces Attributes (CelebA) データセットを使用することをお勧めします。CelebA は自由にダウンロードできる画像データセットであり、20 万枚以上のセレブの写真で構成されています。特に概念ベクトルを試してみるのにうってつけであり、MNIST とは比べものになりません。

http://mmlab.ie.cuhk.edu.hk/projects/CelebA.html

8.5 速習：敵対的生成ネットワーク

敵対的生成ネットワーク（GAN）は、画像の潜在空間を学習するための VAE に代わる手法であり、2014 年に Goodfellow 他によって提唱されました[11]。GAN は、生成された画像を統計的に本物とほぼ見分けがつかないものにすることで、かなりリアルな合成画像の生成を可能にします。

GAN を直観的に理解するために、ピカソの贋作を作ろうとしている贋作画家を思い浮かべてみてください。最初のうちは、贋作の出来はあまりよくありません。贋作画家は自分の贋作に本物のピカソの絵を混ぜて美術商に見てもらいます。美術商はそれぞれの絵が本物かどうかを鑑定し、どれが本物でどれが贋作かを伝えます。贋作画家はアトリエに戻り、新しい贋作の制作に取りかかります。やがて、贋作画家はピカソの画風を再現できるほど贋作の腕を上げていき、美術商は贋作を見破る達人になっていきます。最終的に、両者はピカソのすばらしい贋作を手にします。

これが GAN の仕組みです —— 贋作画家のネットワークと鑑定家のネットワークは

---

[11]　Ian Goodfellow et al., "Generative Adversarial Networks," arXiv (2014), https://arxiv.org/abs/1406.2661

それぞれ相手を打ち負かすように訓練されます。このため、GAN は次の 2 つの部分で構成されています。

- **生成者ネットワーク**
  入力としてランダムベクトル（潜在空間のランダムな点）を受け取り、合成画像としてデコードします。
- **判別者（敵対者）ネットワーク**
  入力として画像（本物または合成）を受け取り、その画像が訓練データセットから抽出されたものなのか、それとも生成者ネットワークによって作成されたものなのかを予測します。

生成者ネットワークは、判別者ネットワークをだますことができるように訓練されます。このため、訓練を重ねるうちに、よりリアルな画像を生成するようになります。つまり、判別者ネットワークが本物と合成を区別することが不可能なほど、本物と見分けがつかない合成画像が生成されます（図 8-15）。一方で、判別者は、生成された画像のリアリティのハードルを高く設定することで、徐々に能力を上げていく生成者に絶えず適応します。訓練が完了すると、生成者は入力空間の任意の点を真実味のある画像に変換できるようになります。VAE とは異なり、この潜在空間では、構造が意味を持つことは明示的に保証されません。たとえば、その構造は連続していません。

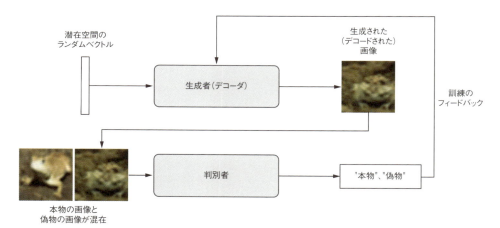

図 8-15：判別者をだますように訓練された生成者は潜在空間のランダムベクトルを画像に変換し、判別者は本物の画像と生成された画像を見分けようとする

特筆すべきは、本書で取り上げてきた他の訓練シナリオとは異なり、GAN が「最適化の最小値が固定ではない」システムであることです。通常、勾配降下法は損失関数の静的な地形にある丘をころがっていきます。しかし GAN では、この丘を下るステップごとに地形全体が小さくなります。GAN は動的なシステムであり、最適化プロセスは最小値を探し求めるのではなく、2 つの勢力を釣り合わせようとします。このため、GAN の訓練は難しいことで知られています。GAN をうまく動作させるには、モ

デルアーキテクチャと訓練パラメータのチューニングを慎重に繰り返す必要があります（図8-16）。

図 8-16：顔写真のデータセットで訓練されたマルチステージの GAN を使って Mike Tyka が生成した潜在空間の住人[12]

8.5.1 敵対的生成ネットワークの実装の概要

　ここでは、GAN を Keras で実装する方法について簡単に説明します。GAN は高度なシステムであるため、技術的な詳細に踏み込むのはまたの機会にします。ここで説明するのは、**ディープ畳み込み GAN**（deep convolutional GAN、以下 DCGAN）です。DCGAN は、生成者と判別者がディープ畳み込みニューラルネットワークである GAN です。具体的には、生成者ネットワークでの画像のアップサンプリングに `Conv2DTranspose` 層を使用します。

　GAN のここでの訓練には、CIFAR10 データセットの画像を使用します。このデータセットには、32×32 の RGB 画像が 50,000 枚含まれており、それらの画像は 10 個のクラスに属しています（1 つのクラスにつき 5,000 枚の画像）。話を単純にするために、ここでは「カエル」クラスに属している画像だけを使用します。

　GAN の大まかな実装手順は次のようになります。

1. 生成者（generator）ネットワークにより、形状が (latent_dim,) のベクトルを形状が (32, 32, 3) の画像にマッピングする。
2. 判別者（discriminator）ネットワークにより、形状が (32, 32, 3) の画像を二値のスコアにマッピングする。このスコアは、その画像が本物である確率を推定する。
3. GAN（gan）ネットワークにより、生成者と判別者をつなぎ合わせる（gan(x) = discriminator(generator(x))）。この gan ネットワークは、潜在空間のベクトルを、生成者によってデコードされたそれらのベクトルの本物らしさに関する判別者の鑑定にマッピングする。

---

[12] http://www.miketyka.com/

4. 通常の画像分類モデルを訓練するときと同様に、本物と偽物の画像、および「real」ラベルと「fake」ラベルを使って判別者を訓練する。

5. 生成者の訓練には、gan モデルの損失関数に基づく生成者の重みの勾配を使用する。つまり、ステップごとに、生成者によってデコードされた画像を判別者が「本物」として分類する可能性が高くなる方向へ生成者の重みを移動する。言い換えるなら、判別者をだませるように生成者を訓練する。

8.5.2 あの手この手

　GAN の訓練と GAN 実装のチューニングは難しいことで知られています。既知のトリックがいくつかあるので、ぜひ覚えておいてください。ディープラーニングではほとんどのことがそうであるように、このプロセスは科学というよりは錬金術です ——つまり、これらのトリックは経験知であり、理論に裏付けられたガイドラインではありません。それらは目の前の現象を直観的に理解した程度のものであり、経験的にうまくいくことがわかっているものの、すべての状況でうまくいくとは限りません。

　GAN の生成者と判別者の実装に使用したトリックは次のとおりです。GAN に関連するヒントは、これだけではありません。GAN の文献を調べれば、他にも多くのヒントが見つかるでしょう。

- 生成者の最後の活性化関数として、他の種類のモデルでよく使用される sigmoid ではなく、tanh を使用する。
- 潜在空間からの点のサンプリングには、一様分布ではなく、**正規分布**（ガウス分布）を使用する。
- 確率性は堅牢性につながる。GAN の訓練の結果は動的均衡であるため、どのような方法で立ち往生してもおかしくない。訓練にランダム性を追加すると、この問題を回避するのに役立つ。ここでは、ランダム性を 2 つの方法で追加する。1 つは、判別者でドロップアウトを使用することであり、もう 1 つは、判別者のラベルにランダムノイズを追加することである。
- 勾配の疎性は GAN の訓練を妨げることがある。ディープラーニングでは、疎性はたいてい望ましい特性だが、GAN では望ましくない。最大値プーリング演算と ReLU は勾配の疎性につながることがある。本書で推奨するのは、ダウンサンプリングに最大値プーリングを使用するのではなく、ストライドされた畳み込みを使用することと、ReLU の代わりに LeakyReLU 層を使用することである。LeakyReLU は ReLU と似ているが、活性化の値として小さな負数を許可することで、疎性の制約を和らげる。
- 生成された画像では、生成者のピクセル空間が均一にカバーされないために、よくチェス盤ひずみが見られる（図 8-17）。この問題を修正するには、生成者と判別者でストライドされた Conv2DTranpose か Conv2D を使用するたびに、ストライドサイズで割り切れるカーネルサイズを使用する。

図 8-17：ストライドとカーネルのサイズが食い違っていて、ピクセル空間が均一にカバーされないために生じるチェス盤ひずみ（GAN のさまざまなトラブルの種の 1 つ）

8.5.3　生成者ネットワーク

まず、generator モデルを定義します。このモデルは、(潜在空間の) ベクトルを候補画像に変換します。このベクトルはモデルを訓練するときにランダムに抽出されます。GAN でよく発生する問題の 1 つは、生成者がノイズのように見える画像を生成するようになることです。解決策として考えられるのは、判別者と生成者の両方でドロップアウトを使用することです（リスト 8-29）。

リスト 8-29：GAN の生成者ネットワーク

```
import keras
from keras import layers
import numpy as np

latent_dim = 32
height = 32
width = 32
channels = 3

generator_input = keras.Input(shape=(latent_dim,))

# 入力を16×16、128チャネルの特徴マップに変換
x = layers.Dense(128 * 16 * 16)(generator_input)
x = layers.LeakyReLU()(x)
x = layers.Reshape((16, 16, 128))(x)

# 畳み込み層を追加
x = layers.Conv2D(256, 5, padding='same')(x)
x = layers.LeakyReLU()(x)

# 32×32にアップサンプリング
x = layers.Conv2DTranspose(256, 4, strides=2, padding='same')(x)
x = layers.LeakyReLU()(x)

# さらに畳み込み層を追加
x = layers.Conv2D(256, 5, padding='same')(x)
x = layers.LeakyReLU()(x)
x = layers.Conv2D(256, 5, padding='same')(x)
x = layers.LeakyReLU()(x)
```

326　第8章　ジェネレーティブディープラーニング

```
# 32×32、1チャネル（CIFAR10の画像の形状）の特徴マップを生成
x = layers.Conv2D(channels, 7, activation='tanh', padding='same')(x)

# generatorモデルをインスタンス化：
# 形状が(latent_dim,)の入力を形状が(32, 32, 3)の画像にマッピング
generator = keras.models.Model(generator_input, x)
generator.summary()
```

8.5.4　判別者ネットワーク

　次に、discriminator モデルを定義します。このモデルは、入力として渡された候補画像（本物または合成）を、「生成された画像」クラスと「訓練データセットから抽出された本物の画像」クラスのどちらかに分類します（リスト 8-30）。

リスト 8-30：GAN の判別者ネットワーク

```
discriminator_input = layers.Input(shape=(height, width, channels))
x = layers.Conv2D(128, 3)(discriminator_input)
x = layers.LeakyReLU()(x)
x = layers.Conv2D(128, 4, strides=2)(x)
x = layers.LeakyReLU()(x)
x = layers.Conv2D(128, 4, strides=2)(x)
x = layers.LeakyReLU()(x)
x = layers.Conv2D(128, 4, strides=2)(x)
x = layers.LeakyReLU()(x)
x = layers.Flatten()(x)

# ドロップアウト層を1つ追加：重要なトリック！
x = layers.Dropout(0.4)(x)

# 分類層
x = layers.Dense(1, activation='sigmoid')(x)

# discriminatorモデルをインスタンス化：
# 形状が(32, 32, 3)の入力で二値分類（fake/real）を実行
discriminator = keras.models.Model(discriminator_input, x)
discriminator.summary()

# オプティマイザで勾配刈り込みを使用し（clipvalue）、
# 訓練を安定させるために学習率減衰を使用（decay）
discriminator_optimizer = keras.optimizers.RMSprop(lr=0.0008,
                                                   clipvalue=1.0,
                                                   decay=1e-8)
discriminator.compile(optimizer=discriminator_optimizer,
                      loss='binary_crossentropy')
```

8.5.5 敵対者ネットワーク

　最後に、生成者と判別者をつなぎ合わせる gan モデルを定義します。このモデルを訓練すると、判別者をだます能力が向上する方向に生成者が移動します。このモデルは潜在空間の点を分類の結果（本物か偽物か）に変換するものであり、常に「これらは本物の画像」というラベルを使って訓練されることになります。したがって、このモデルを訓練すると、discriminator が偽物の画像を見たときに「本物」と予測する可能性が高くなるように generator の重みが更新されます。ここで重要となるのは、訓練中は discriminator が凍結され、訓練不可能になることです。つまり、gan の訓練中に discriminator の重みが更新されることはありません。discriminator の重みを更新できるとしたら、常に「本物」と予測するように discriminator を訓練することになってしまいます（リスト 8-31）。

リスト 8-31：敵対者ネットワーク

```
# discriminatorの重みを訓練不可能に設定（これはganモデルにのみ適用される）
discriminator.trainable = False

gan_input = keras.Input(shape=(latent_dim,))
gan_output = discriminator(generator(gan_input))
gan = keras.models.Model(gan_input, gan_output)

gan_optimizer = keras.optimizers.RMSprop(lr=0.0004, clipvalue=1.0,
                                         decay=1e-8)
gan.compile(optimizer=gan_optimizer, loss='binary_crossentropy')
```

8.5.6 DCGAN の訓練方法

　これで訓練を開始する準備ができました。この訓練ループの大まかな手順は次のようになります。エポックごとに次の処理を実行します。

1. 潜在空間から点をランダムに抽出する（ランダムノイズ）。
2. このランダムノイズを使って generator で画像を生成する。
3. 生成された画像を本物の画像に混ぜる。
4. これらの画像と対応する目的値（ラベル）を使って discriminator を訓練する。目的値は「real」（本物の画像）または「fake」（生成された画像）。
5. 潜在空間から新しい点をランダムに抽出する。
6. これらのランダムベクトルと目的値を使って gan を訓練する。目的値はどれも「これらが本物の画像である」ことを表している。これにより、生成された画像を discriminator が「本物の画像」と予測するように generator の重みが更新される。discriminator は gan の内部で凍結されるため、更新されるのは generator の重みだけである。このようにして、generator は discriminator をだますように訓練される。

　さっそく実装してみましょう（リスト 8-32）。

第8章　ジェネレーティブディープラーニング

リスト 8-32：GAN の訓練の実装

```python
import os
from keras.preprocessing import image

# CIFAR10のデータを読み込む
(x_train, y_train), (_, _) = keras.datasets.cifar10.load_data()

# カエルの画像（クラス6）を選択
x_train = x_train[y_train.flatten() == 6]

# データを正規化
x_train = x_train.reshape(
    (x_train.shape[0],) + (height, width, channels)).astype('float32') / 255.

iterations = 10000
batch_size = 20

# 生成された画像の保存先を指定
save_dir = '/home/ubuntu/gan_images/'

start = 0
for step in range(iterations):      # 訓練ループを開始
    # 潜在空間から点をランダムに抽出
    random_latent_vectors = np.random.normal(size=(batch_size, latent_dim))

    # 偽物の画像にデコーディング
    generated_images = generator.predict(random_latent_vectors)

    # 本物の画像と組み合わせる
    stop = start + batch_size
    real_images = x_train[start: stop]
    combined_images = np.concatenate([generated_images, real_images])

    # 本物の画像と偽物の画像を区別するラベルを組み立てる
    labels = np.concatenate([np.ones((batch_size, 1)),
                             np.zeros((batch_size, 1))])

    # ラベルにランダムノイズを追加：重要なトリック！
    labels += 0.05 * np.random.random(labels.shape)

    # discriminatorを訓練
    d_loss = discriminator.train_on_batch(combined_images, labels)

    # 潜在空間から点をランダムに抽出
    random_latent_vectors = np.random.normal(size=(batch_size, latent_dim))

    # 「これらはすべて本物の画像」であることを示すラベルを組み立てる
    misleading_targets = np.zeros((batch_size, 1))

    # ganモデルを通じてgeneratorを訓練
    # （ganモデルではdiscriminatorの重みが凍結される）
    a_loss = gan.train_on_batch(random_latent_vectors, misleading_targets)

    start += batch_size
    if start > len(x_train) - batch_size:
```

```
        start = 0

    if step % 100 == 0:                    # 100ステップおきに保存とプロット
        gan.save_weights('gan.h5')    # モデルの重みを保存

        # 成果指標を出力
        print('discriminator loss at step %s: %s' % (step, d_loss))
        print('adversarial loss at step %s: %s' % (step, a_loss))

        # 生成された画像を1つ保存
        img = image.array_to_img(generated_images[0] * 255., scale=False)
        img.save(os.path.join(save_dir,
                              'generated_frog' + str(step) + '.png'))

        # 比較のために本物の画像を1つ保存
        img = image.array_to_img(real_images[0] * 255., scale=False)
        img.save(os.path.join(save_dir, 'real_frog' + str(step) + '.png'))
```

訓練の際には、敵対者の損失値がかなり大きくなる一方で、判別者の損失値が0に近づいていき、生成者を圧倒するようになることがあります。その場合は、判別者の学習率を小さく設定し、判別者のドロップアウト率を高く設定してみてください。判別者を試してみた結果は図8-18のようになります。各列の2つの画像はGANによって生成された画像であり、残りの1つは訓練データセットから抽出された本物の画像です。それらの見分けがつくでしょうか。

図8-18：各列の本物の画像は（左から）真ん中、上、下、真ん中

8.5.7 まとめ

- GAN は、1 つの生成者ネットワークと判別者ネットワークの組み合わせで構成される。判別者は、生成者の出力と訓練データセットの本物の画像とを区別するために訓練される。生成者は、判別者をだますために訓練される。特筆すべきは、生成者が訓練データセットの画像を直接参照しないことである。データに関する情報は判別者から提供される。
- GAN は訓練するのが難しい。というのも、GAN の訓練は、損失関数の静的な地形に基づく単純な勾配降下法のプロセスではなく、動的なプロセスだからである。GAN を正しく訓練するには、包括的なチューニングと経験知が必要となる。
- GAN では、かなりリアルな画像が生成される可能性がある。しかし、VAE とは異なり、GAN が学習する潜在空間の構造はうまく連続していない。このため、潜在空間の概念ベクトルに基づく画像編集など、実際の応用に適していないことがある。

本章のまとめ

　ディープラーニングの創造的な応用により、ディープニューラルネットワークは既存のコンテンツのアノテーションという枠を超え、コンテンツを独自に生成するようになります。次に、本章で理解したことをまとめておきます。

- シーケンスデータを時間刻みごとに生成する方法。この方法はテキスト生成に応用できるほか、音符ごとの音楽生成や他の種類の時系列データにも応用できる。
- DeepDream の仕組み。DeepDream は、入力空間での勾配上昇法を通じて畳み込み層の活性化を最大化する。
- スタイル変換を実行する方法。スタイル変換では、コンテンツ画像とスタイル画像を組み合わせて興味深い画像を生成する。
- GAN と VAE とは何か、それらを使って新しい画像を生成する方法、そして潜在空間の概念ベクトルを画像編集に利用する方法。

　これらの手法は、この急成長している分野の基礎をカバーするものにすぎません。調べなければならないことは、まだ山ほどあります。ジェネレーティブディープラーニングは、それだけで 1 冊の本に値します。

本書のまとめ

本章で取り上げる内容
- 本書で取り上げた重要な概念
- ディープラーニングの限界
- ディープラーニング、機械学習、AI の未来
- この分野への取り組みをさらに進めるためのリソース

　本書もあとひと息のところまできました。ここまでの内容はかなり基本的なものでしたが、本章ではさらに視野を広げながら、本書の内容を総括し、中核的な概念を復習したいと思います。ディープラーニングと AI を理解することは、旅をするようなものです。本書を最後まで読むことは、その最初のステップにすぎません。本章では、これが最初のステップであることを踏まえて、次のステップに踏み出すための装備が整っていることを確認したいと考えています。

　まず、本書から学んだことを俯瞰的に捉えます。そうすれば、本書から学び取った概念の記憶がよみがえるはずです。次に、ディープラーニングの主な制限を簡単にまとめます。道具を使いこなすには、その道具を使って何ができるかだけでなく、何ができないかについても理解しておく必要があります。さらに、ディープラーニング、機械学習、AI という分野の今後の展開を理論的に推察します。基礎研究に取り組みたいと考えている場合は、きっと興味があるはずです。最後に、AI への理解を深め、進歩に後れずについていくためのリソースと戦略を簡単に紹介します。

9.1 主な概念の復習

ここでは、本書の主な概念を簡単にまとめます。本節の内容は、本書のここまでの内容を簡単に復習しておきたい場合に役立つでしょう。

9.1.1 AI へのさまざまなアプローチ

何よりもまず、ディープラーニングと人工知能（**AI**）は同じものではありません。これはディープラーニングと機械学習にも当てはまります。AI は古くからある広大な分野であり、一般的には、「認知プロセスを自動化するすべての試み」として定義できます。つまり、AI は「思考の自動化」です。これには、Excel スプレッドシートといった非常に基本的なものから、歩行や会話が可能な人型ロボットといった非常に高度なものまでが含まれます。

機械学習は、プログラム（**モデル**）を自動的に開発することを目的とした AI の一分野です。モデルの開発に使用されるのは訓練データだけです。この「データをプログラムに変える」プロセスを**学習**と呼びます。機械学習自体はずっと前から存在していますが、注目されるようになったのは 1990 年代のこと。

ディープラーニングは、機械学習のさまざまな分派の 1 つです。ディープラーニングのモデルは、それぞれ順番に適用される幾何学関数をいくつもつなぎ合わせたものです。それらの演算は、**層**と呼ばれるモジュールとして構造化されます。一般に、ディープラーニングのモデルは層のスタック（より一般的には、層のグラフ）であり、それらの層は**重み**によってパラメータ化されます。重みは訓練時に学習するパラメータであり、モデルの**知識**はその重みに格納されます。これらの重みに適した値を見つけ出すことが、学習プロセスとなります。

ディープラーニングは機械学習に対するさまざまなアプローチの 1 つにすぎませんが、他のアプローチとは一線を画しています。ディープラーニングは大成功を収めています。次は、その理由について見ていきましょう。

9.1.2 ディープラーニングが機械学習の分野において特別である理由とは

この数年間だけを見ても、ディープラーニングは幅広いタスクにわたって途方もない成果を上げています。それらのタスクは、コンピュータで扱うのはきわめて難しいとされてきたものです。特に目覚ましいのは、画像、動画、音声などから有益な情報を抽出する機械知覚の分野です。十分な訓練データ（特に、人によって適切にラベル付けされた訓練データ）があれば、人間が抽出できるほとんどの知覚データを機械に抽出させることが可能です。このため、「ディープラーニングは知覚を解明した」と言われることもありますが、これはかなり狭義の「知覚」に限った話です。

前例のない技術的な成功を収めたことで、ディープラーニングは第 3 の **AI の夏**（AI summer）の立役者となりました。過去最大級の「AI の夏」が訪れたことで、AI は一躍注目を集め、AI ブームが巻き起こりました。本書を執筆したのは、このブームの真っ只中でした。そして、このブームがほどなく終わりを告げるのか、その後は何が起きるのかが議論の的になっています。1 つだけはっきりしていることは、これまでの「AI の夏」とは対照的に、ディープラーニングが大手のハイテク企業に途轍もないビジネス価値をもたらしていることです。それにより、人間に近いレベルの音声認識、スマ

ートアシスタント、人間に近いレベルの画像分類、機械翻訳の大幅な改善などが可能となっています。ブームが沈静化したとしても（いずれそうなるでしょう）、ディープラーニングが経済やテクノロジーに与える影響は恒久的なものであり、消えることはないでしょう。その意味では、ディープラーニングはインターネットにどことなく似ています —— これから数年間は異常にもてはやされる時期が続くかもしれませんが、長期的には、私たちの経済や生活を根本的に変えるものになるでしょう。

個人的には、ディープラーニングについては楽観的な見通しを持っています。なぜなら、次の10年間に技術的な進歩がまったく見られなかったとしても、既存のアルゴリズムをそれぞれに適した問題に応用すれば、ほとんどの産業が根本的に変化することになるからです。ディープラーニングはまさに革命です。そして、設備や人材への投資が急激に増えていることを考えると、この瞬間も技術的な進歩は信じられないペースで進んでいます。筆者が思うに、未来は明るく輝いているようですが、短期的な期待値は少々楽観的すぎるかもしれません。ディープラーニングがその潜在能力を発揮するようになるのは、まだ10年以上先のことでしょう。

9.1.3　ディープラーニングについてどう考えるべきか

ディープラーニングについて最も驚かされるのは、その単純さです。勾配降下法を使って訓練した単純なパラメトリックモデルを用いて、機械知覚問題でこれほどすばらしい成果を上げるようになると、10年前に誰が予想したでしょうか。今では、勾配降下法を使って十分な量のサンプルで訓練された、十分な大きさのパラメトリックモデルがあれば、それでよいのです。かつてファインマンが宇宙について語ったように、「複雑ではなく、ただ量が多いだけ」なのです[1]。

ディープラーニングでは、すべてがベクトルです。つまり、すべてが**幾何学空間**における1つの**点**です。テキストや画像といったモデルの入力値と目的値は、最初に**ベクトル化**されます。つまり、最初の入力ベクトル空間と目的ベクトル空間に変換されます。ディープラーニングモデルの各層では、その層を通過するデータに対して単純な幾何学変換が1つ実行されます。モデルの層の連鎖により、1つの複雑な幾何学変換が形成される一方、それらを分解すると、一連の単純な幾何学変換になります。この複雑な幾何学変換は、入力空間を目的空間へ1点ずつ写像（マッピング）します。この変換は、それらの層の重みによってパラメータ化されます。それらの重みは、モデルの現在の性能に基づいて繰り返し更新されます。この幾何学変換の主な特徴の1つは、**微分可能**でなければならないことです。勾配降下法を通じてそれらのパラメータを学習するには、微分可能であることが不可欠です。直観的にわかるのは、これが大きな制約であることです —— 入力から出力への幾何学的なモーフィングがなめらかで途切れのないものでなければならないことを意味するからです。

この複雑な幾何学変換を入力データに適用するプロセス全体を3次元でイメージするとしたら、クシャクシャに丸めた紙の玉を開いて伸ばそうとしている人を思い浮かべてみるとよいかもしれません。クシャクシャに丸めた紙の玉は、モデルの出発点となる入力データの多様体です。人が紙の玉を開いていく動作の1つ1つが、1つの層によって実行される単純な幾何学変換に相当します。そして、紙の玉を開いていく最

---

[1]　Richard Feynman, interview, "The World from Another Point of View," Yorkshire Television, 1972.

初から最後までの動作全体が、モデル全体の複雑な幾何学変換に相当します。ディープラーニングのモデルは、高次元データからなる複雑な多様体をほどいていくための数学的機械なのです。

それが、ディープラーニングの魔法です。ディープラーニングは、意味をベクトル（幾何学空間）に変換した上で、空間を別の空間へ1点ずつ写像する複雑な幾何学変換を漸進的に学習します。元のデータに含まれている関係を完全に捕捉するために必要なのは、十分に高い次元を持つ空間だけです。

そのすべてが、「意味は対関係から抽出され」、「それらの関係は距離関数によって捕捉できる」という基本的な考え方に基づいています。対関係とは、言語の単語や画像のピクセルどうしの関係のことです。ただし、「人間の脳が幾何学空間を通じて意味を実装するかどうか」はまったく別の話であることに注意してください。ベクトル空間は、計算的な観点からは操作効率がよいものの、グラフをはじめ、知能のデータ構造がさまざまであることはすぐに想像がつきます。ニューラルネットワークは、もとは「意味をエンコードする手段としてグラフを使用する」という発想から生まれたものです。**ニューラルネットワーク**と呼ばれているのはそのためであり、関連分野の研究は**コネクショニズム**（connectionism）と呼ばれていました。「ニューラルネットワーク」という名前が定着したのは、純粋に歴史的な理由によるものです。ニューラルでもネットワークでもないことを考えると、非常に紛らわしい名前です。特に、ニューラルネットワークは脳の働きとはほとんど関係がありません。その中心にあるのは、連続的な幾何学空間の操作です。その点を強調するなら、**階層化表現学習**（layered representations learning）や**階層的表現学習**（hierarchical representations learning）と呼ぶほうが適切だったでしょう。あるいは、**ディープ微分可能モデル**（deep differentiable model）や**連鎖幾何学変換**（chained geometric transform）でもよかったかもしれません。

9.1.4　主なイネーブリングテクノロジー

現在進行中のテクノロジー革命は、ブレークスルーとなるような発明がきっかけで始まったものではありません。そうではなく、他の革命と同様に —— 最初はゆっくりと、そして一気に —— さまざまな要因が積み重なった結果です。ディープラーニングの場合は、主な要因として次の4つを挙げることができます。

- **アルゴリズムの漸進的なイノベーション**
  最初は（バックプロパゲーションを皮切りに）20年かけてじわじわと広がっていきましたが、2012年以降にディープラーニングの研究が盛んになると、その後は徐々にペースが上がっています。
- **知覚データの大量供給**
  十分な量のデータで訓練された十分な大きさのモデルさえあればよい、という状況を実現するには、知覚データが大量に供給されなければなりません。これは、インターネットが生活の一部となり、ストレージメディアがムーアの法則に従ったおかげでもあります。

9.1 主な概念の復習　　335

- **廉価で高速な超並列計算ハードウェアの登場**
  その筆頭に挙げられるのは、NVIDIA の GPU です。最初はゲーム用の GPU が
  リリースされ、続いてディープラーニング用に一から設計された GPU が登場
  しました。NVIDIA の CEO である Jensen Huang は、ディープラーニングのブ
  ームにいち早く注目し、ディープラーニングに舵を切っています。
- **この計算能力を利用可能にする複雑なソフトウェア層のスタック**
  CUDA 言語、自動微分を行う TensorFlow などのフレームワーク、そして Keras
  により、ほとんどの人がディープラーニングを実践できるようになっています。

　将来的には、ディープラーニングは研究者、学生、専門知識を持つエンジニアといった専門家だけのものではなくなり、現在の Web テクノロジーと同様に、開発者全員の小道具の 1 つになるでしょう。今やすべてのビジネスに Web サイトが必要であるのと同様に、誰もがインテリジェントなアプリを構築するようになり、どの製品でもユーザーが生成したデータの意味を理解する必要に迫られるようになるでしょう。そうした未来を実現するには、ディープラーニングの使いやすさを根本的に改善し、基本的なコーディング能力があれば誰でも利用できるようにするようなツールを構築する必要があります。Keras は、そうした未来に向かう最初の大きな一歩です。

9.1.5　一般的な機械学習ワークフロー

　入力空間を目的空間へ写像するモデルを作成するための非常に強力なツールを利用できるのは、願ってもないことです。しかし、機械学習ワークフローの難しい部分は、多くの場合、そうしたモデルの設計や訓練の手前の部分にあります（そして、実際に運用するモデルの場合は、その後の部分も問題です）。どのようなデータから何を予測しようとしているのか、成功をどのように評価するのかを判断するには、問題領域を理解しなければなりません —— これは機械学習のアプリケーションを成功させるための前提条件です。そして、問題領域を理解するにあたって Keras や TensorFlow といった高度なツールは助けになりません。参考までに、第 4 章で説明した一般的な機械学習ワークフローを簡単にまとめておきます。

1. **問題を定義する**
   どのようなデータが利用可能でしょうか。何を予測しようとしているのでしょうか。データをさらに収集する必要はあるでしょうか。それとも、データセットをラベル付けするための人員を確保する必要があるでしょうか。
2. **目標が達成されたかどうかを確実に評価する方法を特定する**
   単純なタスクであれば、予測正解率で十分かもしれません。しかし、多くの場合は、問題領域に特化した高度な指標が必要になるでしょう。
3. **モデルを評価するための検証プロセスを準備する**
   具体的には、訓練データセット、検証データセット、テストデータセットを定義すべきです。検証データセットやテストデータセットのラベルが訓練データに漏れ出すようなことがあってはなりません。たとえば、時間的な予測の場合、検証データとテストデータは訓練データよりも時間的に新しいものでなければなりません。

4. **データをベクトル化する**
データをベクトルに変換し、ニューラルネットワークで処理しやすくするために正規化などの前処理を行います。

5. **最初のモデルを構築する**
常識的なベースラインを超えるモデルを構築することで、この問題を機械学習で解決できることを実証します。ただし、常にうまくいくとは限りません。

6. **モデルのアーキテクチャを少しずつ改善する**
ハイパーパラメータのチューニングや正則化の追加により、モデルのアーキテクチャを少しずつ改善していきます。テストデータや訓練データではなく、検証データでの性能に基づいて変更を行います。なお、モデルの正則化やダウンサイジングを開始するのは、モデルを過学習に陥らせて、モデルのキャパシティがどこで必要なレベルを超えるのかを特定してからにしてください。

7. **ハイパーパラメータのチューニングでは、検証データセットの過学習に注意する**
ハイパーパラメータは検証データセットに特化しすぎたものになることがあります。テストデータセットを別にしておくのは、この問題を回避するためです。

9.1.6　主なネットワークアーキテクチャ

本書では、ネットワークアーキテクチャとして、**全結合ネットワーク**、**畳み込みネットワーク**、**リカレントネットワーク**の3つを取り上げました。これらのネットワークはどれも特定の入力モダリティを対象としています。つまり、ネットワークアーキテクチャ（全結合、畳み込み、リカレント）はデータの構造に関する**仮定**を表します。それらの仮定により、優れたモデルの検索を行う**仮説空間**が定義されます。特定のネットワークアーキテクチャが特定の問題でうまくいくかどうかは、データの構造とそのネットワークアーキテクチャの仮定とのマッチング次第です。

これら3種類のネットワークを組み合わせれば、さながら LEGO ブロックを組み合わせるかのように、より大きなマルチモーダルネットワークを簡単に構築できます。ある意味、ディープラーニングの層は情報を処理するための LEGO ブロックです。入力モダリティと適切なネットワークアーキテクチャを突き合わせると、次のようになります。

入力モダリティ	ネットワークアーキテクチャ
ベクトルデータ	全結合ネットワーク（Dense 層）
画像データ	2 次元 CNN
音声データ（波形など）	2 次元 CNN が望ましいが、RNN も可能
テキストデータ	1 次元 CNN が望ましいが、RNN も可能
時系列データ	RNN が望ましいが、1 次元 CNN も可能
他の種類のシーケンスデータ	RNN または 1 次元 CNN。時系列など、（テキストとは異なり）データの順序が重要である場合は RNN が望ましい
動画データ	モーションエフェクトを捕捉する必要がある場合は 3 次元 CNN。あるいは、フレームレベルの 2 次元 CNN（特徴エンジニアリング）と、それに続く（結果として得られたシーケンスを処理するための）RNN または 1 次元 CNN
ボリュームデータ	3 次元 CNN

次に、各ネットワークアーキテクチャの詳細を簡単に見ていきましょう。

全結合ネットワーク

全結合ネットワークは、ベクトルデータ（ベクトルのバッチ）を処理するための Dense 層のスタックです。こうしたネットワークは、入力特徴量が特定の構造を持つことを前提としません。それらが**全結合**と呼ばれるのは、Dense 層のユニットがそれぞれ他のすべてのユニットに結合されるためです。Dense 層は、2 つの入力特徴量の関係をマッピングしようとします。たとえば局所的な関係しか調べない 2 次元の畳み込み層とは、その点で異なっています。

全結合ネットワークが主に使用されるのは、第 3 章で使用した Boston Housing データセットのようなカテゴリ値のデータです。たとえば、それらの入力特徴量は属性のリストです。また、全結合ネットワークは、ほとんどのネットワークの最終ステージ（分類または回帰）でも使用されます。たとえば、第 5 章で取り上げた CNN の終端は、たいてい 1 つか 2 つの Dense 層になります。これは第 6 章で取り上げた RNN にも当てはまります。

二値分類を実行するには、スタックの最後の層を Dense 層にすることを覚えておいてください。この Dense 層は単一のユニットで構成され、活性化関数として sigmoid、損失関数として binary_crossentropy を使用します。目的値は 0 または 1 になります。

```
from keras import models
from keras import layers

model = models.Sequential()
model.add(layers.Dense(32, activation='relu',
                       input_shape=(num_input_features,)))
```

```
model.add(layers.Dense(32, activation='relu'))
model.add(layers.Dense(1, activation='sigmoid'))
model.compile(optimizer='rmsprop', loss='binary_crossentropy')
```

　多クラス単一ラベル分類を実行する場合も、スタックの最後の層として Dense 層を使用します。多クラス単一ラベル分類では、各サンプルが 1 つのクラスにのみ分類されます。この Dense 層はクラスと同じ数のユニットで構成され、活性化関数として softmax を使用します。目的値が one-hot エンコーディングで表現されている場合は、損失関数として categorical_crossentropy を使用します。目的値が整数の場合は、損失関数として sparse_categorical_crossentropy を使用します。

```
model = models.Sequential()
model.add(layers.Dense(32, activation='relu',
                       input_shape=(num_input_features,)))
model.add(layers.Dense(32, activation='relu'))
model.add(layers.Dense(num_classes, activation='softmax'))
model.compile(optimizer='rmsprop', loss='categorical_crossentropy')
```

　多クラス多ラベル分類を実行する場合も、スタックの最後の層として Dense 層を使用します。多クラス多ラベル分類では、各サンプルが複数のクラスに分類される可能性があります。この Dense 層はクラスと同じ数のユニットで構成され、活性化関数として sigmoid、損失関数として binary_crossentropy を使用します。目的値は k-hot エンコーディングで表現されます。

```
model = models.Sequential()
model.add(layers.Dense(32, activation='relu',
                       input_shape=(num_input_features,)))
model.add(layers.Dense(32, activation='relu'))
model.add(layers.Dense(num_classes, activation='sigmoid'))
model.compile(optimizer='rmsprop', loss='binary_crossentropy')
```

　連続値のベクトルに向かって**回帰**を実行する場合も、スタックの最後の層として Dense 層を使用します。この Dense 層は予測しようとしている値と同じ数のユニットで構成され、活性化関数は使用しません。回帰では、何種類かの損失関数を使用できますが、最も一般的なのは mean_squared_error（平均二乗誤差）と mean_absolute_error（平均絶対誤差）の 2 つです。多くの場合、予測する値は（住宅価格のように）1 つだけとなります。

```
model = models.Sequential()
model.add(layers.Dense(32, activation='relu',
                       input_shape=(num_input_features,)))
model.add(layers.Dense(32, activation='relu'))
model.add(layers.Dense(num_values))
model.compile(optimizer='rmsprop', loss='mse')
```

畳み込みニューラルネットワーク

　畳み込み層は、入力テンソルのさまざまな空間位置（**パッチ**）に同じ幾何学変換を適用することで、空間の局所的なパターンを調べます。結果として、**移動不変**の表現が得られることから、畳み込み層はデータ効率とモジュール性に優れています。この概念は、1次元（シーケンス）、2次元（画像）、3次元（ボリューム）など、任意の数の次元を持つ空間に適用できます。シーケンス（特にテキスト）の処理には Conv1D 層、画像の処理には Conv2D 層、ボリュームの処理には Conv3D 層を使用できます。なお、移動不変の前提に従わないことが多い時系列データでは、Conv1D 層はうまくいきません。

　畳み込みニューラルネットワーク（CNN）は、畳み込み層と最大値プーリング層のスタックで構成されます。プーリング層では、データの空間的なダウンサンプリングが可能です。特徴量の数が増えても特徴マップを適度なサイズに保つには、ダウンサンプリングが必要です。ダウンサンプリングにより、出力側の畳み込み層から「見える」入力の空間的範囲を広げることができます。多くの場合、CNN の終端は Flatten 演算またはグローバルプーリング層と、それに続く Dense 層になります。前者は空間的な特徴マップをベクトルに変換し、後者は分類か回帰を実現します。

　通常の畳み込みのほとんど（またはすべて）は、まもなく **dw 畳み込み**（Separable Conv2D 層）に置き換えられる可能性が高いことに注意してください。dw 畳み込みは、通常の畳み込みよりも高速で、より表現力のある畳み込みです。これが当てはまるのは、3次元、2次元、1次元の入力です。新しいネットワークを一から構築する場合は、dw 畳み込みを使用するほうが断然効果的です。Conv2D 層を SeparableConv2D 層に置き換えれば、より小さく高速なネットワークが得られるだけでなく、そのタスクでの性能もよくなる可能性があります。

　たとえば、典型的な画像分類ネットワーク（この場合は多クラス分類）は次のようになります。

```python
model = models.Sequential()
model.add(layers.SeparableConv2D(32, 3, activation='relu',
                                 input_shape=(height, width, channels)))
model.add(layers.SeparableConv2D(64, 3, activation='relu'))
model.add(layers.MaxPooling2D(2))

model.add(layers.SeparableConv2D(64, 3, activation='relu'))
model.add(layers.SeparableConv2D(128, 3, activation='relu'))
model.add(layers.MaxPooling2D(2))

model.add(layers.SeparableConv2D(64, 3, activation='relu'))
model.add(layers.SeparableConv2D(128, 3, activation='relu'))
model.add(layers.GlobalAveragePooling2D())

model.add(layers.Dense(32, activation='relu'))
model.add(layers.Dense(num_classes, activation='softmax'))
model.compile(optimizer='rmsprop', loss='categorical_crossentropy')
```

リカレントニューラルネットワーク

リカレントニューラルネットワーク（RNN）は、入力シーケンスを時間刻みごとに処理し、それらの処理にまたがって**状態**を維持します。一般に、状態はベクトルかベクトルの集まりであり、状態の幾何学空間上の点を表します。関心の対象となるパターンに時間移動に対する不変性がない（たとえば、遠い過去の時系列データよりも最近の時系列データのほうが重要である）シーケンスでは、1次元 CNN よりも RNN のほうを優先すべきです。

Keras では、リカレント層として SimpleRNN、GRU、LSTM の 3 つがサポートされています。ほとんどの現実的な目的では、GRU か LSTM を使用すべきです。LSTM は GRU よりも強力ですが、その分高くつきます。GRU については、より単純で安価な代替策と考えることができます。

複数のリカレント層をスタックとして積み上げるには、スタックの最後の層よりも前にある各層が完全な出力シーケンスを返さなければなりません。つまり、それらの層から返される出力シーケンスでは、入力の時間刻みがそれぞれ出力の時間刻みに対応していることになります。リカレント層をそれ以上積み上げない場合は、シーケンス全体の情報が含まれた最後の出力だけを返すのが一般的です。

ベクトルシーケンスの二値分類を行う単一のリカレント層は次のようになります。

```
model = models.Sequential()
model.add(layers.LSTM(32, input_shape=(num_timesteps, num_features)))
model.add(layers.Dense(num_classes, activation='sigmoid'))
model.compile(optimizer='rmsprop', loss='binary_crossentropy')
```

ベクトルシーケンスの二値分類を行うリカレント層のスタックは次のようになります。

```
model = models.Sequential()
model.add(layers.LSTM(32, return_sequences=True,
                      input_shape=(num_timesteps, num_features)))
model.add(layers.LSTM(32, return_sequences=True))
model.add(layers.LSTM(32))
model.add(layers.Dense(num_classes, activation='sigmoid'))
model.compile(optimizer='rmsprop', loss='binary_crossentropy')
```

9.1.7　さらなる可能性

ディープラーニングを使って構築するのは何でしょうか。ディープラーニングモデルの構築は、LEGO ブロックで遊ぶようなものであることを思い出してください。層どうしを結合すれば、ほぼどのようなものでもマッピング（写像）することが可能です。ただし、利用可能な訓練データが十分にあることと、そのマッピングが適度な複雑さの連続的な幾何学変換を通じて実現可能であることが前提となります。可能性は無限にあります。ここでは、機械学習の主力となってきた基本的な分類タスクや回帰タスクに捕われない発想の転換を喚起するために、例をいくつか紹介します。

次に提案するアプリケーションは、入力モダリティと出力モダリティに基づいて選別したものです。それらの多くは可能性の限界に挑んでいることに注意してください。

9.1 主な概念の復習

これらすべてのタスクでモデルを訓練しようと思えばできないことはありませんが、場合によっては、そうしたモデルは訓練データから汎化するにはほど遠い状態になるでしょう。『9.2 ディープラーニングの限界』と『9.3 ディープラーニングの未来』では、そうした制限を今後どのようにして克服できるのかを取り上げます。

ベクトルデータからベクトルデータへのマッピング

- **予防医療** … 患者の医療記録を治療成績にマッピング
- **行動ターゲティング** … Webサイトの一連の属性を、ユーザーがそのWebサイトで過ごした時間に関するデータにマッピング
- **製品品質管理** … 製造された製品に関する一連の属性を、その製品が翌年に故障する確率にマッピング

画像データからベクトルデータへのマッピング

- **ドクターアシスタント** … 一連の医療画像を腫瘍の有無に関する予測値にマッピング
- **自動運転** … 車載カメラのビデオフレームをステアリング角度の操作にマッピング
- **ボードゲームAI** … 碁盤やチェス盤をプレイヤーの次の手にマッピング
- **ダイエットヘルパー** … 食事の写真をカロリー値にマッピング
- **年齢予測** … 自撮り写真を年齢にマッピング

時系列データからベクトルデータへのマッピング

- **天気予報** … グリッド状に分割された場所の気象データから時系列データを生成し、その場所の翌週の気象データにマッピング
- **ブレインマシンインターフェイス** … 脳磁気図（MEG）から時系列データを生成し、コンピュータのコマンドにマッピング
- **行動ターゲティング** … Webサイトでのユーザーインタラクションから時系列データを生成し、ユーザーが何かを購入する確率にマッピング

テキストからテキストへのマッピング

- **スマートリプライ** … メールを1行のリプライ候補にマッピング
- **質問応答** … 一般的な知識に関する質問を答えにマッピング
- **要約** … 長い記事を短い要約にマッピング

画像からテキストへのマッピング

- **キャプショニング** … 画像を、その画像の内容を説明する短いキャプションにマッピング

テキストから画像へのマッピング

- **条件付き画像生成** … 短いテキストの説明を、その説明とマッチする画像にマッピング
- **ロゴ生成/選択** … 会社の名前と説明を、その会社のロゴにマッピング

画像から画像へのマッピング

- **超解像** … 縮小された画像を、より分解能の高い同じ画像にマッピング
- **奥行き知覚** … 屋内環境の画像を深度予測マップにマッピング

画像とテキストをテキストにマッピング

- **Visual QA** … 画像とその画像の内容に関する自然言語の質問を、自然言語の答えにマッピング

動画とテキストをテキストにマッピング

- **Video QA** … 動画とその動画の内容に関する自然言語の質問を、自然言語の答えにマッピング

　可能性はほぼ無限ですが、何でもよいというわけではありません。次節では、ディープラーニングでは実行できないことについて見ていきましょう。

9.2　ディープラーニングの限界

　ディープラーニングを使って実装できるアプリケーションの空間は、ほぼ無限に広がっています。とはいえ、人の手によってラベル付けされたデータが大量にあったとしても、現在のディープラーニングの手法ではまったく手の届かないアプリケーションもたくさんあります。たとえば、プロダクトマネージャーによって作成された、英語で書かれたソフトウェア製品の機能に関する数十万の（あるいは数百万もの）説明文と、それらの要件を満たすためにエンジニアチームによって開発された対応するソースコードを集め、それらをまとめてデータセットを作成しようと思えばできないことはありません。ですが、このデータをもってしても、製品の説明を読み取って適切なコードベースを生成するディープラーニングモデルを訓練することは不可能です。そうした事例はいくらでもあり、これはそのうちの1つにすぎません。一般に、科学的手法のプログラミングや応用といった理論的思考、長期的な計画、そしてアルゴリズム的なデータの操作を必要とする問題はすべて、ディープラーニングモデルの範疇を超えています。それはデータをどれだけつぎ込んだとしても同じです。ディープニューラルネットワークでは、ソートアルゴリズムの学習ですら途方もなく難しいのです。
　というのも、ディープラーニングモデルは、ベクトル空間を別のベクトル空間へ写像する**連続する単純な幾何学変換の連鎖**にすぎないからです。ディープラーニングモデルに実行できるのは、データ多様体 X を別のデータ多様体 Y へ写像することだけであり、X から Y への学習可能な連続変換が存在することが前提となります。ディープラーニングモデルを一種のプログラムとして解釈しようと思えばできないことはありませんが、逆に、**ほとんどのプログラムはディープラーニングモデルとして表現できません**。ほとんどのタスクでは、そのタスクを解決するのにふさわしいディープニューラルネットワークが存在しないか、存在したとしても、**学習可能**ではない可能性があります。つまり、そのタスクを解決するための幾何学変換があまりにも複雑であるか、そうしたモデルの学習に適したデータが存在しないことが考えられます。

9.2 ディープラーニングの限界

現在のディープラーニング手法をスケールアップするためにさらに層を積み重ね、さらに多くの訓練データを使用したところで、そうした問題の一部が表面的に緩和されるだけかもしれません。ディープラーニングモデルのより根本的な問題 —— つまり、ディープラーニングモデルで表現できるものが限られていて、学習させたいと考えるプログラムのほとんどがデータ多様体の連続的な幾何学モーフィングとして表現できないという問題は解決されないでしょう。

9.2.1 機械学習モデルの擬人化のリスク

現代の AI の現実的なリスクの 1 つは、ディープラーニングモデルで何が実行できるのかが誤解されていて、ディープラーニングモデルの能力が過大評価されていることです。人間には基盤となる**心の理論**があり、自分たちのまわりにあるものに意図、信念、知識を投影する傾向にあります。笑っている顔を石に描くと、それは唐突に、私たちの心の中で「ハッピー」に変わります。これをディープラーニングに置き換えて考えてみましょう。たとえば、画像を説明するキャプションを生成するように何とかモデルを訓練できた場合、私たちはそのモデルが画像の内容と生成したキャプションを「理解している」と思い込むようになります。そして、訓練データに含まれていた画像とほんの少しでも趣の異なる画像を与えた途端に、モデルがまったくばかげたキャプションを生成して驚くことになるのです（図 9-1）。

図 9-1：ディープラーニングベースの画像キャプショニングシステムの失敗

The boy is holding a baseball bat（少年は野球のバットを持っている）

この点が特に浮き彫りになるのは、**敵対的サンプル**（adversarial example）です。敵対的サンプルは、モデルに誤分類させることを目的としてディープラーニングネットワークに与えられるサンプルです。すでに説明したように、たとえば入力空間で勾配上昇法を使用すれば、一部の畳み込みフィルタの活性化が最大になるような入力を生成することが可能です。これは第 5 章で取り上げたフィルタ可視化手法と、第 8 章で取り上げた DeepDream アルゴリズムのベースでもあります。同様に、勾配上昇法を適用することで、特定のクラスに対する予測性能が最大になるように画像を少し加工することもできます。パンダの写真を撮り、「テナガザル」勾配を追加すれば、ニューラルネットワークにパンダをテナガザルとして分類させることができます（図 9-2）。このことは、そうしたモデルの脆さを示すとともに、モデルによる入力から出力への写像と人間の知覚との間に深い隔たりがあることを物語っています。

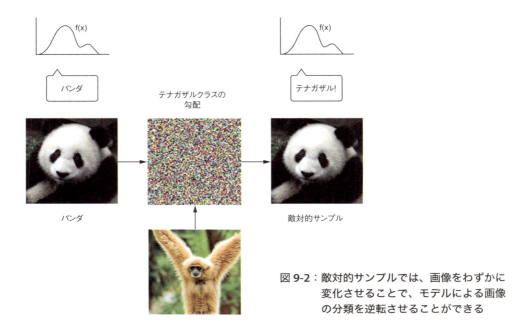

図 9-2：敵対的サンプルでは、画像をわずかに変化させることで、モデルによる画像の分類を逆転させることができる

　要するに、ディープラーニングのモデルは —— 少なくとも人間の感覚では —— 入力をまったく理解していません。画像、音声、言語に関する私たちの理解は、人間としての感覚運動の経験に根差したものです。機械学習のモデルはそうした経験にアクセスできないため、人間が理解するようには入力を理解できません。大量の訓練サンプルをラベル付けした上でモデルに供給すれば、特定のサンプルに関しては、データを人の概念へ写像する幾何学変換を学習させることが可能でしょう。しかし、この写像（マッピング）は私たちの心の中にあった元のモデル —— 身体を持つ生物としての私たちの経験から発展したもの —— を上からなぞったものにすぎません。つまり、鏡に映ったおぼろげな像のようなものでしかないのです（図9-3）。

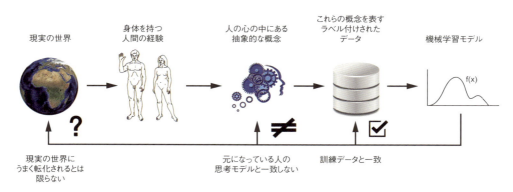

図 9-3：現在の機械学習モデルは鏡に映ったおぼろげな像のようなもの

9.2　ディープラーニングの限界　　345

　機械学習を実務に使用するときには、常に、このことを忘れないようにしてください。まんまと罠にはまって「ニューラルネットワークは実行しているタスクを理解している」と思い込んではなりません —— 少なくとも、私たちにとって筋の通った方法では理解していません。ニューラルネットワークが学習してきたのは、「訓練データの入力値を目的値に1つずつマッピングする」というはるかに限定的なタスクです。それは私たちが教えたいと考えていたタスクとはまるで異なっています。訓練データから逸脱しているものを1つでも与えれば、ニューラルネットワークは理不尽にも動かなくなってしまうでしょう。

9.2.2　局所的な一般化と極端な一般化

　ディープラーニングモデルが実行する入力から出力への直接的な幾何学モーフィングと、人間が考えたり学習したりする方法との間には、根本的な違いがあります。そうした違いは、人間が明示的な訓練サンプルを与えられなくても、身体的な経験からひとりでに学習することだけではありません。そうした学習プロセスの違いに加えて、表現の性質にも根本的な違いがあります。

　ディープニューラルネットワーク（あるいは昆虫でもよいですが）は急に刺激が与えられるとすぐに反応しますが、人間の能力はそれをはるかに超えています。私たちの頭の中には、現在の状況、自分自身、そして他人に関する複雑な**抽象モデル**があります。そして、それらのモデルをもとに、さまざまな未来の可能性を予測し、長期的な計画を立てることができます。私たちは、既知の概念を組み合わせることで、まだ経験したことがないものを表現できます。たとえば、ジーンズをはいた馬の絵を描いたり、宝くじに当たったらどうするかを想像したりできます。この仮説を扱う能力と、直接経験できるものをはるかに超えるほど思考モデルの空間を広げる能力 —— つまり、**抽象化**と**推論**を行う能力こそ、人間の認識力の特徴なのです。筆者はこれを**極端な一般化**（extreme generalization）と呼んでいます。極端な一般化は、ほんのわずかなデータを頼りに、あるいは新しいデータがまったくない状態で、これまでに経験したことのない新しい状況に適応する能力です。

　図9-4に示すように、これはディープニューラルネットワークが行うこととはまるで対照的です。ディープニューラルネットワークが行うことを、筆者は**局所的な一般化**（local generalization）と呼んでいます。ディープニューラルネットワークによって実行される入力から出力への写像（マッピング）は、新しい入力が訓練時の入力と少しでも違っていた瞬間に意味をなさなくなります。たとえば、月面着陸ロケットをうまく打ち上げるためのパラメータを学習しているとしましょう。このタスクにディープニューラルネットワークを使用し、教師あり学習か強化学習を使って訓練するとしたら、数千から数百万もの打ち上げ実験データを与えなければなりません。入力空間から出力空間への信頼できるマッピングを学習させるには、入力空間の**密なサンプリング**（dense sampling）が必要になるでしょう。対照的に、人間は抽象化の能力を使って物理モデル（ロケット科学）を発案できるため、うまくいけば一発で、あるいは数回の試行で、ロケットを月面に着陸させる**厳密解**を導出できます。同様に、人体を制御するディープニューラルネットワークを開発しているとしましょう。車に轢かれたりせずに安全に市内を移動する方法を学習させたい場合はどうなるでしょうか。車が危険であることをネットワークが推察し、適切な回避行動を身につけるまでに、さまざま

9章

な状況で数千回も死ぬことになるでしょう。新しい町に放り込まれた場合は、知っていることのほとんどを再び学習するはめになります。これに対し、人間は一度も死なずに安全な行動を学習できます。これも、仮説的な状況から抽象モデルを構築する能力があればこそです。

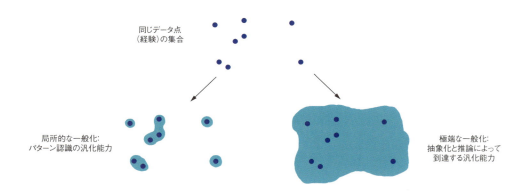

図 9-4：局所的な一般化と極端な一般化

要するに、機械知覚が進歩しているとはいえ、人間と同じレベルの AI にはほど遠いのが現状です。私たちのモデルが実行できるのは局所的な一般化だけであり、新しい状況に適応するのは過去のデータとの類似性がある場合だけです。これに対し、人間の認知には極端な一般化の能力があり、まったく新しい状況にもすぐに適応し、将来の状況を長期的に見据えることができます。

9.2.3 まとめ

これまでのところ、ディープラーニングにおいて本当に成功していると言えるのは、「連続的な幾何学変換を用いて空間 X を空間 Y へ写像する能力」だけであることを覚えておいてください。しかも、人の手によってラベル付けされた大量のデータがあることが前提となります。これをうまく応用すれば、ほぼどの産業でも大変革を起こすことができますが、「人間と同じレベルの AI」はまだずっと先の話です。

ここで説明した制限を少しでも取り除き、人間の頭脳に対抗できる AI を作成するには、入力から出力への単純なマッピングから、**抽象化**と**推論**へ移行する必要があります。さまざまな状況や概念から抽象モデルを構築するのにうってつけのベースとして考えられるのは、コンピュータプログラムです。以前に述べたように、機械学習の**モデルは学習可能なプログラム**として定義できます。現在、私たちが学習できるプログラムは、プログラムのあらゆる可能性からすれば、ごく一部にすぎません。しかし、どのようなプログラムでもモジュール方式で、しかも再利用可能な方法で学習できるとしたらどうでしょうか。次節では、この先に何が待ち受けているのかについて見ていきましょう。

9.3 ディープラーニングの未来

本節の内容は、研究プログラムに参加したいと考えている人や、独自に研究を開始したいと考えている人の視野を広げることを目的とした、より思索的なものとなっています。ディープニューラルネットワークの仕組み、それらの限界、研究分野の現状に関する知識をもとに中期的な展望を予測することは可能でしょうか。次に示すのは、純粋に個人的な考えです。水晶玉を覗いてみたわけではないので、筆者が予測することの多くは現実にならないかもしれません。これらの予測を共有するのは、それらが完全に正しいことがいずれ証明されると期待しているからではなく、それらが興味深く、今すぐ実行に移せるものだからです。

俯瞰的に見て、筆者が有望であると考えている主な方向が4つあります。

- **汎用的なコンピュータプログラムに近いモデル**
  こうしたモデルは、現在の微分可能な層よりもはるかに機能的なプリミティブに基づいて構築されます。現在のモデルの根本的な弱点である**推論**と**抽象化**の欠落は、このようにして解消されます。
- **そうしたモデルを可能にする新しい学習形態**
  微分可能な変換からのモデルの脱却を可能にします。
- **エンジニアの関与をそれほど必要としないモデル**
  つまみを延々と調整するのはエンジニアの仕事ではないはずです。
- **学習済みの特徴量やアーキテクチャのより積極的かつ体系的な再利用**
  再利用可能なモジュール型のプログラムサブルーチンを使ったメタ学習システムなどが考えられます。

さらに、これらの点がディープラーニングの屋台骨となってきた教師あり学習に特化したものではないことに注意してください —— それどころか、教師なし学習、自己学習、強化学習を含め、これらの点はあらゆる形式の機械学習に当てはまります。ラベルがどこから提供されるのか、訓練ループがどのようになっているのかは基本的に重要ではありません。こうした機械学習のさまざまな分派は、同じ構造を異なる側面から捉えたものです。さっそく詳しく見ていきましょう。

9.3.1 プログラムとしてのモデル

前節で述べたように、機械学習の分野において必要であると期待される転換は、純然たる**パターン認識**を実行し、**局所的な一般化**しか達成できないモデルから、**抽象化**と**推論**の能力を持ち、**極端な一般化**を達成できるモデルへの移行です。たとえば、検索アルゴリズム、グラフ操作、形式論理学を利用するソフトウェアなど、基本的ながら推論の能力を備えた現在のAIのプログラムはどれも、プログラマによってハードコーディングされたものです。モンテカルロ木探索など、DeepMindのAlphaGoに見られる知性のほとんどは、熟練プログラマによって設計され、ハードコーディングされたものです。データから学習するのは、専用のサブモジュール（バリューネットワークとポリシーネットワーク）だけです。ですが将来的には、そうしたAIシステムは完全な学習へ移行し、人が何かをする必要はなくなるかもしれません。

これはどのようなルートで実現されるのでしょうか。よく知られているリカレントニューラルネットワーク（RNN）について考えてみましょう。ここで重要となるのは、RNNのほうがフィードフォワードネットワークよりも若干制限が少ないことです。というのも、RNNは単なる幾何学変換ではないからです。RNNは、forループの中で**繰り返し適用される**幾何学変換です。時間的なforループ自体は、開発者によってハードコーディングされます —— これはRNNに組み込まれている前提です。必然的に、RNNで表現できるものはかなり制限されます。これは主に、RNNが実行する各ステップが微分可能な幾何学変換であり、連続的な幾何学空間の点を通じてステップからステップへ情報を運ぶためです（状態ベクトル）。ここで、プログラミングプリミティブを使って同じように拡張されたニューラルネットワークを思い浮かべてみてください。ただし、このネットワークには、幾何学変換に決め打ちのメモリを使用する単一のforループの代わりに、大量のプログラミングプリミティブが含まれています。このネットワークは、if文、while文、変数作成、長期的なメモリとしてのディスクストレージ、ソート演算子、（リスト、グラフ、ハッシュテーブルといった）高度なデータ構造などを用いて、その処理関数を自由に操作できます。そうしたネットワークが表現できるプログラムの空間は、現在のディープラーニングモデルで表現できる空間よりもはるかに広いものになります。このため、そうしたプログラムは高い汎化力を持つものになることが考えられます。

一方では、ハードコーディングされたアルゴリズム的な知能（手作りのソフトウェア）から、もう一方では、学習済みの幾何学的な知能（ディープラーニング）から離脱することになります。代わりに、推論と抽象化の能力を持つ形式的なアルゴリズムモジュールと、非形式的な直観とパターン認識の能力を持つ幾何学なモジュールを組み合わせることになります。システム全体の学習に人が関与することはほとんどあるいはまったくなくなるでしょう。

これから大きくブレークするだろうと筆者が考えているAIのサブフィールドの1つは、**プログラム合成**（program synthesis）、特にニューラルプログラム合成です。プログラム合成とは、検索アルゴリズム（遺伝的プログラミングの遺伝的探索など）を使って広大な空間でプログラム候補を探索することにより、単純なプログラムを自動的に生成するというものです。この探索は、要求された仕様と一致するプログラムが見つかったところで終了します。多くの場合、それらの仕様は一連の入力と出力のペアとして提供されます。入力と出力のペアとして提供された訓練データをもとに、入力と出力が一致していて、新しい入力に汎化できるプログラムを見つけ出すことを考えると、何だか機械学習のようです。機械学習との違いは、ハードコーディングされたプログラム（ニューラルネットワーク）でパラメータの値を学習するのではなく、離散的な探索プロセスを通じてソースコードを生成することです。

次の数年間に、この分野が再び脚光を浴びることは間違いないと見ています。特に期待しているのは、ディープラーニングとプログラム合成が交差する新しい分野の登場です。つまり、汎用的な言語でプログラムを生成する代わりに、forループやその他多くのアルゴリズム的なプリミティブで拡張されたニューラルネットワーク（幾何学的なデータ処理フロー）が生成されるようになるでしょう（図9-5）。このほうがソースコードを直接生成するよりもはるかに有益で扱いやすく、機械学習を使って解析で

きる問題の範囲 —— 適切な訓練データに基づいて自動的に生成できるプログラムの空間 —— は劇的に広がるでしょう。現代の RNN については、そうしたアルゴリズムと幾何学のハイブリッドモデルの先史時代の祖先と見なすことができます。

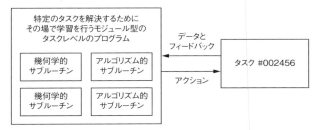

図 9-5：幾何学的なプリミティブ（パターン認識、直観）とアルゴリズム的なプリミティブ（推論、探索、メモリ）の両方に依存する学習済みプログラム

9.3.2　バックプロパゲーションと微分可能な層を超えて

　機械学習のモデルがプログラムのようになっていくに従い、それらの大部分は微分可能ではなくなります。つまり、そうしたプログラムはやはりサブルーチンとして（微分可能な）連続的な幾何学層を使用するものの、モデル全体が微分可能というわけではなくなります。このため、ハードコーディングされた静的なネットワークでバックプロパゲーションを用いて重みの値を調整するという方法は、将来的には、モデルを訓練するための手法ではなくなります —— 少なくとも、それだけで終わる話ではありません。微分可能ではないシステムを効率よく訓練する方法を突き止める必要があります。現在のアプローチには、遺伝的アルゴリズム、進化戦略、特定の強化学習法、ADMM（Alternating Direction Method of Multipliers）があります。当然ながら、勾配降下法がどこかへ行ってしまうことはありません。微分可能なパラメトリック関数を最適化するにあたって、勾配情報は常に有益です。しかし、私たちのモデルは単なる微分可能なパラメトリック関数よりも意欲的なものになっていくため、今後はバックプロパゲーションよりも自動的な開発（**機械学習**の**学習**）のほうが必要になるでしょう。

　さらに、バックプロパゲーションはエンドツーエンドであり、連鎖的な変換を学習するのには申し分ないのですが、計算効率がよくありません。というのも、バックプロパゲーションはディープニューラルネットワークのモジュール性を完全に利用するわけではないからです。何かを効率化するための 1 つの普遍的な手法は、モジュール化と階層化を導入することです。したがって、分離型の訓練モジュールを導入し、それらの間に同期メカニズムを追加して階層形式にまとめれば、バックプロパゲーションの効率化を図ることができます。この戦略は、DeepMind が最近取り組んでいる**合成勾配**（synthetic gradient）を彷彿とさせます。近い将来、このような取り組みが増えていくと期待しています。勾配を使用しない効率的な探索プロセスに基づいて、完全に微分可能ではない（微分可能な部分を持つ）モデルが訓練され、成長していく未来が想像できます。微分可能な部分は、より効率的なバックプロパゲーションと勾配を利用することで、さらに高速に訓練されるようになるでしょう。

9.3.3 自動機械学習

　将来的には、モデルのアーキテクチャはエンジニアの手によって作成されるのではなく、学習されるようになるでしょう。こうした学習するアーキテクチャは、より機能的なプリミティブとプログラム型の機械学習モデルを使用することと隣り合わせの関係にあります。

　現在、ディープラーニングエンジニアの仕事の大部分は、Python スクリプトを使ったデータマンジング（data munging）[2] と、うまくいくモデル —— 意欲的なエンジニアなら、最先端のモデル —— を手に入れるためのディープニューラルネットワークのアーキテクチャとハイパーパラメータのチューニングで構成されます。言うまでもなく、理想的な状況ではありませんが、AI が助けになるかもしれません。残念ながら、データマンジングの部分を自動化するのはそう簡単ではありません。というのも、問題領域の知識に加えて、エンジニアが何を達成したいと考えているのかを明確に理解している必要があるからです。これに対し、ハイパーパラメータのチューニングは単純な探索手続きであり、エンジニアが何を達成したいと考えているのかはわかっています —— それはチューニングの対象となるネットワークの損失関数によって定義されます。ほとんどのモデルのチューニングを処理する基本的な**自動機械学習**（AutoML）システムのセットアップは、すでに一般的な手段となっています。筆者も Kaggle のコンペを勝ち抜くために、数年前に AutoML を独自にセットアップしています。

　最も基本的なレベルでは、そうしたシステムが調整するのは、スタックの層の数、順序、各層のユニットやフィルタの数です。一般に、これには第 7 章で紹介した Hyperopt などのライブラリが使用されます。ですがいっそのこと、できるだけ制約の少ないアーキテクチャを（たとえば、強化学習や遺伝的アルゴリズムを通じて）新たに学習するという手もあります。

　AutoML により、もう 1 つの重要な方向性も浮かび上がっています。それは、モデルのアーキテクチャとモデルの重みを同時に学習することです。ほんの少しだけ異なるアーキテクチャを試してみるために、そのつど新しいモデルを一から訓練するのは非常に効率がよくありません。本当の意味で強力な AutoML システムは、アーキテクチャを発展させると同時に、訓練データでのバックプロパゲーションを通じてモデルの特徴量を調整するものになるでしょう。こうしている間にも、そうしたアプローチが登場しつつあります。

　こうした未来が現実になっても、機械学習のエンジニアの仕事がなくなることはありません。むしろ、エンジニアはバリューチェーンの形成に携わることになるでしょう。機械学習のエンジニアは、ビジネス目標を忠実に反映した複雑な損失関数の作成や、自分たちのモデルがその導入先であるデジタルエコシステム（たとえば、モデルの予測値を利用したりモデルの訓練データを生成したりするユーザー）にどのような影響を与えるのかを理解することに注力するようになるでしょう。現状では、こうした問題を考慮する余裕があるのは大企業だけです。

---

[2] ［訳注］データセットのクリーニングや前処理を行うプロセス。データいじり、データラングリング（data wrangling）とも呼ばれる。

9.3.4　絶え間ない学習とモジュール型のサブルーチンの再利用

　モデルがさらに複雑になり、より多くのアルゴリズム的なプリミティブに基づいて構築されるようになれば、それだけ複雑さも増すことになります。この複雑さの増加に対処するには、新しいタスクや新しいデータセットに取り組むたびに新しいモデルを一から訓練するのではなく、タスクにまたがる再利用を促進する必要があるでしょう。多くのデータセットには、新しい複雑なモデルを一から開発するだけの情報は含まれていません。新しい本を執筆するたびに英語を一から覚えたりしないように（それは無理な注文です）、以前に使用したデータセットの情報を利用する必要があるでしょう。現在のタスクと以前のタスクに重複する部分が多いことを考えると、新しいタスクに取り組むたびにモデルを一から訓練するのは非効率的でもあります。

　数年ほど前から、ある注目すべき観測結果が繰り返し報告されています。緩やかに結び付いている複数のタスクで同じモデルを同時に訓練すると、それぞれのタスクでより性能のよいモデルが得られる、というのです。たとえば、英語からドイツ語への翻訳とフランス語からイタリア語への翻訳を行うために同じニューラル機械翻訳モデルを訓練すると、どちらの翻訳でもより性能のよいモデルが得られます。同様に、同じ畳み込みベースを使用する画像分類モデルと画像分割モデルを同時に訓練すると、どちらのタスクでもより性能のよいモデルが得られます。これはかなり直観的です。一見無関係に思えるタスクであっても必ず何らかの情報が重複しているものであり、同時に訓練されるモデルのほうが、特定のタスクでのみ訓練されるモデルよりも、個々のタスクに関してより多くの情報にアクセスできるからです。

　現在、タスクにまたがるモデルの再利用に関しては、視覚特徴抽出など、一般的な機能を実行するモデルで学習済みの重みを使用します。これについては、第5章で説明したとおりです。将来的には、これをさらに汎用化したものが普及すると考えています。つまり、学習済みの特徴量（サブモデルの重み）だけでなく、モデルのアーキテクチャや訓練手続きも利用するようになるでしょう。モデルがプログラムのようになるに従い、プログラミング言語の関数やクラスのような**プログラムサブルーチン**の再利用が始まるでしょう。

　現在のソフトウェア開発のプロセスについて考えてみましょう。エンジニアは（Pythonでの HTTP クエリなど）特定の問題を解決した後、それを抽象的で再利用可能なライブラリにまとめます。その後、同様の問題に直面したエンジニアは、既存のライブラリを検索して該当するものをダウンロードし、自身のプロジェクトに利用できるようになります。同様に、将来的には、再利用可能な高度なブロックからなるグローバルライブラリの取捨選択により、メタ学習システムが新しいプログラムを構築できるようになるでしょう。何種類かのタスクで同じようなプログラムサブルーチンを開発していることが判明した場合、システムはサブルーチンを抽象化して再利用可能にした上で、グローバルライブラリに格納することができます（図9-6）。そうしたプロセスが実装するのは、極端な一般化を達成するために必要な要素である**抽象化**です。さまざまなタスクや問題領域にわたって有益なサブルーチンは、問題解決のある部分を**抽象化する**と言えます。この抽象化の定義は、ソフトウェアエンジニアリングの抽象化の概念と同じです。これらのサブルーチンは、幾何学的なものになることもあれば、アルゴリズム的なものになることもあります。前者は、学習済みの表現に基づくディー

プラーニングモジュールであり、後者は、現代のソフトウェアエンジニアが操作するライブラリに近いものになります。

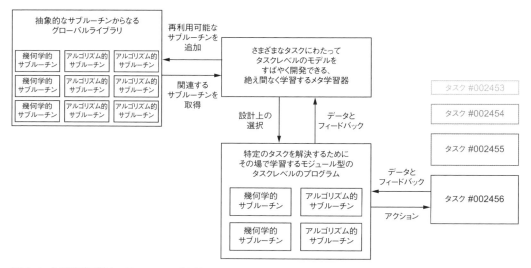

図9-6：再利用可能なプリミティブを使ってタスク固有のモデルをすばやく開発し、極端な一般化を達成するメタ学習器

9.3.5　長期的な見通し

次に、機械学習の長期的な見通しに関する筆者の見解をまとめておきます。

- モデルはプログラムに近いものになり、私たちが現在操作している入力データの連続的な幾何学変換を超える機能を持つようになる。そうしたプログラムはほぼ間違いなく、人間が持っている周囲の状況や自分自身に関する抽象的な思考モデルにかなり近いものになる。そうしたプログラムはかなりアルゴリズム的な性質を持つため、より強力な汎化力を持つものになる。

- このモデルはとりわけ、形式推論、検索、抽象化の能力を持つ**アルゴリズム的なモジュール**と、非形式的な直観とパターン認識の能力を持つ**幾何学的なモジュール**の組み合わせになるだろう。AlphaGo（さまざまな手動によるソフトウェアエンジニアリングと設計上の選択を必要とするシステム）は、記号的AIと幾何学的AIの組み合わせがどのようなものになるかを示す最初の例である。

- そうしたモデルは、エンジニアによってハードコーディングされるのではなく、自動的に成長することになる。これには、再利用可能なサブルーチンからなるグローバルライブラリに格納された、モジュール型の部品が使用される。このライブラリは、数千ものタスクやデータセットに基づいて高性能なモデルを学習することによって発展していく。ソフトウェアエンジニアリングの関数やクラスと同様に、問題解決パターンのうち頻度の高いものがメタ学習システムによって特定され、再利用可能なサブルーチンに変換された上で、グローバルライブラリに追加される。これにより、**抽象化**が達成される。

9.4 目まぐるしく変化する分野に後れずについていくには 353

- このグローバルライブラリと関連するモデル成長システムは、ある意味、人間と同じような「極端な一般化」を達成できるようになるだろう。汎化力を持つプログラム形式のさまざまなプリミティブと、同様のタスクに基づく包括的な経験のおかげで、新しいタスクや状況に直面した場合でも、ほんのわずかなデータをもとに、そのタスクに適した新しいモデルを構築できるようになる。さまざまなテレビゲームで遊んだことがある人が新しいテレビゲームをすぐに覚えられるのと同じように、以前の経験から派生したモデルは（基本的な刺激と反応のマッピングとは異なり）抽象的で、プログラムに近いものになる。
- したがって、この絶え間なく学習するモデル成長システムについては、**汎用人工知能**（artificial general intelligence）と解釈できる。しかし、高い知能を持つロボットに支配される未来がやってくるとは思わない。それは空想以外の何ものでもなく、知能とテクノロジーに関する深刻な誤解が重なった結果である。ただし、本書では、そうした批判は控えることにする。

9.4 目まぐるしく変化する分野に後れずについていくには

　本書を締めくくるにあたって、本書の最後のページをめくった後も勉強を続け、新たな知識やスキルを身につけるためのアドバイスをいくつか提供したいと思います。知ってのとおり、数十年前にさかのぼる歴史を持つとはいえ、現代のディープラーニングは数年前にできたばかりの分野です。2013 年以降、この業界への投資や研究者の数は幾何級数的に増えており、この分野全体がすごい勢いで前進しています。本書で学んだことは永遠に通用するわけではなく、今後のキャリアで必要なことはそれですべてではありません。

　さいわい、インターネット上には、最新の動向に目を光らせ、知識を広げるための無償のリソースがいくらでもあります。次に、そのうちの一部を紹介します。

9.4.1 Kaggle を使って現実的な問題に取り組む

　現実的な経験を積むのに効果的な方法の 1 つは、Kaggle[3] の機械学習コンペに挑戦してみることです。機械学習を実際に覚える唯一の方法は、機械学習を実践し、実際にコーディングを行うことです。それが本書の哲学であり、Kaggle のコンペにその延長線上にあります。Kaggle では、新しいデータサイエンスコンペが定期的に開催されています。それらの多くはディープラーニングに関連するものであり、最大の懸案となっている機械学習問題への斬新なソリューションを探し求めている企業によって主催されます。上位の参加者には、多額の賞金が提供されます。

　ほとんどのコンペの勝者は、XGBoost ライブラリ（シャローラーニング）か Keras（ディープラーニング）を使用しています。つまり、本書の読者にぴったりです。たとえばチームの一員としていくつかのコンペに参加すれば、ハイパーパラメータのチューニング、検証データセットでの過学習の回避、モデルのアンサンブルなど、本書で取り上げた高度なベストプラクティスに関して実践的な知識が身につくでしょう。

---

[3]　https://kaggle.com

9.4.2 arXiv で最新動向に関する論文を読む

ディープラーニングの研究は、他の科学的な分野とは対照的に、完全にオープンに行われています。論文は一般に公開されており、完成され次第自由にアクセスできる状態になります。また、関連するソフトウェアの多くはオープンソースです。arXiv[4]は、物理学、数学、コンピュータサイエンスの研究論文を保存／公開しているオープンアクセスのプレプリントサーバーであり、機械学習とディープラーニングの最先端の開発状況をチェックするためのデファクトスタンダードとなっています。ディープラーニングの研究者の大半は、完成した論文をすぐに arXiv にアップロードしています。それにより、国際会議での採択を待たずに（それには数か月かかります）、発見したものの権利を主張できるようになります。研究がハイペースで進んでいることや、この分野において激しい競争が繰り広げられていることを考えれば、こうした手を打っておいて損はありません。それにより、この分野の急速な前進も可能となります —— 新たに発見されたものはすべて、誰でもすぐに確認できるようになるため、それをもとに作業を進めることができます。

arXiv の重大な欠点は、大量の論文が毎日のように投稿されており、すべての論文にざっと目を通すことすら不可能であることです。また、それらの論文は査読されていないため、重要で質の高い論文を特定することは困難です。ノイズの中から信号を見つけ出すことは難しく、しかもますます難しくなっています。目下のところ、この問題に対するよい解決策はありません。しかし、いくつかのツールが助けになりそうです。新しい論文のレコメンデーションエンジンとして arXiv Sanity Preserver[5] という補助的な Web サイトが運営されており、ディープラーニングの特定の分野で新しい動きを追跡するのに役立つ可能性があります。さらに、Google Scholar[6] を使ってお気に入りの著者が公開している文献を追跡することもできます。

---

[4]　https://arxiv.org
　　　「アーカイヴ」と発音する。
[5]　http://arxiv-sanity.com
[6]　https://scholar.google.com

9.4.3 Keras エコシステムの探索

2017年11月現在でのべ20万人のユーザーを持ち、急成長しているKerasには、チュートリアル、ガイド、関連するオープンソースプロジェクトからなる巨大なエコシステムがあります。

- Keras のメインリファレンスは `https://keras.io` で公開されているオンラインドキュメントである。
- Keras のソースコードは `https://github.com/fchollet/keras` で確認できる。
- Keras Slack チャネル `https://kerasteam.slack.com` では、ディープラーニングに関する質問をしたり、議論に参加したりできる。
- Keras ブログ `https://blog.keras.io` では、Keras のチュートリアルやディープラーニング関連の記事を掲載している。
- Twitter で著者 `@fchollet` をフォローしよう。

9.5 最後に

本書の内容は以上です。機械学習、ディープラーニング、Keras、あるいは知覚問題全般で収穫があったことを願っています。学習は生涯にわたる旅です。確かなものよりも不明なもののほうがはるかにAIという分野では、まさに終わりのない旅です。ですから立ち止まらずに、学ぶこと、疑問を持つこと、調べることを続けてください。これまでの進展を鑑みても、AIの基本的な質問は、まだ答えが出ていないものがほとんどです。それらの多くは、まだ正しく質問されてもいないのです。

Keras とその依存ファイルを Ubuntu にインストールする

ディープラーニングワークステーションをセットアップするプロセスは非常に込み入っており、次の手順で構成されます。本付録では、この手順を細かく見ていきます。

1. Python の科学ライブラリ（NumPy と SciPy）をインストールする。また、BLAS（Basic Linear Algebra Subprograms）がインストールされていて、モデルを CPU で高速に実行できることも確認する。
2. Keras を使用するときに役立つ追加のパッケージとして、大きなニューラルネットワークファイルを保存するための HDF5 と、ニューラルネットワークアーキテクチャを可視化するための Graphviz の 2 つをインストールする。
3. CUDA と cuDNN をインストールし、ディープラーニングコードを GPU で実行できるようにする。
4. Keras のバックエンドとして TensorFlow、CNTK、または Theano をインストールする。
5. Keras をインストールする。

気持ちがくじけそうになっているかもしれませんね。実際には、難しい部分は GPU サポートのセットアップだけです。それ以外の作業全体は、コマンドをいくつか入力するだけでよく、ほんの数分で完了するはずです。

次の手順は、Ubuntu を新規にインストールしていて、NVIDIA の GPU が利用できることを前提としています。作業を始める前に、pip をインストールし、パッケージマネージャを最新の状態に更新しておきましょう。

```
$ sudo apt-get update
$ sudo apt-get upgrade
$ sudo apt-get install python-pip python-dev
```

> **Python 2 と Python 3**
>
> デフォルトでは、python-pip などの Python パッケージをインストールする際、Ubuntu は Python 2 を使用します。代わりに Python 3 を使用したい場合は、次に示すように、python の部分を python3 に変更してください。
>
> ```
> $ sudo apt-get install python3-pip python3-dev
> ```
>
> pip を使ってパッケージをインストールする際には、デフォルトのターゲットが Python 2 であることを覚えておいてください。ターゲットを Python 3 にしたい場合は、pip3 を使用してください。
>
> ```
> $ sudo pip3 install tensorflow-gpu
> ```

A.1 Python の科学ライブラリをインストールする

macOS を使用する場合、Python の科学ライブラリは Anaconda[1] を使ってインストールすることをお勧めします。Anaconda には、HDF5 と Graphviz が含まれていないため、手動でインストールしなければならないことに注意してください。Python の科学ライブラリを Ubuntu に「手動」でインストールする手順は次のとおりです。

1. BLAS ライブラリ（この場合は OpenBLAS）をインストールし、テンソル演算を CPU で高速に実行できるようにする。

   ```
   $ sudo apt-get install build-essential cmake git unzip \
       pkg-config libopenblas-dev liblapack-dev
   ```

2. Python の科学ライブラリである NumPy、SciPy、matplotlib をインストールする。機械学習や科学的なコンピューティングを Python で実行するには、ディープラーニングを実行するかどうかにかかわらず、これらのライブラリをインストールする必要がある。

   ```
   $ sudo apt-get install python-numpy python-scipy python-matplotlib \
       python-yaml
   ```

3. HDF5 をインストールする。このライブラリは、もともとは NASA によって開発されたもので、効率的なバイナリ形式の数値データが含まれた大きなファイルを格納する。HDF5 をインストールすると、Keras のモデルをディスクにすばやく効率的に保存できるようになる。

---

[1]　https://www.anaconda.com/download/

```
$ sudo apt-get install libhdf5-serial-dev python-h5py
```

4. Graphviz と pydot-ng をインストールする。これらは Keras のモデルを可視化できるようにするパッケージである。Keras を実行するのに必要ではないため、この手順を省略し、これらのパッケージが必要になったときにインストールすることもできる。

```
$ sudo apt-get install graphviz
$ sudo pip install pydot-ng
```

5. 本書のサンプルコードの一部で使用する追加のパッケージをインストールする。

```
$ sudo apt-get install python-opencv
```

A.2　GPU のサポートをセットアップする

　GPU の使用はどうしても必要というわけではありませんが、強く推奨されます。本書のサンプルコードはすべてノート PC の CPU で実行できますが、場合によってはモデルの訓練に数時間かかることがあります。高性能な GPU なら、ほんの数分です。NVIDIA の最近の GPU を持っていない場合は、この手順を飛ばして次節に進んでください。

　ディープラーニングに NVIDIA の GPU を使用するには、次の 2 つをインストールする必要があります。

- **CUDA Toolkit**
  GPU 用の一連のドライバ。並列コンピューティング用の低レベルのプログラミング言語を実行できるようになります。
- **cuDNN SDK**
  ディープラーニング用の高度に最適化されたプリミティブからなるライブラリ。cuDNN を使って GPU で実行すると、モデルの訓練が一般に 50% から 100% 速くなることがあります。

　TensorFlow は、CUDA Toolkit と cuDNN SDK の特定のバージョンに依存します。本書の執筆時点では、TensorFlow は CUDA Toolkit のバージョン 8 と cuDNN SDK のバージョン 6 を使用します[2]。現在推奨されているバージョンの詳細については、TensorFlow の Web サイト[3]を参照してください。

　手順は次のとおりです。

---

[2]　［訳注］翻訳時点の TensorFlow 1.8 は、CUDA Toolkit 9 と cuDNN SDK 7 を使用する。
[3]　https://www.tensorflow.org/install/install_linux

360   付録 A　Keras とその依存ファイルを Ubuntu にインストールする

1. CUDA Toolkit をダウンロードする。NVIDIA は Ubuntu（および他の Linux ディストリビューション）用のインストールパッケージを用意している[4]。http 以下の部分はスペースを入れずにひとまとめに入力する。

```
$ wget http://developer.download.nvidia.com/compute/cuda/repos/
    ubuntu1604/x86_64/cuda-repo-ubuntu1604_9.0.176-1_amd64.deb
```

2. CUDA Toolkit をインストールする。最も簡単な方法は、このパッケージで Ubuntu の apt を使用することである。そのようにすると、更新ファイルが提供されている場合に apt を通じて簡単にインストールできる。この場合も、http 以下の部分はスペースを入れずにひとまとめに入力する。

```
$ sudo apt-key adv --fetch-keys \
    http://developer.download.nvidia.com/compute/cuda/repos/
    ubuntu1604/x86_64/7fa2af80.pub
$ sudo apt-get update
$ sudo apt-get install cuda-8-0
```

3. cuDNN SDK をインストールする。
   a. cuDNN をインストールするには、NVIDIA の開発者アカウント（無料）を登録する必要がある。開発者アカウントでログインし、https://developer.NVIDIA.com/cudnn から TensorFlow と互換性があるバージョンの cuDNN をダウンロードする。CUDA と同様に、さまざまな Linux 用のパッケージが用意されている。ここでは、Ubuntu 16.04 用のパッケージを使用する。Amazon EC2 を使用する場合、EC2 インスタンスに cuDNN アーカイブを直接ダウンロードすることはできない。代わりに、ローカルマシンにダウンロードしてから、EC2 インスタンスに（scp を使って）アップロードする。
   b. cuDNN をインストールする。

```
    $ sudo dpkg -i dpkg -i libcudnn6*.deb
```

4. TensorFlow をインストールする。
   a. PyPI から GPU サポート付きまたは GPU サポートなしの TensorFlow をインストールできる。pip を使って GPU サポートなしの TensorFlow をインストールする方法は次のようになる。

```
    $ sudo pip install tensorflow
```

   b. GPU サポート付きの TensorFlow をインストールする方法は次のようになる。

```
    $ sudo pip install tensorflow-gpu
```

---

[4]　https://developer.nvidia.com/cuda-downloads

A.3 Theano をインストールする（オプション）

すでに TensorFlow をインストールしたので、Keras コードを実行するにあたって Theano をインストールする必要はありません。しかし、Keras のモデルを構築するときには、TensorFlow と Theano の切り替えが役立つことがあります。

Theano も PyPI からインストールできます。

```
$ sudo pip install theano
```

GPU を使用している場合は、GPU を使用するように Theano を構成してください。Theano の構成ファイルは次のコマンドを使って作成できます。

```
$ nano ~/.theanorc
```

続いて、作成されたファイルに次の設定を書き込みます。

```
[global]
floatX = float32
device = gpu0
[nvcc]
fastmath = True
```

A.4 Keras をインストールする

Keras は PyPI からインストールできます。

```
$ sudo pip install keras
```

あるいは、Keras を GitHub からインストールすることも可能です。その場合は、keras/examples フォルダにアクセスできるようになります。このフォルダには、Keras を学習する上で参考になるさまざまなサンプルスクリプトが含まれています。

```
$ git clone https://github.com/fchollet/keras
$ cd keras
$ sudo python setup.py install
```

さっそく、次に示す MNIST サンプルなどの Keras スクリプトを実行してみてください。

```
$ python examples/mnist_cnn.py
```

このサンプルの実行が完了するまでに数分ほどかかることがあるため、正常に動作することが確認できた時点で（Ctrl+C キーを押して）強制終了してもかまいません。

362　付録 A　Keras とその依存ファイルを Ubuntu にインストールする

　Keras を少なくとも 1 回実行すると、Keras の構成ファイル ~/.keras/keras.json が作成されます。Keras を実行するバックエンド（tensorflow、theano、または cntk）を選択するには、この構成ファイルの内容を次のように編集します。

```
{
    "image_data_format": "channels_last",
    "epsilon": 1e-07,
    "floatx": "float32",
    "backend": "tensorflow"
}
```

　Keras スクリプト examples/mnist_cnn.py を実行すると、別のシェルウィンドウで GPU の利用状況を監視できます。

```
$ watch -n 5 nvidia-smi -a --display=utilization
```

　インストールはこれで完了です！ さっそくディープラーニングアプリケーションの構築に取りかかりましょう。

AWS の GPU インスタンスで Jupyter Notebook を 実行する

本付録では、AWS の GPU インスタンスで Jupyter Notebook を実行し、ブラウザを使って Notebook（ノートブック）をどこからでも編集できるようにする手順を紹介します。ローカルマシンに GPU が搭載されていない場合、この方法はディープラーニングを試してみるのに最適です。なお、最新情報は「The Keras Blog」[1] に掲載されているので参考にしてください。

B.1　Jupyter Notebook を AWS で実行する理由

Jupyter Notebook は、Python コードの記述と注釈の追加をインタラクティブに行うことができる Web アプリケーションです。Jupyter Notebook は、ディープラーニングを試したり、研究を行ったり、成果を共有したりするのに申し分ありません。

ディープラーニングアプリケーションは計算負荷が非常に高くなりがちです。ノート PC に搭載された CPU コアで実行する場合は数時間、場合によっては数日かかることもあります。GPU で実行すれば、訓練の高速化が可能です。最新の GPU では、最新の CPU と比べて 5 倍から 10 倍高速になることが予想されます。しかし、GPU がローカルマシンに搭載されていないこともあります。Jupyter Notebook を AWS で実行すれば、ローカルマシンで実行するときと同じ体験が得られます。しかも、AWS では GPU を 1 つ以上使用できます。AWS の料金は従量制であるため、ディープラーニングをたまにしか使用しない場合は、GPU に投資するよりも経済的かもしれません。

---

[1]　https://blog.keras.io/

B.2 Jupyter Notebook を AWS で実行しない理由

AWS の GPU インスタンスの料金はすぐに跳ね上がります。本書が推奨している GPU インスタンスの料金は 1 時間あたり 0.90 ドルです。たまに使用する分には問題ありませんが、毎日数時間ずつ使用するような場合は、TITAN X か GTX 1080 Ti を使ってディープラーニングマシンを組み立てたほうがよいでしょう。

簡単にまとめると、GPU インスタンスと Jupyter Notebook の組み合わせを使用するのは、ローカルマシンに GPU が搭載されていないか、GPU ドライバなどの Keras の依存ファイルをインストールしたくない場合です。ローカルマシンに GPU が搭載されている、または GPU を入手できる場合、ディープラーニングモデルはローカルで実行することをお勧めします。その場合は、付録 A のインストールガイドに従ってセットアップを行ってください。

> AWS の GPU インスタンスを使用するには、AWS のアカウントが必要です。Amazon EC2 の知識があると助けになりますが、どうしても必要というわけではありません。

B.3 AWS GPU インスタンスのセットアップ

ここで説明するセットアッププロセスには、5〜10 分ほどかかります。

1. Amazon EC2 のコントロールパネル[2]にアクセスし、[Launch Instance] をクリックする（図 B-1）。

図 B-1：EC2 のコントロールパネル

2. [AWS Marketplace] を選択し、検索ボックスに「Deep Learning」と入力する（図 B-2）。

図 B-2：EC2 の AWS Marketplace

---

[2] https://console.aws.amazon.com/ec2/v2

3. 検索結果をスクロールして［Deep Learning AMI Ubuntu Version］を選択する（図 B-3）。

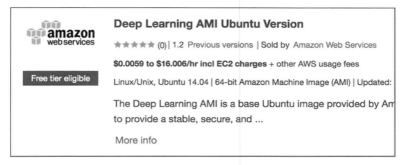

図 B-3：EC2 の Deep Learning AMI

4. p2.xlarge インスタンスを選択する（図 B-4）。このインスタンスタイプの GPU は 1 つだけであり、(2018 年 5 月時点で) 料金は 1 時間あたり 0.90 ドルである。

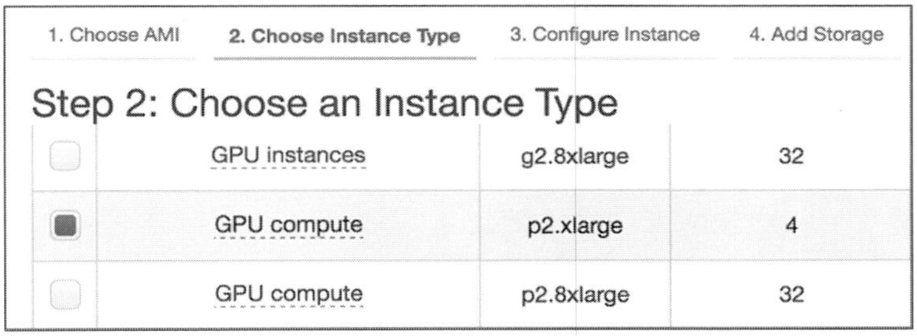

図 B-4：p2.xlarge インスタンス

5. 「Configure Instance」、「Add Storage」、「Add Tags」の 3 つの手順では、デフォルトの設定をそのまま使用できる。ただし、「Configure Security Group」手順では、カスタマイズが必要である。この手順では、ポート 8888 を許可するカスタム TCP ルールを作成する (図 B-5)。この TCP ルールでは、ノート PC のパブリック IP アドレスなど、現在の IP アドレスを許可できる。それが不可能な場合は、`0.0.0.0/0` など、任意の IP アドレスを許可すればよい。任意の IP アドレスでポート 8888 を許可する場合は、あなたが Jupyter Notebook を実行することになるインスタンスのポート 8888 で、誰でも待ち受け (リッスン) が可能になることに注意しよう。Notebook をパスワードで保護しておけば、何者かによって Notebook が改ざんされるリスクは緩和されるが、保護措置としてはかなり貧弱かもしれない。可能であれば、特定の IP アドレスへのアクセスを制限することを検討すべきである。ただし、IP アドレスが定期的に変更されるとしたら、それは現実的な選択肢ではない。特定の IP アドレスへのアクセスを開放する場合は、そのインスタンスに機密データを保管しないようにすることを覚えておこう。

図 B-5：新しいセキュリティグループの設定

> インスタンスを起動する手続きの最後に、新しい接続キーの作成か、既存の接続キーの再利用を選択するポップアップウィンドウが表示されます。これまで EC2 を使用したことがない場合は、新しい接続キーの作成を選択し、作成されたキーをダウンロードしておいてください。

6. 新しいインスタンスに接続するには、EC2 のコントロールパネルでそのインスタンスを選択し、[Connect] ボタンをクリックし、画面上の指示に従う（図 B-6）。インスタンスの起動に数分ほどかかることがあるので注意。インスタンスにうまく接続できない場合は、少し待ってからもう一度試してみる。

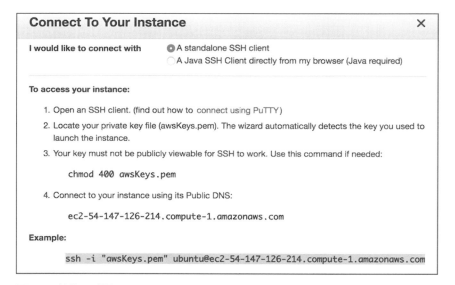

図 B-6：接続の手順

7. SSH 経由でのログインが完了したら、インスタンスのルートで ssh ディレクトリを作成し、そのディレクトリへ移動（cd）する。

```
$ mkdir ssl
$ cd ssl
```

8. OpenSSL を使って新しい SSL 証明書を作成し、ssl ディレクトリで cert.key ファイルと cert.pem ファイルを作成する。

```
$ openssl req -x509 -nodes -days 365 -newkey rsa:1024 \
    -keyout "cert.key" -out "cert.pem" -batch
```

B.3.1　Jupyter Notebook を構成する

　Jupyter Notebook を使用する前に、デフォルト設定を変更しておく必要があります。手順は次のとおりです。

1. （引き続き EC2 インスタンスを使って）Jupyter Notebook の新しい構成ファイルを作成する。

```
$ jupyter notebook --generate-config
```

2. 必要であれば、Jupyter Notebook のパスワードを生成できる。この EC2 インスタンスは (セキュリティグループを設定するときの選択内容によっては) 任意の IP アドレスからアクセスできるように設定されている可能性がある。このため、パスワードを使って Jupyter Notebook へのアクセスを制限しておくのが得策である。パスワードを生成するには、(ipython コマンドを使って) IPython シェルを開き、次のコマンドを実行する。

```
from IPython.lib import passwd
passwd()
exit
```

3. passwd() コマンドを実行すると、パスワードの入力と確認のための再入力が求められる。それらを入力すると、次に示すようなパスワードのハッシュが表示される。このハッシュはすぐに必要となるため、コピーしておく。

```
sha1:b592a9cf2ec6:b99edb2fd3d0727e336185a0b0eab561aa533a43
```

なお、これは password という単語のハッシュである。このような単語はパスワードに使用しないようにすべきである。

4. vi (または別のテキストエディタ) を使って Jupyter Notebook の構成ファイルを編集する。

```
$ vi ~/.jupyter/jupyter_notebook_config.py
```

368 付録B AWS の GPU インスタンスで Jupyter Notebook を実行する

5. この構成ファイルは、すべての行がコメントアウトされた Python ファイルである。このファイルの先頭に次の Python コードを挿入する。

```
# 構成オブジェクトを取得
c = get_config()

# 生成した証明書のパス
c.NotebookApp.certfile = u'/home/ubuntu/ssl/cert.pem'

# この証明書の秘密鍵
c.NotebookApp.keyfile = u'/home/ubuntu/ssl/cert.key'

# matplotlibを使用するときにプロットをインラインで表示
c.IPKernelApp.pylab = 'inline'

# Jupyter Notebookに任意のIPから接続
c.NotebookApp.ip = '*'

# Jupyter Notebookの使用時にデフォルトでブラウザウィンドウを開かない
c.NotebookApp.open_browser = False

# 先ほど生成したパスワードハッシュ
c.NotebookApp.password =
    'sha1:b592a9cf2ec6:b99edb2fd3d0727e336185a0b0eab561aa533a43'
```

> vi に慣れていない場合、入力を開始するには I キーを押す必要があることを覚えておいてください。入力が完了したら、Esc キーを押して :wq (write-quit の略) と入力し、Enter キーを押して vi を終了すると、変更内容が保存されます。

B.4 Keras をインストールする

Jupyter Notebook を使い始めるための準備は、これでほぼ完了です。ですがその前に、Keras を更新しておく必要があります。Keras は AMI (Amazon Machine Image) にプリインストールされていますが、最新バージョンではないことがあります。EC2 インスタンスで、次のコマンドを実行します。

```
$ sudo pip install keras --upgrade
```

おそらく Python 3 を使用することになるため (本書の Jupyter Notebook は Python 3 を使用しています)、pip3 を使って Keras を更新しておく必要もあります。

```
$ sudo pip3 install keras --upgrade
```

EC2 インスタンスに Keras の構成ファイルがすでに含まれている場合 (Keras の構成ファイルは含まれていないはずですが、本書の執筆以降に AMI が変更されているか

もしれません)、念のためにその構成ファイルを削除しておいてください。Keras は最初に起動したときに標準の構成ファイルを再作成するはずです。

次のコマンドを実行すると、構成ファイルが存在しないことを示すエラーが返されますが、無視してかまいません。

```
$ rm -f ~/.keras/keras.json
```

B.5 ローカルポートフォワーディングを設定する

(EC2 インスタンスではなく) ローカルマシンのシェルを開いて、ローカルポート443 (HTTPS ポート) からリモートポート 8888 (EC2 インスタンスのポート) へのフォワーディングを開始します。

```
$ sudo ssh -i awsKeys.pem -L \
    <ローカルポート>:<ローカルマシン>:<リモートポート> <リモートマシン>
```

筆者の場合、実際のコマンドは次のようになります。

```
$ sudo ssh -i awsKeys.pem -L \
    443:127.0.0.1:8888 ubuntu@ec2-54-147-126-214.compute-1.amazonaws.com
```

B.6 ローカルブラウザから Jupyter Notebook を使用する

EC2 インスタンスで、本書の Jupyter Notebook が含まれている GitHub リポジトリのクローンを作成します。

```
$ git clone \
    https://github.com/fchollet/deep-learning-with-python-notebooks.git
$ cd deep-learning-with-python-notebooks
```

EC2 インスタンスで次のコマンドを実行し、Jupyter Notebook を起動します。

```
$ jupyter notebook
```

続いて、ローカルブラウザを開き、EC2 インスタンスの Jupyter Notebook プロセスにフォワーディングしているローカルアドレス (https://127.0.0.1) にアクセスします。このアドレスでは HTTPS を使用するようにしてください。そうしないと、SSL エラーになります。

そうすると、安全性に関する警告が表示されるはずです (図 B-7)。この警告が表示されるのは、あなたが生成した SSL 証明書が信頼される認証機関によって検証されていないためです (自分で作ったのですから当然です)。[Advanced] をクリックして次の手順に進みます。

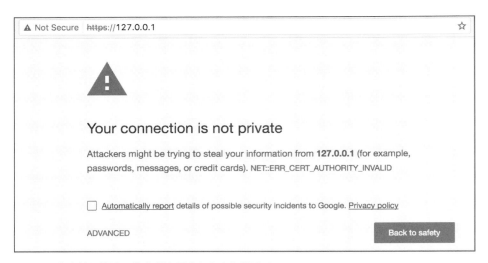

図 B-7：安全性に関する警告が表示されたら無視する

　Jupyter Notebook のパスワードの入力が求められます。続いて、ようやく Jupyter Notebook のダッシュボードが表示されます（図 B-8）。

図 B-8：Jupyter Notebook のダッシュボード

　［File］→［New］を選択して作業を開始します（図 B-9）。Python のバージョンを選択すれば、準備はすべて完了です。

図 B-9：新しい Notebook を作成する

索引

数字

1次元の畳み込みニューラルネットワーク（CNN）
.... 187, 236-244, 337

A

AI（Artificial Intelligence）.......... 3-4, 13-14, 22, 284, 332
AIの夏... 332
AIの冬... 13
Amazon EC2（Elastic Compute Cloud）......... 65-67, 364
arXiv... 286, 354
AUC（Area Under the Curve）→曲線下面積（AUC）

B

BatchNormalization 層... 274-275
Bidirectional 層.. 233-234
binary_crossentropy 関数...... 73, 78, 118, 140, 337-338
BLAS（Basic Linear Algebra Subprograms）.............. 40
Boston Housing データセット 87
BoW（Bag-of-Words）... 189

C

Callback クラス... 264
CAM（Class Activation Map）..................................... 182
categorical_crossentropy 関数
.... 54, 81, 85-86, 118, 291, 338
CelebA（Large-scale Celeb Faces Attributes）データセット 321
CIFAR10 データセット 323
CNN（Convolutional Neural Network）
→畳み込みニューラルネットワーク（CNN）
compile メソッド....................................... 254
Conv1D 層.................................... 237-238, 243, 275, 339
Conv2DTranspose 層.................................... 323
Conv2D 層.......................... 124-126, 129, 138, 275, 339
Conv3D 層.. 339
convnet... 123
→畳み込みニューラルネットワーク（CNN）
CUDA... 21, 359
cuDNN（CUDA Deep Neural Network library）
.... 63, 359

D

DCGAN（Deep Convolutional GAN）
→ディープ畳み込み GAN（DCGAN）
DeepDream 295-302, 330
Dense クラス.. 59
Dense 層............................ 30, 39-40, 54, 69-70, 72,
78, 81, 86, 125, 157, 196-197, 238, 256, 275, 337-339
→全結合層
Dropout 層.................................... 114, 146
dw 畳み込み 257, 275-277, 281, 339

E

EarlyStopping コールバック..................................... 263
Embedding 層......................... 195, 198, 200-201, 205, 210

F

fit_generator メソッド... 142
fit メソッド.................... 31, 55, 63, 74, 262, 319
Flatten 層.. 138
Functional API.............................. 63-64, 245-262

G

GAN（Generative Adversarial Network）
→敵対的生成ネットワーク（GAN）
GBM（Gradient Boosting Machine）
→勾配ブースティングマシン（GBM）
GloVe（Global Vectors for Word Representation）
.... 198, 200-201
Google 22-23, 295
Google Cloud Platform.................................... 65
Google Scholar....................................... 354
GPU（Graphical Processing Unit）
.... 21, 65-67, 335, 363-364
gradients 関数... 175
GRU（Gated Recurrent Unit）..................................... 226
GRU 層............................ 212, 226, 228, 231-232, 234, 340

H

Hyperas ライブラリ 278, 281
Hyperopt ライブラリ 278, 281

I

ImageDataGenerator クラス 140, 144, 153
ImageNet 18, 21-22, 149, 151, 295-296
IMDb データセット
.... 67-68, 188, 196, 198, 210, 232, 238, 266
InceptionV3 モデル 257, 296
Inception モジュール 247, 255-257

J

Jupyter Notebook 65-66, 363-364, 367-370

K

Kaggle 18, 20, 22, 116, 135-136, 166, 281, 353
keras.applications.vgg16 モジュール 182
keras.applications モジュール 151, 257
keras.backend モジュール 175
keras.callbacks モジュール 263
keras.preprocessing.image モジュール 140
keras.utils モジュール 271
Keras エコシステム 355
k 分割交差検証 89-90, 94, 101, 117

L

L1 正則化 111, 119
L2 正則化 111-112, 119
L2 ノルム 304
L-BFGS (Limited-memory Broyden-Fletcher-Goldfarb-
　Shanno) アルゴリズム 309
Lambda 層 317
LeakyReLU 層 324
LeNet 15
LSTM (Long Short-Term Memory)
　→長短期記憶 (LSTM)
LSTM 層 212-216, 229, 234, 259-260, 340

M

MAE (Mean Absolute Error) →平均絶対誤差 (MAE)
MAP (Mean Average Precision) 116
matplotlib 34, 74
MaxPooling1D 層 238, 243
MaxPooling2D 層 124-126, 132, 138
mean_absolute_error 関数 338
mean_squared_error 関数 73, 338
Microsoft CNTK (Cognitive Toolkit) 62-63, 65
MNIST (Mixed National Institute of Standards and
　Technology) 28, 34-36, 124-127

ModelCheckpoint

ModelCheckpoint コールバック 263
Model クラス 169, 250, 260
MSE (Mean Squared Error) →平均二乗誤差 (MSE)
mse 関数 77, 89, 118

N

ndim 属性 33
NumPy 28-29, 32-35, 39-43, 54, 88, 206
numpy.maximum 関数 41
NVIDIA 21, 66-67, 335
N グラム 188-190

O

one-hot エンコーディング
.... 69, 80, 85, 104, 189-193, 290
one-hot ハッシュトリック 192
OpenCV 185

P

plot_model ユーティリティ 271
predict メソッド 77, 84, 153
preprocess_input 関数 182
pw 畳み込み 256-257, 275
Python ジェネレータ 141, 221

R

ReduceLROnPlateau コールバック 264
ReLU (Rectified Linear Unit) 39-40, 70-72, 78, 324
relu 関数 39, 47
Reuters データセット 78-79
RMDN (Recurrent Mixture Density Network)
.... 285-286
RMSprop クラス 140, 162
rmsprop オプティマイザ 73, 78
RNN (Recurrent Neural Network)
　→リカレントニューラルネットワーク (RNN)
ROC (Receiver Operating Characteristic) 曲線
　→受信者操作特性曲線 (ROC 曲線)

S

SciPy 300, 310
SeparableConv2D 層 275, 339
Sequential モデル (クラス)
.... 63-64, 156, 169, 246, 248-250, 259-260
Siamese LSTM 260
sigmoid 関数 118, 139, 337-338

SimpleRNN 層............208, 210, 212, 340
softmax 関数................................118
sparse_categorical_crossentropy 関数......85-86, 338
SVM (Support Vector Machine)
　→サポートベクトルマシン (SVM)
Symbolic AI................................4, 13

T

tanh 関数...................................78
TensorBoard.........................265-271
TensorBoard コールバック............267, 273
TensorFlow.........24, 38, 42, 62-63, 65, 266, 359
Theano...............24, 38, 42, 62-63, 65, 361
trainable 属性.........................157, 201

U

Ubuntu..................................65-66

V

VAE (Variational AutoEncoder)
　→変分オートエンコーダ (VAE)
VGG16 アーキテクチャ.............149, 151-152, 182
VGG19 ネットワーク....................305-307

W

Wide and Deep モデル...................281
Word2vec アルゴリズム................197-198

X

Xception アーキテクチャ..............276-277
Xception モデル.........................257
XGBoost..................................20

Y

yield 演算子.............................141

あ行

アンサンブル...............233, 279-281
アノテーション..........................96, 98
移動不変................127, 237, 339
埋め込み層................................69
エージェント..............................97
エキスパートシステム...................4, 13
エポック..................................55
応答マップ...............................128
オートエンコーダ..........................97

オクターブ...............................298
オッカムの剃刀...........................111
オプティマイザ...........11, 30, 52, 55, 58, 60
重み...................10, 47, 59, 332
重みの共有.............................259-260
重みの正則化.............................111
温度....................................288

か行

カーネル関数..............................17
カーネルトリック..........................17
カーネル法...............................16
回帰................86-94, 118, 338
階数....................................32
解析機関.................................5
階層化表現学習..........................8, 334
階層的表現学習..........................8, 334
概念ベクトル..........................313-314
過学習.................31, 76, 99, 119-120
学習...............8, 10, 47, 55, 99, 106, 332
学習可能なプログラム.....................346
学習済みの単語埋め込み........193, 197-198, 205
学習済みのネットワーク...................149
学習不足.................................107
確率的勾配降下法........................50-53
確率的サンプリング.......................287
確率分布.................................81
確率モデリング...........................15
隠れユニット.............................70
可視化.............................166-186
荷重減衰................................111
過剰適合.................................31
　→過学習
カスタムコールバック..................264-265
仮説空間...............8, 60, 72, 336
画像..................36, 38, 337
画像分割.................................96
活性化..................................167
活性化関数.........................23, 72, 167
カテゴリ.................................28
カテゴリエンコーディング..................80
関数...................................249
機械学習...............................4, 332
幾何学空間..............................332
気象時系列データセット..................217
キャパシティ.......................107, 229

キャリートラック	213, 259	最適化	23, 107, 118
行	33	サポートベクトルマシン（SVM）	16-17
強化学習	97	残差接続	248, 255, 258-259
教師あり学習	96	サンプル	28, 98, 284
教師なし学習	96	サンプル軸	36-37
共有 LSTM	260	サンプル次元	36
行列	33	シーケンス（データの）生成	96, 285-286
局所的な一般化	345-347	シーケンスデータ	36-37, 236-237, 337
曲線下面積（AUC）	116, 118	シーケンスマスキング	235
極端な一般化	345-347, 353	ジェネレータ	313
クラス	28	時間の漏れ	103
クラスタリング	97	軸	32-33
グラム行列	304	シグモイド関数	71
訓練	5, 47	時系列データ	36-37, 337
訓練可能パラメータ	47	次元	32
訓練データセット	29, 99	次元削減	96
訓練ループ	12, 47	自己学習	97
形状	33	自己正規化ニューラルネットワーク	275
欠測値	104-105	自然言語処理（NLP）	188, 197, 231
決定木	17-18	自然言語理解（NLU）	188
決定境界	16	自動機械学習（AutoML）	350
言語モデル	286, 294	指標	30
検証データセット	99	尺度	298
交差エントロピー	73	シャローラーニング	8, 17, 19
合成勾配	349	受信者操作特性曲線（ROC 曲線）	116, 118
勾配	22-23, 48-49	出力特徴マップ	128
勾配降下法	175	常識的なベースライン	223
勾配上昇法	175	状態	205-206, 340
勾配消失問題	212, 259	情報蒸留パイプライン	174
勾配ブースティング	18, 20	情報の漏れ	99
勾配ブースティングマシン（GBM）	18, 20	初期状態	206
構文木予測	96	人工知能（AI）→ AI	
コールバック	262-265	推論	345-347
極小値	51	数式微分	53
誤差逆伝播法	11, 53	スカラー	32, 254
→バックプロパゲーション		スカラー回帰	98
コスト	111	スタイル	303-305
コネクショニズム	334	スタッキング	229-230, 235
コンスピラシー	114	ストライド	131-132
コンディショニングデータ	286	ストライドされた畳み込み	132
コンテンツ	303-304	正解率	30, 116
コンパイル	30	正規化	104, 274-275
		正規分布	324

さ行

		生成者ネットワーク	322, 325
再現率	116	正則化	107, 119-120
最大値プーリング	132	正則化損失	316

線形変換 72
全結合層 30, 59, 72, 127
全結合ネットワーク 336-337
潜在空間 284, 286, 312
全変動損失 307
層 8, 29, 58-59, 332
双方向RNN 230-235
ソフトマックス（活性化関数）..................... 30, 81, 86
ソフトマックスの温度 288, 294
損失関数 10, 30, 55, 58, 60, 118, 304-305,
                              307-309, 316, 318-319
損失値 98, 254, 296

た行

大域的最小値 51
多クラス単一ラベル分類 78, 118, 338
多クラス多ラベル分類 78, 118, 338
多クラス分類 78-86, 98
畳み込みカーネル 129
畳み込み層 127-129
畳み込みニューラルネットワーク（CNN）
.... 20, 123-186, 187, 236-244, 295-296, 304, 336, 339
畳み込みベース 150
多様性 280
多ラベル分類 98
単語埋め込み 189, 192-205
単語ベクトル 192
単純なモデル 111
単純ベイズアルゴリズム 15
　　→ナイーブベイズアルゴリズム
知識 54, 59, 332
チャネルファースト 38
チャネルラスト 38
抽象化 345-347, 351-352
チューリングテスト 5
長短期記憶（LSTM）............... 20, 212-216, 232, 285-294
ディープ畳み込みGAN（DCGAN）...................... 323
ディープ微分可能モデル 334
ディープラーニング 4-5, 332
ディープラーニングの限界 342-346
ディープラーニングの未来 347-353
データ拡張 134, 144-148, 153, 156, 166
データ型 34
データ蒸留 29
データ前処理 103-105, 140-144
データマンジング 350

適合 31
適合率 116
敵対者ネットワーク 327
敵対的サンプル 343
敵対的生成ネットワーク（GAN）........ 312-313, 321-330
デコーダ 313
テストデータセット 29, 99
テンソル 32, 117
テンソル演算 39, 45
テンソル積 42
テンソルの変形 44
テンソル分解 35
転置 45
動画 36, 38-39, 337
導関数 48-49
統計的検出力 117, 119-120
凍結 157, 201
トークン 188, 286
トークン埋め込み 189, 205
トークン化 188, 199
特徴エンジニアリング 17, 19, 105, 119
特徴軸 37
特徴抽出 134, 149-159, 166
特徴マップ 128, 134
特徴量 87
ドロップアウト 112, 227-228, 235
ドロップアウト率 112
貪欲的サンプリング 287
貪欲法 19

な行

ナイーブベイズアルゴリズム 15
内積 42-43
なめらかな関数 48
二値分類 67-78, 98, 118, 337
ニューラルスタイル変換 303-312
ニューラルネットワーク 8, 28-55, 57-94, 334

は行

ハイパーパラメータ 99, 277
ハイパーパラメータの最適化 277-279
ハイパーパラメータのチューニング... 99, 119-120, 336
バックエンドエンジン 62
バックプロパゲーション 11, 15, 20, 53-54, 259, 349
バックワードパス 50
ハッシュ衝突 192

パッチ	339
バッチ確率的勾配降下法	51
バッチ軸	36
バッチ次元	36
バッチ再正規化	275
バッチ正規化	274-275
パディング	131
パラメータ	10, 99
バリアンス	89
汎化	99, 107
反復的な k 分割交差検証	102, 117
判別者ネットワーク	322, 325
汎用人工知能	353
ヒートマップ	182-186
非定常問題	116
微分可能	48-49, 333
評価プロトコル	116, 120
表現	6, 29
表層学習	8
標本	28
→サンプル	
ファインチューニング	134, 149, 159-166
フィードフォワードネットワーク	205
フィルタ	128
フィルタの可視化	175-181
フォワードパス	47, 206
復元損失	316
物体検出	96
プレースホルダ	306
ブロードキャスト	40-41
ブロードキャスト軸	41
プログラム合成	348
プログラムサブルーチン	351
分離超平面	16
平均絶対誤差（MAE）	89, 94, 223-224, 227, 240-241
平均値プーリング	133-134
平均二乗誤差（MSE）	89, 94
ベクトル	32
ベクトル化	40, 69-70, 103, 188, 333, 336
ベクトル回帰	98
ベクトルデータ	36-37, 337
ヘッド	253
変分オートエンコーダ（VAE）	312-321, 330
ホールドアウト法	100, 116

ま行

マージン最大化	16
マルチモーダル入力	246
密結合された層	59
ミニバッチ	98
ミニバッチ確率的勾配降下法	50
モーメンタム	51-52
目的関数	10, 60
目的値	58, 98
文字レベルのニューラル言語モデル	287
モデル	332

や行

有向非巡回グラフ	255
夢を見る機械	286
予測値	98

ら行

ラベル	28, 98
ランダム初期化	47
ランダムフォレスト	17
リカレントアテンション	235
リカレント層	59, 208-209, 212, 228-230, 234
リカレントニューラルネットワーク（RNN）	187, 205-235, 239, 285-286, 336-337, 340, 348
リバースモード微分	53
ループ	206
列	33
連鎖幾何学変換	334
連続関数	48
ロジスティック回帰	15, 87

● 著者プロフィール

François Chollet（フランソワ・ショレ）

Googleでディープラーニングに取り組んでいる。Kerasディープラーニングライブラリの作成者であると同時に、TensorFlow機械学習フレームワークのコントリビュータでもある。また、形式推論に対する機械学習の応用とコンピュータビジョンに焦点を合わせたディープラーニングの研究も行っている。ショレの論文は、CVPR（Computer Vision and Pattern Recognition）、NIPS（Neural Information Processing Systems）のカンファレンスとワークショップ、ICLR（International Conference on Learning Representations）を含め、主要なカンファレンスで発表されている。

● 監訳者プロフィール

巣籠 悠輔（すごもり ゆうすけ）

電通・Google NY支社勤務を経て、株式会社情報医療のCTOとして創業に参画。医療分野での人工知能活用を目指す。2018年にForbes 30 Under 30 Asia 2018に選出。著書に『詳解ディープラーニング』『ビジネスパーソンのための人工知能入門』（マイナビ出版刊）等がある。

● 訳者プロフィール

株式会社クイープ（http://www.quipu.co.jp）

1995年、米国サンフランシスコに設立。コンピュータシステムの開発、ローカライズ、コンサルティングを手がけている。2001年に日本法人を設立。主な訳書に『サイバーセキュリティテスト完全ガイド』（マイナビ出版）、『Machine Learning実践の極意』、『Python機械学習プログラミング 第2版』（インプレス）などがある。

［STAFF］

デザイン　　　アピア・ツウ
制作　　　　　株式会社クイープ
編集担当　　　山口正樹

Python と Keras による
ディープラーニング

2018年 5月23日　初版第1刷発行
2018年10月25日　　第4刷発行

著　者　François Chollet
訳　者　株式会社クイープ
監　訳　巣籠悠輔
発行者　滝口直樹
発行所　株式会社 マイナビ出版
　　　　〒101-0003 東京都千代田区一ツ橋2-6-3 一ツ橋ビル2F
　　　　TEL： 0480-38-6872（注文専用ダイヤル）
　　　　　　　 03-3556-2731（販売）
　　　　　　　 03-3556-2736（編集）
　　　　E-mail：pc-books@mynavi.jp
　　　　URL：http://book.mynavi.jp
印刷・製本　シナノ印刷株式会社

ISBN978-4-8399-6426-9

・定価はカバーに記載してあります。
・乱丁・落丁についてのお問い合わせは、TEL：0480-38-6872（注文専用ダイヤル）、電子メール：sas@mynavi.jp
　までお願いいたします。
・本書掲載内容の無断転載を禁じます。
・本書は著作権法上の保護を受けています。本書の無断複写・複製（コピー、スキャン、デジタル化等）は、著作権
　法上の例外を除き、禁じられています。
・本書についてご質問等ございましたら、マイナビ出版の下記URLよりお問い合わせください。お電話での
　ご質問は受け付けておりません。また、本書の内容以外のご質問についてもご対応できません。
　https://book.mynavi.jp/inquiry_list/